普通高等教育“十三五”精品规划教材

Access 数据库应用教程

主编　王华金　李　伟　吴华荣

西安电子科技大学出版社

内 容 简 介

本书以“学生成绩管理”系统(数据库)为案例，从建立 Access 2010 空白(空)数据库开始，逐步建立数据库中的表、查询、窗体、报表、宏和模块等对象，并围绕“学生成绩管理”系统介绍 Access 2010 的主要功能及操作方法。

本书共分 9 章，第 1～8 章的内容依次为数据库技术基础、Access 2010 与数据库表操作、查询、SQL、窗体、报表、宏、模块与 VBA 编程基础，第 1～8 章均配有丰富的测试题；第 9 章是实验指导，以“图书借阅管理”系统为案例，针对知识点设置了若干个实验任务。

本书内容基本涵盖了“全国计算机等级考试二级 Access 数据库程序设计考试大纲”最新版的要求，可以作为高等院校非计算机专业的有关数据库应用基础课程的教材，也可作为“全国计算机等级考试二级 Access 数据库程序设计”科目考试的参考书，还可以作为各层次读者自学 Access 数据库技术的参考资料。

图书在版编目(CIP)数据

Access 数据库应用教程 / 王华金，李伟，吴华荣主编. —西安：西安电子科技大学出版社，2019.8(2020.1 重印)

ISBN 978-7-5606-5400-3

Ⅰ. ① A…　Ⅱ. ① 王…　② 李…　③ 吴　Ⅲ. ① 关系数据库系统—高等学校—教材

Ⅳ. ① TP311.138

中国版本图书馆 CIP 数据核字(2019)第 153106 号

策划编辑　刘小莉

责任编辑　王　斌　雷鸿俊

出版发行　西安电子科技大学出版社(西安市太白南路 2 号)

电　　话　(029)88242885　88201467　　邮　　编　710071

网　　址　www.xduph.com　　电子邮箱　xdupfxb001@163.com

经　　销　新华书店

印刷单位　陕西天意印务有限责任公司

版　　次　2019 年 8 月第 1 版　2020 年 1 月第 2 次印刷

开　　本　787 毫米×1092 毫米　1/16　印　张　18.5

字　　数　438 千字

印　　数　501～3500 册

定　　价　43.00 元

ISBN 978-7-5606-5400-3 / TP

XDUP 5702001-2

前　言

数据库应用是目前信息技术最广泛的应用领域之一，随着计算机技术的迅速发展，数据库技术的应用范围不断扩大，已经和人们的日常工作与生活密切相关。为了适应数据库技术的广泛应用，提高大学生的数据库应用水平，目前许多高校都开设了有关数据库应用的课程，甚至还作为全校的非计算机专业学生的公共必修课程。

本书以“学生成绩管理”系统为案例，从建立 Access 2010 空白数据库开始，逐步建立数据库中的表、查询、窗体、报表、宏和模块等对象，并围绕“学生成绩管理”系统介绍 Access 2010 的主要功能及操作方法。本书以简明易懂、深入浅出、可操作性强的原则编排内容，并设置了大量的教学案例，极大地方便了学生的学习，使其能够在较短的时间内掌握相关知识。

本书第 1~8 章均配有丰富的测试题，可以帮助学生巩固和加深对所学知识的理解和掌握。第 9 章“实验指导”部分以“图书借阅管理”系统为案例，为前 8 章的知识内容设置了若干个实验任务，每个实验任务都有明确的实验目的和具体的实验内容，针对较难的知识点给出了实验操作提示与步骤；学生可以通过实验环节来提高数据库的实际操作能力。

本书的编写人员都是多年从事高校数据库应用技术教学和计算机等级考试培训的优秀一线教师，具有扎实的理论基础和丰富的教学经验。其中，本书的第 1～5 章、第 8 章由王华金编写，第 6～7 章由吴华荣编写，第 9 章由王华金与吴华荣共同编写，各自负责自己编写章节的实验内容；李伟对全书的策划与编写提供了大量的指导和帮助，尤其是第 4 章和第 8 章的内容；全书由王华金统稿。

本书通俗易懂、结构合理、图文并茂，以丰富的实例演示了创建数据库各种对象的基本知识和方法；同时，书中的习题和实验均符合考试大纲的要求。建议课程的授课学时数（含实验）为 48～64。选择 48 学时的教师可重点讲授第 1～6 章，第 7 章略讲，第 8 章可指导学生自学，第 9 章安排学生实践操作练习。

为了帮助教师使用本书作为教材进行教学工作，我们提供了完整的教学辅导课件，包括各章的电子教案（PPT 文档）、书中的实例数据库、实验的答案数据库以及测试题参考答案等，需要者可从西安电子科技大学出版社网站（http://www.xduph.com）免费下载。

本书的编写过程中，获得了胡春安、杨书新及蔡虔等领导及同事们的指导和帮助，同时也得到了西安电子科技大学出版社的大力支持和帮助，在此表示衷心的感谢；同时对编写过程中参考的教材作者一并致谢。

由于编者水平有限，书中难免有不妥之处，恳请同行及广大读者批评指正。

编者

2019 年 3 月

目　录

第 1 章　数据库技术基础

在当今"互联网+"及人工智能快速推进的移动互联网时代，数据已经成为所有行业各个领域的重要资源。数据库技术作为计算机科学的重要分支之一，能够帮助人们有效地进行数据管理，它已成为计算机信息系统和计算机应用系统的基础和核心，也是人们储存数据、管理信息、共享资源的最先进和最常用的技术。因此，掌握数据库技术是全面认识计算机系统的重要环节，也成为当前信息化时代的必备技能。

本章将介绍数据库系统的基本概念、数据模型、数据库的体系结构、数据库系统设计、常用的关系型数据库以及数据库技术的新动态。通过本章的学习，可以较为全面地了解数据库的基础知识，为后续章节的学习打下扎实的基础。

1.1　数据库系统概述

1.1.1　数据管理技术的起源

数据(Data)是反映客观事物属性的记录，也是信息的载体；对客观事物属性的记录需要用一定的符号来表达。因此可以说，数据是现实世界中实体(或客体)在计算机系统中的符号表示，也是信息的具体表现形式。数据分为数值型和非数值型两大类，数值型数据有整数和实数两种形式；非数值型数据有文字、图形、图像、音频、视频及动画等形式。

信息(Information)是对客观世界中各种事物的运动状态和变化的反映，也是客观事物之间相互联系和相互作用的表征，表现的是客观事物运动状态和变化的实质内容。简单地说，信息是经过加工的数据，或者说，信息是数据处理的结果。

总之，数据与信息密切联系又有区别，数据是信息的表现形式，信息是加工处理后有用的数据。

自计算机被发明以来，人类社会经历了信息网络时代，数据处理的速度及规模的需求远远超出了过去人工或者机械方式的能力范围，计算机以其快速准确的计算能力和海量的数据存储能力在数据处理领域得到了广泛的应用。但是数据库技术并不是最早的数据管理技术，总体来说，数据管理技术的发展经历了人工管理、文件系统管理和数据库系统管理这 3 个发展阶段。

1. 人工管理阶段

20 世纪 50 年代中期以前，计算机主要用于科学计算，当时外存的状况是只有纸带、卡片、磁带等设备，并没有磁盘等直接存取的存储设备；而计算机系统软件的状况是没有操作系统，也没有管理数据的软件，在这样的情况下的数据管理方式为人工管理。

人工管理数据具有如下特点：

(1) 数据不被保存。由于当时计算机主要用于科学计算，一般不需要将数据进行长期保存，只是在计算某一课题时将数据输入，用完就删除。

(2) 应用程序管理数据。数据需要由应用程序自己管理，没有相应的软件系统负责数据的管理工作，应用程序中不仅要规定数据的逻辑结构，而且要设计物理结构，包括存储结构、存取方法、输入方式等，因此程序员负担很重。

(3) 数据不能共享。数据是面向应用的，一组数据只能对应一个程序。当多个应用程序涉及某些相同的数据时，由于必须各自定义，无法相互利用和参照，因此程序与程序之间有大量的冗余数据。

(4) 数量不具有独立性。数据的逻辑结构或物理结构改变后，必须对应用程序做相应的修改，这就进一步加重了程序员的负担。

在人工管理阶段，程序与数据之间的一一对应关系如图 1-1 所示。

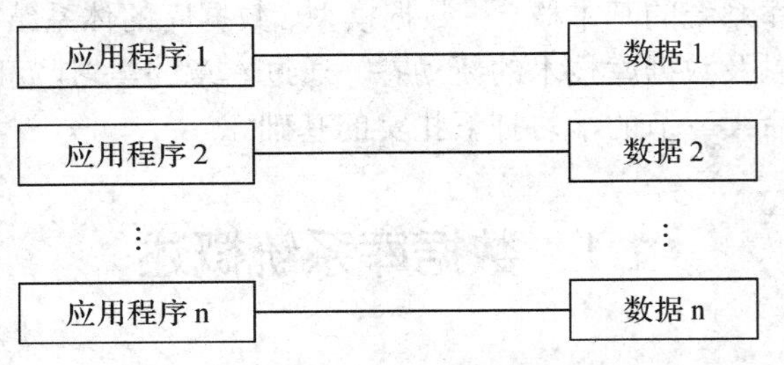

图 1-1　人工管理阶段程序与数据的关系

2. 文件系统管理阶段

20 世纪 50 年代后期到 60 年代中期，这时已经有了磁盘、磁鼓等直接存储设备；而在计算机系统方面，不同类型的操作系统的出现极大地增强了计算机系统的功能。操作系统中用来进行数据管理的部分是文件系统，这时可以把相关的数据组成一个文件存放在计算机中，在需要的时候只要提供文件名，计算机就能从文件系统中找到所要的文件，把文件中存储的数据提供给用户进行处理。但是，由于这时数据的组织仍然是面向程序的，所以，存在大量的数据冗余，无法有效地进行数据共享。

文件系统管理具有如下特点：

(1) 数据可以长期保存。数据可以长期储存在计算机中并被反复使用。

(2) 由文件系统管理数据。文件系统把数据组织成内部有结构的记录，实现一种“按文件名访问，按记录进行存取”的管理技术。

文件系统管理使应用程序与数据之间有了初步的独立性，程序员不必过多地考虑数据存储的物理细节。数据在存储上的不同不会影响程序的处理逻辑。如果数据的存储结构发生变化，应用程序的改变很小，节省了程序的维护工作量。但是，文件系统管理仍然存在以下缺点：

(1) 数据共享性差，冗余度大。在文件系统中，一个(或一组)文件基本上对应一个应用(程序)，即文件是面向应用的。当不同的应用(程序)使用部分相同的数据时，也必须建立各自的文件，而不能共享相同的数据。因此，数据的冗余度大，浪费存储空间。同时，由于相同数据的重复存储、各自管理，容易造成数据的不一致性，给数据的修改和维护带来了困难。

(2) 数据独立性差。文件系统中的文件是为某一特定应用服务的，文件的逻辑结构对该应用来说是优化的，因此相对现有的数据再增加一些新的应用会很困难，系统不容易扩充。一旦数据的逻辑结构发生变化，就必须修改应用程序，修改文件结构的定义，因此数据与程序之间仍然缺乏独立性。

在文件系统管理阶段，程序与数据的关系如图 1-2 所示。

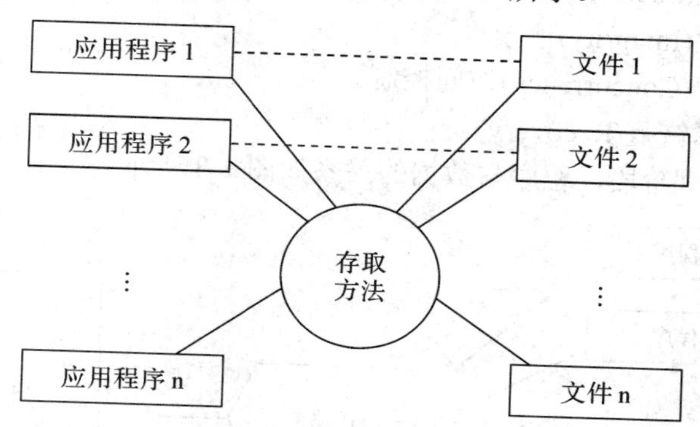

图 1-2　文件系统管理阶段程序与数据的关系

3. 数据库系统管理阶段

20 世纪 60 年代后期，计算机用于管理的规模越来越大，应用越来越广泛，数据量急剧增长，同时多种应用、多种语言互相覆盖的共享数据集合的要求也越来越强烈。这时已有大容量磁盘，硬件价格下降，软件价格则上升，为编制和维护系统软件及应用程序所需的成本相对增加。在这种背景下，以文件系统管理作为数据管理手段已经不能满足应用的需求。于是为解决多用户、多应用共享数据的需求，使数据为尽可能多的应用服务，数据库技术便应运而生，出现了统一管理数据的专用软件系统——数据库管理系统(Database Management System，DBMS)。

用数据库系统来管理数据比文件系统具有明显的优点，从文件系统管理阶段到数据库系统管理阶段，标志着数据管理技术的飞跃。

数据库系统管理具有如下特点：

(1) 数据结构化。数据库系统实现了数据的整体结构化，这是数据库的最主要的特征之一。这里所说的“整体”结构化，是指在数据库中的数据不再仅针对某个应用，而是面向全组织；而且不仅数据内部是结构化的，更是整体结构化，数据之间有联系。

(2) 数据的共享性高，冗余度低，易扩充。因为数据是面向整体的，所以数据可以被多个用户、多个应用程序共享使用，可以大大减少数据冗余，节约存储空间，避免数据之间的不相容性与不一致性。

(3) 数据独立性高。数据独立性包括数据的物理独立性和逻辑独立性。物理独立性是指数据在磁盘上的数据库中如何存储是由 DBMS 管理的，用户程序不需要了解，应用程序要处理的只是数据的逻辑结构，这样一来，当数据的物理存储结构改变时，用户的程序不用改变。逻辑独立性是指用户的应用程序与数据库的逻辑结构是相互独立的。也就是说，数据的逻辑结构改变了，用户程序也可以不改变。

数据与程序的独立，把数据的定义从程序中分离出去，加上存取数据由 DBMS 负责提供，从而简化了应用程序的编制，大大减少了应用程序的维护量和修改量。

(4) 数据由 DBMS 统一管理和控制。数据库系统中的数据由 DBMS 来进行统一的控制和管理，所有应用程序对数据的访问都要交给 DBMS 来完成。

DBMS 主要提供以下控制功能：

① 数据的安全性(Security)保护。

② 数据的完整性(Integrity)检查。

③ 数据库的并发(Concurrency)访问控制。

④ 数据库的故障恢复(Recovery)。

在数据库系统管理阶段，程序与数据的关系如图 1-3 所示。

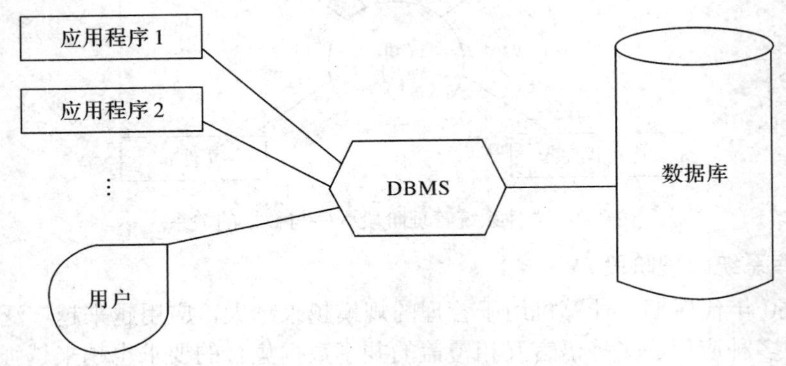

图 1-3　数据库系统管理阶段程序与数据的关系

综上所述，数据库管理技术的发展过程，实际上也是应用程序与数据逐步分离的过程，在人工管理阶段，程序和数据不分家，而在数据库系统管理阶段，程序和数据具有了高度的独立性。

1.1.2　数据库与数据库管理系统

数据库系统自出现以来已经深入到人类社会活动的各个领域，接下来我们介绍数据库系统中的两个重要术语：数据库(Database，DB)和数据库管理系统(DBMS)。

数据库和数据库管理系统是密切相关的两个基本概念，可以先这样简单地理解：数据库是指存放数据的文件，而数据库管理系统是用来管理和控制数据库文件的专门系统软件。

1. 数据库

数据库是存放数据的“仓库”。这个“仓库”是在计算机的存储设备上，而且数据是按照一定的数据模型组织并存放在外存上的一组相关数据集合，通常这些数据是面向一个组织、企业或部门的。

严格来说，数据库是长期存储在计算机内、有组织的、大量的、可共享的数据集合。数据库中的数据按一定的数据模型组织、描述和存储，具有较小的冗余度、较高的数据独立性和易扩展性，并可为各种用户共享。简单来说，数据库数据具有永久存储、有组织和可共享这 3 个基本特点。

2. 数据库管理系统

在建立了数据库之后，接下来的问题就是如何科学地组织和存储数据、如何高效地获取和维护数据。完成这个任务的是一个系统软件——数据库管理系统(DBMS)。DBMS 是指数据库系统中对数据进行管理的软件系统，它是数据库系统的核心组成部分，数据库系统的一切操作(如查询、更新及各种控制)都是通过它来进行的。

如果用户要对数据库进行操作，是由 DBMS 把操作从应用程序带到外部级、概念级，再导向内部级，进而操纵存储器中的数据的。DBMS 的主要目标是使数据作为一种可管理的资源来处理。DBMS 应使数据易于为各种不同的用户所共享，应该能增进数据的安全性、完整性及可用性，并提供高度的数据独立性。

DBMS 的主要功能如下：

(1) 数据的定义功能。

(2) 数据的操纵功能。

(3) 数据的控制功能。

(4) 其他一些功能。

1.1.3　数据库系统

数据库系统(Database System，DBS)，是指在计算机系统中引入数据库后的系统，一般由数据库、数据库管理系统(及其开发工具)、应用系统和数据库管理员构成。应当指出的是，数据库的建立、使用和维护等工作只靠一个 DBMS 是远远不够的，还要有专门的人员来完成，这些人被称为数据库管理员(Database Administrator，DBA)。

在一般不引起混淆的情况下，人们常常把数据库系统简称为数据库。数据库系统的组成如图 1-4 所示。

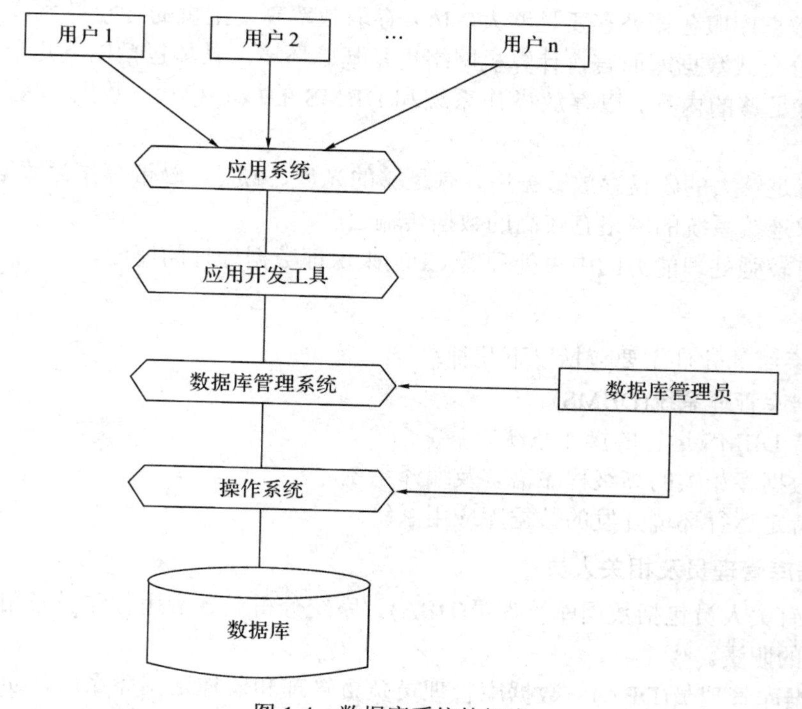

图 1-4　数据库系统的组成

数据库系统在计算机系统中的地位如图 1-5 所示。以下是数据库系统的主要组成部分。

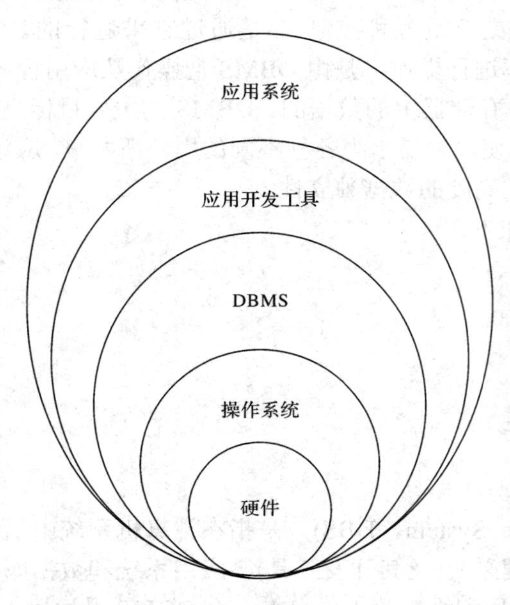

图 1-5　数据库系统在计算机系统中的地位

1. 硬件系统及数据库

硬件系统主要是指计算机各个组成部分。鉴于数据库应用系统的需求，特别要求数据库主机或者数据库服务器外存要足够大，I/O 存取效率高，主机的吞吐量大，作业处理能力强。对于分布式数据库而言，计算机网络也是基础环境。具体包括以下几个方面：

(1) 要有足够的内存，以存放操作系统和 DBMS 的核心模块、数据库缓冲区和应用程序。

(2) 要有足够大的磁盘存放数据库，有足够的光盘、磁盘、磁带等作为数据备份介质。

(3) 要求连接系统的网络有较高的数据传输速度。

(4) 要有较强处理能力的中央处理器(CPU)来保证数据处理的速度。

2. 软件

数据库系统的软件主要包括以下几种：

(1) 数据库管理系统(DBMS)。

(2) 支持 DBMS 运行的操作系统。

(3) 与数据库相关的高级程序语言及编译系统。

(4) 为特定运行环境开发的数据库应用系统。

3. 数据库管理员及相关人员

数据库有关人员包括数据库管理员(DBA)、系统分析员、应用程序员及用户，下面介绍他们各自的职责。

(1) 数据库管理员(DBA)。数据库管理员负责管理和监控数据库系统，负责为用户解决应用中出现的系统问题；DBA 的核心目标是保证数据库管理系统的稳定性、安全性、完整性和高性能。为了保证数据库高效正常地运行，大型数据库系统都设有专人负责数据库系统的管理和维护。其主要职责有以下几个方面：

① 设计数据库设计，包括字段、表和关键字段；资源在辅助存储设备上是怎样使用的；怎样增加和删除文件及记录；怎样发现和补救损失。

② 监控数据库的警告日志，定期做备份并删除；监控数据库的日常会话情况；碎片、剩余空间的监控，及时了解表空间的扩展情况以及剩余空间分布情况；监视对象的修改；定期列出所有变化的对象安装和升级数据库服务器(如 Oracle、Microsoft SQL server)，以及应用程序工具；设计数据库系统存储方案，并制定未来的存储需求计划；制定数据库备份计划，灾难出现时对数据库信息进行恢复；维护适当介质上的存档或备份数据。

③ 备份。对数据库的备份监控和管理数据库的备份至关重要，对数据库的备份策略要根据实际要求进行更改，对数据的日常备份情况进行监控。

④ 修改密码。规范数据库用户的管理，定期对管理员等重要用户密码进行修改。对于每一个项目，应该建立一个用户。DBA 应该和相应的项目管理人员或者是程序员沟通，确定怎样建立相应的数据库底层模型，最后由 DBA 统一管理、建立和维护。任何数据库对象的更改，应该由 DBA 根据需求来操作。

⑤ SQL 语句，即 SQL 语句的书写规范的要求。一个 SQL 语句，如果写得不理想，对数据库的影响是很大的。所以，每一个程序员或相应的工作人员在编写相应的 SQL 语句时，应该严格按照 SQL 语句书写规范，最后要有 DBA 检查才可以正式运行。

⑥ 最终用户服务和协调。数据库管理员规定用户访问权限和为不同用户分配资源。如果不同用户之间互相抵触，数据库管理员应该能够协调用户以最优化安排。

⑦ 数据库安全。数据库管理员能够为不同的数据库管理系统用户规定不同的访问权限，以保护数据库不被未经授权的访问和破坏。例如，允许一类用户只能检索数据，而另一类用户可能拥有更新数据和删除记录的权限。

(2) 系统分析员。系统分析员负责应用系统的需求分析和规范说明，与用户及 DBA 相互配合，确定系统的硬件、软件配置，并参与数据库系统概要设计。

(3) 应用程序员。应用程序员是负责设计、开发应用系统功能模块的软件编程人员，他们根据数据库结构编写特定的应用程序，并进行调试和安装。

(4) 用户。这里的用户是指最终用户，最终用户通过应用程序的用户接口使用数据库。

1.2　数据库系统结构

1.2.1　数据库系统的内部结构

虽然实际的数据库系统软件的产品种类很多，它们支持不同的数据模型，使用不同的数据库语言，建立在不同的操作系统之上，但是，从数据库管理系统的角度来看，它们的体系结构都具有相同的特征，即数据库系统内部采用三级模式及两级映射。三级模式分别是外模式、概念模式与内模式；两级映射则分别是外模式到概念模式的映射以及概念模式到内模式的映射。这三级模式与两级映射构成了数据库系统内部的体系结构，如图 1-6 所示。

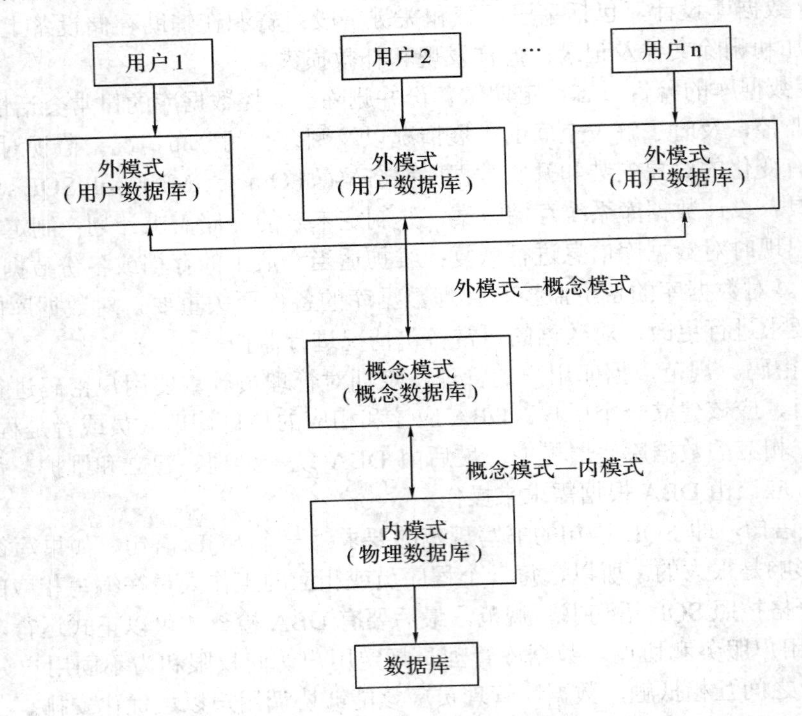

图 1-6　三级模式、两级映射的关系图

1. 数据库系统的三级模式

数据模式是数据库系统中数据结构的一种表示形式，它具有不同的层次与结构。

(1) 概念模式。该模式是数据库系统中全局数据逻辑结构的描述，是全体用户(应用)的公共数据视图。此种描述是一种抽象的描述，不涉及具体的硬件和软件环境。概念模式主要描述数据的概念记录类型以及它们之间的关系，还包括一些数据之间的语义约束，对它的描述可用 DBMS 中的数据定义语言(Data Definition Language，DDL)来定义。

(2) 外模式。该模式也称为子模式(Sub Schema)或用户模式(User's Schema)。它是用户的数据视图，也就是用户所见到的数据模式，由概念模式推导而出。概念模式给出了系统全局的数据描述，而外模式则给出每个用户的局部数据描述。一个概念模式可以有若干个外模式，每个用户只关心与它有关的模式，这样可以屏蔽大量无关信息，有利于数据保护。在一般的 DBMS 中，都提供相关的外模式描述语言(外模式 DDL)。

(3) 内模式(Internal Schema)。内模式又称为物理模式(Physical Schema)。它给出了数据库物理存储结构与物理存取方法，如数据存储的文件结构、索引、集簇及散列等存取方式与存取路径。内模式对一般用户是透明的，但它的设计直接影响数据库的性能。

数据模式给出了数据库的数据框架结构，数据是数据库中真正的实体，但这些数据必须按框架所描述的结构组织。以概念模式为框架所组成的数据库称为概念数据库。以外模式为框架所组成的数据库称为用户数据库。以内模式为框架所组成的数据库称为物理数据库。在这三种数据库中，只有物理数据库是真实存在于计算机外存中的，其他两种数据库并不真正存在于计算机中，而是通过两种映射由物理数据库映射而成。

模式的三个级别层次反映了模式的三个不同环境以及它们的不同要求。其中，内模式处于最底层，它反映了数据在计算机物理结构中的实际存储形式；概念模式处于中层，它反映了设计者的数据全局要求；而外模式处于最外层，它反映了用户对数据的要求。

2. 数据库系统的两级映射

数据库系统的三级模式是对数据的三个级别的抽象，它把数据的具体物理实现留给物理模式，使用户与全局设计者不必关心数据库的具体实现与物理背景；同时，它通过两级映射建立了模式间的联系与转换，使得概念模式与外模式虽然并不具备物理存在，但是也能通过映射获得实体。此外，两级映射也保证了数据库系统中数据的独立性，即数据的物理组织改变与逻辑概念级的改变相互独立，使得只需调整映射方式而不必改变用户模式。

(1) 外模式到概念模式的映射。概念模式是一个全局模式，而外模式是用户的局部模式。在一个概念模式中可以定义多个外模式，而每个外模式是概念的一个基本视图。外模式到概念模式的映射给出了外模式与概念模式的对应关系，这种映射一般也是由 DBMS 来实现的。

(2) 概念模式到内模式的映射。该映射给出了概念模式中数据的全局逻辑结构到数据的物理存储结构之间的对应关系，此种映射一般由 DBMS 实现。

1.2.2　数据库系统的外部结构

从最终用户角度来看，数据库系统的结构分为单用户结构、主从式结构、分布式结构、客户端/服务器结构(C/S 结构)和浏览器/服务器(B/S 结构)。数据库系统的结构有很多，但是目前主流的数据库系统结构是 C/S 结构和 B/S 结构，而且很多实际系统是二者相结合的。

主从式数据库系统中的主机和分布式数据库系统中的每个节点都是一个通用计算机，既执行 DBMS 功能，又执行应用程序。随着工作站功能的增强和广泛使用，人们开始把 DBMS 功能和应用分开。网络中某些节点上的计算机专门执行 DBMS 功能，称为数据库服务器，简称服务器，其他节点上的计算机安装 DBMS 外围应用开发工具，支持用户的应用，称为客户机，这就是客户端/服务器(Client/Server)结构，简称为 C/S 结构。

在客户端/服务器结构中，客户端的用户请求被传送到数据库服务器，数据库服务器进行处理后，只将结果返回给用户(而不是整个数据)，从而显著地减少了网络数据的传输量，提高了系统的性能、吞吐量和负载能力。

随着互联网的快速发展，移动办公和分布式应用越来越普及，而 C/S 结构的缺点就逐渐暴露出来了，因此出现了浏览器/服务器结构(B/S 结构)。在浏览器/服务器结构下，用户工作界面通过浏览器来实现，极少部分的事务逻辑在前端浏览器(Browser)实现，但是主要事务逻辑在服务器(Server)端实现。这种模式统一了客户端，将系统功能实现的核心部分集中到服务器上，简化了系统的开发、维护和使用。客户机上只要安装一个浏览器，浏览器通过 Web Server 与数据库进行数据交互。这样就大大简化了客户端的载荷，减轻了系统维护与升级的成本和工作量，降低了用户的总体成本。

1.3 数据模型

模型(Model)是对现实世界特征的模拟与抽象。例如，建筑规划沙盘、精致逼真的飞机航模，都是对现实生活中的事物的描述和抽象，见到它们就会让人们联想到现实世界中的实物。

数据模型(Data Model)也是一种模型，它是现实世界数据特征的抽象。由于计算机不可能直接处理现实世界中的具体事物，因此人们必须事先把具体事物转换成计算机能够处理的数据，即首先要数字化，要把现实世界中的人、事、物、概念用数据模型这个工具来抽象、表示和加工处理。数据模型是数据库中用来对现实世界进行抽象的工具，是数据库中用于提供信息表示和操作手段的形式构架，是现实世界的一种抽象模型。

数据模型是从现实世界到机器世界的一个中间层次。现实世界的事物反映到人的头脑中，人们再把这些事物抽象为一种既不依赖于具体的计算机系统，又与特定的 DBMS 无关的概念模型，然后再把概念模型转换为计算机上某一 DBMS 支持的数据模型。

1.3.1 概念数据模型

概念数据模型简称为概念模型，常用的概念模型是 E-R(Entity-Relationship，实体-联系)模型，该模型用 E-R 图来描述数据结构。

1. E-R 模型

现实世界中存在各种事物，事物与事物之间存在着联系。这种联系是客观存在的，它是由事物本身的性质所决定的。例如，商业部门有货物、客户、供应商，客户订货、购物，供应商提供货源等。E-R 模型的成分主要有实体、属性以及实体集和实体型这 3 种。

(1) 实体：客观存在并且可以相互区别的事物为实体，实体可以是实际的人、事、物，也可以是抽象的概念或联系。例如，一个学生、一个班级、学生与班级的隶属关系都是实体。

(2) 属性：实体所具有的某一特性称为属性。一个实体可以由多个属性来刻画。例如，学生实体有学号、姓名、性别、出生日期等属性。

(3) 实体集和实体型：属性值的集合表示一个实体，而属性的集合表示一种实体的类型。称为实体型。同类型的实体集合称为实体集。

例如，学生(学号，姓名，性别，出生日期)是一个实体型。对于学生来说，全班学生就是一个实体集。(1810102，张楠，男，1999/02/09)就是学生实体型的一个实体。

2. 实体间的联系及联系的分类

实体间的联系就是实体之间的对应关系，它反映客观世界中事物之间的相互关联。实体间的联系的种类是指一个实体型中可能出现的每个实体与另一个实体型中多少个具体实体存在联系，有以下 3 种类型：

(1) 一对一(1∶1)联系：如果实体集 A 中的每一个实体只与实体集 B 中的一个实体相联系，反之亦然，则称这种联系是一对一联系。

例如，一个学校只能有一位正校长，并且正校长不可以在其他学校兼任校长，学校与正校长之间就是一对一联系。

(2) 一对多(1∶m)联系：如果实体集 A 中的每一个实体在实体集 B 中都有多个实体与之对应，实体集 B 中的每一个实体在实体集 A 中只有一个实体与之对应，则称这种联系是一对多联系。

例如，一间教室同时有多名学生上课，而一个学生同一时刻只能在一间教室上课，则教室与学生之间的联系就是一对多联系。

(3) 多对多(n∶m)联系：如果实体集 A 中的每一个实体在实体集 B 中都有多个实体与之对应，反之亦然，则称这种联系是多对多联系。

例如，教师与课程之间是多对多的联系，因为一名教师可以讲授多门课程，同一门课程可以由多名教师讲授。

3. E-R 模型的表示

(1) 矩形：表示实体型，矩形框内为实体名。

(2) 椭圆形：表示属性，椭圆形框内为属性名。

(3) 菱形：表示联系，菱形框内为联系名。

(4) 无向边：用来连接实体型与联系，边上注明联系类型(1∶1、1∶n 或 m∶n)；属性与对应的实体型或联系也用无向边连接。

例如，用 E-R 模型描述某高校的学生选课情况：学校有若干学生，每个学生可以选修多门课程，结果如图 1-7 所示。

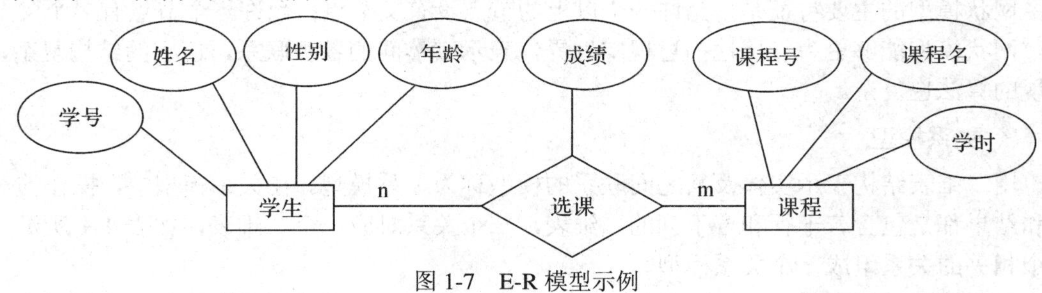

图 1-7　E-R 模型示例

1.3.2　逻辑数据模型

逻辑数据模型就是通常说的数据模型，它由数据结构、数据约束和数据操作这 3 部分内容来描述。

任何一个 DBMS 都是基于某种数据模型设计的。根据数据的组织形式，常见的数据模型可分为层次模型、网状模型、关系模型，相应的数据库就称为层次型数据库、网状型数据库、关系型数据库。

1. 层次模型

层次模型用树形结构表示实体及实体间的联系，如图 1-8 所示。层次模型是数据库系统最早使用的数据模型。层次模型的主要特征是，有且仅有一个节点，没有父节点，该节点称为根节点；其他节点有且仅有一个父节点。

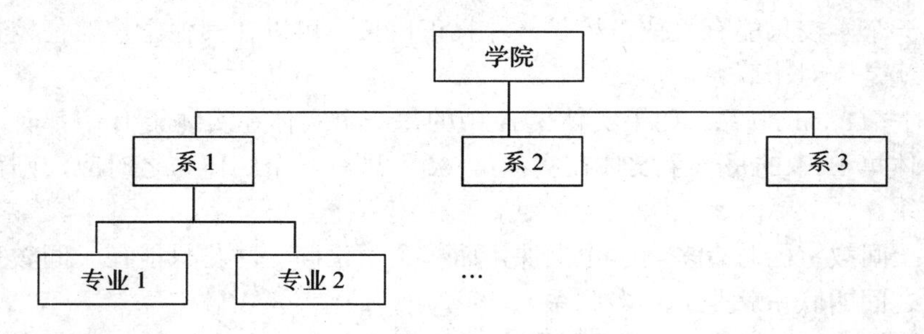

图 1-8　层次模型示例

层次模型结构简单、处理方便、算法规范，适合表达现实世界中具有一对多联系的事物。

2. 网状模型

网状模型用网状结构表示实体及其之间的联系，如图 1-9 所示。

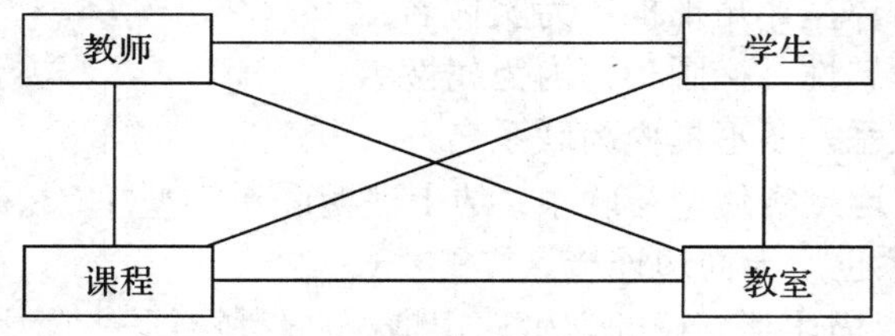

图 1-9　网状模型示例

网状模型的主要特征是，允许一个以上的节点没有父节点；允许一个节点有多个父节点。网状模型能够更为直接地描述现实世界，表示实体间的各种联系，但它的结构复杂，实现的算法也复杂。

3. 关系模型

用二维表结构表示实体及其之间联系的模型称为关系模型。在关系模型中，操作的对象和结果都是包含若干行和若干列的二维表，一个关系对应一个二维表，如表 1-1 所示。多个相关的关系组成一个关系模型。

关系模型的概念单一，无论实体还是实体之间的联系都用关系来表示。它是目前最常用的主流数据模型，包括 Access(本书用的最新的软件 Access 2010，多处会简写为 Access)在内的多种数据库管理系统都支持关系模型。关系模型的主要特点如下：

(1) 关系中每一数据项不可再分，是最基本的单位。

(2) 每列数据项是同属性的。列数根据需要而设，并且各列的顺序是任意的。

(3) 每行记录由一个个体事物的诸多属性项构成。记录的顺序可以是任意的。

(4) 一个关系是一张二维表，不允许有相同的字段名，也不允许有相同的记录行。

1.4　关系数据库

关系数据库是以关系模型作为数据组织方式的数据库。在关系数据库中，现实世界的实体及实体间的联系均用关系来表示。数据被分散在不同的数据表中，每个表中的数据只记录一次，从而避免数据的重复输入，减少数据冗余。目前，几乎所有的数据库管理系统都支持关系模型，Access 就是一种典型的较为简单的关系数据库管理系统(RDBMS)。

1.4.1　关系的基本概念

1. 常用关系术语

在关系数据库中，经常会提到关系、属性等术语。下面列出常用的关系术语。

(1) 关系。一个关系就是一张二维表，每个关系有一个关系名。在关系数据库中，一个关系存储为一个表，具有一个表名。对关系的描述称为关系模式，一个关系模式对应一个关系的结构，其格式为：

关系名(属性名 1，属性名 2，…，属性名 n)

关系模式在数据库中表现为表结构：

表名(字段名 1，字段名 2，…，字段名 n)

例如，学生(学号，姓名，性别，专业编号，政治面貌)为“学生”表结构，表名为“学生”，字段依次为学号、姓名、专业编号、政治面貌。“学生”表中记录的数据如表 1-1 所示。

表 1-1　“学生”表

学号	姓名	专业编号	政治面貌
20181202	王梦婕	120201	团员
20181203	李刚	130205	团员
20181205	张梅	120201	党员
20181206	刘兰	200104	群众

专业(专业编号，专业名称，所在学院)为“专业”表结构，表名为“专业”，字段依次为专业编号、专业名称、所在学院，如表 1-2 所示。

表 1-2　“专业”表

专业编号	专业名称	所在学院
120201	网络工程	信息工程学院
200104	会计学	经济管理学院
130205	冶金工程	冶金与化工学院

(2) 元组。在一个二维表(一个具体关系)中，水平方向的行称为元组，在数据库中元组对应表中的一条具体记录。例如，表 1-2 中(120201，网络工程，信息工程学院)就是其中一个元组。

(3) 属性。二维表的列称为属性，每一列有一个属性名。在数据库中属性对应字段。每一个字段的名称、数据类型、宽度等，在定义表结构时确定。例如，在学生表中，学号、姓名等为字段名。

(4) 域。域为属性的取值范围，即不同元组对同一属性的取值所规定的范围。例如，在学生表中，“性别”字段的取值只能从“男”、“女”两个汉字中选取。

(5) 关键字(Key)。关键字(也称为码)能够唯一标识一个元组的属性或属性的组合，即在数据库中表示为能够唯一地标识一条记录的字段或字段的组合。例如，学生表中能作为关键字的是“学号”，选课成绩表中能作为关键字的是“学号”和“课程号”的组合。当一个表中存在多个候选关键字时，可以指定其中的一个为主关键字。

例如，给学生表中再添加一个“身份证号”字段，此时，“学号”和“身份证号”均为学生表的关键字，可以指定“学号”为主关键字，也可以指定“身份证号”为主关键字，但需要注意的是，在一个表中只能指定一个关键字为主关键字。

(6) 外部关键字。如果一个关系中的属性或属性组不是该关系的关键字，而是另外一个关系的关键字，则称其为该关系的外部关键字。

例如，“专业编号”不是学生表中的关键字，而是专业表中的关键字，则称“专业编号”为学生表的外部关键字。

通常，将关键字简称为“键”，将主关键字简称为“主键”，将外部关键字简称为“外键”。

2. 关系的特点

一个关系就是一张二维表，但是一张二维表不一定是一个关系。在关系模式中，关系具有以下特点：

(1) 关系必须规范化。所谓规范化，是指关系模型中的每个关系模式都必须满足一定的要求。最基本的要求是每个属性是不可分割的数据项，即表中不能再包含表。如果不满足这个条件，就不能称为关系。

(2) 关系中同一个属性的取值必须是同一类型的数据，来自同一个域。

(3) 同一个关系中不能有相同的属性名。在数据库中不允许一个表中有相同的字段名。

(4) 同一个关系中不允许出现相同的元组。在一个表中，不应有两条完全相同的记录。

(5) 关系中的行、列次序可以任意交换，不影响其信息内容。

3. 关系的完整性规则

完整性规则是对关系的某种制约，用以保证数据的正确性、有效性和相容性。在关系模型中，有 3 类完整性规则，分别是实体完整性规则、参照完整性规则和用户自定义完整性规则。

(1) 实体完整性规则。它是指关系中主键不能取空值和重复的值。所谓空值(Null)，就是“不知道”或“无意义”的值。因为关系中的每一行都代表一个实体，而任何实体是可区分的，这是靠主键的取值来唯一标识的。

(2) 参照完整性规则。它关心的是逻辑相关的表中值与值之间的关系。假设 X 是一个表 A 的主键，在表 B 中是外键，那么若 K 是表 B 中外键的一个值，则表 A 中必然存在 X 字段上的值为 K 的记录。例如，“专业编号”字段是专业表的主键，而在学生表中是相对于专业表的外键，对于学生表的任何记录，其所包含的“专业编号”字段值，在专业表的“专业编号”字段中必然存在一个相同的值。

(3) 用户自定义完整性规则。它也可称为域完整性规则，由用户针对某一具体数据库的约束条件定义完整性。它由实际应用环境决定，反映了某一具体应用所涉及的数据必须满足的语义要求。例如，性别只能是“男”和“女”两种可能，成绩的取值要求不能为负数。

4. 实体关系模型

一个具体的关系模型由若干个关系模式组成。在数据库系统中，一个数据库包含相互之间存在联系的多个表，这个数据库文件就对应一个实际的关系模型。为了反映出各个表所表示的实体之间的联系，公共字段名往往起着桥梁作用。这仅仅是从形式上来看的，实际分析时，应当从逻辑语义上来确定联系。

例如，在“学生成绩管理”数据库中，由“学生信息”表、“选课成绩”表、“课程”表这3个关系模式组成的关系模型示例如图1-10所示。

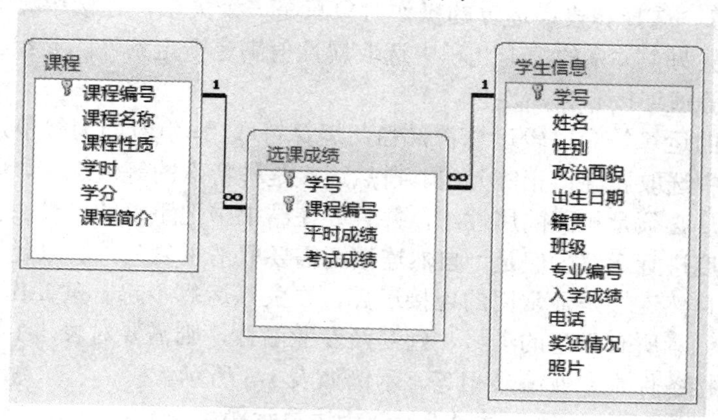

图1-10 关系模型示例

1.4.2 关系运算

关系的基本运算分为两类：传统的关系运算和专门的关系运算。

1. 传统的关系运算

传统的关系运算类似于数学上的集合运算。

(1) 并运算。具有相同结构的关系之间才能进行并运算。并运算的结果是把两个关系中的元组合并成新的集合。例如具有相同结构的两个关系A1和A2，则并运算A1∪A2就是将A2中的元组追加到A1元组的后面。

(2) 差运算。具有相同结构的关系之间才能进行差运算。例如，具有相同结构的两个关系A1和A2，则差运算A1－A2的结果就是由属于A1但不属于A2的元组组成的集合。

(3) 交运算。设A1和A2是具有相同结构的两个关系，则交运算A1∩A2的结果是由既属于A1又属于A2的元组组成的集合。

(4) 笛卡儿积(×)。对于两个关系的合并操作可以用笛卡儿积表示。设有n元关系R及m元关系S，它们分别有p、q个元组，则关系R与S的笛卡儿积记为R×S，R×S的结果中有n+m元、p×q个元组。

2. 专门的关系运算

专门的关系运算有选择(Selection)运算、投影(Projection)运算、连接(Join)运算这3种。

(1) 选择运算。在关系模式中，在特定范围内找出满足给定条件的元组。选择操作的条件是逻辑表达式，操作的结果是使逻辑表达式的值为真的元组。

例如，在如表 1-1 所示的学生关系中，选出政治面貌为“党员”的元组，结果就是(20181205，张梅，120201，党员)这个元组。

(2) 投影运算。在关系模式中指定若干属性组成新的关系。经过投影运算可得到一个新关系，此时的关系模式所包含的属性数量往往比原来的关系模式所包含的属性数量少。因为属性可能相同的情况，元组个数也可能变少。

例如，在如表 1-1 所示的学生关系中，选择学号、姓名这两个属性列组成一个新的关系，结果中就只包含两列。

(3) 连接运算。选择和投影运算的操作对象只是一个关系，连接运算需要两个关系作为操作对象，是从两个关系的笛卡儿积中选取属性值满足一定条件的元组。最常用的连接运算有两种，即等值连接和自然连接。

连接条件中的运算符为比较运算符，当此运算符取“=”时即为等值连接。即从两个关系的笛卡儿积中选取属性值相等元组。自然连接是种特殊的等值连接，它要求两个关系中进行比较的分量必须是相同的属性组，并且要在结果中把重复的属性去掉。一般的连接操作是从行的角度进行运算，但是，自然连接还需要取消重复列，所以是同时从行和列的角度进行运算。自然连接是最常用的连接运算，在关系运算中起着重要作用。

例如，若要显示所有学生的学号、姓名及专业名称，则需要对表 1-1 和表 1-2 进行自然连接运算，连接条件是专业编号相等。示例如表 1-3 所示。

表 1-3　连接运算示例

学号	姓名	专业名称
20181202	王梦婕	网络工程
20181203	李刚	冶金工程
20181205	张梅	网络工程
20181206	刘兰	会计学

1.4.3　关系规范化

关系规范化是指对数据库中的关系模式进行分解，将不同的概念分散到不同的关系中，达到概念的单一化。

满足一定条件的关系模式称为范式(Normal Form，NF)。根据满足规范条件的不同，分为第一范式(INF)、第二范式(2NF)、第三范式(3NF)、BC 范式(BCNF)、第四范式(4NF)和第五范式(5NF)。级别越高，满足的要求越高，规范化程度也越高。在关系数据库中，任何一个关系模式都必须满足第一范式，即表中的任何字段都必须是不可分割的数据项。将一个低级范式的关系模式分解为多个高一级范式的关系模式的过程，称为规范化。

关系规范化可以避免大量的数据冗余，节省存储空间，保持数据的一致性；但由于信息被存储在不同的关系中，这在一定程度上增加了操作的难度。需要特别指出的是，在实际应用中，不是数据规范的等级越高就越好，需要根据具体问题来分析。

1.5　关系数据库管理系统

1.5.1　关系数据库管理系统的功能

关系数据库管理系统(RDBMS)主要有4个方面的功能：数据定义、数据处理、数据控制和数据维护。

(1) 数据定义功能。RDBMS 一般均提供数据定义语言(Data Description Language，DDL)，以允许用户定义数据在数据库中存储所使用的类型(如文本型或数字型等)，以及不同主题之间的数据如何相关。

(2) 数据处理功能。RDBMS 一般均提供数据操纵语言(Data Manipulation Language，DML)，让用户可以使用多种方法来操纵数据。例如，可以通过设置筛选条件只显示满足条件的数据等。

(3) 数据控制功能。该功能可以管理在工作组中使用、编辑数据的权限，完成数据安全性、完整性及一致性的定义与检查，还可以保证数据库在多个用户间正常使用。

(4) 数据维护功能。数据维护功能包括数据库中初始数据的装载，数据库的转储、重组、性能监控、系统恢复等功能，它们大都由 RDBMS 中的应用程序来完成。

1.5.2　常用的关系数据库管理系统

目前，关系数据库管理系统的种类很多。常见的有 Oracle、DB2、Sybase、MySQL(开源)、RDB、SQL Server、Access、Visual FoxPro 等系统。

Oracle 是大型关系数据库管理系统，它功能强大、性能卓越，在当今大型数据库管理系统中占有重要地位。DB2 是 IBM 公司出口的系列关系型数据库管理系统，分别在不同的操作系统平台上服务。SQL Server 关系数据库管理系统具有众多的版本。Microsoft 将 SOL Server 移植到 Windows NT 系统上之后，专注于开发推广 SQL Server 的 Windows NT 版本，目前主要有 SOL Server 2000、 SQL Server 2005、SQL Server 2008 等版本。Sybase 则较专注于 SQL Server 在 UNIX 操作系统上的应用。

Access 是微软公司推出的基于 Windows 的桌面关系数据库管理系统，是 Microsoft Office 组件中重要的组成部分，也是目前较为流行的关系数据库管理系统。Access 具有大型数据库的一些基本功能，支持事务处理，具有多用户管理，支持数据压缩、备份和恢复，能够保证数据的安全性。Access 不仅是数据库管理系统，还是一个功能强大的开发工具，具有良好的二次开发支持特性，有许多软件开发者把它作为主要的开发工具。与其他的数据库管理系统相比，Access 更加简单易学，一个普通的计算机初学者即可掌握并使用它。

1.6　数据库技术新进展

20 世纪 80 年代以来，数据库技术经历了从简单应用到复杂应用的巨大变化，数据库系统的发展呈现百花齐放的局面。目前在新技术内容、应用领域和数据模型这 3 个方面都取得了很大进展。数据库技术与其他学科的有机结合是新一代数据库技术的一个显著特征，出现了各种新型的数据库。

(1) 与分布式处理技术结合，出现了分布式数据库。

(2) 与并行处理技术结合，出现了并行数据库。

(3) 与人工智能技术结合，出现了知识库与主动数据库系统。

(4) 与多媒体技术结合，出现了多媒体数据库。

(5) 与模糊技术结合，出现了模糊数据库等。

数据库技术应用到其他领域中，出现了数据仓库、工程数据库、统计数据库、时态数据库、空间数据库、时空数据库、实时数据库、基因数据库、科学数据库以及 Web 数据管理、流数据管理、无线传感器网络数据管理等多种数据库技术，扩大了数据库的应用领域。

1. 面向对象数据库系统

面向对象数据库系统(OODBS)支持定义和操作面向对象数据库，应满足两个标准：首先，它是数据库系统；其次，它是面向对象的系统。第一个标准即作为数据库系统应具备的能力(持久性、事务管理、并发控制、恢复、查询、版本管理、完整性、安全性)；第二个标准就是要求面向对象数据库充分支持完整的面向对象概念和控制机制。综上所述，我们将面向对象数据库简写为：面向对象数据库 = 面向对象的系统 + 数据库能力。

面向对象是一种认识方法学，也是一种新的程序设计方法学。将面向对象的方法和数据库技术结合起来可以使数据库系统的分析、设计最大程度地与人们对客观世界的认识相一致。面向对象数据库系统是为了满足新的数据库应用需要而产生的新一代数据库系统。

面向对象数据库的产生主要是为了解决“阻抗失配”，它强调高级程序设计语言与数据库的无缝连接。无缝连接即假设不使用数据库，而使用某种编程语言编写一个程序，可以基本不经任何改动地使它作用于数据库，即可以用编程语言透明访问数据库，就好像数据库根本不存在一样，所以也有人把面向对象数据库理解为语言的持久化。

面向对象方法综合了在关系数据库中发展的全部工程原理以及系统分析、软件工程和专家系统领域的内容，符合一般人的思维规律，将现实世界分解为明确的对象。系统设计人员用 OODBS 创建的计算机模型能更直接反映客观世界，使得非计算机专业人员的最终用户也可以通过这些模型理解和评述数据库系统。

以上这些都是传统数据库所缺乏的，正因为如此，OODBS 更能在新兴应用领域中发挥作用。这些领域主要集中在以下几个方向：

(1) 工程应用领域：此领域(如 CAD/CAM)涉及的数据种类多，操作和数据之间涉及的关系都极为复杂。由于面向对象数据库实现了无缝连接，能够支持非常复杂的数据模型，从而特别适用于工程设计领域。

(2) 多媒体应用领域：由于多媒体中数据种类很多，它们之间有复杂的联系使其成为了一个整体，在多媒体领域的需求可以在面向对象数据库中得到解决。

(3) 集成应用领域：随着计算机越来越集成，系统也跟着越发复杂，多种应用的集成需要一个能适应不同应用要求的结构模型。

(4) 传统应用领域：近年来商业、事务处理的需求发生了很大的变化，而面向对象数据库很能适应这些新的变化，因此在传统领域面向对象数据库也有着重要的应用市场。

2. 数据仓库

数据仓库是决策支持系统和联机分析应用数据源的结构化数据环境。数据仓库研究和解决从数据中获取信息的问题。

数据库已经在信息技术领域有了广泛的应用，社会生活的各个部门几乎都有各种各样的数据库保存着与我们的生活息息相关的各种数据。美国著名信息工程专家 William Inmon 博士在 20 世纪 90 年代初提出了数据仓库概念的表达，认为："一个数据仓库通常是一个面向主题的、集成的、随时间变化的，但信息本身相对稳定的数据集合，它用于对管理决策过程的支持。"而数据仓库具备以下特点：

(1) 数据仓库是面向主题的。

(2) 数据仓库是集成的。

(3) 数据仓库是不可更新的。

(4) 数据仓库是随时间而变化的。

(5) 汇总的，即操作性数据映射为决策可用的格式。

(6) 大容量，即时间序列数据集合通常都非常大。

(7) 非规范化的，即数据可以是而且经常是冗余的。

(8) 元数据，即将描述数据的数据保存起来。

(9) 数据源，即数据来自内部的和外部的非集成操作系统。

3. 分布式数据库系统

分布式数据库系统(DDBS)是在集中式数据库系统的基础上发展起来的，是计算机技术和网络技术结合的产物。分布式数据库系统适合于单位分散的部门，允许各个部门将其常用的数据存储在本地，实施就地存放本地使用，从而提高响应速度，降低通信费用。分布式数据库系统与集中式数据库系统相比具有可扩展性，通过增加适当的数据冗余，提高系统的可靠性。

分布式数据库系统包含分布式数据库管理系统(DDBMS)和分布式数据库(DDB)。在分布式数据库系统中，一个应用程序可以对数据库进行透明操作，数据库中的数据分别在不同的局部数据库中存储、由不同的 DBMS 进行管理、在不同的机器上运行、由不同的操作系统支持、被不同的通信网络连接在一起。

一个分布式数据库在逻辑上是一个统一的整体，在物理上则是分别存储在不同的物理节点上。一个应用程序通过网络的连接可以访问分布在不同地理位置的数据库。它的分布性表现在数据库中的数据不是存储在同一场地；更确切地讲，不存储在同一计算机的存储设备上。这就是与集中式数据库的区别。从用户的角度来看，一个分布式数据库系统在逻辑上和集中式数据库系统一样，用户可以在任何一个场地执行全局应用。就好像那些数据是存储在同一台计算机上，由单个数据库管理系统(DBMS)管理一样，用户并没有感觉不一样。

分布式数据库系统的主要特点如下：

(1) 独立透明性。数据独立性是数据库方法追求的主要目标之一，分布透明性指用户不必关心数据的逻辑分区，也不必关心数据物理位置分布的细节，更不必关心重复副本(冗余数据)的一致性问题，同时也不必关心局部场地上数据库支持哪种数据模型。有了分布透明性，用户的应用程序书写起来就如同数据没有分布一样，当数据从一个场地移到另一个场地时不必改写应用程序，当增加某些数据的重复副本时也不必改写应用程序集。

(2) 集中节点结合。数据库是用户共享的资源，分布式数据库系统常常采用集中和自治相结合的控制结构，各局部的 DBMS 可以独立地管理局部数据库，具有自治的功能。同时，系统又设有集中控制机制，协调各局部 DBMS 的工作，执行全局应用。当然，不同的系统集中和自治的程度不尽相同。

(3) 复制透明性。用户不用关心数据库在网络中各个节点的复制情况，被复制的数据的更新都由系统自动完成。在分布式数据库系统中，可以把一个场地的数据复制到其他场地存放，应用程序可以使用复制到本地的数据在本地完成分布式操作，避免通过网络传输数据，提高了系统的运行和查询效率。但是对于复制数据的更新操作，就要涉及对所有复制数据的更新。

(4) 易于扩展性。在大多数网络环境中，单个数据库服务器最终会不能满足使用。如果服务器软件支持透明的水平扩展，那么就可以增加多个服务器来进一步分布数据和分担处理任务。

4. 非关系型数据库 NoSQL

SQL(Structured Query Language)数据库，指关系型数据库。主要代表有：SQL Server、Oracle、MySQL。SQL 数据存在特定结构的表中，通常以数据库表形式存储数据。

NoSQL(Not Only SQL)泛指非关系型数据库。主要代表有：MongoDB、Redis、Couch DB。NoSQL 则更加灵活和易扩展，存储方式可以是 JSON 文档、哈希表或者其他方式。

NoSQL 数据库有以下四大分类：

(1) 键值(Key-Value)存储数据库。这一类数据库主要会使用到一个哈希表，这个表中有一个特定的键和一个指针指向特定的数据。对于 IT 系统来说，Key-Value 模型的优势就在于简单、易部署。但是如果 DBA 只对部分值进行查询或更新的时候，Key-Value 就显得效率低下了。

(2) 列存储数据库。这类数据库通常是用来应对分布式存储的海量数据。键仍然存在，但是它们的特点是指向了多个列。这些列是由列家族来安排的。例如，Cassandra、HBase、Riak。

(3) 文档型数据库。文档型数据库的灵感来自于 Lotus Notes 办公软件，而且它同第一种键值存储相类似。该类型的数据模型是版本化的文档，半结构化的文档以特定的格式存储，如 JSON。文档型数据库可以看成是键值存储数据库的升级版，允许之间嵌套键值。而且文档型数据库比键值数据库的查询效率更高。例如，CouchDB、MongoDb。国内也有文档型数据库 SequoiaDB，并且目前具备开源特性。

(4) 图形(Graph)结构数据库。图形结构数据库同其他行列以及刚性结构的 SQL 数据库不同，它是使用灵活的图形模型，并且能够扩展到多个服务器上。NoSQL 数据库没有标准的查询语言(SQL)，因此进行数据库查询需要制定数据模型。许多 NoSQL 数据库都有 REST 式的数据接口或者查询 API。例如，Neo4J、InfoGrid、Infinite Graph。

因此，NoSQL 数据库比较适用以下几种应用场景及情况：

(1) 数据模型比较简单。

(2) 需要灵活性更强的 IT 系统。

(3) 对数据库性能要求较高。

(4) 不需要高度的数据一致性。

(5) 对于给定 Key，比较容易映射复杂值的环境。

1.7 数据库设计

数据库设计是指在给定的环境下，创建一个性能良好，能满足不同用户使用要求，又能被选定的 DBMS 所接受的数据模式。从本质上讲，数据库设计是将数据库系统与现实世界相结合的一个过程。

人们总是力求设计出好用的数据库，但是设计数据库时既要考虑数据库的框架和数据结构，又要考虑应用程序存取数据库和处理数据的能力。因此，最佳设计不可能一蹴而就，只能是一个反复探寻的过程。

设计一个满足用户需求、性能良好的数据库是数据库应用系统开发的核心问题之一。目前数据库应用系统的设计大多采用生命周期法，将整个数据库应用系统的开发分解为 6 个阶段。其中与数据库设计密切相关的主要有 4 个阶段，即需求分析阶段、概念设计阶段、逻辑设计阶段和物理设计阶段，如图 1-11 所示。

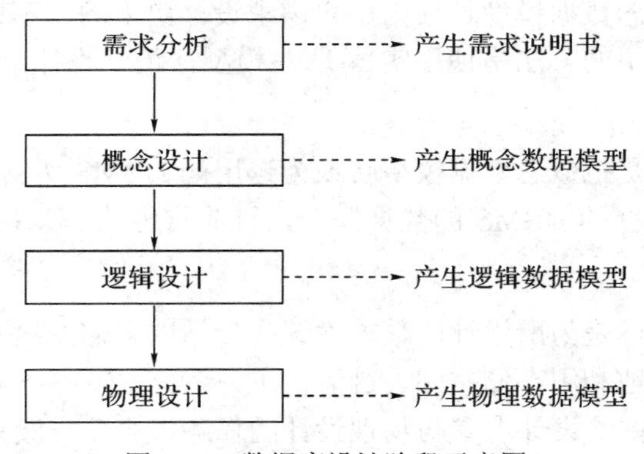

图 1-11　数据库设计阶段示意图

1. 需求分析阶段

准确地搞清楚用户需求，是数据库设计的关键。需求分析的好坏，决定了数据库设计的成败。

确定用户的最终需求其实是一件非常困难的事。一方面，用户缺少计算机知识，开始时无法确定计算机究竟能为自己做什么，不能做什么，因此无法一下子准确地表达自己的需求，用户所提出的需求往往不断地变化；另一方面，设计人员缺少用户的专业知识，不易理解用户的真正需求，甚至误解用户的需求。此外，新的硬件、软件技术的出现也会使用户需求发生变化。因此设计人员必须与用户不断深入地进行交流，才能逐步明确用户的实际需求。

需求分析阶段的成果是系统需求说明书，主要包括数据流程图、数据字典、各种说明性表格、统计输出表、系统功能结构图等。系统需求说明书是以后设计、开发、测试和验收等过程的重要依据。

需求分析的任务是通过详细调查现实世界要处理的对象(如组织、部门、企业等)，充分了解原系统(手工系统或计算机系统)工作概况，明确用户的各种需求，然后在此基础上确定新系统的功能。新系统必须充分考虑今后可能的扩充和改变，不能仅仅按当前应用的需求来设计数据库。

需求分析的重点是调查、收集与分析用户在数据管理中的信息要求、处理要求、安全性与完整性要求。需求分析阶段的主要任务有以下几个方面：

(1) 确认系统的设计范围，调查信息需求，收集数据。分析需求调查得到的资料，明确计算机应当处理和能够处理的范围，确定新系统应具备的功能。

(2) 综合各种信息包含的数据，各种数据间的关系，数据的类型、取值范围和流向。

(3) 建立需求说明文档、数据字典、数据流程图。将需求调查文档化，文档既要为用户所理解，又要方便数据库的概念结构设计。需求分析的结果应及时与用户进行交流，反复修改，直到得到用户的认可。在数据库设计中，数据需求分析是对有关信息系统现有数据及数据间联系的收集和处理，当然也要适当考虑系统在将来的需求。一般需求分析包括数据流分析及功能分析。

2. 概念设计

概念设计的目的是分析数据间内在的语义关联，在此基础上建立一个数据抽象模型——概念数据模型。概念数据模型是根据用户需求设计出来的，不依赖于任何的 DBMS。概念数据模型设计最常用的方法是使用实体-联系模型，最终设计出 E-R 图。

3. 逻辑设计

逻辑设计的任务就是把概念数据模型转换为选用的 DBMS 所支持的数据模型的过程，即将 E-R 图转换为所选择的 DBMS 的数据模型，目前常用的是关系模型。

4. 物理设计

物理设计的主要目标是为所设计的数据库选择合适的存储结构和存取路径，以提高数据库的访问速度和有效地利用存储空间。目前，在关系数据库中已大量屏蔽了数据库内部的物理存储结构，因此留给设计者参与物理设计的任务很少，一般只有索引设计、分区设计等。

在数据库设计完成之后，就可以运用 DBMS 提供的数据语言、工具及开发语言，根据逻辑设计和物理设计的结果建立数据库，编制与调试应用程序，组织数据入库，并进行试运行，即进入数据库实施阶段。

数据库应用系统经过试运行后即可投入正式运行，并进入数据库运行管理阶段，在数据库系统运行过程中必须不断地对其进行评价、调整、修改以及备份。

1.8 “学生成绩管理”数据库设计

为了更好地学习和掌握数据库设计的相关过程，并为学习后续章节的知识内容做准备，本节将以一个简单的“学生成绩管理”系统为案例进行介绍。

1. 需求分析

“学生成绩管理”系统的主要任务包括建立详细的学生信息、教师信息、专业信息、课程信息、选课成绩及教师授课等基础数据信息，能进行学生选课和教师授课等业务管理，并可以查询学生、教师、课程、专业以及学生选课等信息。下面以学生为例说明如何进行分析。

在该数据库中，学生是最基本的操作对象。学生作为一个实体，应该包括学号、姓名、性别、出生日期和入学成绩等基本属性；为便于管理，还应该包含专业编号、班级等辅助属性。这些信息首先要存储到数据库中。作为一个实用系统，应当具有学生数据输入、修改与删除功能，并能根据不同属性进行学生信息查询，根据不同管理要求进行报表输出。在学生成绩管理过程中，学生需要选课，而这就需要有课程，课程又是一个实体，所以课程与学生应该建立一种关系。通过这样分析，就能明确学生实体要存储哪些数据；要完成什么样的功能；与其他实体建立怎样的关系。

2. 系统功能设计

在了解了用户的应用需求之后，接下来就要考虑“怎样做”的问题，即如何实现应用系统软件的开发目标。这个阶段的任务是设计系统的模块层次结构，设计数据库的结果以及设计模块的控制流程。在规划和设计时，主要是考虑以下几个问题：

(1) 设计工具和系统支撑环境的选择，如数据库和开发工具的选择、支撑目标系统运行的软硬件环境等。

(2) 如何组织数据，也就是数据库的设计，即设计表的结构、表间约束关系等。

(3) 系统界面的设计，如窗体、控件和报表等。

(4) 系统功能模块的设计，也就是确定系统需要哪些功能模块并进行组织，以实现系统数据的处理工作。对于一些较为复杂的功能，还应利用程序设计流程图进行算法设计。

通过对学生成绩管理的相关业务分析，并为了方便教学，我们对功能模块进行简化，可以确定“学生成绩管理”系统主要由数据管理、教学管理和信息查询这3个功能模块组成，其功能模块图如图1-12所示。

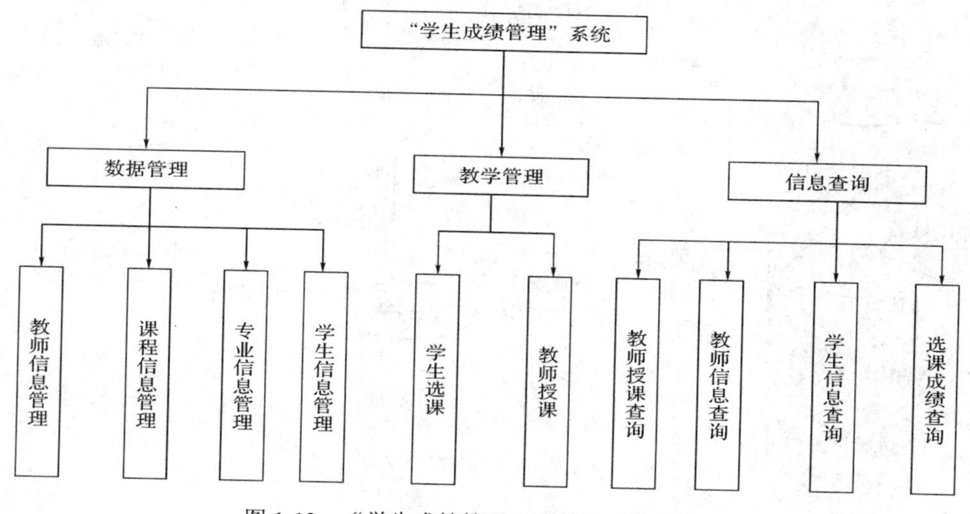

图1-12　“学生成绩管理”系统的功能模块图

3. 数据库设计

在数据库应用系统软件的功能模块划分环节完成之后，就需要进行数据库设计，主要包括数据库概念结构设计和数据库逻辑结构设计两个方面。

(1) 数据库概念结构设计。在概念设计阶段，通常采用 E-R 图来表达系统中的数据及其联系。学生成绩管理业务所涉及的数据有学生信息、学生选课信息和课程信息等。完整的“学生成绩管理”系统的 E-R 图如图 1-13 所示。

(2) 数据库逻辑结构设计。数据库的逻辑结构设计就是把概念结构设计阶段设计好的 E-R 图转换为 Access 2010 数据库所支持的实际数据模型，也就是数据库的逻辑结构。根据如图 1-13 所示的 E-R 图，就可以明确该“学生成绩管理”系统的表结构。表结构的详细内容将在后续章节介绍。

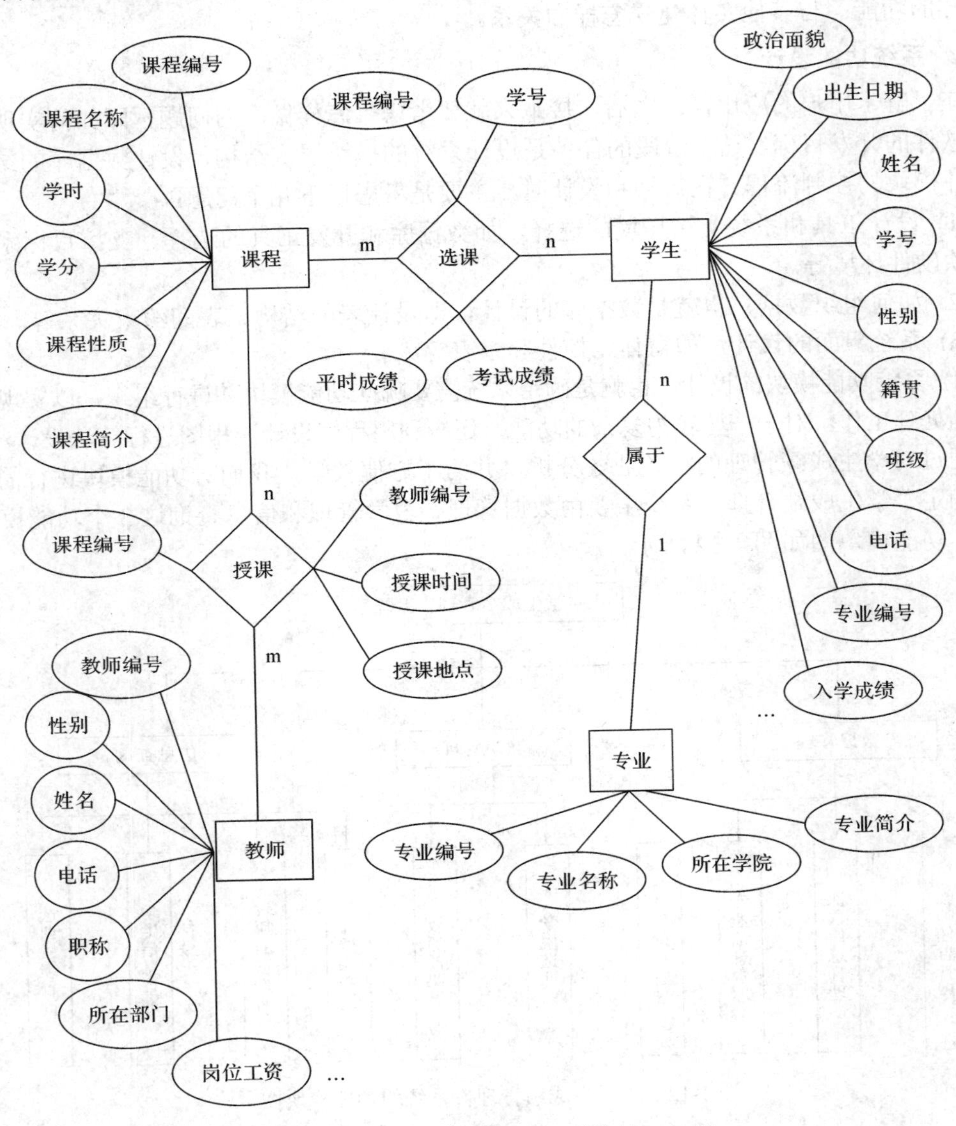

图 1-13　“学生成绩管理”系统的 E-R 图

单元测试 1

一、单选题

1. 在下述各项中，属于数据库系统的特点是(　　)。

A. 存储量大　　B. 存取速度快　　C. 数据共享　　D. 操作方便

2. 关于数据库系统的描述，不正确的是(　　)。

A. 可以实现数据共享　　B. 可以减少数据冗余

C. 可以表示事物和事物之间的联系　　D. 不支持抽象的数据模型

3. 支持数据库各种操作的软件系统是(　　)。

A. 命令系统　　B. 数据库管理系统

C. 数据库系统　　D. 操作系统

4. 数据库管理系统能实现对数据库中数据的查询、插入、修改和删除，这类功能称为(　　)。

A. 数据定义功能　　B. 数据管理功能

C. 数据操纵功能　　D. 数据控制功能

5. 在数据操纵语言(DML)的基本功能中，不包括的是(　　)。

A. 插入新数据　　B. 描述数据库结构

C. 更新数据库中的数据　　D. 删除数据库中的数据

6. 对于数据库系统，负责定义数据库内容、决定存储结构和存取策略及安全授权等工作的是(　　)。

A. 应用程序开发人员　　B. 终端用户

C. 数据库管理员　　D. 数据库管理系统的软件设计人员

7. 数据库(DB)、数据库系统(DBS)和数据库管理系统(DBMS)三者之间的关系是(　　)。

A. DBS 包括 DB 和 DBMS　　B. DBMS 包括 DB 和 DBS

C. DB 包括 DBS 和 DBMS　　D. DBS 就是 DB，也就是 DBMS

8. 由计算机硬件、DBMS、数据库、应用程序及用户等组成的一个整体称为(　　)。

A. 文件系统　　B. 数据库系统

C. 软件系统　　D. 数据库管理系统

9. 下列所述不属于数据库基本特点的是(　　)。

A. 数据的共享性　　B. 数据的独立性

C. 数据量很大　　D. 数据的完整性

10. 下列说法不正确的是(　　)。

A. 数据库减少了数据冗余

B. 数据库避免了一切数据重复

C. 数据库中的数据可以共享

D. 如果冗余是系统可控制的，则系统可确保更新时的一致性

11. 有关信息与数据的概念，以下说法正确的是(　　)。

A. 信息和数据是一样的　　B. 数据是承载信息的物理符号

C. 信息和数据没有任何关联　　D. 固定不变的数据就是信息

12. 下面列出的数据管理技术发展的 3 个阶段中，没有专门的软件对数据进行管理的是(　　)。

① 人工管理阶段；② 文件系统阶段；③ 数据库阶段。

A. ①和②　　B. 只有①　　C. 只有②　　D. ②和③

13. 在数据管理技术的各个发展阶段中，数据独立性最高的是(　　)阶段。

A. 数据库系统　　B. 文件系统　　C. 人工管理　　D. 信息处理

14. 数据库系统与文件系统的主要区别在于(　　)。

A. 数据库系统复杂，而文件系统简单

B. 文件系统只能管理程序文件，而数据库系统能够管理各种类型的文件

C. 文件系统管理的数据量不多，而数据库系统可以管理庞大的数据量

D. 文件系统不能解决数据冗余和数据独立性问题，而数据库系统可以解决

15. 在数据库中存储的内容是(　　)。

A. 数据　　B. 数据模型

C. 数据及数据之间的联系　　D. 信息

16. 在数据库的三级模式中，描述数据库中全体数据的全局逻辑结构和特性的是(　　)

A. 外模式　　B. 内模式　　C. 存储模式　　D. 概念模式

17. 在数据库的三级模式中，用逻辑数据模型对用户所用到的那部分数据进行描述的是(　　)。

A. 外模式　　B. 概念模式　　C. 内模式　　D. 逻辑模式

18. 在关系数据库中，表是三级模式结构中的(　　)。

A. 模式　　B. 外模式　　C. 存储模式　　D. 内模式

19. 一般地，一个数据库系统的外模式(　　)。

A. 只能有一个　　B. 最多只能有一个　　C. 至少两个　　D. 可以有多个

20. 数据库的三级模式之间存在的映射关系正确的是(　　)。

A. 外模式/内模式　　B. 外模式/概念模式

C. 外模式/外模式　　D. 模式/模式

21. 数据库的三级模式体系结构，其主要的目标是确保数据库的(　　)。

A. 数据结构规范化　　B. 存储模式

C. 数据独立性　　D. 最小冗余

22. 在数据库结构中，保证数据库独立性的关键因素是(　　)。

A. 数据库的逻辑结构　　B. 数据库的逻辑结构、物理结构

C. 数据库的三级结构　　D. 数据库的三级结构和两级映射

23. 在关系数据库系统中，当关系的模型改变时，用户程序也可以不变，这是(　　)。

A. 数据的物理独立性　　B. 数据的逻辑独立性

C. 数据的位置独立性　　D. 数据的存储独立性

24. 在数据库中，数据的物理独立性是指(　　)。

A. 数据库与数据库管理系统的相互独立

B. 用户程序与 DBMS 的相互独立

C. 用户的应用程序与存储在磁盘上的数据库中的数据是相互独立的

D. 应用程序与数据库中数据的逻辑结构相互独立

25. 数据的存储结构与数据逻辑结构之间的独立性称为数据的(　　)。

A. 物理独立性　B. 结构独立性　C. 逻辑独立性　D. 分布独立性

26. 下列关于数据模型中实体间的联系的描述正确的是(　　)。

A. 实体间的联系不能有属性　B. 仅在两个实体之间有联系

C. 单个实体不能构成 E-R 图　D. 实体间可以存在多种联系

27. 在下列实体类型的联系中，属于多对多联系的是(　　)。

A. 学生与课程之间的联系　B. 飞机的座位与乘客之间的联系

C. 商品条形码与商品之间的联系　D. 车间与工人之间的联系

28. 在 Access 中，表就是(　　)。

A. 关系　B. 记录　C. 索引头　D. 数据库

29. 在同一单位里，人事部门的职员表和财务部门的工资表的关系是(　　)。

A. 一对一　B. 多对多　C. 一对多　D. 多对一

30. 公司中有多个部门和多名职员，每个职员只能属于一个部门，一个部门可以有多名职员，则实体部门和职员间的联系是(　　)。

A. 1∶1 联系　B. 1∶n 联系　C. m∶n 联系　D. m∶1 联系

31. 层次模型、网状模型和关系模型的划分根据是(　　)。

A. 记录长度　B. 文件的大小

C. 联系的复杂程度　D. 数据之间的联系

32. 关系数据库管理系统与网状系统相比(　　)。

A. 前者运行效率高　B. 前者的数据模型更为简洁

C. 前者比后者产生得早一些　D. 前者的数据操作语言是过程性语言

33. 在下列给出的数据模型中，属于概念数据模型的是(　　)。

A. 层次模型　B. 网状模型　C. 关系模型　D. E-R 模型

34. 构造 E-R 模型的 3 个基本要素是(　　)。

A. 实体、属性、属性值　B. 实体、实体集、属性

C. 实体、实体集、联系　D. 实体、属性、联系

35. 在数据库中，实体是指(　　)。

A. 客观存在的事物　B. 客观存在的属性

C. 客观存在的特性　D. 某一具体事件

36. 数据的逻辑结构与用户视图之间的独立性称为数据的(　　)。

A. 物理独立性　B. 结构独立性

C. 逻辑独立性　D. 分布独立性

37. 在数据库系统中，模式/内模式映射用于解决数据的(　　)。

A. 物理独立性　B. 结构独立性

C. 逻辑独立性　　D. 分布独立性

38. 在数据库系统中，外模式/模式映射用于解决数据的(　　)。

A. 物理独立性　　B. 结构独立性

C. 逻辑独立性　　D. 分布独立性

39. 数据库的概念模型独立于(　　)。

A. 具体的机器和 DBMS　　B. E-R 图

C. 信息世界　　D. 现实世界

40. 当前数据库应用系统的主流数据模型是(　　)。

A. 层次数据模型　　B. 网状数据模型

C. 关系数据模型　　D. 面向对象数据模型

41. 在下列实体间的联系中，属于多对多联系的是(　　)。

A. 住院的病人与病床　　B. 学校与校长

C. 学生与教师　　D. 员工与工资

42. 关系模型是(　　)。

A. 用关系表示实体　　B. 用关系表示联系

C. 用关系表示实体及其联系　　D. 用关系表示属性

43. 在下列叙述中，不正确的是(　　)。

A. 两个关系中元组的内容完全相同，但顺序不同，则它们是不同的关系

B. 两个关系的属性相同，但顺序不同，则两个关系的结构是相同的

C. 关系中的任意两个元组不能相同

D. 外键不是本关系的主键

44. 对于关系的描述，正确的是(　　)。

A. 同一个关系中允许有完全相同的元组

B. 同一个关系中元组必须按关键字升序存放

C. 在一个关系中必须将关键字作为该关系的第一个属性

D. 关系可以不包含任何元组

45. 以下对关系模型性质的描述，不正确的是(　　)。

A. 在一个关系中，每个数据项不可再分，是最基本的数据单位

B. 在一个关系中，同一列数据具有相同的数据类型

C. 在一个关系中，各列的顺序不可以任意排列

D. 在一个关系中，不允许有相同的字段名

46. 以下不是 Access 数据库对象的是(　　)。

A. 报表　　B. Word 文档　　C. 模块　　D. 表

47. 在 Access 中，用来表示实体的是(　　)。

A. 域　　B. 字段　　C. 记录　　D. 表

48. 关系模式的任何属性(　　)。

A. 不可再分　　B. 可再分

C. 可以包含其他属性　　D. 命名在该关系模式中可以不唯一

49. 关系数据库中的码是指(　　)。

A. 能唯一决定关系的字段
B. 不可改动的专用保留字
C. 很重要的字段
D. 能唯一标识元组的属性或属性集合

50. 关系模式的完整性规则，一个关系中的“主码”( )。

A. 不能有两个　　B. 不能成为另一个关系的外码
C. 不允许为空　　D. 可以取重复值

51. 在关系 R(R#，RN，S#)和 S(S#，SN，SD)中，R 的主码是 R#，S 的主码是 S#，则 S#在 R 中称为( )。

A. 外码　　B. 候选码　　C. 主码　　D. 超码

52. 在数据库中，能够唯一标识一个元组的属性或属性组合的称为( )。

A. 记录　　B. 字段　　C. 域　　D. 关键字

53. 有两个关系 R 和 S 如下：

R

A	B	C
a	1	2
b	2	1
c	3	1

S

A	B	C
c	3	1

则由关系 R 得到关系 S 的操作是( )。

A. 自然连接　　B. 投影　　C. 选择　　D. 并

54. 设有如下关系表：

R

A	B	C
1	1	2
2	2	3

S

A	B	C
3	1	3

T

A	B	C
1	1	2
2	2	3
3	1	3

则下列操作中正确的是( )。

A. $T = R \cap S$　　B. $T = R \cup S$　　C. $T = R \times S$　　D. $T = R/S$

55. 候选码中的属性可以有( )。

A. 0 个　　B. 1 个　　C. 1 个或多个　　D. 多个

56. 自然连接是构成新关系的有效方法。在一般情况下，当对关系 R 和 S 使用自然连接时，要求 R 和 S 含有一个或多个共有的( )。

A. 元组　　B. 行　　C. 记录　　D. 属性

57. 取出关系中的某些列，并消去重复元组的关系代数运算称为( )。

A. 取列运算　　B. 投影运算　　C. 连接运算　　D. 选择运算

58. 设关系 R 是 M 元关系，关系 S 是 N 元关系，则 $R \times S$ 为( )元关系。

A. M　　B. N　　C. $M \times N$　　D. $M + N$

59. 设关系 R 有 r 个元组，关系 S 有 s 个元组，则 R × S 有(　　)个元组。

A. r　　　B. r × s

C. s　　　D. r + s

60. 设有选修“大学计算机基础”的学生关系 R，选修“Access 数据库应用技术”的学生关系 S，求既选修了“大学计算机基础”又选修了“Access 数据库应用技术”的学生，则需进行的运算是(　　)。

A. 并　　　B. 差

C. 交　　　D. 或

61. 假设有两个数据表 R 和 S，分别存放的是总分达到录取分数线的学生名单和单科成绩未达到及格线的学生名单。当学校的录取条件是总分达到录取线且要求每科都及格，能得到满足录取条件的学生名单的运算是(　　)。

A. 并　　　B. 差

C. 交　　　D. 以上都不是

62. 要从学生关系中查询学生的姓名和籍贯，则需要进行的关系运算是(　　)。

A. 选择　　　B. 投影

C. 连接　　　D. 交

63. 在下面的两个关系中，职工号和设备号分别为职工关系和设备关系的关键字：

职工(职工号，职工名，部门号，职务，基本工资)

设备(设备号，职工号，设备名，数量，单价)

两个关系的属性中，存在一个外关键字为(　　)。

A. 职工关系的“职工号”　　　B. 职工关系的“设备号”

C. 设备关系的“职工号”　　　D. 设备关系的“设备号”

64. 现有如下关系：

患者(患者编号，患者姓名，性别，出生日期，所在单位)

医疗(患者编号，患者姓名，医生编号，医生姓名，诊断日期，诊断结果)

其中，医疗关系中的外码是(　　)。

A. 患者编号　　　B. 患者姓名

C. 患者编号和患者姓名　　　D. 医生编号和患者编号

65. 关系模型中有 3 类完整性约束：实体完整性、参照完整性和用户定义完整性，定义外部关键字实现的是(　　)。

A. 实体完整性

B. 用户定义完整性

C. 参照完整性

D. 实体完整性、参照完整性和用户定义完整性

66. 在建立表时，将年龄字段值限制在 18～40 之间，这种约束属于(　　)。

A. 实体完整性约束　　　B. 用户定义完整性约束

C. 参照完整性约束　　　D. 视图完整性约束

67. 数据库设计的根本目标是要解决(　　)。

A. 数据共享问题　　　B. 数据安全问题

C. 大量数据存储问题
D. 简化数据维护

68. 逻辑设计的主要任务是(　　)。
A. 进行数据库的具体定义，并建立必要的索引文件
B. 利用自顶向下的方式进行数据库的逻辑模式设计
C. 逻辑设计要完成数据的描述、数据存储格式的设定
D. 将概念设计得到的 E-R 图转换成 DBMS 支持的数据模型

69. 把 E-R 图转换成关系模型的过程，属于数据库设计的(　　)。
A. 概念设计
B. 逻辑设计
C. 需求分析
D. 物理设计

70. 数据库设计人员与用户之间沟通信息的桥梁是(　　)。
A. 程序流程图
B. E-R 图
C. 功能模块图
D. 数据结构图

71. 以下不是 Access 数据库对象的是(　　)。
A. 查询
B. 窗体
C. 宏
D. 工作簿

72. 数据库物理设计与具体的 DBMS(　　)。
A. 不确定
B. 无关
C. 部分相关
D. 密切相关

73. 下列不属于数据库实施阶段工作的是(　　)。
A. 建立数据库
B. 加载数据
C. 扩充功能
D. 系统调试

74. Access 数据库属于(　　)。
A. 层次数据库
B. 网状数据库
C. 关系数据库
D. 面向对象数据库

75. 在 Access 中，表和数据库的关系是(　　)。
A. 一个数据库可以包含多个表
B. 一个表只能包含两个数据库
C. 一个表可以包含多个数据库
D. 数据库就是数据表

76. 在 E-R 图中，用来表示实体的图形是(　　)。
A. 椭圆形
B. 矩形
C. 菱形
D. 三角形

77. 关系模型中实现实体间 m∶n 联系是通过增加一个(　　)实现。
A. 关系
B. 属性
C. 关系或一个属性
D. 关系和一个属性

78. 如果两个实体集之间的联系是 1∶n 联系，在转换为关系时，(　　)。
A. 将 n 端实体转换的关系中加入 1 端实体转换关系的码中
B. 将 n 端实体转换的关系的码加入到 1 端的关系中
C. 将两个实体转换成一个关系
D. 在两个实体转换的关系中，分别加入另一个关系的码

79. 如果两个实体集之间的联系是 m∶n 联系，在转换为关系时，(　　)。

A. 联系本身不必单独转换为一个关系

B. 联系本身可以单独转换为一个关系，有时也可以不单独转换为一个关系

C. 联系本身必须单独转换为一个关系

D. 将两个实体集合并为一个实体集

80. 从 E-R 模型向关系模型转换，当一个 m∶n 联系转换成关系模式时，该关系模式的码是(　　)。

A. m 端实体的码　　B. m 端实体码和 n 端实体码组合

C. n 端实体的码　　D. 重新选取其他属性

81. 下列说法中正确的是(　　)。

A. 在 Access 中，数据库中的数据存储在表和查询中

B. 在 Access 中，数据库中的数据存储在表和报表中

C. 在 Access 中，数据库中的数据存储在表、查询和报表中

D. 在 Access 中，数据库中的全部数据都存储在表中

82. 退出 Access 数据库管理系统可以使用快捷键(　　)。

A. Alt + F4　　B. Alt + X　　C. Ctrl + C　　D. Ctrl + O

二、填空题

1. 数据库管理系统是位于应用程序和________之间的一层管理软件。

2. 数据库的体系结构按照________、________和________三级结构进行组织。

3. 数据库的三级模式体系结构中提供了二级映射功能，即________和________映射。

4. 数据独立性又可分为________和________。

5. 数据库管理系统的英文缩写是________。

6. 在数据库管理阶段，数据统一存放在数据库中，数据库面向整个应用系统，实现了数据________，并且数据库和应用程序之间保持较高的________。

7. ________是在计算机系统中按照一定的方式组织、存储和应用的数据集合。支持数据库各种操作的软件系统叫做________。由计算机、操作系统、DBMS、数据库、应用程序及有关人员等组成的一个整体叫做________。

8. 数据库常用的逻辑数据模型有________、________、________；Access 属于________。

9. 实体与实体之间的联系有 3 种，它们是________、________和________。

10. 在现实世界中，每个人都有自己的出生地，实体“人”和实体“出生地”之间的联系是________。

11. 用二维表的形式来表示实体之间联系的数据模型叫做________。

12. 在关系数据库中，将数据表示为二维表的形式，每一个二维表称为________。

13. 表是由行和列组成的，行称为________或记录，列称为________或字段。

14. 由于关系是属性个数相同的________的集合，因此可以对关系进行________运算。

15. 在关系代数运算中，专门的关系运算是__________、__________、__________和__________。

16. 交运算是扩充运算，可以用__________推导出。

17. 已知两个关系：

职工(职工号, 职工名, 性别, 职务, 工资)

设备(设备号, 职工号, 设备名, 数量)

其中，“职工号”和“设备号”分别为职工关系和设备关系的关键字，则两个关系的属性中，存在一个外部关键字为__________。

18. 已知系(系编号，系名称，系主任，电话，地点)和学生(学号，姓名，性别，入学日期，专业，系编号)两个关系，系关系的主码是系编号，学生关系的主码是学号，外码是__________。

19. 关系中能唯一区分、确定不同元组的属性或属性组合，称为该关系的__________。

20. Access 不允许在主关键字字段中有重复值或__________。

21. 在关系模式 R 中，若属性或属性组 X 不是关系 R 的关键字，但 X 是其他关系模式的关键字，则称 X 为关系 R 的__________。

22. 在关系数据库的基本操作中，从表中取出满足条件元组的操作称为__________；把两个关系中相同属性值的元组连接到一起形成新的二维表的操作称为__________；从表中抽取属性值满足条件列的操作称为__________。

23. 在教师关系中，如果要找出职称为“教授”的教师，应该采用的关系运算是__________。

24. 有两个关系 R 和 S 如下：

R

A	B	C
a	3	2
b	0	1
c	2	1

S

A	B
a	3
b	0
c	2

由关系 R 通过运算得到关系 S，则所使用的运算为__________。

25. 关系模型的完整性规则包括__________、__________和__________。

26. 关系中主关键字的取值必须唯一且非空，这条规则是__________完整性规则。

27. 在关系模型中，“关系中不允许出现相同元组”的约束是通过__________实现的。

28. 在 Access 2010 中，数据库的核心对象是__________；从表中检索用户所需数据而形成动态数据集的数据库对象是__________；用于与用户进行交互的数据库对象是__________；用于将用户所需数据显示或打印输出的数据库对象是__________。

29. 将 E-R 图转换为关系模型，这是数据库设计过程中__________设计阶段的任务。

30. 数据库设计的步骤依次是__________、__________、__________、__________、数据库实施和数据库运行与维护等。

三、问答题

1. 数据库系统有哪些特点？

2. 什么是数据独立性？数据独立性具有什么好处？

3. 计算机数据管理技术经过哪几个发展阶段？

4. 文件系统中的文件与数据库系统中的文件有何本质上的不同？

5. 概念模型的作用是什么？

6. 解释术语：实体、实体型、实体集、属性、E-R 图。

7. 实体之间的联系有哪几种？分别举例说明。

8. 关系数据模型有哪些优缺点？

9. 关系与一般的表格有什么区别？为什么关系中的元组没有先后顺序，并且关系中不允许有重复元组？

10. 简述将 E-R 模型转换成关系模型的方法。

第 2 章　Access 2010 与数据库表操作

Access 2010 是微软公司开发的一个基于 Windows 操作系统的关系数据库管理系统。与 Access 2003 版本相比，Access 2010 引入了两个主要的工作界面组件，即功能区和导航窗格。作为 Office 2010 系列软件中的一员，Access 2010 为用户提供了高效、易学易用和功能强大的数据管理功能。

本章将首先介绍 Access 2010 的特点、启动与退出、Access 窗口组成，并着重介绍创建数据库、建立表、建立表间关系等一系列的数据库表操作。

2.1　Access 2010 概述

2.1.1　Access 2010 的特点

Access 是美国 Microsoft 公司开发的数据库管理系统，是 Office 办公软件中的主要成员之一，与 Word、Excel、PowerPoint 等软件，在操作界面和使用方式等方面高度一致，获得了广大用户的认可。以下是 Access 2010 的主要特点。

1. 界面友好、操作简单

Access 2010 具有与 Windows 完全一致的操作风格、友好的用户界面、方便的操作向导以及详细的帮助和使用方法等。此外，它还提供了主题工具，使用它可以快速设置、修改数据库外观模式；也可以更好地自定义主题形式，制作出更为个性化的窗体界面、表格以及报表。

2. 功能强大

Access 2010 提供了许多功能强大的设计工具，例如，表设计器、查询设计器、窗体设计器和报表设计器，以及表向导、查询向导、报表向导和表达式生成器和 Visual Basic 编辑器等。

3. 具有数据交互功能

Access 2010 提供了与其他数据库系统的接口，支持 ODBC，利用 Access 2010 强大的 DDE(动态数据交换)和 OLE(对象链接和嵌入)特性，可以在一个数据表中嵌入声音、Excel 表格、Word 文档，还可以建立动态的数据库报表和窗体等。

4. 支持 Web 功能的信息集成

Access 2010 具有 Web 功能的应用，它可以使 Access 用户通过企业内部网 Intranet 简便地实现信息共享，极大地增强了通过 Web 网络共享数据库的功能。另外，它还提供了一种将 Access Web 应用程序部署到 SharePoint 服务器的新方法。Web 功能的应用可以更方便地共享跨平台及不同用户级别的数据，也可以作为企业级后台数据库的前台客户端。

5. 文件功能丰富

Access 2010 的数据库文件中包含表、查询、窗体、报表、宏和模块这 6 种对象。

6. 具有程序开发功能

Access 2010 提供了程序开发语言 VBA(Visual Basic for Application)，使用它可以方便地开发用户应用程序。

7. 新增计算数据类型

在 Access 2010 中，新增加了计算数据类型，例如，在数据表中计算[单价]*[数量]，则在 Access 2010 中，可以使用计算数据类型在表中创建计算字段。这样，可以在数据库中更灵活方便地显示和使用计算结果，给用户带来了极大的方便。

2.1.2 Access 2010 的启动与退出

1. Access 2010 的启动

Access 2010 的启动方式有以下 3 种方式：

(1) 使用“开始”菜单启动 Access 2010，操作步骤如下：

① 在任务栏上单击“开始”菜单，选择“所有程序”。

② 在“程序”菜单中选择“Microsoft Office”。

③ 选择“Microsoft Office Access 2010”，启动 Access 2010，从而打开如图 2-1 所示的窗口。

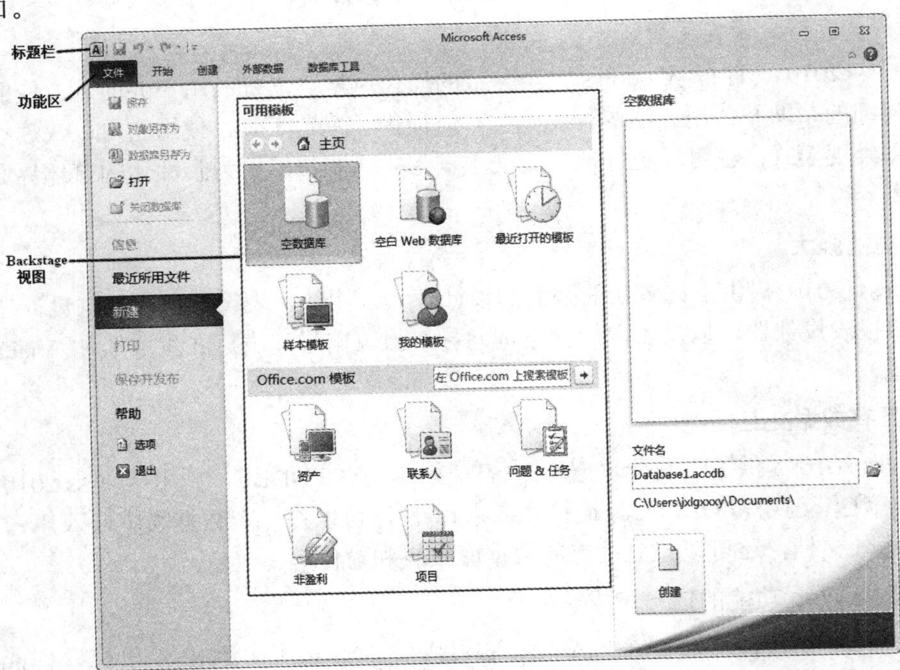

图 2-1　Access 2010 窗口

(2) 双击桌面上 Access 2010 的快捷图标，启动 Access 2010。

(3) 选中某个现有的 Access 2010 数据库文件(文件扩展名为 .accdb)，也可以启动。

2. Access 2010 的退出

Access 2010 的退出方式有以下 5 种方式：

(1) 单击 Access 右上角的“关闭”按钮。

(2) 选择“文件”选项卡中的“退出”命令。

(3) 单击 Access 窗口左上角的图标，选择“关闭”命令。

(4) 双击 Access 窗口左上角的图标。

(5) 使用 Alt + F4 组合键。

2.1.3 Access 2010 窗口的组成

Access 2010 与 Microsoft Office 组件中的其他程序一样，具有简约的图形化界面。Access 2010 启动后，屏幕出现 Access 2010 窗口，如图 2-1 所示。

1. 标题栏

标题栏主要用于显示控制 Access 窗口的变化和对应图标。其中，在标题栏的最右端的 3 个按钮“ ”、“ ”和“ ”分别为最小化、最大化(还原)和关闭按钮。

2. 功能区

功能区是提供 Access 2010 中主要命令的界面。它替代了 Access 2003 的菜单和工具栏。它主要包括“文件”、“开始”、“创建”、“外部数据”和“数据库工具”等基本常用的选项。每个选项都包含多组相关命令，这些命令组展现了一组相关的操作。

3. Backstage 视图

Backstage 视图取代了早期 Access 版本中的分层菜单、工具栏及任务窗格构成的系统。它是功能区“文件”菜单上显示的命令集合，还包含用于整个数据库文件的其他命令。在打开 Access 2010 但未打开数据库时，可以看到 Backstage 视图，通过它可以快速访问常见的功能。例如，“打开”、“新建”、“空白 Web 数据库”以及“帮助”等选项。用“文件”选项卡取代了“Office” 按钮以及早期版本的 Microsoft Office 中使用的“文件”菜单。

此外，若单击“文件”选项卡右边其他的选项卡，则在 Access 窗口的左侧显示数据库对象的导航窗格；Access 能自动按照用户当前的操作，动态地出现上下文选项卡。每个选项卡包含多组相关的命令按钮，这些命令按钮组展现了一组相关的操作。

2.1.4 Access 2010 的数据库对象

Access 2010 作为一个中小型数据库管理系统，通过各种数据库对象来管理和处理信息。Access 2010 数据库分别由数据库对象和组两部分组成。

Access 2010 数据库包含表、查询、窗体、报表、宏和模块这 6 种对象，对数据的管理和处理也都是通过以上 6 种对象来完成的。取消了数据访问页对象，从 Access 2007 开始，不再支持创建、修改或者导入数据访问页的功能，更改为分别创建桌面数据库和 Web 数据库。通过 Access 2010 系统创建的数据库文件，其扩展名更改为.accdb。

组是一系列数据库对象，并且将一个组中不同类型的相关对象保存于此。组中实际包含的是数据库对象的快捷方式。Access 2010 数据库的导航窗格直观地列举所有 Access 对象和按组筛选，如图 2-2 所示。

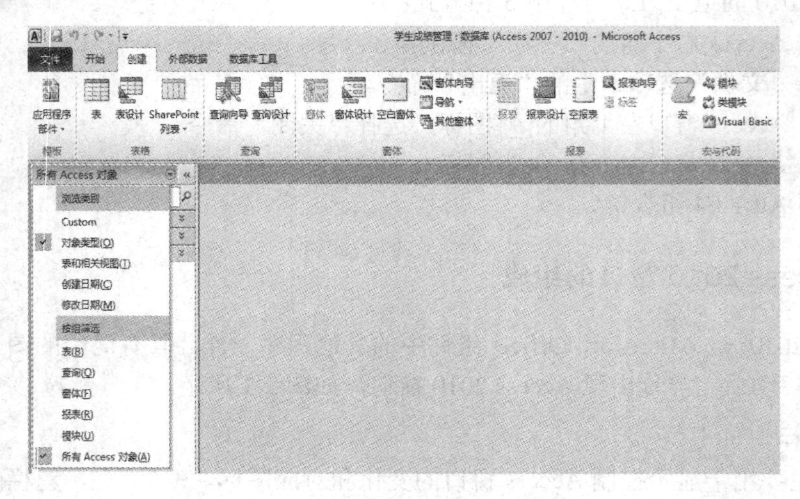

图 2-2　数据库的 6 种对象和组

1. 表

表是 Access 2010 数据库中用来存储数据的基本对象，用于存储实际数据；它是数据库的基础，也是数据库中其他对象的数据来源。每一个数据库中可以包含一个或者多个表，类型不同的数据也可以保存到不同的表中。表中的每一列称为一个字段(属性)，一行称为一条记录(元组)，一条记录包含一条完整的基本信息，由一个或多个不同字段组成。一个表应该围绕一个主题建立，如“学生信息”表、“选课成绩”表。相关联的表之间可以创建关系，建立了关系的多个表可以像一个表一样应用。

2. 查询

查询是数据库中非常重要的操作，是指根据指定条件从数据表或其他查询中筛选出符合条件的记录。查询可以建立在表的基础上，也可以建立在其他查询的基础上，查询结果是以二维表的形式显示，是一个动态数据集合，但它们不是基本表。每执行一次查询操作都会显示数据源中最新数据。

Access 2010 使用的是一种被称为 QBE(Query By Example，通过例子查询)的查询技术。这种技术的意思是指定一个返回的数据例子，就能告诉用户要查询的数据。用户可以使用查询设计器(Query Designer)构造查询。例如，查询“学生信息”表中“性别”为“男”的记录，可以创建如图 2-3 所示的查询设计。

在如图 2-3 所示的查询设计窗口的上半部分含有查询中所涉及的表，而窗口的下半部分定义查询准则。QBE 网格(在窗口的下半部分)分成几列，每一列有一些行，每一列有一个字段。这个字段来自查询设计窗口上半部分的表，用户通过设置字段来控制查询结果。用户还可以选择字段所在的表。在查询准则中用户可以输入一定的表达式，Access 2010 便可以在选定的表中查询满足表达式条件的字段，结果如图 2-4 所示。

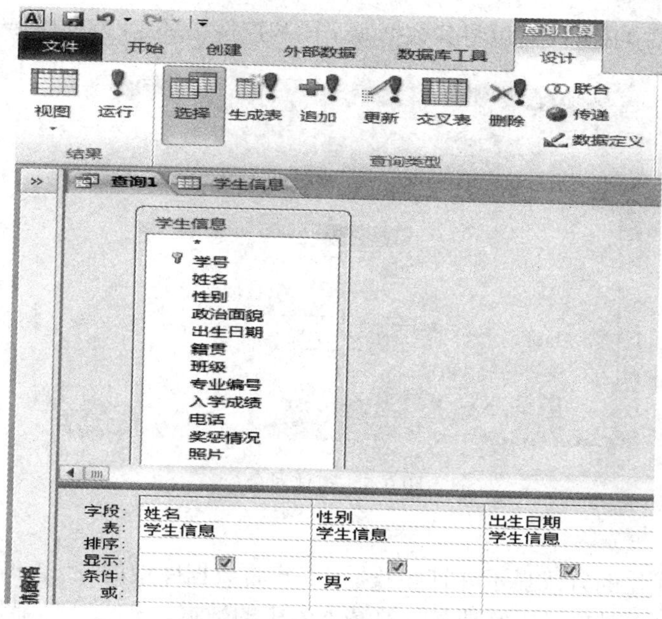

图 2-3　查询设计

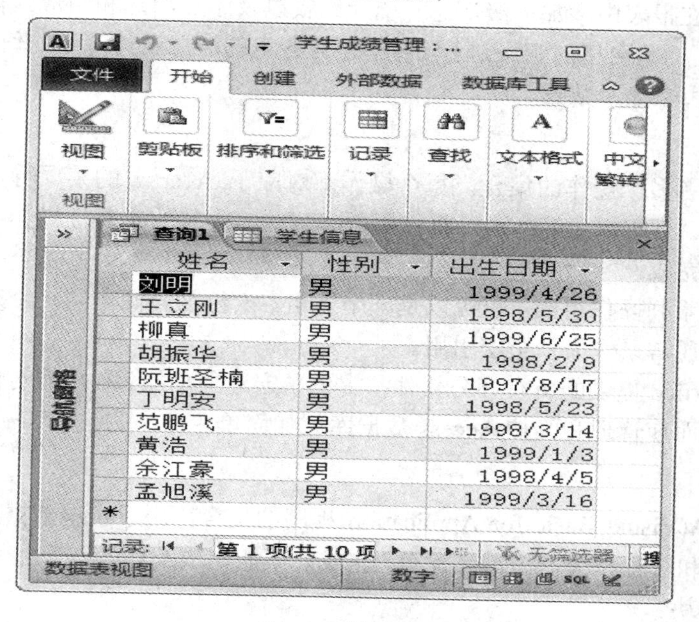

图 2-4　查询结果

3. 窗体

窗体是 Access 2010 数据库和用户进行交互操作的图形界面，窗体的数据源可以是表或查询。在窗体中可以接收、显示和编辑数据库中的数据，用户通过窗体便可对数据进行增加、删除、修改和查找操作。

窗体对象包含文本框、标签、按钮、列表框、组合框等各种对象，如图 2-5 所示。在应用程序开发时，窗体对象被称为控件，Access 2010 提供了丰富的控件属性，同时还提供一些与数据库操作相关的控件，可以将其数据源字段和控件相绑定，方便操作数据库中的内容。

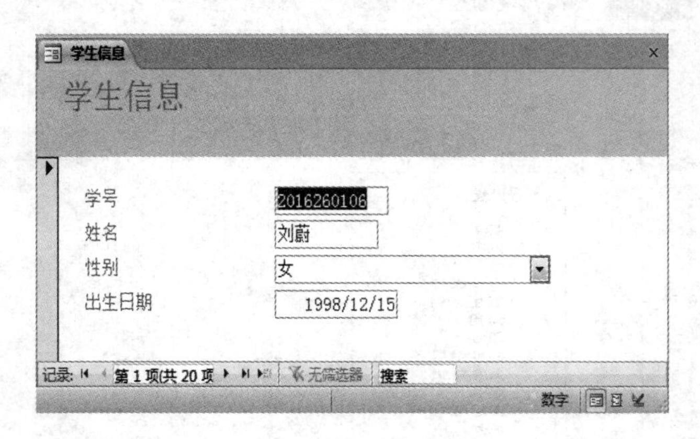

图 2-5　窗体对象

4. 报表

报表使用格式化的方式显示并打印数据，用户将数据库中的表、查询的数据进行组合，形成报表。利用报表对象可以整理和计算基本表中的数据，有选择地显示指定信息。

用户还可以在报表中增加多级汇总、统计比较以及添加图片和图形。利用报表不仅可以创建计算字段，而且可以对记录进行分组，计算各组的汇总及计算平均值或者其他统计，甚至还可以用图表来显示数据。

5. 宏

宏是一个或者多个操作的集合，每个操作都对应于 Access 的某项特定功能，如操作记录、打开窗体、打印报表等；可以将使用频率高的、大量的重复性操作创建成宏，使这些操作可以自动完成。

宏可以由一系列操作组成，也可以是一个宏组。宏组是存储在同一个宏名下的相关宏的集合。该集合通常只作为一个宏引用。

Microsoft Office 提供的所有办公软件都提供了宏对象功能。利用宏对象可以简化大量重复性操作，从而使管理和维护 Access 数据库更加简单。

6. 模块

模块是 VBA(Visual Basic for Application)程序的集合，用于实现数据库较为复杂的操作。模块将声明和过程作为一个单元保存，完成宏不能完成的任务。模块有两个基本类型：标准模块和类模块。

(1) 标准模块：存放了供其他 Access 数据库对象使用的公共过程，由用户在“模块(代码)”窗口中编写，作为多个窗体或报表的公用程序模块，包含一些公用变量声明和通用过程。

(2) 类模块：由用户在“类(代码)”窗口中编写，用于扩充功能，包含用户自定义的类模块。

此外，Access 2010 内置的“窗体”类模块和“报表”模块，不属于 Access 2010 导航窗口中的“对象”，由用户在“窗体(代码)”窗口中编写，包含事件处理过程和一般过程。

2.1.5　Access 2010 数据库的视图模式

在 Access 2010 中，不同的数据库对象有不同的视图模式，打开一个数据库对象后，可以选择“开始”选项卡最左边的“视图”命令来切换视图模式。下面以“查询”对象为例，介绍与查询对象有关的“设计视图”、“数据表视图”、“数据透视表视图”、“数据透视图视图”和“SQL 视图”这 5 种视图方式，其他对象的视图模式将在后面章节中详细介绍。

1. 设计视图

Access 数据库中的表、查询、窗体、报表、宏和模块这 6 类对象都有设计视图。设计视图是在各数据库对象进行设计时使用的，不同的数据库对象具有不同的设计视图。在表的设计视图中可以设计表所包含的字段名称、字段类型和字段属性等；查询的设计视图中可以设置查询条件；在窗体的设计视图中可以加入各种控件；在报表的设计视图中可以设置报表的布局；在宏的设计视图中可以添加数据库操作的相关命令；在模块的设计视图中可以编写 VBA 程序代码。

2. 数据表视图

在 Access 数据库中，只有表、查询和窗体这 3 种对象具有数据表视图。数据表视图主要用于编辑和显示当前数据库中的数据，用户在录入数据、修改数据、删除数据的时候，大部分操作都是在数据表视图中进行的。

3. 数据透视表视图

在 Access 数据库中，只有表、查询和窗体这 3 种对象具有数据透视表视图。数据透视表是一种交互式的表，可以进行某些计算，如求和与计数等，计算的结果与数据在数据透视表中的排列位置有关。在数据透视表视图中可以对数据进行“行、列”合计，对数据进行分析等操作。

4. 数据透视图视图

在 Access 数据库中，只有表、查询和窗体这 3 种对象具有数据透图视图。使用数据透视图视图可以直观地展示数据表或查询中的数据记录，它通过图形的方式将字段所记录的信息表示出来。与数据透视表相同，数据透视图也具有对数据库中的数据进行“行、列”合计以及分析等功能。

5. SQL 视图

在 Access 数据库中，只有查询具有 SQL 视图。在 SQL 视图中用户可以直接输入查询命令来创建查询。

2.2　创建数据库

在使用 Access 组织、存储和管理数据时，应该先创建数据库，然后在该数据库中创建所需要的表、查询、窗体、报表等数据库对象。

在用 Access 2010 新建某个数据库时，将会创建一个对应的数据库文件(扩展名为 .accdb)，然后，在该数据库文件中创建的其他对象都存放在其中。一个数据库中可以包含若干个表对象及其表间关系；在表对象的基础上，可创建查询、窗体等其他对象，最终形成完备的数据库应用系统。在创建数据库之前，用户需要真正了解设计数据库的目的、规划好所需数据表的信息、确定好数据表字段及确定表间关系。

创建数据库有两种方法：

(1) 先创建一个空数据库，然后向其中添加表、查询、窗体和报表等对象。

(2) 使用 Access 系统提供的模板，通过简单操作创建数据库；对创建的数据库，可随时对其修改或扩展。

2.2.1 创建空数据库

启动 Access 2010 后，在 Access 窗口右侧窗格中选择“新建”下的“空数据库”选项即可创建一个空数据库。

【例 2-1】 创建“学生成绩管理”数据库，并将其保存在 D 盘中以学生姓名命名的文件夹中，如“D:\liming”。操作步骤如下：

(1) 打开 Access 窗口后，选择“文件”选项卡，单击“新建”命令，打开“新建”窗格，在可用模板下方选择“空数据库”。

(2) 在右边的窗格中设置存放该数据库的路径，这里选择“D:\liming”文件夹，在“文件名”文本框中输入“学生成绩管理.accdb”，如图 2-6 所示。

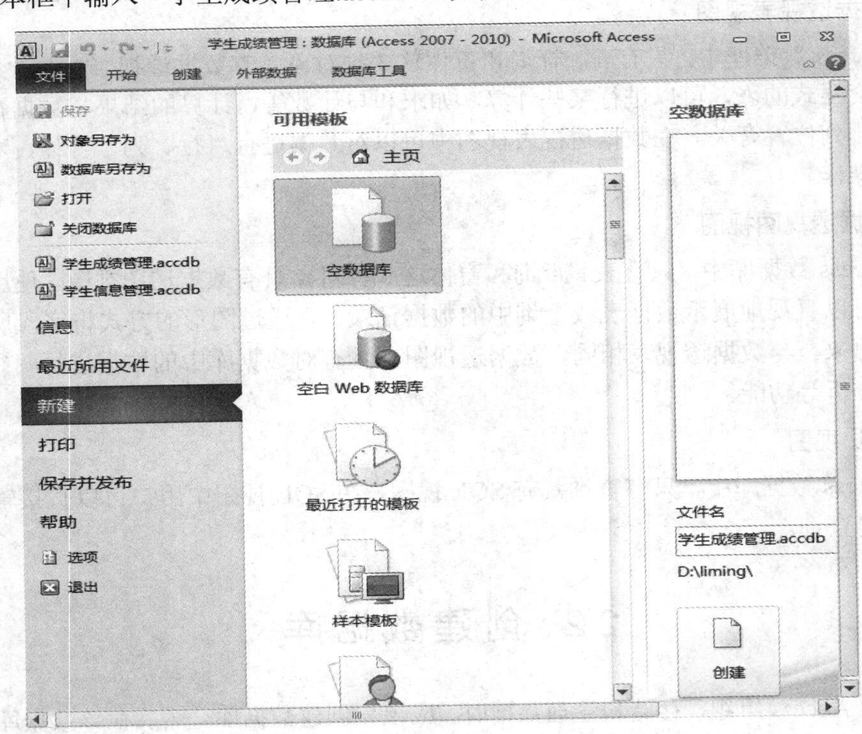

图 2-6　“学生成绩管理：数据库”窗口

(3) 单击“创建”按钮，出现如图 2-7 所示的窗口。

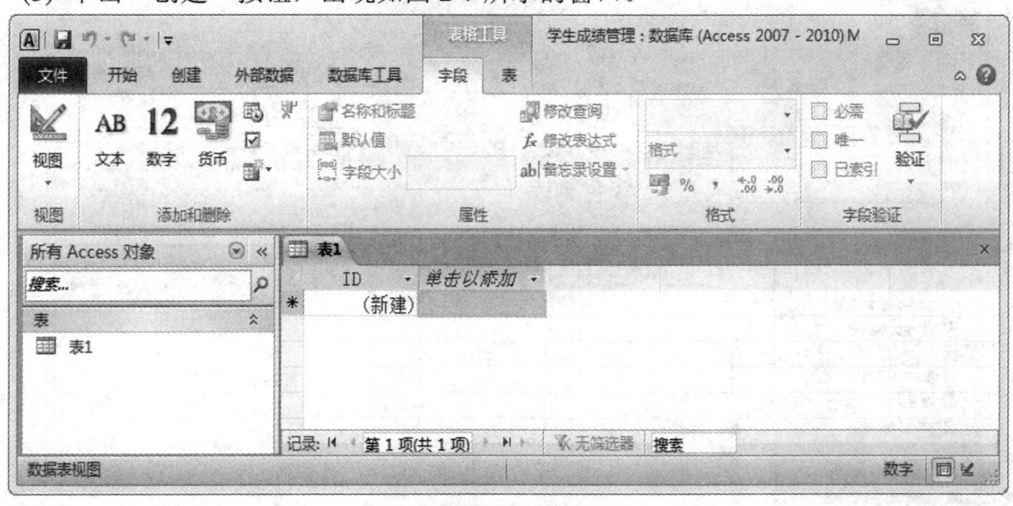

图 2-7　数据库创建窗口

至此，创建空数据库操作完毕。

2.2.2　利用模板创建 Web 数据库

为了方便用户使用，Access 提供了一些标准的数据框架，又称为模板，利用这些模板可以方便、快捷地创建数据库文件，Access 2010 自带模板中包括数据表、查询、窗体和报表，但数据库表中不包含任何数据。一般情况下，在使用模板创建 Web 数据库之前，应该先从“样本模板”中找出与用户所建数据库匹配的模板形式。如果所选的数据库模板未能完全符合用户的实际需求，可以在创建好之后，再进行调整修改。

另外，除了标准的通用模板之外，用户还可以通过 Office.com 模板在线查找所需要的数据库模板。下面通过实例来演示如何使用通用模板创建数据库。

【例 2-2】 利用样本模板中的“学生”模板创建数据库。

(1) 启动 Access 2010，在 Access 2010 窗口中选择“文件”选项卡，单击“新建”命令，打开“新建”窗口，在“可用模板”下方选择“样本模板”。

(2) 在列出的 12 个示例模板中，选择“学生”模板，并在右侧的窗格中设置存放该数据库的路径，这里选择“D:\wanglin”文件夹；在“文件名”文本框中输入“学生.accdb”。

(3) 单击“创建”按钮，Access 就自动创建好了“学生”数据库，如图 2-8 所示。

由此可以看到，在创建好的“学生”数据库中，系统自动创建并完成了表、查询、窗体、报表及宏等对象的建立，但是各个对象都是没有数据内容的。用户根据需要在表中输入数据即可。

通过模板创建数据库操作简单，方便快捷，另外，Access 2010 新增了 Web 数据库模板的功能，让用户可以快速地掌握 Web 数据库的创建。一般来说，模板不可能完全符合实际需求，所以，在创建数据库之后还需要再做进一步的修改调整，才能真正满足用户的实际需要。

图 2-8　“学生：数据库”窗口

2.2.3　数据库的基本操作

数据库创建好之后，通常需要对数据库进行基本操作，常用的数据库基本操作包括打开数据库、关闭数据库及数据库版本的转换等。

1. 打开数据库

用户对数据进行录入、编辑、查询及报表打印输出前，都需要先打开数据库。在 Access 2010 中，打开已经创建好的数据库文件，操作步骤如下：

(1) 在“文件”选项卡下选择“打开”命令，弹出“打开”对话框，从中可以选择相应路径下的数据库文件名及类型，单击“打开”按钮即可。

(2) 另外，单击“打开”按钮右侧的下拉按钮，在弹出的下拉菜单中可选择不同的打开方式，共有 4 种方式，分别是打开、以只读方式打开、以独占方式打开、以独占只读方式打开，如图 2-9 所示。

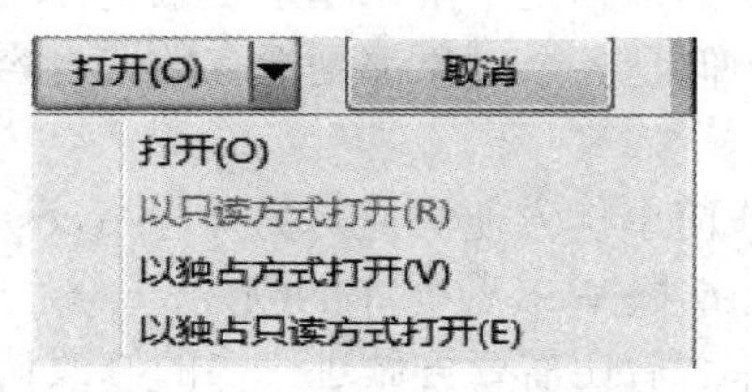

图 2-9　“打开”的 4 种方式

2. 关闭数据库

数据库使用完之后，要及时将其关闭。关闭数据库的方法主要有以下几种：

(1) 单击数据库窗口右上角的“关闭”按钮。

(2) 单击数据库窗口左上角控制菜单按钮，在弹出的下拉菜单中选择“关闭”命令。

(3) 双击数据库窗口左上角控制菜单按钮。

(4) 单击“文件”选项卡下的“退出”按钮。

(5) 按 Ctrl + F4 组合键，关闭数据库窗口。

3. 数据库版本的转换

Access 作为 Office 组件的成员之一，其版本不断在更新；不同版本的数据库文件之间互有差异，为实现版本不同的数据库文件能够共享，用户可以对数据库文件进行版本转换，形成新的 Access 数据库文件。

Access 2010 提供了将数据文件转换为低版本的工具。其操作步骤如下：

(1) 打开所需转换的数据库文件，单击“文件”选项卡，在左侧窗口中单击“保存并发布”按钮。

(2) 在右侧“数据库文件类型”窗口中，单击选择需要转换的目标数据库版本。

(3) 单击底端的“另存为”按钮，在弹出的“另存为”对话框中，选择所要存放的本地磁盘路径，如图 2-10 所示。

(4) 单击“保存”按钮，即可完成数据库文件的版本转换。

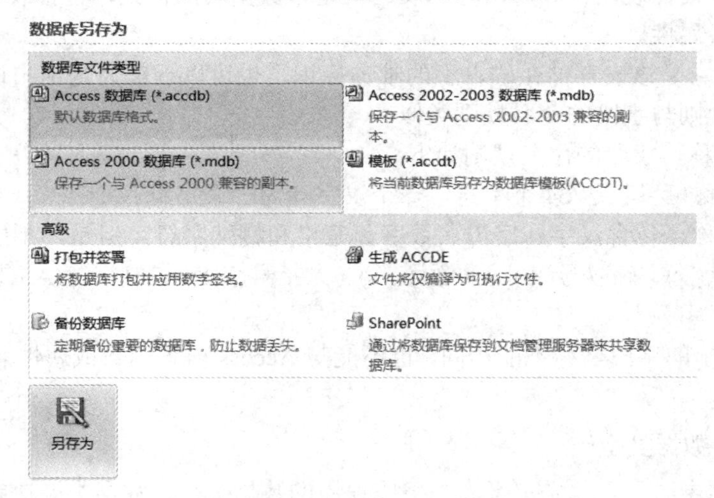

图 2-10　“数据库另存为”对话框

2.3 创建数据表

表(Table)又称为数据表，是存储数据的基本单位，是数据库的基础，它记录数据库中的全部数据内容；也是所有查询、窗体、报表等对象的数据来源。数据表设计的好坏，特别是多表之间的相互关联，会直接影响到该数据库的整体性能，它在很大程度上影响着实现数据库功能的各对象的复杂程度。下面将具体介绍数据表的创建及数据表的基本操作。

2.3.1　数据表的基本概念

1. 数据表的建立规则

设计一个数据库，关键在于创建数据库中的基本表，数据表的操作是最基本的操作。为了更好地设计数据库中的表，应该遵循以下原则：

(1) 字段唯一性。表中的每个字段只能含有唯一类型的数据信息。在同一字段内不能存放两类信息。

(2) 记录唯一性。表中没有完全相同的两个记录。在同一个表中保留相同的两个记录是没有意义的。要保证记录的唯一性，就必须建立主关键字。

(3) 功能相关性。在 Access 数据库中，任意一个数据表都应该有一个主关键字段，该字段与表中记录的各实体相对应。这一规则是针对表而言的，它一方面要求表中不能包含与该表无关的信息；另外一方面，要求表中的字段信息要能完整地描述某一记录。

(4) 字段无关性。在不影响其他字段的情况下，必须能够对任意字段(非主关键字段)进行修改。所有非主关键字段都依赖于主关键字，这一规则说明了非主关键字段之间的关键字段是相互独立的。

2. 表的结构

在 Access 数据库中，数据表由表结构和表内容(记录)两部分组成。在对数据表进行操作时，需要分别设计表结构和表内容。表结构是指数据表的框架，包括表名、字段名称、数据类型和字段属性。

(1) 表名。它是该表存储在磁盘上的唯一标识，也可以理解为是用户访问数据的唯一标识。其命名规则与字段的命名规则类似。

(2) 字段名称。字段的命名规则如下：

① 字段名称可以长达 64 个字符，一个汉字计为一个字符。

② 字段名称可包含汉字、字母、数字、空格和特殊字符，但是，不能以空格开头，也不能包含句点(.)、感叹号(!)、单撇号(′)、方括号([ ])和控制字符(ASCII 码值为 0～32 的字符)。

③ 同一表中的字段名称不能相同，也不能与 Access 内置函数或属性名称(如 Name 属性)相冲突。

3. Access 数据类型

在设计数据表时，必须先定义表中字段使用的数据类型，数据类型决定了数据的存储方式和使用方式。Access 提供了文本型、备注型、数字型、日期/时间型、货币型、是/否型、自动编号型、OLE 对象型、超链接型和查询向导型等十几种数据类型。

对于某一具体数据而言，可供选择使用的数据类型可能有多种。例如，手机号码可使用数字型，也可使用文本型，但是只有一种是最适合的。在定义表中字段所使用的数据类型时，应该主要考虑以下几个方面：

(1) 字段中可以使用什么类型的值。

(2) 需要用多少存储空间来保存字段的值。

(3) 是否需要对数据进行计算。主要区分是否使用数字，或者文本、备注等。

(4) 是否需要建立排序或者索引。备注、超链接以及 OLE 对象型字段是不能使用排序和索引的。

(5) 是否需要进行排序。数字和文本的排序是有区别的。

(6) 是否需要在查询或者报表中对记录进行分组。备注、超链接以及 OLE 对象型字段不能用于分组记录。

具体的数据类型及其用途如表 2-1 所示。

表 2-1　数据类型及其用途

数据类型	用　途	大　小
文本型	字母和数字等字符	0～255 个字符
备注型	字母和数字等字符	0～65 535 个字符
数字型	数值	1、2、4 和 8 个字节
日期/时间型	日期/时间	8 个字节
货币型	数值	8 个字节
是/否型	是/否、真/假	1 个字节
自动编号型	自动数字	4 个字节
OLE 对象型	可链接或嵌入到数据库中的对象	最多可达 1 GB
超链接型	超链接地址，如 E-mail 地址、网页 URL	可达 64 000 字节
查询向导型	来自其他表或列表中的值	4 个字节

(1) 文本型。文本型字段是由英文字母、汉字、数字、空格和各种符号组成的字符串，如书名、人名、地名等。需要指出的是，文本型中的数字是指在应用程序中不能进行计算的数字。例如，电话号码。在不需要对数字进行计算的场合，尽量使用文本数字。Access 默认的文本型字段的长度是 255 个字符，若超过了 255 个字符，可使用备注型。

(2) 备注型。备注型字段可容纳较大数量的字符数据，如文档。备注型字段的存储内容可长达 65 535 个字符。需要注意的是，备注型字段不能创建为主键，也不能对备注型字段进行排序和索引。

(3) 数字型。数字型字段用来存储进行算术运算的数字数据，如学生的考试成绩。数字型可以是字节型、(短)整型、长整型、单精度型和双精度型，相对应的数据长度分别是 1、2、4、4、8 个字节。其中，单精度的小数位可精确到 7 位，双精度的小数位可精确到 15 位。

(4) 日期/时间型。日期/时间型字段包含日期和时间，其长度系统固定为 8 位。在该数据类型字段中，既可以只有日期，也可以只有时间。如果没有日期，Access 会自动加上默认日期，同样，如果没有时间，Access 也会自动加上默认时间。

(5) 货币型。货币型字段主要用来存储货币量，等价于具有双精度属性的数字型。在货币型字段中，不必输入货币符号和千位分隔符，Access 会自动显示这些符号，并添加两位小数。

(6) 是/否型。是/否型字段的值只有真(True)和假(False)两种。

(7) 自动编号型。自动编号型字段比较特殊。当每次向表中添加新的记录时，Access 会自动插入唯一顺序号，在自动编号型字段中指定一个数值。

(8) OLE 对象型。OLE 对象型字段用来存储如 Word 文档、Excel 文档等。该字段大小最多为 1 GB，容量大小受磁盘空间限制。

(9) 超链接型。超链接型字段可以链接到另外一个文档、URL 或者文档内的一部分。

(10) 查询向导型。查询向导型字段可以为用户建立一个字段内容的列表，如性别字段，可采用包含“男”和“女”两个值的列表。在列表中选择需要的数据作为字段的内容。

4. 字段属性

在字段的“数据类型”设置完成之后，就需要设置字段的“属性”，字段属性是指字段的特征，用于指定主键、字段大小、格式(即输出格式)、输入掩码(输入格式)、默认值、有效性规则和索引等。

字段的大小决定一个字段所占用的存储空间。在 Access 2010 中，文本、数字和自动编号型字段，可由用户根据实际需要来设置大小，其他类型字段由系统确定大小。字段属性设置的具体操作将在后续的章节中详细介绍。

2.3.2　使用设计器创建表

表设计器也称为表设计视图，是 Access 2010 中设计数据表的主要工具。使用它既能创建新表，还能对现有的数据表进行修改编辑操作。在设计视图下，用户可以按照自己的实际需要来设计或者修改表的结构，包括修改字段的名称、数据类型、设置字段的属性以及定义主键等。使用设计器创建表的步骤如下：

(1) 启动设计视图。打开“学生成绩管理”数据库，单击“创建”选项卡，再单击“表格”组中的“表设计”命令，打开表的设计视图，如图 2-11 所示。

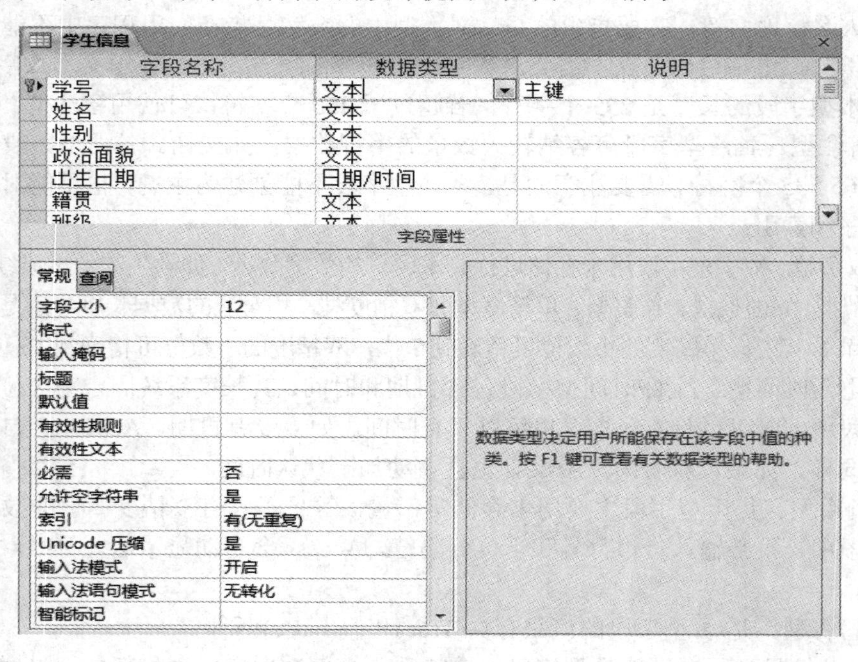

图 2-11　表的设计视图

(2) 定义表的各个字段。在设计视图中定义表的各个字段，包括字段名称、数据类型、说明。字段名称是字段的标识，必须输入；数据类型默认为“文本”型，用户可以从数据类型列表框中选择其他数据类型；说明是对字段含义的简单注释，用户可以不输入任何文字。

(3) 设置字段属性。设计视图的下方是“字段属性”栏，包含两个选项卡，其中，“常规”选项卡，用来设置字段属性，如字段大小、标题、格式、默认值等；“查阅”选项卡显示相关窗体中该字段所用的控件。

(4) 定义主键。主键不是必需的，但应尽量定义主键。表只有定义了主键，才能定义该表与数据库中其他表之间的关系。如果未定义主键，则 Access 自动把“自动编号”类型的“ID”字段作为主键。

(5) 修改表结构。在表创建的同时经常需要进行表结构的修改，如删除字段、增加字段、删除主键等。

(6) 保存表文件。单击“文件”选项卡，然后选择“保存”命令或单击快速访问工具栏的“保存”按钮，在如图 2-12 所示的“另存为”对话框中输入表的名称即可。

图 2-12　“另存为”对话框

2.3.3　定义主键与修改表结构

主关键字(简称为主键，Primary Key)，是具有唯一标识表中每条记录值的一个字段或多个字段组合，主键不允许为空也不能有重复值。例如，“学生信息”表中的“学号”。

1. 主键的特点

(1) 一个表中只能有一个主键。如果在其他字段上建立主键，则原来的主键就会取消。在 Access 中，虽然主键不是必需的，但最好为每个表都设置一个主键。

(2) 主键的值不可重复，也不可为空(NULL)。即有可能为空，或者有重复值的字段不可设置为主键。例如，“学生信息”表的姓名字段。

2. 主键的作用

(1) 提高查询和排序的速度。

(2) 用来将本表与数据库其他表中的外键相关联。

(3) 在表中添加新的记录时，Access 会自动检查新的记录的主键值，不允许该值与其他记录的主键值重复。

(4) Access 自动按主键值的顺序显示表中的记录。如果没有定义主键，则按输入记录的顺序显示表中的记录。

3. 定义主键的方法

(1) 单字段主键。打开需要设置主键对应的表，切换到表设计视图，选中要设置为主键的某一字段，单击“设计”功能区下的“工具”栏中的“主键”按钮，或者右击鼠标，在弹出的快捷菜单中选择“主键”命令，这时，该字段行左侧就会出现一个钥匙状的图标，表示该字段已经被设置为主键。

(2) 多字段主键。在实际应用系统中，由于客观需要，不少数据表中的主键不是某一个字段，而是多个字段的组合，例如，“学生成绩管理”数据库中的“选课成绩”表，只有“学号 + 课程编号”组合才能唯一标识表中的每一个记录，因此，该表的主键就是这两个字段的组合。设置方法见例题 2-3 所述。

【例 2-3】 在上一章节对 “学生成绩管理”数据库设计的过程中，获得了数据库的 E-R 图，在此基础上，同时为了后续章节的教学演示需要，我们创建了 6 个数据库表：“课程”表、“学生信息”表、“专业”表、“教师信息”表、“选课成绩”表、“教师授课”表。相关的表结构信息如表 2-2～表 2-7 所示。按照表结构设计的需要，创建好以上 6 个表，并设置好主键。从中可发现，选课成绩表和教师授课表的主键都是两个字段的组合。那如何来设置主键呢？这里以选课成绩表中的主键设置为例做介绍。

表 2-2　“课程”表结构

字段名称	数据类型	字段大小	说 明
课程编号	文本	6	主键
课程名称	文本	20	
课程性质	文本	4	
学时	数字	整型	
学分	数字	整型	
课程简介	备注		

表 2-3　“学生信息”表结构

字段名称	数据类型	字段大小	说 明
学号	文本	12	主键
姓名	文本	10	
性别	文本	1	查阅向导：男/女
政治面貌	文本	4	
出生日期	日期/时间		
籍贯	文本	6	
班级	文本	10	
专业编号	文本	4	外键
入学成绩	数字	整型	
电话	文本	12	
奖惩情况	备注		
照片	OLE 对象		

表 2-4　“专 业”表 结 构

字段名称	数据类型	字段大小	说 明
专业编号	文本	4	主键
专业名称	文本	12	
所在学院	文本	10	
专业简介	备注		

表 2-5　“教师信息”表结构

字段名称	数据类型	字段大小	说 明
教师编号	文本	8	主键
姓名	文本	10	
性别	文本	1	查阅向导：男/女
职称	文本	4	
学位	文本	4	
出生日期	日期/时间		
岗位工资	货币		
所在部门	文本	12	
电话	文本	12	
电子邮件	超链接		

表 2-6　“选课成绩”表结构

字段名称	数据类型	字段大小	说 明
学号	文本	12	主键
课程编号	文本	6	主键
考试成绩	数字	单精度	
平时成绩	数字	单精度	

表 2-7　“教师授课”表结构

字段名称	数据类型	字段大小	说 明
教师编号	文本	8	主键
课程编号	文本	6	主键
授课地点	文本	10	
授课时间	文本	8	

具体步骤如下：

① 首先打开“学生成绩管理”数据库中的“选课成绩”表，在如图 2-13 所示的视图切换方式中选择“设计视图”选项，就可出现如图 2-11 所示的设计视图。

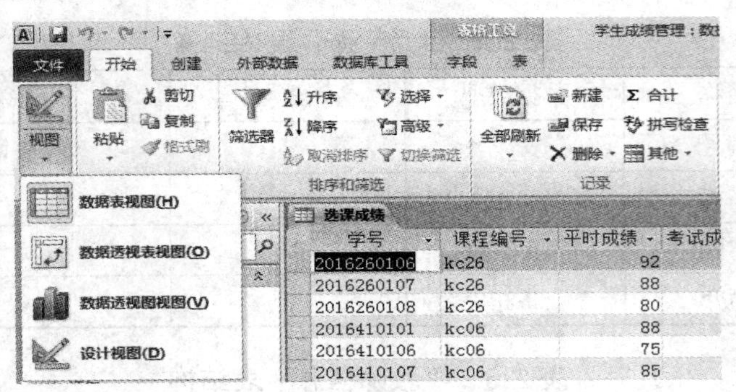

图 2-13　视图切换方式

② 先按住“Ctrl”键，再依次单击“学号”和“课程编号”字段，然后单击“设计”功能区下的“工具”栏中的“主键”按钮，或者右击鼠标，在弹出的快捷菜单中选择“主键”命令即可，结果如图 2-14 所示。

选课成绩

字段名称	数据类型	
学号	文本	主键
课程编号	文本	主键
平时成绩	数字	
考试成绩	数字	

图 2-14　字段组合设置主键

(3) 自动编号型字段主键。在表的设计视图中保存新创建的表时，如果之前没有设置主键，系统将会询问“是否创建主键?”，若单击“是”按钮，则系统将创建一个自动编号型的名为“ID” 字段的主键；使用数据表视图创建新表时，用户不必回答，系统将自动创建自动编号型的名为“ID” 字段的主键。此外，选定自动编号型字段后，单击“设计”选项卡上的“工具”组中的“主键”按钮，也可设置该自动编号型字段为主键。需要注意的是，删除记录时自动编号型字段的字段值不会自动调整，此时字段值将出现空缺，变成不连续的字段值。

4. 修改表结构

修改表结构可以在创建表结构的同时执行，也可以在表结构创建结束之后进行。无论在哪种情况下，修改表结构都是在表的设计视图中完成的。

(1) 增加字段。增加字段可以在所有字段的末尾添加字段，也可在某个字段前插入新字段。如果是在末尾添加字段，则在末字段下方的空白行输入字段名称、选择数据类型等。如果是在某个字段前插入新字段，则将光标置于插入新字段的位置上，选择“设计”选项卡→“工具”组中的“插入行”命令；或者右击弹出的快捷菜单，选择“插入行”按钮，在当前位置会产生一个新的空白行(原有的字段向下移动)，再输入新字段信息。

(2) 修改字段。修改字段包括修改字段名称、数据类型和字段属性等。如果要修改字段名称，双击该字段名称，会出现金色文本框，在文本框中输入新的字段名称即可；如果要修改数据类型，直接在某字段的“数据类型”栏的下拉列表框中选择相应的数据类型；如果要修改字段大小等其他属性，在表设计视图下方的“字段属性”窗格中修改即可。

需要注意的是，如果字段中已经存储了数据，则修改数据类型或将字段大小的值由大变小，可能会造成数据的丢失。

(3) 移动字段。选定需要移动的字段上的行选定器，释放鼠标后，再按住鼠标左键拖至合适位置，选定字段的位置便会移动。需要注意的是，不能选定字段后直接拖动鼠标，要分两个步骤完成才可。

(4) 删除字段。将光标置于要删除字段所在行的任意单元格上，选择“设计”选项卡→“工具”组中的“删除行”命令；或者右击弹出的快捷菜单，单击“删除行”按钮，便可将该字段删除。

(5) 删除/更改主键。删除主键之前需要满足一个前提条件，即用该主键所创建的“关系”已经删除。删除主键的方法与创建的方法类似，步骤是：选定主键字段(如果是多字段组合的主键，选定其中的一个字段)，选择“设计”选项卡→“工具”组中的“主键”命令，从而消除主键标志。更改主键则需要先正确删除现有主键，然后再选定新的满足要求的字段设置为主键。

2.3.4　字段的属性设置

在明确表结构以及对数据表定义字段后，可在表设计视图下方，看见字段属性的设置区域，它用于定义字段数据如何存放或者显示。在设计视图窗口中，单击任一个字段，该字段的相关属性即显示在下半部分。根据字段的数据类型不同，属性的定义也有所不同。字段属性包括一般的常规属性，如字段大小、格式、标题、有效性规则、输入掩码等以及查阅属性。

1. 字段大小

字段大小属性用于文本型、数字型或者自动编号型。若为文本型，字段大小范围为 1～255，默认值为 50；若为数字型，字段大小可设置为字节、整型、长整型、单精度型、双精度型、同步复制 ID；若为自动编号型，则字段大小可设置为长整型或同步复制 ID。

2. 格式

格式属性用于指定字段的显示方式和打印方式，不会影响数据的存储方式。例如，数字型字段的格式有常规数字、货币、欧元、固定、标准、百分比和科学记数等，如图 2-15 所示；日期/时间型字段的格式有常规日期、长日期、中日期、短日期、长时间、中时间和短时间等格式，如图 2-16 所示；是/否型字段的格式有是/否、真/假和开/关等，如图 2-17 所示。

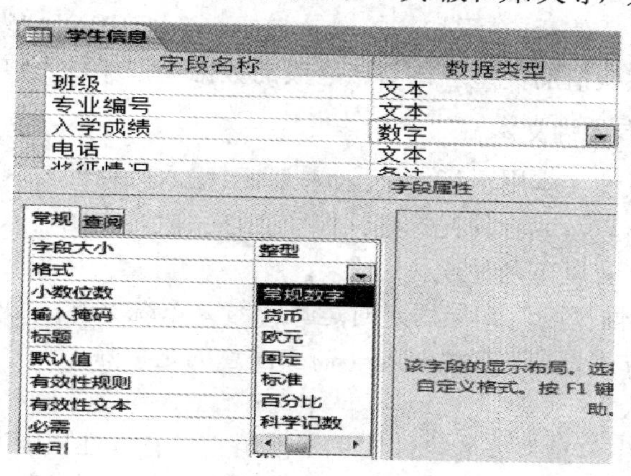

图 2-15　数字型字段的格式

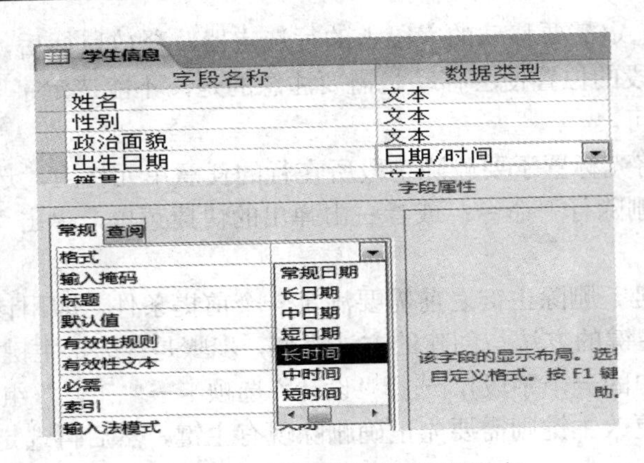

图 2-16　日期/时间型字段的格式

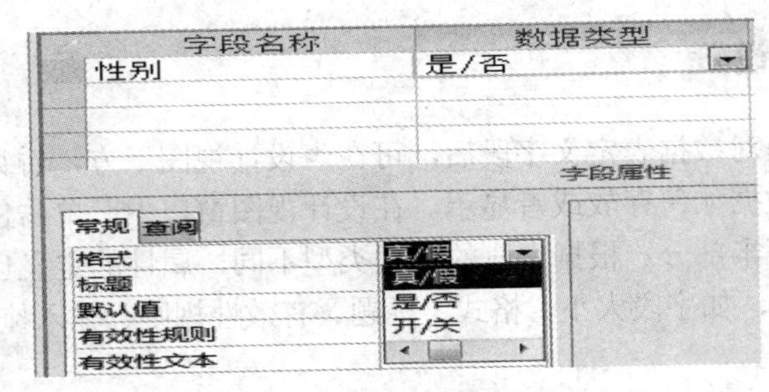

图 2-17　是/否型字段的格式

3. 标题

字段的标题可以用于数据表视图、窗体、报表等界面中各列的名称。标题属性最多设置为 255 个字符。如没有为字段设置标题属性，则 Access 2010 会使用该字段名代替；例如，可以将“学生信息”表的“学号”字段的标题属性设置为“学生证编号”，则数据表视图中“学号”列的标题就显示为“学生证编号”。需要注意的是，标题仅改变列的栏目名称，不会改变字段名称。在窗体、报表等处引用该字段时仍应使用字段名。

4. 默认值

为一个字段定义默认值后，在添加新的记录时，Access 2010 自动为该字段填入默认值，从而简化输入操作。默认值的类型应该与该字段的数据类型保持一致。

5. 有效性规则和有效性文本

有效性规则和有效性文本用于指定字段或控件对输入数据的要求：当输入数据不符合输入规则时显示提示信息，或者使光标继续停留在该字段，直到输入正确的数据为止。

有效性规则的建立有以下两种途径：

(1) 直接输入有效性规则。如果用户对运算符号、系统标准函数等比较熟练，那么就可以利用直接输入的方式设置有效性规则。需要注意的是，除了汉字以外，其余符号必须在英文输入方式下输入。

【例 2-4】　“学生信息”表的“性别”字段定义“有效性规则”和“有效性文本”，如图 2-18 所示。如果用户在输入某学生记录时，错误地将性别字段值输入为“难”，则会显示违反有效性规则的提示信息，如图 2-19 所示。这个信息就是在“有效性文本”属性框中输入的文本。

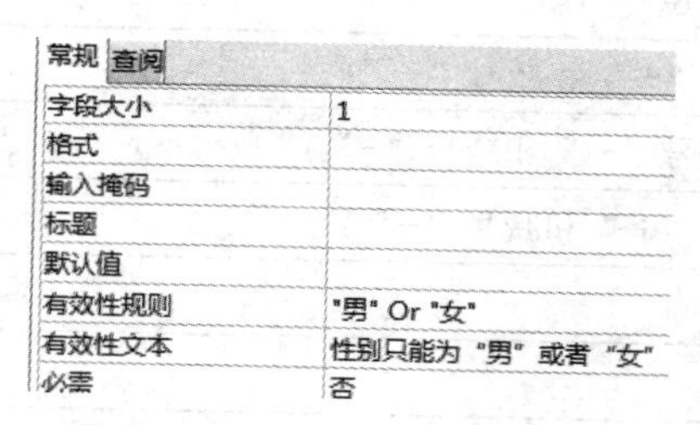

图 2-18　有效性规则示例

图 2-19　违反有效性规则时的提示

(2) 利用表达式生成器建立有效性规则，具体步骤如下：

① 在表设计视图中选择要设置的字段，在“字段属性”窗口单击该字段的“有效性规则”属性框。

② 单击“有效性规则”属性框右边的“…”按钮。弹出“表达式生成器”对话框，如图 2-20 所示。

③ 表达式生成器主要由几部分组成：表达式框、运算符按钮和表达式元素等。

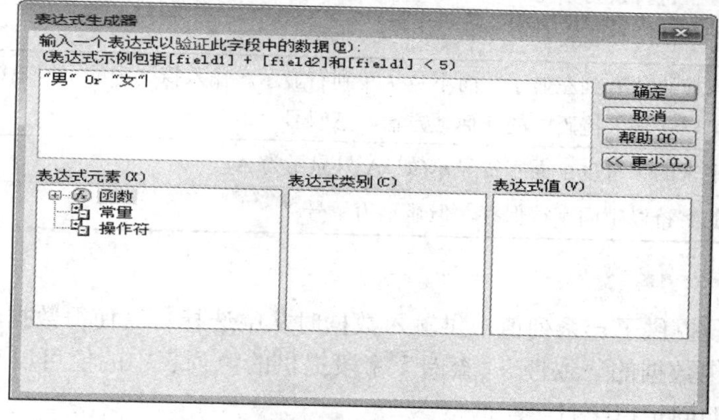

图 2-20　“表达式生成器”对话框

单击某一个运算符按钮，可在表达式框的插入点位置插入相应运算符号，还可以选择表达式元素并将其插入到表达式框中，组成如计算、筛选记录的表达式。

6. 输入掩码

“输入掩码”属性可以设置该字段输入数据时的格式，并非所有的数据字段类型都有“数据掩码”属性，Access 2010 中只有文本、数字、货币和日期/时间这 4 种类型拥有该属性，并只为文本型和日期/时间型字段提供了输入掩码向导。

例如，“学号”字段输入掩码设置为“00000000”，则可确保必须输入 8 个数字字符。“办公电话”字段输入掩码设置为“####-#######”。

如果为某字段定义了输入掩码，同时又设置了它的格式属性。那么，在数据显示时，格式属性优先于输入掩码。这意味着，即使保存了输入掩码，但数据按格式显示，会忽略输入掩码。格式和输入掩码定义了数据的显示方式，表中的数据本身并没有更改。表 2-8 给出了输入掩码属性字符及其含义。

表 2-8　输入掩码属性字符及其含义

字 符	说　　明
0	数字(0～9，必须输入，不允许为加号“+”和减号“-”)
9	数字或空格(非必须输入，不允许为加号“+”和减号“-”)
#	数字或空格(非必须输入，允许为加号“+”和减号“-”)
L	字母(A～Z，a～z，必须输入)
?	字母(A～Z，a～z，可选输入)或空格
A	字母或数字(必须输入)
a	字母或数字(可选输入)
&	任一字符或空格(必须输入)
C	任一字符或空格(可选输入)
.，:;-/	小数点占位符及千位、日期与时间的分隔符(实际的字符将根据 Windows“控制面板”中“区域与语言”对话框中的设置而定)
<	将所有字符转换为小写
>	将所有字符转换为大写
!	使输入掩码从右到左显示，而不是从左到右显示。输入掩码中的字符始终都是从左到右填入。可以在输入掩码中的任何地方输入感叹号“！”
\	使接下来的字符以字面字符显示(如 \A 只显示为 A)
密码	输入的字符以字面字符保存，但显示为星号“*”

7. 查阅属性

“查阅”字段提供了一系列值，供输入数据时从中选择。这使得数据输入更为容易，并可确保该字段中数据的一致性。“查阅”字段提供的值列表中的值可以来自表或查询，也可以来自指定的固定值集合。

2.3.5　表记录的输入与编辑

1. 记录的输入界面

输入记录的操作是在数据表视图中进行的。首先打开需要输入数据的表，若不是在数据表视图，可以通过如图 2-13 所示的方式切换到该表的数据表视图。

2. 记录的输入方法

在输入记录时，必须根据表结构相对应的字段属性输入相关记录数据信息，不同数据类型的字段，其输入数据的方法有所不同。不同数据类型的字段，其输入记录数据的方法如下：

(1) 对于常用的文本型字段数据，可按其字段属性的要求，输入字母、汉字及符号等。

(2) 对于数字型、货币型字段数据，应采用十进制日常表示法输入即可。

(3) 对于是/否型字段数据，若采用了文本框的形式显示，输入 True 或 -1，代表真值；输入 False 或 0，代表假值。

(4) 对于备注型字段数据，与文本型类似，最多可输入 65 535 个字符。

(5) 对于日期/时间型字段数据，字段中默认日期格式是："yyyy-mm-dd"，其中年份数据最好输入 4 位。

(6) 对于超链接型字段数据，可直接在字段值处输入地址或者路径；也可以单击鼠标右键，在弹出的快捷菜单中选择"超链接"→"编辑超链接"，打开"插入超链接"对话框，确定相应的地址或路径。此时，地址或路径的文字下方会显示表示链接的下划线。当鼠标移入时变为手形指针样式，单击此链接，即可打开它指向的对象。

(7) 对于 OLE 对象型字段数据，如插入照片、声音等。首先选中要插入 OLE 对象的记录，右键单击需要插入对象的字段值处，从弹出的快捷菜单中选择"插入对象"选项，出现如图 2-21 所示的对话框。

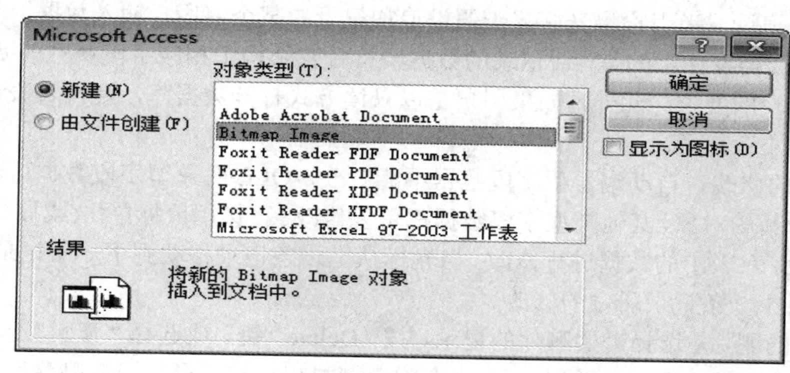

图 2-21　插入 OLE 对象的对话框

如果选择"新建"选项，则从"对象类型"列表框中选择要创建的对象类型，Access 数据库宜用"位图图像"，打开画图程序绘制图形，完成图形后，关闭画图程序，返回数据表视图。如果选择"由文件创建"选项，则在"文件"框中输入或者单击"浏览"按钮确定照片所在的路径位置。最后单击"确定"按钮，回到数据表视图。该条记录的字段值处显示为"位图图像"字样，表示插入了一个 BMP 格式的位图图像对象。如果插入一张扩展名为".JPG"格式的图像，显示的将是"包"字样。需要注意的是，在 Access 数据库创建的窗体中，只能显示"位图图像"。

OLE 对象型字段的实际内容并不直接在数据表视图中显示。如果要查看，则双击字段值处，则会打开与该对象相关联的应用程序，显示插入对象的实际内容。如果要删除，则单击字段值处，按"Delete"键即可。

OLE 服务器支持的任何对象都可以存储在一个 Access OLE 对象型字段中，OLE 对象型字段通常被输入到窗体中，以便用户查看、播放或使用该值。

3. 记录的编辑

在数据表中，可以通过浏览窗口或编辑窗口来编辑相应的数据，用户可以选择一个或一组记录，将它复制或剪切到剪贴板中，也可以将它从表中删除。

在数据表视图中，为方便用户选定待编辑的数据，系统提供了记录选定器和字段选定器，记录选定器是位于数据表中记录最左侧的小框，其操作类似于行选定器；字段选定器则是数据表的列标题，其操作类似于列选定器。如果要选择一条记录，单击该记录的记录选定器；如果需要选择多条记录，则先选定第一条记录，然后按住“Shift”键并单击最后一条记录，即可选择两个记录之间的所有记录；也可以通过鼠标拖曳来选择多条连续的记录。字段的选择操作也类似。

(1) 记录的定位。如果表中存储了大量的记录数据，使用数据表视图窗口底部的记录导航按钮，可以快速定位记录，如图 2-22 所示。

记录: 第 14 项(共 20 无筛选器 搜索

图 2-22　记录导航按钮

(2) 记录的添加。在数据表视图中，表的末端有一条空白的记录，可以从这开始增加新的记录。在数据表中最后一个记录的选择按钮上有一个星形符号，该星号用来表示这是一个假设追加记录。当用户将光标置于假设追加记录的某个字段，输入数据，就可以追加一条新的记录。需要注意的是，新记录的数据要符合表结构中相应字段属性的要求，例如，主键非空且唯一的要求。此外，如果用户是以只读方式打开数据库，则代表假设追加记录的星号标志就不会出现。

(3) 记录的修改。自动编号型字段数据不能更改，OLE 对象型字段数据可以删除或者重新选择一个新的对象，其他类型字段数据都可以修改。直接用鼠标单击(或按 Tab 键移动)要修改的字段，对表中的数据进行修改。当光标从上一条记录移动到下一条记录时，Access 会自动保存对上一条记录所做的修改。

(4) 记录的删除。选择需要删除的记录，按“Delete”键，或选择“开始”选项卡→“记录”组中的“删除”命令。删除时 Access 会弹出消息提示框，提示用户删除后的记录不能恢复，是否确认要删除。需要注意的是，从表中删除记录的操作是无法撤销的。

【例 2-5】 对例 2-3 中创建的 6 个数据表依次输入记录后，表中记录分别如图 2-23～图 2-28 所示。

学生信息

学号	姓名	性别	政治面貌	出生日期	籍贯	班级	专业编号	入学成绩	电话	奖惩情况	照片
2016260106	刘蔚	女	党员	1998/12/15	江西赣州	信安161	26	529	18707971256	省三好学生	
2016260107	胡乐娟	女	团员	1999/2/1	北京	信安161	26	462			
2016260108	丁明安	男	团员	1998/5/23	江西赣州	信安161	26	537			
2016410101	范鹏飞	男	团员	1998/3/14	湖南衡阳	会计161	41	524			
2016410106	黄浩	男	团员	1999/1/3	江西吉安	会计161	41	529			
2016410107	余悦	女	党员	1998/10/3	广东惠州	会计161	41	532			
2017250115	刘明	男	党员	1999/4/26	江西赣州	网络171	25	543	13607075869	省数学奥赛三等奖	
2017250116	王丽敏	女	团员	1998/2/21	江西南昌	网络171	25	550			
2017250117	张萌	女	团员	1998/3/5	云南大理	网络171	25	495			
2017250118	王立刚	男	团员	1998/5/30	湖南长沙	网络171	25	537	13697012536		
2017250201	谭敏	女	团员	1998/8/21	江西抚州	网络172	25	554			
2017250203	柳真	男	团员	1999/6/25	广东河源	网络172	25	516			
2017250204	胡振华	男	党员	1998/2/9	湖北十堰	网络172	25	565			
2017250206	阮班圣楠	男	团员	1997/8/17	西藏拉萨	网络172	25	406			
2017270106	兰梦	女	团员	1999/1/25	上海	计算机171	27	486			
2017270113	张丽洁	女	党员	1998/6/5	江西南昌	计算机171	27	547	15907975147	文艺标兵称号	
2017270120	孟旭溪	男	团员	1999/3/16	江西景德镇	计算机171	27	552			
2017320302	黄梦兰	女	团员	1998/5/26	江西赣州	冶金173	32	529			
2017320309	曾洁	女	团员	1997/12/6	湖北武汉	冶金173	32	547			
2017320312	余江豪	男	党员	1998/4/5	浙江金华	冶金173	32	550			
*											

图 2-23　“学生信息”表数据

教师信息

教师编号	姓名	性别	职称	学位	出生日期	岗位工资	所在部门	电话	电子邮件
js0103	李晓梅	女	副教授	博士	1983/6/15	¥3,120.00	冶金与化学工程学院	13607971246	234878223@qq.com
js0106	崔远	男	讲师	博士	1986/3/6	¥2,460.00	冶金与化学工程学院		
js0301	刘大伟	男	助教	硕士	1992/12/3	¥2,150.00	信息工程学院		
js0302	张继刚	男	教授	学士	1962/3/25	¥3,450.00	信息工程学院	13607072369	
js0308	蔡敏洁	女	讲师	博士	1987/5/18	¥2,460.00	信息工程学院		
js0311	蔡豪	男	副教授	硕士	1976/10/21	¥3,120.00	信息工程学院		
js0315	黄媛媛	女	讲师	博士	1988/2/17	¥2,460.00	信息工程学院		
js0601	万国华	男	教授	硕士	1972/4/27	¥3,450.00	经济管理学院	18807075883	wgh1972@126.com
js0607	徐志强	男	讲师	博士	1988/9/15	¥2,460.00	经济管理学院		

图 2-24 “教师信息”表数据

课程

课程编号	课程名称	课程性质	学时	学分	课程简介	单击以添加
cs01	大学计算机基础	必修	32	2	校级公共基础课	
cs02	C语言程序设计(A)	必修	48	3	校级公共基础课	
cs06	高等数学	必修	64	4	校级公共基础课	
cs07	大学英语	必修	64	4	校级公共基础课	
kc06	会计学原理	必修	48	3		
kc12	音乐鉴赏	选修	16	1	校级选修课	
kc16	人工智能技术	选修	32	2	专业任选课	
kc26	密码学	必修	48	3		
kc31	冶金工艺学	必修	64	4		

图 2-25 “课程”表数据

专业

专业编号	专业名称	所在学院	专业简介	单击以添加
25	网络工程	信息工程学院		
26	信息安全	信息工程学院		
27	计算机科学与技术	信息工程学院	江西省一级学科专业	
32	冶金工程	冶金与化学工程学院	江西省一级学科专业	
41	会计学	经济管理学院		

图 2-26 “专业”表数据

教师授课

教师编号	课程编号	授课地点	授课时间	单击以添加
js0103	kc31	Z304	1-16周	
js0106	kc31	Z305	1-16周	
js0301	cs01	Z4D1	6-9周	
js0301	cs02	D03	1-15周	
js0302	kc16	D01	1-8周	
js0308	cs02	D02	1-15周	
js0311	kc26	E03	4-15周	
js0315	cs01	Z3D4	6-9周	
js0601	kc06	1302	1-12周	
js0607	kc06	1304	1-12周	

图 2-27 “教师授课”表数据

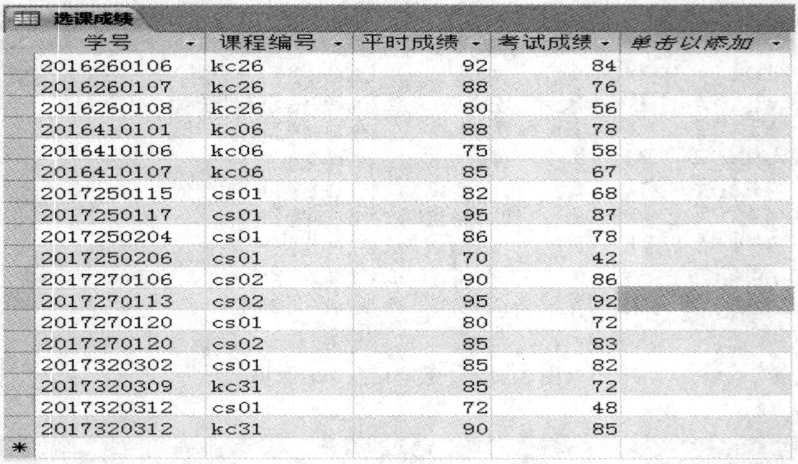

选课成绩

学号	课程编号	平时成绩	考试成绩	单击以添加
2016260106	kc26	92	84	
2016260107	kc26	88	76	
2016260108	kc26	80	56	
2016410101	kc06	88	78	
2016410106	kc06	75	58	
2016410107	kc06	85	67	
2017250115	cs01	82	68	
2017250117	cs01	95	87	
2017250204	cs01	86	78	
2017250206	cs01	70	42	
2017270106	cs02	90	86	
2017270113	cs02	95	92	
2017270120	cs01	80	72	
2017270120	cs02	85	83	
2017320302	cs01	85	82	
2017320309	kc31	85	72	
2017320312	cs01	72	48	
2017320312	kc31	90	85	
*				

图 2-28　“选课成绩”表数据

其中，“学生信息”表、“教师信息”表中的“性别”字段设置为查阅向导类型，如图 2-29 所示。

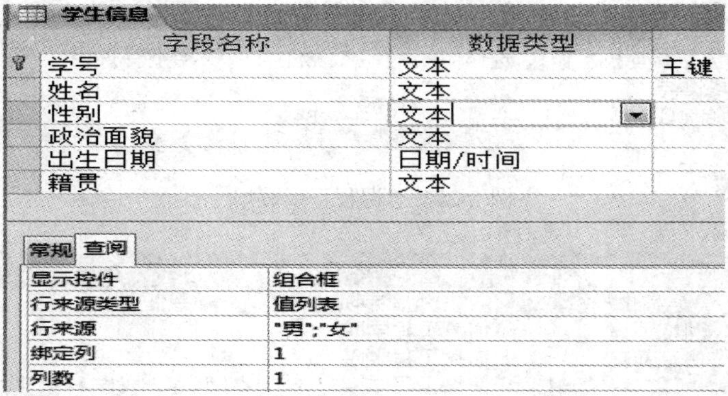

学生信息

字段名称	数据类型	
学号	文本	主键
姓名	文本	
性别	文本	
政治面貌	文本	
出生日期	日期/时间	
籍贯	文本	

常规　查阅

显示控件	组合框
行来源类型	值列表
行来源	"男";"女"
绑定列	1
列数	1

图 2-29　“性别”字段查阅属性设置

2.4　创建索引与表间关系

2.4.1　创建索引

在一般情况下，表中记录的顺序是由数据输入的前后次序决定的(数据的这种原始顺序叫做物理顺序)，除非有记录被删除，否则表中记录的顺序总是不变的。但在日常关联和使用这些数据时，花费精力最多(与处于手工管理数据阶段时一样)的工作是数据的快速检索与定位、数据的各种排序结果以及大量的汇总计算。用户迫切希望有一套计算机软件系统(如 Access)能够处理和实现数据的快速检索问题、按照某个字段(或某几个字段)的重新排序问题、多表数据的综合处理问题以及数据的汇总计算问题，而解决这一系列问题最为核心的技术就是索引技术。

索引技术是建立数据库内各表间关联关系的必要前提。也就是说，在 Access 中，对于同一个数据库中的多个表，若想建立多个表之间的关联关系，就必须先在各自表中的关联字段上建立索引，然后才能建立多表之间的关联关系。

可以基于单个字段或多个字段来创建索引。在使用多字段索引排序表时，Access 将首先使用定义在索引中的第一个字段进行排序。如果在第一字段中出现有重复值的记录，则 Access 会用索引中定义的第二个字段进行排序，以此类推。也就是说，采用多字段索引能够区分开第一个字段值相同的记录。创建索引后，向表中添加记录或更新记录时，索引自动更新。

需要注意的是，在 Access 2010 中，备注型字段、超链接型字段及 OLE 对象型字段的字段不能建立索引。

1. 索引作用

(1) 用于表间关系。

(2) 用于排序和快速查找数据表中的记录。若表中某个字段或者多个字段的组合用作查询条件，则可以为它们创建索引，以提高查询的效率。表中使用索引查找数据，就像在书中使用目录查找内容一样方便。

2. 索引类型

索引按照不同的功能，可以分为以下 3 种类型：

(1) 唯一索引。索引字段的值不能重复。若给该字段输入重复的数据，系统会自动提示操作错误。若某个字段的值有重复，则不能创建唯一索引。在一个表中，可以创建多个唯一索引。

(2) 主索引。同一个表可以创建多个唯一索引，其中一个可设置为主索引，主索引字段(不能为空)称为主键。一个表中只能创建一个主索引。在创建“主键”时，系统自动设置主键为主索引，Access 把主键字段作为默认排序字段。

(3) 普通索引。索引字段的值可以重复，一个表可以创建多个普通索引。

【例 2-6】 在“教师信息”表中，可以定义“教师编号”为主键(主索引)，既不允许有相同的教师编号，也不允许空的教师编号。在不允许两个教师共用一个电话号码的情况下，可以定义“电话”字段为唯一索引。对于会有重复的“性别”、“职称”等字段只能定义为普通索引。

3. 创建索引

在表的设计视图和索引窗口中都可以创建索引属性。一般而言，单字段索引可以通过表的设计视图中该字段的“索引”属性来建立，多字段索引可以在索引对话框中建立。

【例 2-7】 依据“学生信息”表中的“入学成绩”字段建立降序排列的普通索引。

具体操作步骤如下：

(1) 打开“学生信息”表的设计视图，选择“入学成绩”字段，如图 2-30 所示。

(2) 在“字段属性”窗格中选择“索引”属性，点击下拉按钮，可看到有三个选项。这里选择“有(有重复)”，这样就建立了默认为升序排列的普通索引。

(3) 设置为降序排序则需打开索引对话框，点击“设计”功能区中的索引按钮 ，即可打开如图 2-31 所示的对话框，在“排序次序”属性中设置为降序即可。

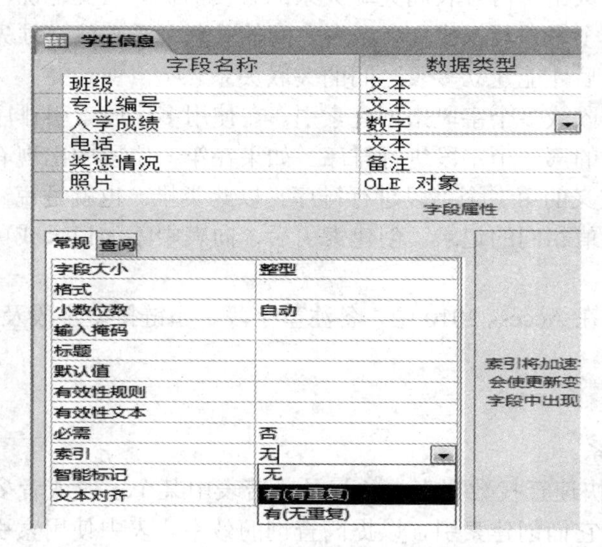

图 2-30　“入学成绩”索引设置

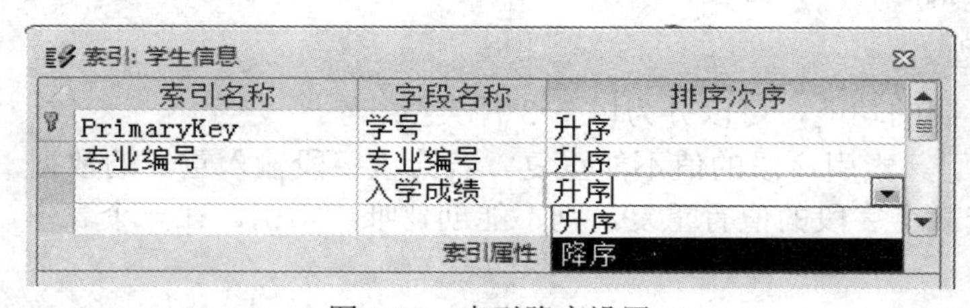

图 2-31　索引降序设置

需要说明的是，索引在保存表时创建，并且在更改或者添加记录时自动更新。但是屏幕上部分字段刷新，在重新打开数据表后才能显示索引效果。

4. 删除索引

删除索引可不是删除字段本身，而是取消建立的索引。通常用以下两种方法删除索引：

(1) 在索引窗口，选定一行或多行，然后按“Delete”键。

(2) 在设计视图中，在字段的“索引”属性组合框中选定“无”。

如果是取消主索引，有一个更为简便的方法：只要在设计视图中选定有钥匙标志的行，然后单击工具栏中的“主键”按钮即可。

索引有助于提高查询的速度，也会占用磁盘空间，降低添加、删除和更新记录的速度。在大多数情况下，索引检索数据的速度优势大大超过其不足。然而，如果应用程序频繁地更新数据或者磁盘空间有限，就应该限制索引的数目。

2.4.2　创建表间关系

1. 表间关系的类型

在 Access 中，指定表间关系是非常重要的，它告诉了 Access 如何从两个或多个表的字段中查找、显示数据记录。通常如果在一个数据库中的两个表使用了共同字段，就应该为这两个表建立一个关系，通过表间关系就可以确定一个表中的数据与另外一个表中数据的相关方式。表间关系可以分为一对一(1∶1)、一对多(1∶n)和多对多(m∶n)3 种类型。

(1) 一对一关系。在这种关系中，A 表中的一条记录只能对应 B 表中的一条记录；反之亦然，B 表中的一条记录也只能对应 A 表中的一条记录。

两个表之间要建立一对一关系，首先要定义关联字段为两个表的主键或建立唯一索引，然后确定两个表之间有一对一关系。

(2) 一对多(或多对一)关系。这种关系是最普遍的一种关系，在一对多关系中，A 表中的一条记录能对应 B 表中的多条记录，但是 B 表中的一条记录只能对应 A 表中的一条记录。A 称为主表，B 则称为子表(从表)。

两个表之间要建立一对多关系，首先要定义关联字段为主表的主键或者建立唯一索引，然后在子表中按照关联字段创建普通索引，最后确定两个表之间有一对多关系。

(3) 多对多关系。在这种关系中，A 表中的一条记录能对应 B 表中的多条记录；反之亦然，B 表中的一条记录也可以对应 A 表中的多条记录。

关系型数据库管理系统不支持多对多关系，因此，在处理多对多的关系时，需要将其转换为两个一对多的关系。

2. 参照完整性规则

表间关系是通过两个表之间的相关字段建立起来的。在定义表间关系时，还应该设置一些规则，这些规则有助于表间相关数据的完整。

参照完整性规则就是一组在输入或删除记录时，为维持表之间已经定义的关系而必须遵循的规则；这些规则要求通过所定义的外部关键字和主关键字之间的引用规则来约定两个表之间的关系。也就是说，参照完整性规则使得删除或更新表中记录时，系统自动参照相关联的另一个表中的数据，约束对当前表的操作，以确保相关表中记录的一致性、有效性和相容性。

在设置了一对多关系的两个表中，其参照完整性规则包括：

(1) 在将记录添加到相关子表中之前，主表中必须已经存在了对应匹配的记录。例如，“课程”表中没有编号为“cs04”的课程记录，那么在“选课成绩”表中就不能有课程编号为“cs04”的选课记录，即“选课成绩”表中“课程编号”的值必须依据“课程”中表“课程编号”的值来输入。

(2) 如果匹配的记录存在于相关子表中，则不能更改主表中的主键值。例如，当“选课成绩”表中存在课程编号为“kc06” 的记录时，则不能在“课程”表中修改课程编号“kc06” 字段值。

(3) 如果匹配的记录存在于相关子表中，则不能删除主表中的记录。例如，当“选课成绩”表中存在课程编号为“cs02”的记录时，则不能在“课程”表中删除课程编号为“cs02”的记录。

需要注意的是，在创建表间关系和设置参照完整性规则之前，主表的相关字段必须设置了主索引或唯一索引，子表中的相关字段值必须与主表的对应值相匹配，并且两个表都必须保存在同一个数据库中。

3. 创建表间关系

在定义表间关系之前，应关闭所有需要定义关系的数据表。用户可以使用多种方法来创建表间关系，也可以在设计视图方式下创建和修改表间关系。

【例 2-8】 为“学生成绩管理”数据库中的“学生信息”表和“选课成绩”表创建表间关系。具体步骤如下：

(1) 打开“学生成绩管理”数据库。

(2) 单击“数据库工具”选项卡，在“关系”组单击“关系”按钮，打开“关系”窗口，并出现“显示表”对话框，如图 2-32 所示。

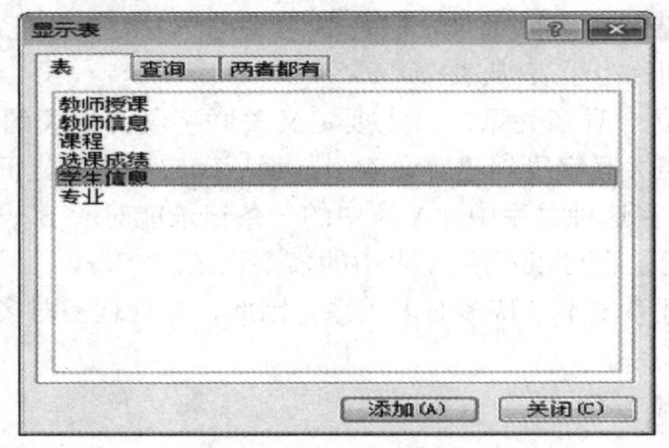

图 2-32 “显示表”对话框

(3) 在“显示表”对话框中选择要建立关系的表：“学生信息”和“选课成绩”，单击“添加”按钮，分别将其添加到所需的表后，单击“关闭”按钮。

(4) 在“关系”对话框中选择“学生信息”表中的主键“学号”字段，将其拖曳到“选课成绩”表中的“学号”字段上，在释放鼠标左键后，弹出“编辑关系”对话框，如图 2-33 所示。

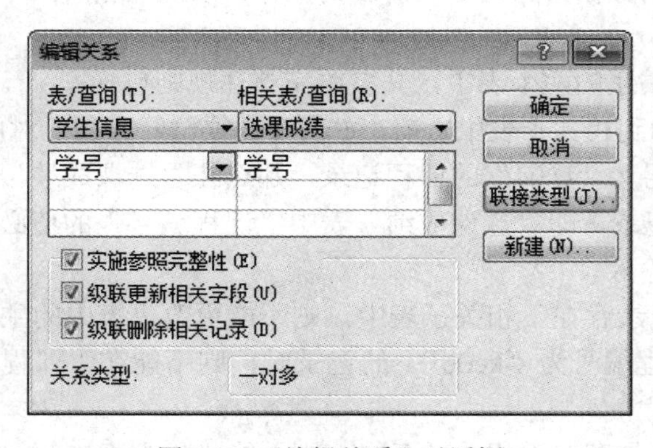

图 2-33 “编辑关系”对话框

(5) 在“编辑关系”对话框中选择“实施参照性”、“级联更新相关字段”和“级联删相关字段”复选框，使得在更新和删除主表中主键字段的内容时，同步更新或删除相关表中的相关记录。

(6) 单击“联接类型”按钮，弹出“联接属性”对话框，如图 2-34 所示。这里选择默认的选项“1”，以内部联接的方式创建表间关系，单击“确定”按钮。

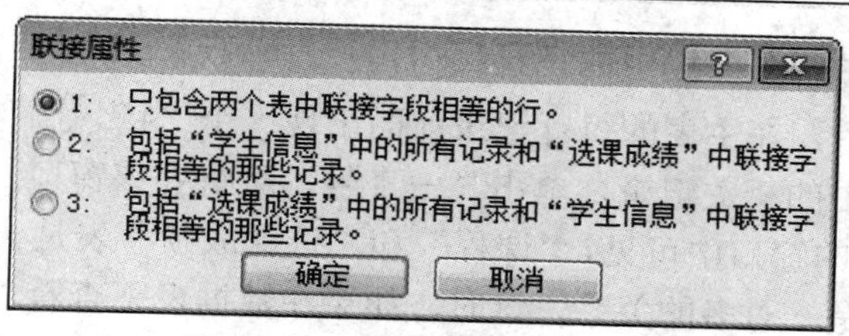

图 2-34　“联接属性”对话框

(7) 返回到“编辑关系”对话框，单击“创建”按钮，完成创建过程。在“关系”窗口中可以看到：“学生信息”表和“选课成绩”表之间出现一条表示关系的连线。有“1”标记的是“一”方；有“∞”标记的是“多”方。

(8) 关闭“关系”对话框，这时 Access 会询问是否保存该布局，不论是否保存，所创建的关系都已经保存在此数据库中了。

按类似的方法，可以把其他表间关系创建好，此外，若需要编辑两表之间已创建的关系，其方法是：直接用鼠标在这条线上双击，然后在弹出的“编辑关系”对话框中进行修改即可。

4. 删除关系

若需要删除已经定义好的关系，需要先关闭所有已打开的表，然后打开“关系”对话框，单击对应的关系连接线，按“Delete”键。或者右击该关系连接线，在快捷菜单中选择“删除”选项即可。

5. 显示所有关系

如果需要在数据库中的所有关联表之间创建关系，可以使用下面的方法快速创建：

(1) 打开数据库，选择“数据库工具”选项卡，单击“关系”按钮，打开“关系”对话框。

(2) 选择“关系工具/设计”选项卡，单击“所有关系”按钮，则会在“关系”对话框中显示所有关联表之间的关系。“学生成绩管理”数据库中的所有的表间关系如图 2-35 所示。

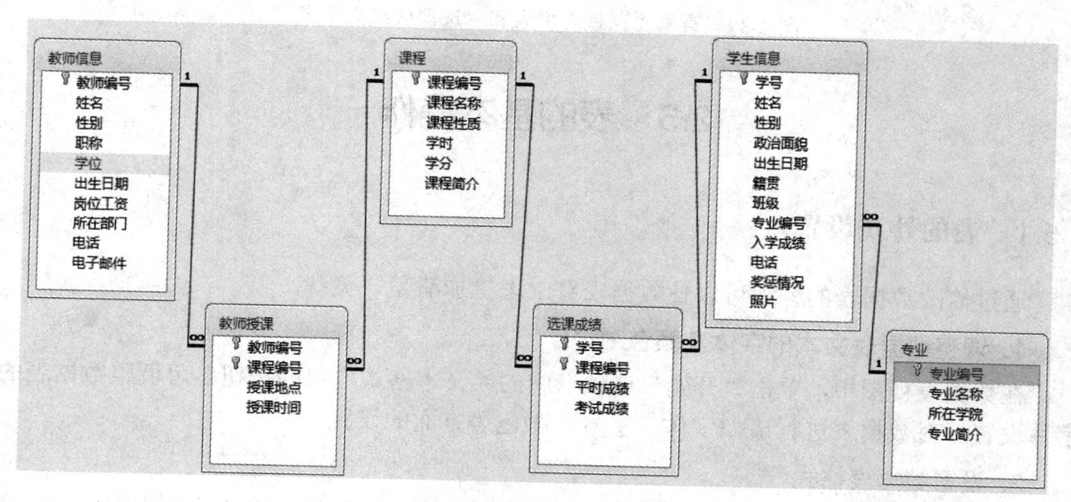

图 2-35　所有的表间关系

6. 查看主表和相关表(子表)中的记录

两个表建立关联后，在主表的每行记录前面出现一个“+”号，单击“+”号，可展开一个窗口，显示子表中的相关记录，单击“—”号，可折叠该窗口。

在如图 2-35 所示的窗口中可见，“课程”和“选课成绩”表是一对多的关系，“课程”和“教师授课”表也是一对多的关系。这时，如果在数据表下查看“课程”主表，单击记录左边的“+”号，将弹出“插入子数据表”对话框，如图 2-36 所示。

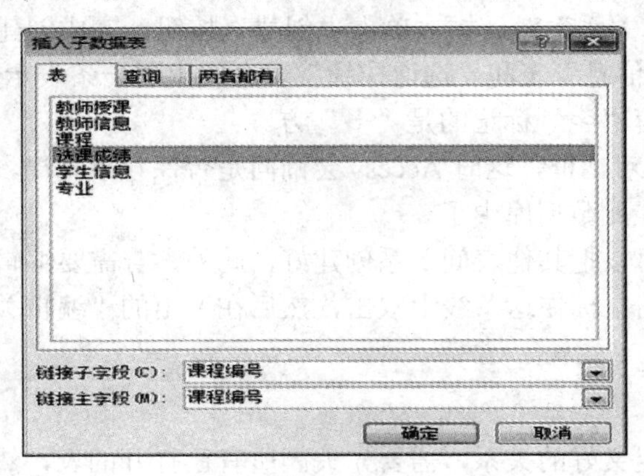

图 2-36　“插入子数据表”对话框

“插入子数据表”对话框中列举出该数据库中所有表，用户从中选择要查看的子表，例如，选择子表“选课成绩”，则主表“课程”在数据表视图下的显示，如图 2-37 所示。从而可查看“课程”主表和“选课成绩”子表的相关记录。

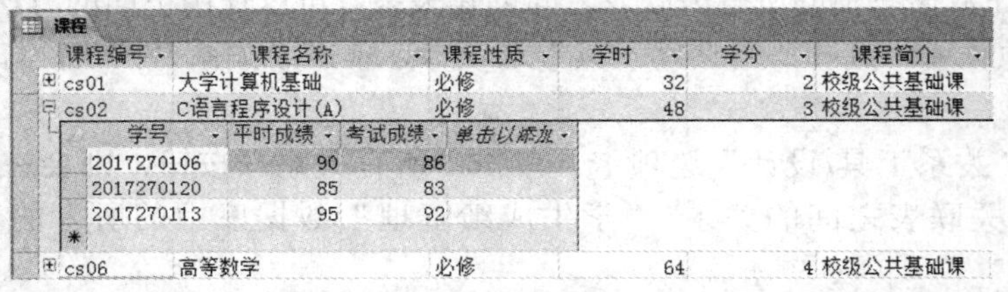

课程

课程编号	课程名称	课程性质	学时	学分	课程简介
cs01	大学计算机基础	必修	32	2	校级公共基础课
cs02	C语言程序设计(A)	必修	48	3	校级公共基础课
cs06	高等数学	必修	64	4	校级公共基础课

学号	平时成绩	考试成绩	单击以添加
2017270106	90	86	
2017270120	85	83	
2017270113	95	92	
*			

图 2-37　查看“课程”主表和“选课成绩”子表

2.5　表的基本操作

2.5.1　表的外观设置

通过修改数据表的外观可以使数据表看上去更加清楚、美观。

1. 调整数据表文本的字体及颜色

在数据表视图中，单击“开始”选项卡中的“文本格式”组的按钮，可调整数据表的字体设置。对数据表进行诸如字体、字号、颜色等方面的设置。

2. 设置数据表格式

在数据表视图中，单击“开始”选项卡中的“文本格式”组右下角的箭头图标，即弹出“设置数据表格式”对话框，如图 2-38 所示。

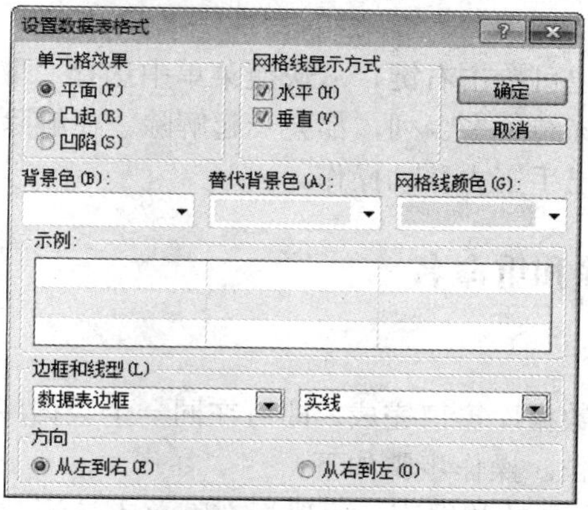

图 2-38　“设置数据表格式”对话框

3. 调整行高和列宽

在数据表视图中，右键单击数据表中某一条记录左端的记录选定器(方块)，选择快捷菜单中的“行高”命令，在打开的“行高”对话框中输入需要的行高数值即可；也可以将鼠标移到记录选定器行与行之间的分割线上，当鼠标指针变为分割形状时，按住鼠标上下拖动至合适高度为止。此时，所有行的行高均调整为设定好的高度。

数据表列宽的设置方法也类似。

4. 移动列

列位置在数据表的变化，不影响表结构中的字段位置。移动列的方法是：选定要移动的一列或者多列，释放鼠标左键后，再按住鼠标左键拖至目标位置，选定列的位置就可以移动。需要注意的是，不能在选定列后直接拖动鼠标，需要分两步来完成。

5. 隐藏/取消隐藏字段

对于宽度较大的数据表，若要查看超出显示范围的字段，可以将暂时不必查看的字段隐藏起来。例如，选中“学生信息”表中的“出生日期”一列，单击右键，在快捷菜单中选择“隐藏字段”命令，于是，“出生日期”一列不显示，其余列正常显示。

若要恢复显示隐藏的列，则选中任意列，单击右键，选中快捷菜单中的“取消隐藏字段”命令，打开“取消隐藏列”对话框，单击未被选定的复选框，即可取消隐藏的列。

此外，“取消隐藏列”对话框也可用来隐藏指定的列，对于隐藏多个不相邻的列尤为方便，只要将这些复选框设为“未选定”状态即可。

6. 冻结/取消冻结字段

对于宽度较大的数据表，若要查看超出显示范围的字段，但是又不想隐藏某些字段，可以使用字段冻结命令。将表中的重要的几列冻结起来之后，在使用窗口水平方向滚动时，其他列都正常地随之滚动，而冻结的列将总是固定显示在查看的最左端。

例如，选择“学生信息”表中的最左边两列字段：“学号”和“姓名”列，单击右键，选择快捷菜单中的“冻结字段”命令；再选择“性别”列，单击右键选择快捷菜单的“冻结字段”命令。这时，表中最左边的 3 列依次是“学号”、“姓名”和“性别”。当用水平滚动条显示表中右边的字段时，冻结的 3 个字段不滚动。这样可以方便地查看“学生信息”表中所要查找的内容。

当然，冻结列之后，也可单击右键，从快捷菜单中选择“取消冻结所有字段”命令，解除冻结操作。无论之前冻结了多少列，都会一起解除。在解除冻结之后，这些列不会自动移回原位，需要用户自己手工去移动操作。

2.5.2 表的复制、删除和重命名

1. 表的复制

表的复制操作可以在数据库窗口完成。即可在同一个数据库中复制表，也可以在不同数据库之间进行复制表操作。操作步骤如下：

(1) 先打开源数据表所在的数据库，用鼠标右键单击该源数据表，从快捷菜单中选择“复制”命令。

(2) 选择接收数据表所在的数据库位置。若在同一数据库，则直接选择“开始”选项卡→“剪贴板”组中的“粘贴”命令；若是不同数据库之间复制，则关闭第一个数据库，再打开需要接收数据表的数据库，执行相同操作。

(3) 打开“粘贴表方式”对话框，如图 2-39 所示。在“表名称”文本框中输入对应的表名，在“粘贴选项”中选择一种粘贴方式。其中“将数据追加到已有的表”选项，则表示将选定表中的所有记录，添加到另一个表的末尾。要求在“表名称”文本框中输入的表确实存在，并且它的表结构与选定表的结构必须相同。

(4) 单击“确定”按钮，表的复制操作即可完成。

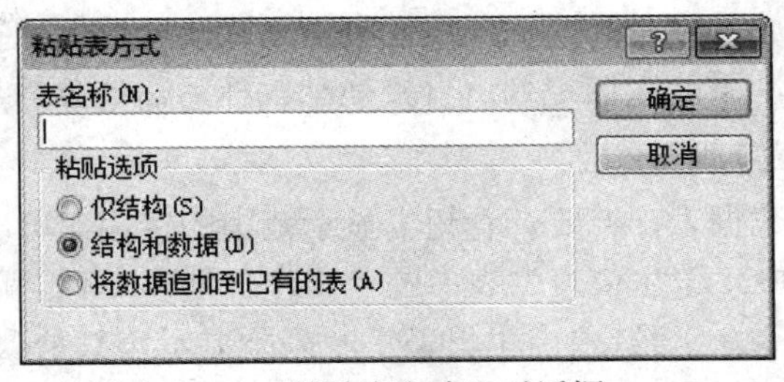

图 2-39　“粘贴表方式”对话框

2. 表的删除

用鼠标右键单击需要删除的数据表，从快捷菜单中选择“删除”命令即可。

3. 表的重命名

用鼠标右键单击需要重命名的数据表，从快捷菜单中选择“重命名”命令，输入新的表名称，单击“确定”按钮即可。

2.5.3 数据的导入与导出

在 Access 2010 使用的过程中，有时数据源为 Excel 表格形式存在，需要将其导入到数据库中进行操作。针对这样的交互性工作，Access 2010 提供了表的导入/导出的功能，即

可以直接将外部的表(其他 Access 数据库表或其他形式的文件表)导入到当前数据库中，也可以将当前数据库中的某个数据表信息导出到另外一个 Access 数据库中，或者成为一个新的 Excel 文件、文本文件；实现数据库与其他程序之间的数据共享。

1. 数据的导入

数据的导入是指将其他程序产生的表格形式的数据信息复制到 Access 数据库中，成为一个新的 Access 数据表。

【例 2-9】 在一个 Excel 电子表格文件中，先建立一个如图 2-40 所示的 course 表，要求将 course 表中的数据导入到“学生成绩管理”数据库中的“课程”表对象中。操作步骤如下：

(1) 先打开“学生成绩管理”数据库，注意：此时不能打开任何数据表(工作区为空白)。

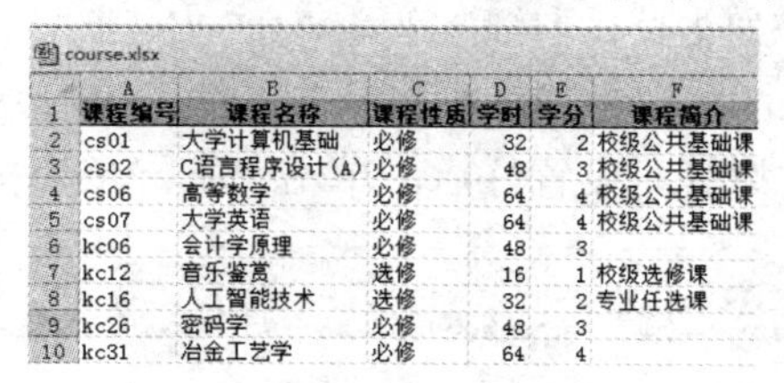

course.xlsx

	A	B	C	D	E	F
1	课程编号	课程名称	课程性质	学时	学分	课程简介
2	cs01	大学计算机基础	必修	32	2	校级公共基础课
3	cs02	C语言程序设计(A)	必修	48	3	校级公共基础课
4	cs06	高等数学	必修	64	4	校级公共基础课
5	cs07	大学英语	必修	64	4	校级公共基础课
6	kc06	会计学原理	必修	48	3	
7	kc12	音乐鉴赏	选修	16	1	校级选修课
8	kc16	人工智能技术	选修	32	2	专业任选课
9	kc26	密码学	必修	48	3	
10	kc31	冶金工艺学	必修	64	4	

图 2-40　course 表

(2) 单击“外部数据”选项卡，在“导入并链接”选项组中，单击“ ”按钮，弹出“获取外部数据-Excel 电子表格”对话框，如图 2-41 所示。

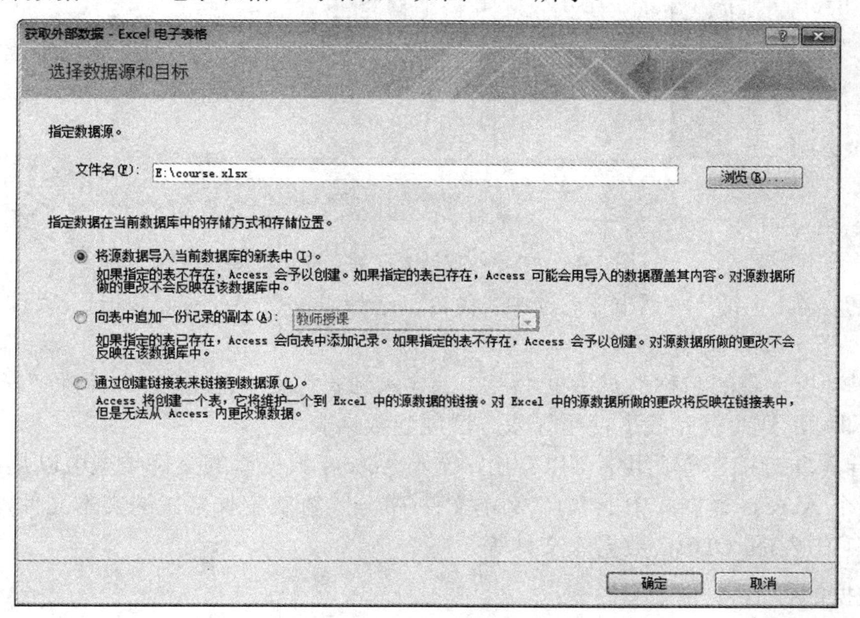

图 2-41　“获取外部数据-Excel 电子表格”对话框

(3) 选择数据源和目标。在如图 2-41 所示的对话框中单击“浏览”按钮，找到指定的 Excel 文件，选中“将源数据导入当前数据库的新表中”单选按钮，单击“确定”按钮。打开“导入数据表向导”对话框 1，如图 2-42 所示，选中“第一行包含列标题”复选框，然后单击“下一步”按钮。

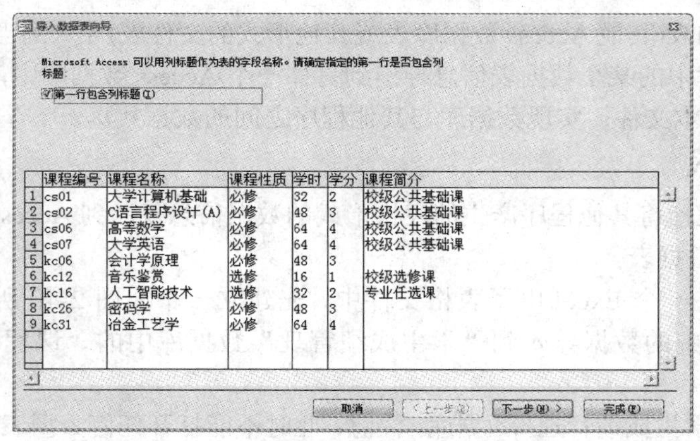

图 2-42　“导入数据表向导”对话框 1

(4) 打开如图 2-43 所示的对话框，单击每一列标题，可以从中对每个字段的属性进行设置，如字段名称、数据类型等。设置好后，单击“下一步”按钮。

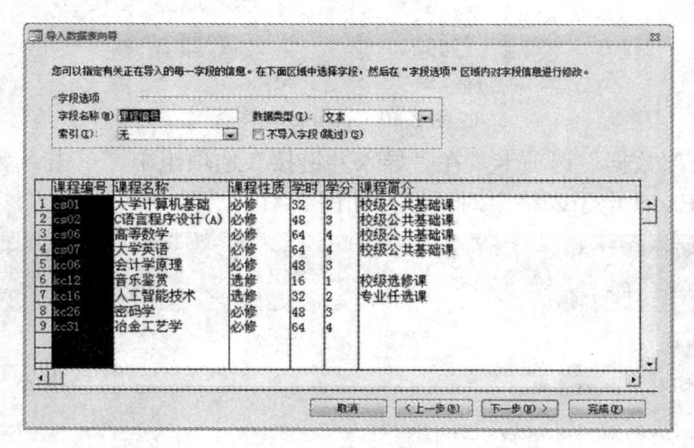

图 2-43　“导入数据表向导”对话框 2

(5) 在“定义主键”对话框中，选中“我自己选择主键”，Access 自动选定“课程编号”，然后单击“下一步”按钮。

(6) 在“指定表的名称”对话框中，在“导入到表”文本框中输入“课程”，单击“完成”按钮即可，到此就完成了使用导入方法创建数据表。

从“导入并链接”选项组中可以看出，导入 Access 数据库的文件类型可以是：Access 文件(另一个 Access 数据库中的表)、文本文件(带分隔符或定长格式的文本文件)、XLS 文件(Excel 工作表)和 ODBC 数据库文件等。

2. 数据的导出

数据的导出是将 Access 数据表中的数据信息输出到其他格式的文件中，如导出到另外一个 Access 数据库、Excel 文件、文本文件等。导出数据的操作比较简单，具体步骤如下：

(1) 在 Access 数据库中打开需要导出数据的表，单击“外部数据”选项卡，在“导出”选项组中，单击“Excel”按钮，弹出“导出-Excel 电子表格”对话框，如图 2-44 所示。

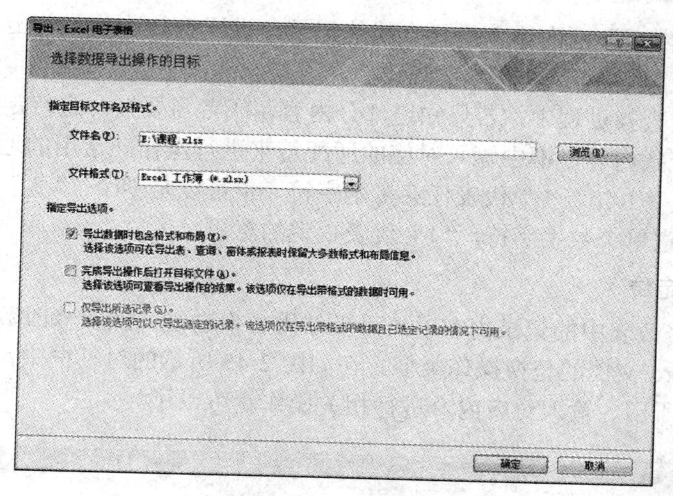

图 2-44　“导出-Excel 电子表格”对话框

(2) 从中设置目标文件名和格式，以及导出选项，然后点击“确定”按钮。

(3) 在“保存导出步骤”对话框中设置为“否”，点击“关闭”按钮即可。

2.6　表的高级操作

在用户创建数据库和数据表之后，都需要在使用过程中对它们进行必要的修改，如记录定位、记录排序、记录筛选等。所有这些高级操作都是在“数据表视图”方式下完成的。

2.6.1　记录定位

在 Access 2010 中，记录定位分为查找数据定位和替换数据定位两种方式。

1. 查找数据定位

查找数据定位就是从表的大量数据记录中查找出某一个数据值，以便查看或进行专门编辑操作。查找记录的方法与 Word 文档的查找操作类似，具体操作步骤如下：

(1) 打开需要进行记录查找的数据表，并切换到数据表视图，选中需要搜索的字段。

(2) 单击“开始”选项卡，在“查找”组中单击“查找”按钮，弹出“查找和替换”对话框，如图 2-45 所示。

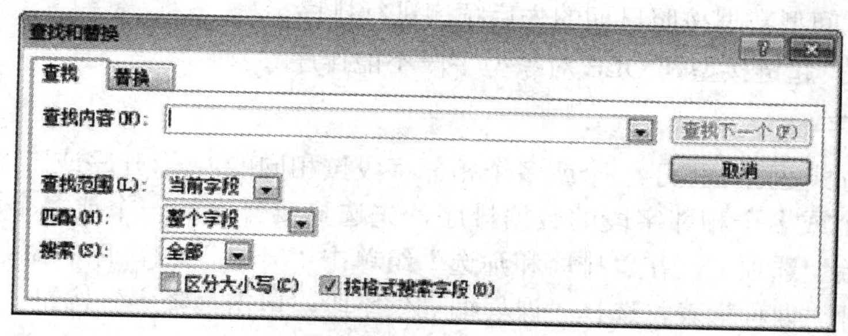

图 2-45　“查找”对话框

(3) 在“查找内容”框内输入需要查找的记录，设置查找选项，单击“查找下一个”按钮即可。

在进行数据表查找过程中，若只知道部分内容，或者需要按一定特定的要求来查找记录，就需要在“查找内容”框中输入对应的通配符来进行操作。常用的通配符有：“ * ”、“ ? ”、“ # ”以及“ ! ”，“ * ”代表任意多个字符，也可以是零个；“ ? ”代表任意单个字符；“ # ”代表任意单个数字字符，“ ! ”代表否定的意思。

2. 替换数据定位

当需要批量修改表中的记录内容时，可以使用替换功能，加快修改数据的速度。替换数据的方法与 Word 文档的替换操作类似，在如图 2-45 所示的对话框中，点击“替换”选项卡，如图 2-46 所示。输入对应内容进行相关操作就可以了。

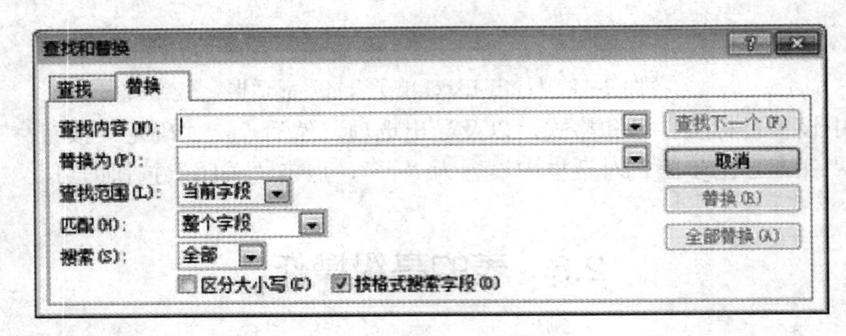

图 2-46 “替换”选项卡

2.6.2 记录排序

在浏览表中的数据时，通常记录的顺序是按照记录的输入的先后顺序，或者是按主键值升序排列的顺序。为了快速查找信息，可以对记录进行排序。排序需要设定排序关键字，排序关键字可以由一个或者多个字段组成，排序后的结果可保存在表中，再打开时，数据表会自动按照已经排好的顺序显示记录。

在 Access 2010 数据库中，对记录排序采用的规则如下：

(1) 英文字母按照字母顺序排序，不区分大小写。

(2) 中文字符按照拼音字母的顺序排序。

(3) 数字按照数值的大小排序。

(4) 日期/时间型数据按照日期的先后顺序进行排序。

(5) 备注型、超链接型和 OLE 对象型字段不能排序。

1. 简单排序

简单排序方式适合于基于一个或多个相邻字段按相同的方式(升序或降序)进行排序。

对基于一个或多个相邻字段的数据排序，先选择要排序的一个或多个相邻字段所在列，单击“开始”选项卡，在“排序和筛选”组单击“升序”/“降序”命令即可。

例如，打开“课程”表，选择“课程编号”字段，单击“降序”按钮。简单排序示例如图 2-47 所示。

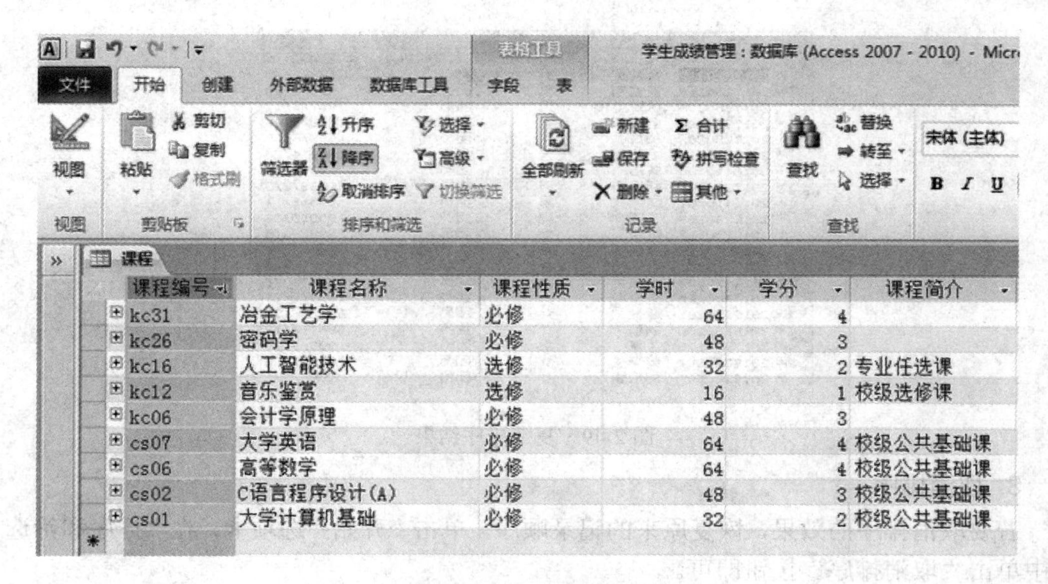

图 2-47 简单排序示例

对多个字段排序时，左边的排序字段优先级比右边的排序字段优先级更高，即当左边字段值相同时，再按其右边的排序字段进行排序，以此类推。

2. 复杂排序

复杂排序方式适合于基于一个或多个字段按不同的方式(升序或降序)进行排序。

【例 2-10】 对“学生信息”表，先按照“性别”升序排列。当性别相同时，再按“姓名”降序排列。

具体操作步骤如下：

(1) 打开“学生信息”表，切换至数据表视图。

(2) 单击“开始”选项卡，在“排序和筛选”组中，单击“高级”命令按钮，从中选择“高级筛选/排序”按钮，打开如图 2-48 所示的复杂排序设计窗口。

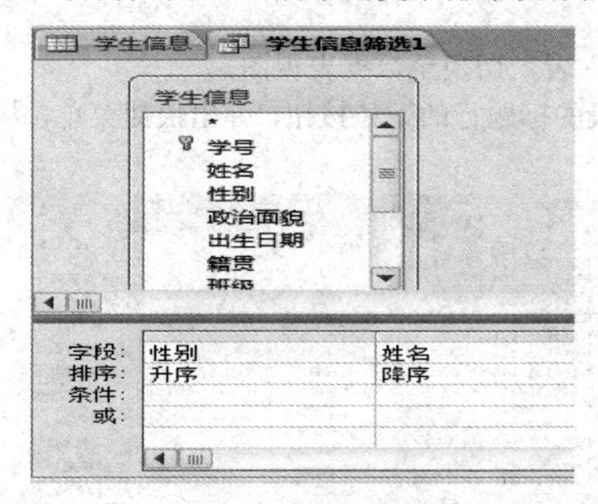

图 2-48 复杂排序设计窗口

(3) 按照题目要求设置“字段”及“排序”参数，再单击“应用筛选”按钮。

(4) 即可看到如图 2-49 所示的复杂排序结果。

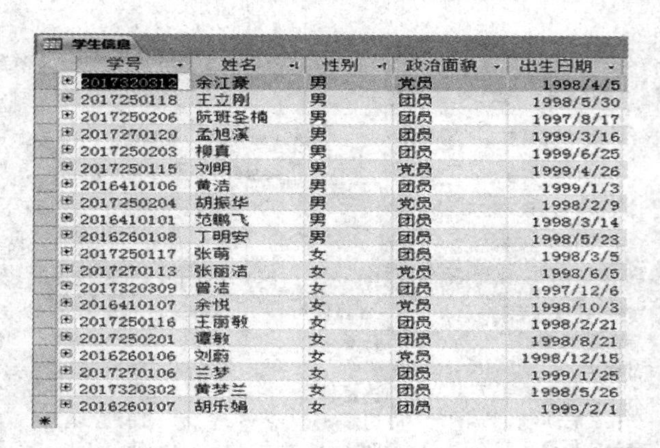

学号	姓名	性别	政治面貌	出生日期
2017320312	余江豪	男	党员	1998/4/5
2017250118	王立刚	男	团员	1998/5/30
2017250206	阮班圣楠	男	团员	1997/8/17
2017270120	孟旭溪	男	团员	1999/3/16
2017250203	柳真	男	团员	1999/6/25
2017250115	刘明	男	党员	1999/4/26
2016410106	黄浩	男	团员	1999/1/3
2017250204	胡振华	男	党员	1998/2/9
2016410101	范鹏飞	男	团员	1998/3/14
2016260108	丁明安	男	团员	1998/5/23
2017250117	张萌	女	团员	1998/3/5
2017270113	张丽洁	女	党员	1998/6/5
2017320309	曾洁	女	团员	1997/12/6
2016410107	余悦	女	党员	1998/10/3
2017250116	王丽敏	女	团员	1998/2/21
2017250201	谭敏	女	团员	1998/8/21
2016260106	刘蔚	女	党员	1998/12/15
2017270106	兰梦	女	团员	1999/1/25
2017320302	黄梦兰	女	团员	1998/5/26
2016260107	胡乐娟	女	团员	1999/2/1

图 2-49　复杂排序结果

3. 取消排序

若要取消排序的效果，恢复原来的记录顺序，单击“开始”选项卡，在“排序和筛选”组中单击“取消排序”按钮即可。

2.6.3　记录筛选

在 Access 2010 中，记录筛选是在表的众多记录中把符合条件的若干记录显示出来，不符合条件的记录隐藏起来。在筛选记录的同时，还可以对数据表进行排序操作。

Access 2010 中提供了 3 种筛选方法，分别是选择筛选、按窗体筛选和高级筛选/排序。

1. 选择筛选

选择筛选用于查找某一个字段满足一定条件的数据记录，可供设置的条件方式有“等于”、“不等于”、“包含”、“不包含”，文本型数据还可以用“文本筛选器”自己来定义条件。其作用是隐藏不满足选定内容的记录，显示那些满足条件的若干记录。

【例 2-11】 在“学生信息”表中筛选出姓黄的学生信息。

具体操作步骤如下：

(1) 打开“学生信息”表，切换至数据表视图。

(2) 单击“姓名”字段的标题行的下拉按钮，弹出快捷菜单，从中选择“文本筛选器”，如图 2-50 所示。

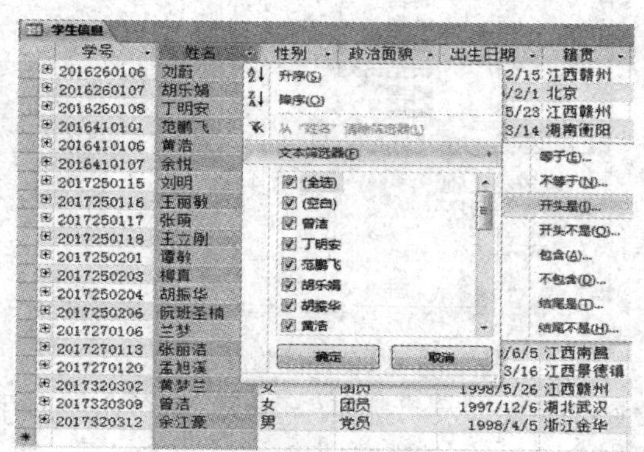

图 2-50　选择“文本筛选器”

(3) 在子菜单中选择“开头是”命令，打开“自定义筛选”对话框，如图 2-51 所示。

图 2-51　“自定义筛选”对话框

(4) 按要求输入筛选内容，点击“确定”按钮，筛选结果如图 2-52 所示。

学生信息

学号	姓名	性别	政治面貌	出生日期	籍贯	班级
2016410106	黄浩	男	团员	1999/1/3	江西吉安	会计161
2017320302	黄梦兰	女	团员	1998/5/26	江西赣州	冶金173

图 2-52　选择筛选结果

在设置了筛选操作之后，若需要恢复表的原貌，查看所有的表记录，可以点击“开始”选项卡中的“排序和筛选”组的切换筛选“▼”按钮，就可显示表的所有记录。

2. 按窗体筛选

选择筛选方式必须从数据表中选定一个所需的值，并且一次只能指定一个筛选条件。若需要一次指定多个筛选条件，就需要使用按窗体筛选方式。

按窗体筛选是在窗体的空白字段中设置筛选条件，然后查找满足条件的所有记录并显示，可以在窗体中设置多个条件。按窗体筛选是使用最为广泛的一种方式。

按窗体筛选的设计窗口中，底部默认有两张选项卡，标签分别是“查找”和“或”；其中“或”选项卡可以插入多张。每张选项卡中均可指定多个筛选条件，同一张选项卡上的多个条件之间是“与”(And)的关系，不同选项卡之间是“或”(Or)的关系。

【例 2-12】 在“学生信息”表中，使用窗体筛选功能，筛选出男生党员和籍贯在江西赣州的女生记录。

具体操作步骤如下：

(1) 打开“学生信息”表，切换至数据表视图。

(2) 单击“开始”选项卡，在“排序和筛选”组中，单击“高级”命令按钮，从中选择“按窗体筛选”按钮，打开按窗体筛选的设计界面。

(3) 在“性别”字段下方选择“男”，“政治面貌”字段下方选择“党员”，如图 2-53 所示。

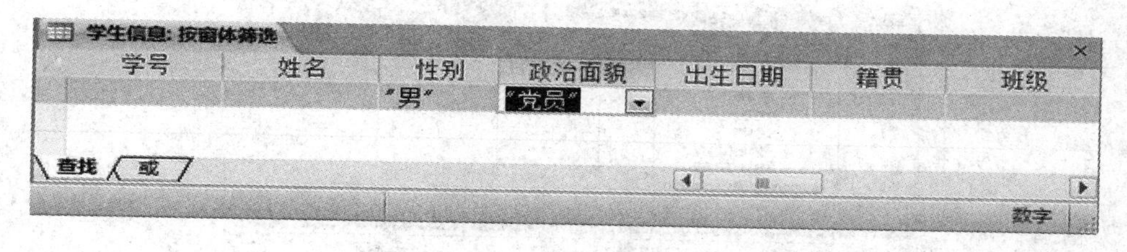

图 2-53　指定男生党员筛选条件

(4) 单击底部选项卡中的“或”标签，在“性别”字段下方选择“女”，“籍贯”字段下方选择“江西赣州”，如图 2-54 所示。

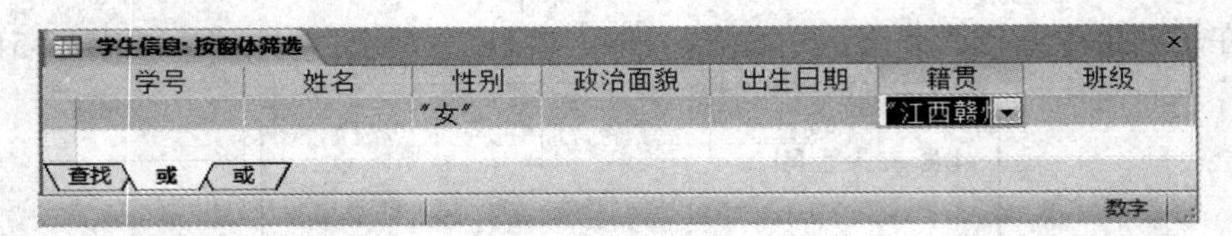

图 2-54　指定女生籍贯筛选条件

(5) 单击“开始”选项卡中的“排序和筛选”组的切换筛选“ ”按钮，筛选结果如图 2-55 所示。

学号	姓名	性别	政治面貌	出生日期	籍贯	班级	专业编号
2017250115	刘明	男	党员	1999/4/26	江西赣州	网络171	25
2017250204	胡振华	男	党员	1998/2/9	湖北十堰	网络172	25
2016260106	刘蔚	女	党员	1998/12/15	江西赣州	信安161	26
2017320302	黄梦兰	女	团员	1998/5/26	江西赣州	冶金173	32
2017320312	余江豪	男	党员	1998/4/5	浙江金华	冶金173	32

图 2-55　窗体筛选结果

3. 高级筛选/排序

如果希望进行更为复杂的筛选，例如，对筛选的结果有排序要求，则需要使用“高级筛选/排序”命令，同时完成复杂的筛选和排序操作。

在高级筛选/排序窗口的设计网格中，同一“条件”行中各个条件之间是“与”(And)的关系，不同条件行之间是“或”(Or)的关系。在指定筛选条件时，如果在某个字段下方直接输入或选择一个值，则表示选定字段等于该值，即省略了“=”运算符。

【例 2-13】 在“学生信息”表中，使用高级筛选功能，筛选出男生党员和入学成绩大于等于 550 分的女生记录，并按入学成绩降序排列。

具体操作步骤如下：

(1) 打开“学生信息”表，切换至数据表视图。

(2) 单击“开始”选项卡，在“排序和筛选”组中，单击“高级”命令按钮，从中选择“高级筛选/排序”按钮，打开高级筛选/排序的设计窗口。

(3) 在窗口的设计网格中，第一列字段选择“性别”，在条件行输入“男”，或行输入“女”；第二列字段选择“政治面貌”，在条件行输入“党员”，第三列字段选择“入学成绩”，行输入“>= 550”，排序行选择“降序”，如图 2-56 所示。

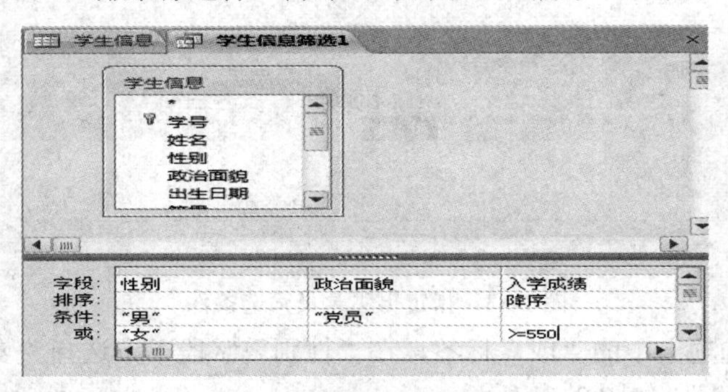

图 2-56　高级筛选/排序设计窗口

需要注意的是，当需要设置多个筛选条件时，如果多个条件要求同时满足，则在“条件”文本框中同一行输入；如果多个条件要求满足其中一个就可以，则在“或”文本框中输入相应内容。另外，除汉字以外，必须在英文输入方式下输入相关符号。

(4) 单击“开始”选项卡中的“排序和筛选”组的切换筛选“▼”按钮，筛选结果如图 2-57 所示。

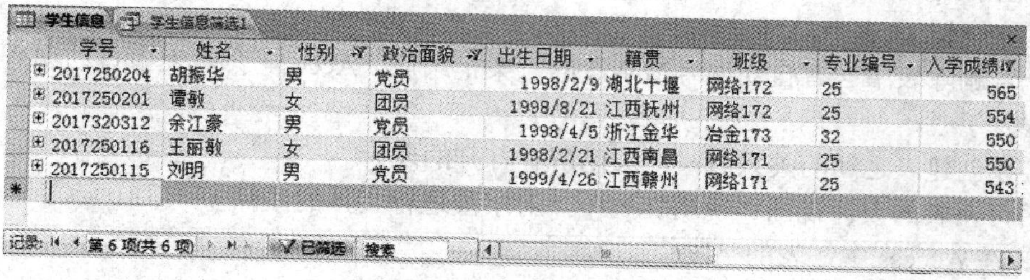

学生信息　学生信息筛选1

学号	姓名	性别	政治面貌	出生日期	籍贯	班级	专业编号	入学成绩
2017250204	胡振华	男	党员	1998/2/9	湖北十堰	网络172	25	565
2017250201	谭敏	女	团员	1998/8/21	江西抚州	网络172	25	554
2017320312	余江豪	男	党员	1998/4/5	浙江金华	冶金173	32	550
2017250116	王丽敏	女	团员	1998/2/21	江西南昌	网络171	25	550
2017250115	刘明	男	党员	1999/4/26	江西赣州	网络171	25	543

记录: 第 6 项(共 6 项)　已筛选　搜索

图 2-57　高级筛选结果

单元测试 2

一、单选题

1. 设置数据库的默认文件夹，要选择的选项是(　　)。

A. 编辑　　B. 工具　　C. 视图　　D. 文件

2. 在 Access 中，同一时间可打开(　　)个数据库。

A. 1　　B. 2　　C. 3　　D. 4

3. 在 Access 2010 中，数据库和表的关系是(　　)。

A. 数据库和表各自存放在不同的文件中

B. 表也称为数据表，它等同于数据库

C. 1 个数据库可以包含多个表

D. 1 个数据库只能包含 1 个表

4. 在 Access 2010 中，建立数据库文件可以选择“文件”选项中的(　　)命令。

A. 打开　　B. 新建

C. 保存　　D. 另存为

5. 下列(　　)不是“导航窗格”的功能。

A. 打开数据库文件　　B. 打开数据库对象

C. 删除数据库对象　　D. 复制数据库对象

6. 建立 Access 数据库一般由 5 个步骤组成，对以下步骤的排序正确的是(　　)。

① 确定数据库中的表；② 确定表中的字段；③ 确定主关键字；④ 分析建立数据库的目的；⑤ 确定表之间的关系。

A. ④①②⑤③　　B. ④①②③⑤

C. ③④①②⑤　　D. ③④①⑤②

7. 在 Access 中，创建表有多种方法，但不包括(　　)。

A. 使用模板创建表　　B. 通过输入数据创建表

C. 使用设计器创建表　　　　D. 使用自动窗体创建表

8. Access 数据库中数据表的一个记录、一个字段分别对应着二维表的(　　)。

A. 一行、一列　　　　B. 一列、一行

C. 若干行、若干列　　　　D. 若干列、若干行

9. 在下面关于 Access 表的叙述中，错误的是(　　)。

A. 在 Access 表中，可以对备注型字段进行“格式”属性设置

B. 若删除表中含有自动编号型字段的一条记录后，Access 会对表中自动编号型字段重新编号

C. 在创建表之间的关系时，应关闭所有打开的表

D. 可在表的设计视图“说明”列中，对字段进行具体的注释

10. 在 Access 中，表的字段(　　)。

A. 可以按任意顺序排列　　　　B. 可以同名

C. 可以包含多个数据项　　　　D. 可以取任意类型的值

11. 表设计视图上半部分的表格用于设计表中的字段，表格的每一行均由 4 部分组成，它们从左到右依次为(　　)。

A. 字段选定器、字段名称、数据类型、字段大小

B. 字段选定器、字段名称、数据类型、字段属性

C. 字段选定器、字段名称、数据类型、字段特性

D. 字段选定器、字段名称、数据类型、说明区

12. 在下列符号中，不符合 Access 字段命名规则的是(　　)。

A. [婚否]　　　　B. 数据库

C. school　　　　D. AB_12

13. Access 能处理的数据包括(　　)。

A. 数字　　　　B. 文字

C. 图片、动画、音频　　　　D. 以上均可以

14. Access 表中字段的数据类型不包括(　　)。

A. 文本型　　　　B. 备注型

C. 通用型　　　　D. 日期/时间型

15. 不正确的字段类型是(　　)。

A. 文本型　　　　B. 双精度型

C. 主键型　　　　D. 长整型

16. 在下列叙述中，(　　)是不正确的。

A. 可以直接输入字段名，最长可以到 256 个字符(128 个汉字)

B. 计算型字段的值是通过一个表达式计算得到的

C. 同一个表中字段名不能相同

D. 确定字段名称后将光标移到数据类型列，可以直接输入符合要求的数据类型

17. Access 字段名中不能包含的字符是(　　)。

A. @　　　　B. !　　　　C. %　　　　D. &

18. Access 字段名的中间可包含的字符是(　　)。

A. .　B. !　C. 空格　D. [ ]

19. Access 字段名的最大长度为(　　)。

A. 31 个汉字　B. 64 个字符

C. 128 个字符　D. 255 个字符

20. 下列符号中符合 Access 字段命名规则的是(　　)。

A. name!　B. %name%

C. [name]　D. name

21. 在下列符号中，不符合 Access 字段命名规则的是(　　)。

A. ^_^birthday^_^　B. 生日

C. Jim.jackson　D. //注释

22. 在“表格工具/设计”选项卡中，“视图”按钮的作用是(　　)。

A. 用于显示、输入、修改表的数据

B. 用于修改表的结构

C. 可以在不同视图之间进行切换

D. 可以通过它直接进入设计视图

23. 在表设计器中，定义字段的工作包括(　　)。

A. 确定字段的名称、数据类型、字段宽度以及小数点的位数

B. 确定字段的名称、数据类型、字段大小以及显示的格式

C. 确定字段的名称、数据类型、相关的说明以及字段属性

D. 确定字段的名称、数据类型、字段属性以及设定主关键字

24. 在定义表结构时，不用定义(　　)。

A. 字段名　B. 数据库名

C. 字段类型　D. 字段长度

25. 在下列关于 Access 表中字段的说法中，正确的是(　　)。

A. 字段名长度为 1～255 个字符

B. 字段名可以包含字母、汉字、数字

C. 字段名能包含句号(.)、惊叹号(!)、方括号([])等

D. 同一个表中字段名可以相同

26. 下面(　　)中所列出的不全包括在 Access 可用的数据类型中。

A. 文本型、备注型、日期/时间型

B. 数字型、货币型、整型

C. 是/否型、OLE 对象型、自动编号型

D. 超链接型、查阅向导型、附件型

27. True/False 数据类型为(　　)。

A. 文本型　B. 是/否型

C. 备注型　D. 数字型

28. 如果要在“职工”表中建立“简历”字段，其数据类型最好采用(　　)型。

A. 文本或备注　B. 数字或文本

C. 日期或字符　D. 备注或附件

29. 如有一个大小为 2 KB 的文本块要存入某一字段中，则该字段的数据类型应是(　　)。

A. 字符型　　B. 文本型　　C. 备注型　　D. OLE 对象型

30. 如果字段内容为声音文件，则该字段的数据类型应定义为(　　)。

A. 文本型　　B. 备注型　　C. 超链接型　　D. OLE 对象型

31. 当字段的数据类型是 OLE 对象型时，其所嵌入的数据对象的数据存放在(　　)。

A. 数据库中　　B. 外部文件中　　C. 最初的文档中　　D. 以上都是

32. 某数据库的表中要添加一张图片，则该字段采用的数据类型是(　　)。

A. OLE 对象型　　B. 超链接型　　C. 查询向导型　　D. 自动编号型

33. 在某数据库的表中要添加 Internet 站点的网址，则该字段采用的数据类型是(　　)。

A. OLE 对象型　　B. 超链接型　　C. 查询向导型　　D. 自动编号型

34. 关于自动编号型字段，下面叙述错误的是(　　)。

A. 每次向表中添加新的记录时，Access 会自动插入唯一顺序号

B. 自动编号型字段一旦被指定，就会永远地与记录连接在一起

C. 删除了表中含有自动编号型字段的一个记录后，Access 并不会对自动编号型字段进行重新编号

D. 被删除的自动编号型字段的值会被重新使用

35. 关于文本型字段，下列叙述错误的是(　　)。

A. 文本型字段最多可保存 255 个字符

B. 文本型字段所使用的对象为文本，或者文本与数字的结合

C. 文本型字段在 Access 中默认的字段大小为 50 个字符

D. 当一个表中文本型字段被修改为备注型字段时，该字段原来存在的内容都完全丢失

36. 在以下关于货币型字段的叙述中，错误的是(　　)。

A. 在向货币型字段输入数据时，系统自动将其设置为 4 位小数

B. 可以和数字型字段混合计算，结果为货币型字段

C. 字段大小是 8 个字节

D. 在向货币型字段输入数据时，不必键入美元符号和千位分隔符

37. 在下列关于字段属性的说法中，错误的是(　　)。

A. 选择不同的字段类型，窗口下方“字段属性”选项区域中显示的各种属性名称是不相同的

B. “必需”字段属性可以用来设置该字段是否一定要输入数据，该属性只有“是”和“否”两种选择

C. 一张数据表最多可以设置一个主键，但可以设置多个主索引

D. “允许空字符串”属性可用来设置该字段是否可接受空字符串，该属性只有“是”和“否”两种选择

38. 定义字段的特殊属性不包括的内容是(　　)。

A. 字段名　　B. 字段默认值　　C. 字段掩码　　D. 字段的有效规则

39. 有关主键的描述中，下列说法正确的是(　　)。

A. 主键只能由一个字段组成

B. 主键创建后，就不能取消

C. 如果用户没有指定主关键字，系统会显示出错提示

D. 主键的值，对于每个记录必须是唯一的

40. 关于表的主键，下列说法错误的是(　　)。

A. 不能出现重复值，能出现空值

B. 字段值是唯一的

C. 可以是一个字段，也可以是一组字段

D. 不许有重复值和空值(Null)

41. 将表中的字段定义为(　　)，可使字段中的每一记录都必须是唯一的。

A. 索引　　B. 主键　　C. 必需　　D. 有效性规则

42. 如果想对字段的数据输入范围施加一定的限制，可以通过设置(　　)字段属性来完成。

A. 字段大小　　B. 格式　　C. 有效性规则　　D. 有效性文本

43. 输入掩码是给字段输入数据时设置的(　　)。

A. 初值　　B. 当前值　　C. 输出格式　　D. 输入格式

44. 掩码“LLLOOO”对应的正确输入数据是(　　)。

A. aaa555　　B. 555555　　C. 555aaa　　D. aaaaaa

45. 某文本型字段的值只能为字母，不允许超过 6 个，则该字段的输入掩码属性定义为(　　)。

A. AAAAAA　　B. LLLLLL　　C. CCCCCC　　D. 999999

46. 在 Access 2010 的数据类型中，能建立索引的数据类型是(　　)。

A. 文本型　　B. 备注型　　C. OLE 对象型　　D. 超链接型

47. 定义字段默认值的作用是(　　)。

A. 在未输入数据之前，系统自动提供数值

B. 不允许字段的值超出某个范围

C. 不得使字段为空

D. 系统自动把小写字母转换为大写字母

48. 默认值设置是通过(　　)操作来简化数据输入。

A. 清除用户输入数据的所有字段

B. 用指定的值填充字段

C. 消除了重复输入数据的必要

D. 用与前一个字段相同的值填充字段

49. 要在输入某日期/时间型字段值时自动插入当前系统日期，应在该字段的默认值属性框中输入(　　)表达式。

A. Date()　　B. Date[]　　C. Time()　　D. Time[]

50. 下列叙述不正确的是(　　)。

A. 如果文本字段中已经有数据，那么减小字段大小不会丢失数据

B. 如果数字字段中包含小数，那么若将字段大小设置为整数，则 Access 自动取整

C. 当为字段设置默认值时，必须与字段所设的数据类型相匹配

D. 可以使用表达式来定义默认值

51. 在“学生”表中，要使“年龄”字段的取值在 18～35 之间，则在“有效性规则”属性框中输入的表达式为(　　)。

A. >= 18 And <= 35　　B. >= 18 Or <=35

C. > 35 And <= 18　　D. >= 18 && <=35

52. 若要求日期/时间型的“出生年月”字段只能输入包括 1992 年 1 月 1 日在内的以后的日期，则在该字段的“有效性规则”文本框中，应该输入(　　)。

A. <= 1992-1-1#　　B. >= 1992-1-1

C. <= 1992-1-1　　D. >= #1992-1-1#

53. 在输入数据时，如果希望输入的格式标准保持一致，并希望检查输入时的错误，可以(　　)。

A. 控制字段大小　　B. 设置默认值

C. 定义有效性规则　　D. 设置输入掩码

54. 在关于输入掩码的叙述中，错误的是(　　)。

A. 在定义字段的输入掩码时，既可以使用输入掩码向导，也可以直接使用字符

B. 定义字段的输入掩码，是为了设置密码

C. 输入掩码中的字段“0”表示可以选择输入数字 0～9 的一个数

D. 直接使用字符定义输入掩码时，可以根据需要将字符组合起来

55. 在下列选项中，能描述输入掩码“&”字符含义的是(　　)。

A. 可以选择输入任意字符或一个空格

B. 必须输入任意字符或一个空格

C. 必须输入字母或数字

D. 可以选择输入字母或数字

56. 在 Access 中，如果没有为新建的表指定主键，当保存新建的表时，系统会(　　)。

A. 自动为表创建主键　　B. 提示用户是否创建主键

C. 让用户设置主键　　D. 没有任何提示

57. 在“表格工具/设计”选项卡中，“主键”按钮的作用是(　　)。

A. 用于检索关键字字段

B. 用于把选定的字段设置/取消关键字

C. 用于弹出设置关键字对话框，以便设置关键字段

D. 以上都不对

58. 为加快对某字段的查找速度，应该(　　)。

A. 防止在该字段中输入重复值

B. 使该字段成为必需字段

C. 对该字段进行索引

D. 使该字段的数据类型一致

59. 在对表中某一字段建立索引时，若其值有重复，可选择(　　)索引。

A. 主　　B. 有(无重复)　　C. 无　　D. 有(有重复)

60. 可以设置为索引的字段是(　　)。

A. 备注型 B. 超链接型 C. 主关键字型 D. OLE对象型

61. 如果表中有“联系电话”字段，若要确保输入的系电话值只能为8位数字，应将该字段的输入掩码设置为(　　)。

A. 00000000 B. 99999999 C. ???????? D. ########

62. 关于“输入掩码”叙述错误的是(　　)。

A. 掩码是字段中所有输入数据的模式

B. Access只为文本型字段和日期/时间型字段提供了“输入掩码向导”来设置掩码

C. 在设置掩码时，可以用一串代码作为预留区来制作一个输入掩码

D. 所有数据类型都可以定义一个输入掩码

63. 生成输入掩码表达式最简单的方法是使用输入掩码向导，但都不能使用输入掩码向导的两个字段是(　　)。

A. 文本型、数字型 B. 是/否型、备注型

C. 货币型、日期/时间型 D. 文本型、日期/时间型

64. 输入掩码是用户为数据输入定义的格式，用户可以为(　　)数据设置输入掩码。

A. 文本型、数字型、是否型、日期/时间型

B. 文本型、数字型、货币型、是/否型

C. 文本型、备注型、货币型、日期/时间型

D. 文本型、数字型、货币型、日期/时间型

65. 能够使用“输入掩码向导”创建输入掩码的数据类型是(　　)。

A. 文本型和货币型 B. 数字型和文本型

C. 文本型和日期/时间型 D. 数字型和日期/时间型

66. 关于空值(Null)，以下叙述正确的是(　　)。

A. 空值等同于空字符串

B. 空值表示字段还没有确定值

C. 空值等同于数值

D. Access不支持空值

67. 在输入记录时，要使某个字段不为空的方法是(　　)。

A. 定义该字段为必需字段 B. 定义该字段长度不为0

C. 指定默认值 D. 定义输入掩码

68. 在数据表视图中，不可以(　　)。

A. 设置表的主键 B. 修改字段的名称

C. 删除一个字段 D. 删除一条记录

69. 设置主关键字是在(　　)中完成的。

A. 表的设计视图 B. 表的数据表视图

C. 数据透视表视图 D. 数据透视图视图

70. 在下列关于修改表的字段名的叙述中，只有(　　)是正确的。

① 修改字段名可以通过设计视图来进行；② 修改字段名可以通过数据表视图来进行；③ 修改字段名可以通过表向导来进行。

A. ②③ B. ①②

C. ①③　　　　D. ①②③

71. 在下列关于修改表的字段名的叙述中，全部正确的是(　　)。

① 修改字段名会影响用到这个字段名的查询、报表、窗体等对象；② 修改字段名会影响字段中存放的数据；③ 当字段名被修改后，其他对象对该字段的引用也自动被修改。

A. ②③　　　　B. ①②

C. ①②③　　　　D. ①③

72. 以下列出的关于在表中修改字段的数据类型的叙述，只有(　　)是正确的。

① 将备注型字段修改为文本型字段，可能会丢失数据；② 将文本型字段修改为备注型字段，无任何问题；③ 将文本型字段修改为数字型或货币型字段，必须保证该文本型字段中的数据全部都是数字，而不能包含其他字符，否则会造成数据的丢失。

A. ②③　　　　B. ①②

C. ①③　　　　D. ①②③

73. 要在表中删除字段，一般地，(　　)。

A. 如果存在表间关系，先删除此表间关系

B. 如果存在引用，先删除其他对象对该字段的引用

C. 如果存在重要数据，先保存好该字段的重要数据

D. 全面考虑上述 3 项

74. 在 Access 中，利用“查找和替换”对话框可以查找到满足条件的记录，要查找当前字段中所有第一个字符为“y”、最后一个字符为“w”的数据，下列选项中正确使用通配符的是(　　)。

A. y[abc]w　　　　B. y*w

C. y?w　　　　D. y#w

75. 在查找操作中，通配任意单个字母的通配符是(　　)。

A. #　　　　B. !

C. ?　　　　D. [ ]

76. 若要在一个表的“姓名”字段中查找以 wh 开头的所有人名，则应在查找内容框中输入的字符串是(　　)。

A. wh?　　　　B. wh*

C. wh[]　　　　D. bull

77. 在查找数据时，设查找内容为“b[!aeu]11”，则可以找到的字符串是(　　)。

A. bill　　　　B. ball

C. bell　　　　D. bull

78. 以下列出的关于修改表的叙述，只有(　　)是正确的。

① 修改表时，对于已建立关系的表，要同时对相互关联表的有关部分进行修改；② 修改表时，必须先将欲修改的表打开；③ 在关系表中修改关联字段必须先删除关系，并要同时修改原来相互关联的字段修改之后，重新建立关系。

A. ①②③　　　　B. ①②

C. ①③　　　　D. ②③

79. 在数据表视图的用户可以进行许多操作，这些操作包括(　　)。

① 对表中的记录进行查找、排序、筛选和打印；② 修改表中记录的数据；③ 更改数据表的显示方式。

A. ①②　　B. ①③

C. ①②③　　D. ②③

80. 若在两个表之间的关系连线上标记了 1∶1 或 1∶∞，表示启动了(　　)。

A. 实施参照完整性　　B. 级联更新相关记录

C. 级联删除相关记录　　D. 不需要启动任何设置

81. 以下列出的关于数据库参照完整性的叙述，(　　)是正确的。

① 参照完整性是指在设定了表间的关系后，用户不能随意更改用以建立关系的字段；② 参照完整性减少了数据在关系数据库系统中的冗余度；③ 在关系数据库中，参照完整性对于维护正确的数据关联是必要的。

A. ②③　　B. ①②

C. ①③　　D. ①②③

82. 在数据表视图中，可以输入、修改记录的数据，修改后的数据(　　)。

A. 在修改过程中随时存入磁盘

B. 在退出被修改的表后存入磁盘

C. 在光标退出被修改的记录后存入磁盘

D. 在光标退出被修改的字段后存入磁盘

83. 在以下叙述中，(　　)是正确的。

A. 关系表中互相关联的字段是无法修改的，如果需要修改，必须先将关联去掉

B. 两个表之间的关系最简单的是一对多的关系

C. 在两个表之间建立关系的结果是两个表变成了一个表

D. 在两个表之间建立关系后，只要访问其中的任一个表就可以得到两个表的信息

84. 利用 Access 中记录的排序规则，对下列文字进行降序排序后的先后顺序应该是(　　)。

A. 数据库管理、等级考试、access、ACCESS

B. 数据库管理、等级考试、ACCESS、access

C. ACCESS、access、等级考试、数据库管理

D. access、ACCESS、等级考试、数据库管理

85. 在下列关于表的格式的说法中，错误的是(　　)。

A. 字段在表中的显示顺序是由用户输入的先后顺序决定的

B. 用户可以同时改变一个或多个字段的位置

C. 在表中，可以为一个或多个指定字段中的数据设置字体格式

D. 在 Access 中，只可以冻结列，不能冻结行

86. 在已经建立的表中，若在显示表中内容时使某些字段不能移动显示位置，可以使用的方法是(　　)。

A. 排序　　B. 筛选

C. 隐藏　　D. 冻结

87. 在下列关于数据编辑的说法中，正确的是(　　)。

A. 表中的数据有两种排列方式，一种是升序排序另一种是降序排序

B. 可以单击“升序”或“降序”按钮，为两个不相邻的字段分别设置升序和降序排列

C. “取消筛选”就是删除筛选窗口中所选择的筛选条件

D. 将 Access 表导出到 Excel 数据表时，Excel 将自动应用源表中的字体格式

88. 下列数据类型能够进行排序的是(　　)。

A. 备注型　　B. 超链接型

C. OLE 对象型　　D. 数字型

89. Access 不能进行排序或索引的数据类型是(　　)。

A. 文本型　　B. 备注型

C. 数字型　　D. 自动编号型

90. 以下是在数据表视图的方式下关于数据排序的叙述，其中正确的是(　　)。

① 只能按某一字段内容的升序或降序来对记录次序重新进行排列；② 可以按某几个(含一个)字段内容的升序或降序来对记录次序重新进行排列；③ 数据的排序分为两个步骤，先选中排序所使用的字段列，再选择“开始”选项卡中的“升序”或“降序”按钮。

A. ①②　　B. ①③

C. ②③　　D. ①②③

91. 下面不属于 Access 提供的数据筛选方式的是(　　)。

A. 按选定内容筛选　　B. 按内容排除筛选

C. 按数据表视图筛选　　D. 高级筛选、排序

92. 要求在主表中没有相关记录时，就不能将记录添加到相关表中，则应该在表关系中设置(　　)。

A. 参照完整性　　B. 有效性规则

C. 输入掩码　　D. 级联更新相关字段

93. 对表间关系的叙述正确的是(　　)。

① 两个表之间设置关系的字段，其名称可以不同，但字段类型、字段内容必须相同；② 表间关系需要两个字段或多个字段来确定；③ 自动编号型字段可以与长整型数字型字段设定关系。

A. ①②　　B. ①②③

C. ②③　　D. ①③

94. 要在表中直接显示出所需的记录，如显示“工资”表中所有姓“李”职工的记录，可用(　　)的方法。

A. 排序　　B. 筛选

C. 隐藏　　D. 冻结

95. 对数据表进行筛选操作的结果是(　　)。

A. 将满足条件的记录保存在新表中

B. 删除表中不满足条件的记录

C. 将不满足条件的记录保存在新表中

D. 隐藏表中不满足条件的记录

96. 在数据表视图下，“按选定内容筛选”操作允许用户(　　)。

A. 查找所选的值

B. 输入作为筛选条件的值

C. 根据当前选中字段的内容，在数据表视图窗口中查看筛选结果

D. 以字母或数字顺序组织数据

97. 数据的筛选可以在表、查询或窗体中进行，可以使用 4 种方法筛选记录：按选定内容筛选、(　　)、按窗体筛选、高级筛选/排序。

A. 按表筛选　　B. 内容排除筛选

C. 按查询筛选　　D. 应用筛选

二、填空题

1. 在 Access 2010 的窗口中，从________菜单项中选择“打开”命令，可以打开一个数据库文件的数据。

2. ________类型是 Access 数据库的默认数据类型，________数据类型可以用于为每个新的记录自动生成数字。

3. 备注类型字段最多可以存放________字符。

4. 在“学生”表中有“助学金”字段，其数据类型可以是数字型或________。

5. Access 提供了两种数据类型来保存文本或文本和数字组合的数据，分别是________和________。

6. 设置主关键字是在表的________中完成的。

7. 在 Access 2010 中，所有数据库对象都存放在一个扩展名为__________的数据库文件中。

8. 空数据库是指该文件中________________。

9. 表的设计视图包括字段输入区和________两部分，前者用于定义________、字段类型，后者用于设置字段的_________。

10. 在输入数据时，如果希望输入的格式标准保持一致并检查输入时的错误，可以通过设置字段的________属性来设置。

11. 学生的学号是由 9 位数字组成的，其中不能包含空格，则为“学号”字段设置的正确的输入掩码是________。

12. 字段的________是在给字段输入数据时所设置的限制条件。

13. 在同一个数据库中的多个表，若想建立表间的关联关系，就必须给表中的某字段建立________。

14. 如果表中一个字段不是本表的主关键字，而是另外一个表的主关键字或候选关键字，那么这个字段称为________。

15. “教学管理”数据库中有“学生”表、“课程”表和“选课成绩”表，为了有效地反映这 3 个表中数据之间的联系，在创建数据库时应设置________。

16. 用于建立两表之间关联的两个字段必须具有相同的________，但________可以不相同。

17. 如果希望两个字段按不同的次序排序，或者按两个不相邻的字段排序，需使用

________窗口。

18. 某数据表中有 5 条记录，其中文本型字段“号码”各条记录的内容是：125、98、85、141、119，则升序排序后，该字段内容先后顺序表示为______________。

19. 要在表中使某些字段不移动显示位置，可用________字段的方法，要在表中不显示某些字段，可用________字段的方法。

20. 给表添加数据的操作是在表的________中完成的。

21. 在查找数据时，若找不到 ball 和 bell，则输入的查找字符串应是________；若可以找到 bad、bbd、bcd 、...、bfd，则输入的查找字符串应是________。

三、问答题

1. Access 2010 的主窗口由哪几部分组成？
2. 在 Access 2010 中建立数据库的方法有哪几种？
3. 表间关系的作用是什么？
4. 创建关系时应该遵循哪些原则？
5. 在设计表结构时，为字段设置数据类型主要考虑哪些因素？
6. 有效性规则和有效性文本的意义和使用方法是什么？举例说明。

第3章　查　　询

查询是 Access 数据库的主要对象之一，也是 Access 数据库的核心操作之一。利用查询可以直接查看表中的原始数据，也可以对表中数据进行计算后再查看，还可从表中抽取数据，供用户对数据进行修改、分析。查询可以作为窗体、报表和查询的数据源，从而增强了数据库设计的灵活性。

在 Access 2010 中，查询的实现可以通过两种方式进行：一是在数据库中建立查询对象；二是在 VBA 程序代码或模块中使用结构化查询语言(Structured Query Language，SQL)。本章将介绍查询的概念、分类和准则(查询条件)，以及在 Access 2010 中建立各类查询的方法和步骤。

3.1　查询概述

3.1.1　查询的定义与功能

在 Access 中，要从一个表或者多个表中检索信息，就要创建查询对象。查询就是向数据库提出询问，并要求数据库按给定的条件、范围以及方式等，从指定的数据源中查找，提取指定的字段和记录，返回一个新的数据集合。简而言之，查询就是以数据库中的数据作为数据源，根据给定条件从指定的数据库表或查询中检索出符合用户要求的记录数据，形成一个新的数据集合。查询的结果是动态的，它随着查询所依据的表或查询的数据的改动而变化。另外，查询也可以作为窗体和报表对象的数据源。

查询对象不是数据的集合，而是操作的集合。查询运行结果是一个数据集，也称为动态集；查询结果外观上很像一个表，但是，它并没有存储在数据库中。创建查询后，只保存查询的操作，只有运行查询时才会从查询数据集中抽取数据，并创建它；一旦关闭查询，查询的动态集就会自动消失。

在 Access 2010 中，利用查询可以实现多种功能。

1. 选择字段和记录

根据用户给定的条件，查找并显示相应的部分记录，也可以只显示部分字段。选择字段和选取符合条件的记录这两个操作，可以单独使用，也可以同时进行。例如，从“学生信息”表中，查询网络专业的男生的学号、姓名记录信息。

2. 编辑记录

通过查询对符合条件的记录进行添加、修改和删除等操作。例如，将“选课成绩”表中考试成绩不及格的记录删除。

3. 统计与计算

在查询结果中进行统计。例如，统计学生的平均年龄、男女学生的人数等；还可以建立计算字段，用以保存计算的结果。又例如，根据“学生信息”表中的“出生日期”字段计算每名学生的年龄。

4. 建立新表

利用生成表查询，查找得到的结果可以建立一个新表。例如，将党员的学生信息存储到一个新表中，包含“学号”、“姓名”、“性别”、“班级”等字段。

5. 为窗体和报表提供数据源

为了从一个或多个表中选择合适的数据显示在窗体、报表中，用户可以先建立一个查询，然后将该查询的结果作为数据源。每次打印报表或者打开窗体时，该查询就从它的基本表中检索出符合条件的最新的记录。

3.1.2　查询分类

在 Access 2010 中，常见的查询类型有 5 种：选择查询、参数查询、交叉表查询、操作查询和 SQL 查询。

1. 选择查询

选择查询是最常用的查询方式，应用选择查询可以从数据库的一个或者多个表中提取特定的信息，并且将结果显示在一个数据表上供查看或编辑使用，或者用作窗体或者报表的数据源。利用选择查询，用户还能对记录分组，并对组中的字段值进行各种计算。例如，求和、平均、计数、最大值、最小值等。

Access 2010 的选择查询有以下几种类型：

(1) 简单选择查询：是最常用的查询方式，即从一个或多个基本表中按照某一指定的准则进行查询，并在类似数据表视图中显示结果集。

(2) 统计查询：是一种特殊的查询，可以对查询的结果集进行各种统计，包括总计、平均、最小值、最大值等，并在结果集中显示出来。

(3) 重复项查询：可以在数据库的基本表中查找具有相同字段信息的记录。

(4) 不匹配项查询：是在基本表中查找与指定数据不相符的记录。

2. 参数查询

在执行参数查询时，屏幕会显示提示信息对话框，用户根据提示输入信息后，系统会根据用户输入的信息执行查询，找出符合条件的记录。参数查询分为单参数查询和多参数查询两种：在执行查询时，只需要输入一个条件参数的称为单参数查询；在执行查询时，针对多组条件，需要输入多个参数条件的称为多参数查询。

3. 交叉表查询

交叉表查询是将来源于某个表或查询中的字段进行分组，一组列在数据表的左侧，另一组列在数据表的上部，然后在数据表行与列的交叉处显示表中某个字段的各种计算值，例如，求和、平均、计数、最大值、最小值等。

4. 操作查询

选择查询是检索符合特定条件的一组记录并显示，而操作查询是利用查询所生成的动态集来对表中数据进行更改的查询，与选择查询相似，都需要指定查找记录的条件，包括：

(1) 生成表查询：即利用一个或多个表中的全部或部分数据创建新表。运行生成表查询的结果就是把查询的数据以另外一个新表的形式存储，即使该生成表查询被删除，已生成的新表仍然存在。

(2) 更新查询：即对一个或多个表中的一组记录作全部更新。运行更新查询会自动修改有关表中的数据，数据一旦更新则不能恢复。

(3) 追加查询：即将一组记录追加到一个或多个表原有记录的尾部。运行追加查询的结果是向有关表中自动添加记录，增加了表的记录个数。

(4) 删除查询：即按一定条件从一个或多个表中删除一组记录，数据一旦删除不能恢复。

5. SQL查询

SQL是用来查询、更新和管理关系型数据库的语言。SQL查询就是用户使用SQL语句创建的查询。

所有的Access查询都是基于SQL语句的，每一个查询都对应一条SQL语句。用户在查询“设计”视图中所做的查询设计，在其“SQL”视图中均能找到对应的SQL语句。常见的SQL查询有以下几种类型：

(1) 联合查询：可将两个以上的表或查询所对应的多个字段，合并为查询结果中的一个字段。执行联合查询时，将返回所包含的表或查询中对应字段的记录。

(2) 传递查询：使用服务器能接收的命令直接将命令发送到ODBC数据库而无需事先建立链接，如使用SQL服务器上的表。可以使用传递查询来检索记录或更改数据。

(3) 数据定义查询：是用来创建、删除、更改表或创建数据库中索引的查询。

(4) 子查询：即基于主查询的查询，一般可以在查询“设计网格”的“字段”行中输入SQL SELECT语句来定义新字段，或在“条件”行来定义字段的查询条件。通过子查询测试某些结果的存在性，查找主查询中等于、大于或小于子查询返回值的值。

3.1.3　查询视图

Access 2010的每一个查询主要有3个视图，即“数据表视图”、“设计视图”和“SQL视图”。其中，“数据表视图”用来显示查询的结果，如图3-1所示；“设计视图”用来对查询设计进行修改，如图3-2所示；“SQL视图”用来显示与本次查询等价的SQL语句，如图3-3所示。此外，还有“数据透视表视图”、“数据透视图视图”，其形式与表的“数据透视表视图”、“数据透视图视图”相同。

图 3-1　查询数据表视图

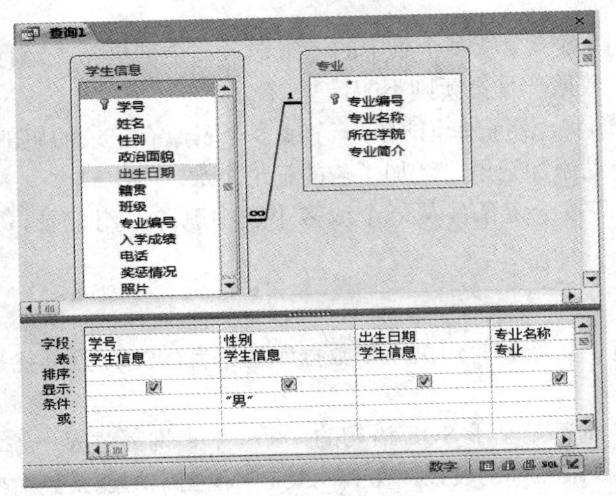

图 3-2　查询设计视图

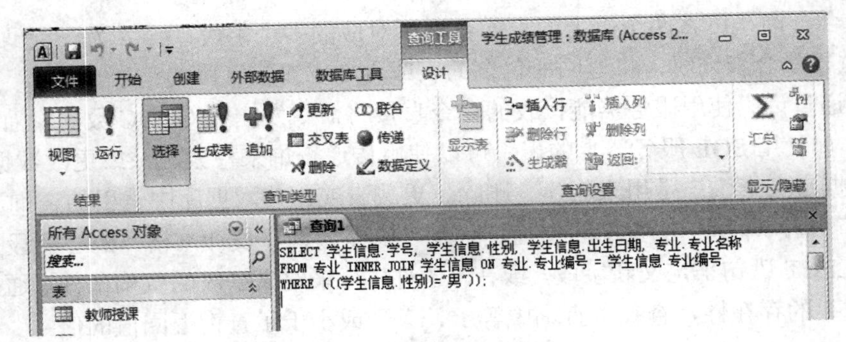

图 3-3　查询 SQL 视图

查询的“数据表视图”看起来与第 2 章介绍的表类似，但是它们之间还有很多差别。在查询数据表中无法添加或删除列，而且不能修改查询字段的字段名。这是因为由查询所生成的数据值并不是真正的值，而是动态地从“表”对象调来的，是表中数据的镜像。

查询只是告诉 Access 需要什么样的数据，而 Access 就会从表中查出这些数据的值，并将它们反映到查询数据表中。也就是说，这些值只是查询的结果。

当然，在查询中我们可以运用各种表达式来对表中的数据进行计算，以生成新的查询字段，在查询的数据表中，虽然不能插入列，但是可以移动列，移动的方法与第 2 章中在表中移动列的方法是相同的，而且在查询的数据表中也可以改变列宽和行高，还可以隐藏和冻结列。

3.2 选择查询

选择查询是指从一个或多个相互关联的表中将满足要求的数据选择出来，并把这些数据显示在新的查询数据表中。而其他方法，如“交叉表查询”、“操作查询”和“参数查询”等，都是“选择查询”的扩展。使用选择查询可以从一个或多个表或查询中检索数据，可以对记录分组或全部记录进行总计、计数等汇总运算。

在一般情况下，有两种方法建立查询：使用“查询向导”和“设计视图”。使用“查询向导”操作比较简单，但是对于有条件的查询则无法实现；使用“设计视图”，则操作比较灵活，用户可以随时定义各种条件，定义统计方式，可以实现相对复杂的功能。

3.2.1 创建查询

1. 使用“简单查询向导”创建

使用“简单查询向导”创建查询，用户可以在向导的指示下选择对应的表和字段，快速、正确地建立查询；但是不能设置查询条件。

所建查询数据源既可以来自于一个表或查询中的数据，也可以来自于多个表或查询。

【例 3-1】 查找“教师信息”表中的记录，并显示“教师编号”、“姓名”、“性别”、“职称”及“所在部门”等字段信息。

具体操作步骤如下：

(1) 在 Access 中，单击“创建”选项卡，单击“查询”组中的“查询向导”按钮，弹出“新建查询”对话框，如图 3-4 所示。从图中可知，查询向导有 4 种类型：简单查询向导、交叉表查询向导、查找重复项查询向导及查找不匹配项查询向导。

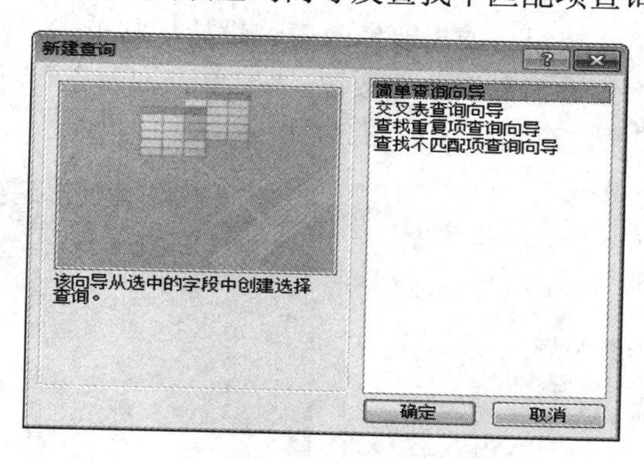

图 3-4 “新建查询”对话框

① 简单查询向导：用户可快速创建一个简单而实用的查询，并且可以在一张或者多张表或查询中指定检索字段中的数据。

② 交叉表查询向导：创建交叉表查询，可以重构汇总数据，使其更为紧凑，容易理解。

③ 查找重复项查询向导：利用该查询向导，可以查询表中是否出现重复的记录，或对表中具有相同字段值的记录进行统计计算。

④ 查找不匹配项查询向导：利用该查询向导，可以在一张表查找与另外一张表没有相关联的记录。

(2) 选择“简单查询向导”，然后单击“确定”按钮，弹出“简单查询向导”对话框 1，如图 3-5 所示。

(3) 选择查询数据源。在“简单查询向导”对话框 1 中，单击“表/查询”下拉列表框右侧的下拉箭头按钮，从弹出的下拉列表中选择“教师信息”表。这时“可用字段”列表框中显示“教师信息”表中包含的所有字段。双击“姓名”字段，将其添加到“选定字段”列表框中，使用相同方法将“教师编号”、“性别”、“职称”及“所在部门”字段添加到“选定字段”列表框中。结果如图 3-6 所示。单击“下一步”按钮，弹出“简单查询向导”对话框 2。

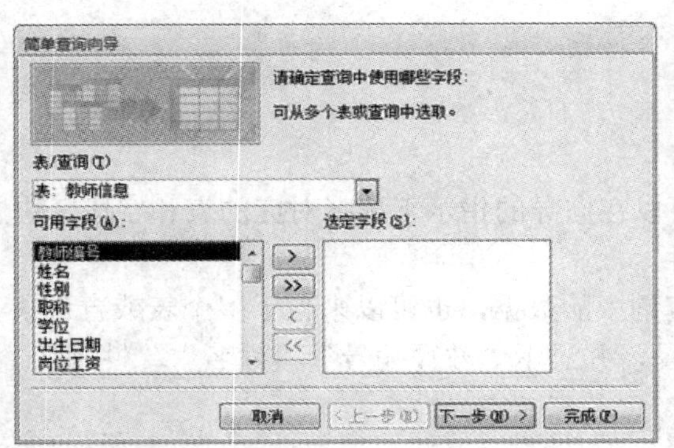

图 3-5　“简单查询向导”对话框 1

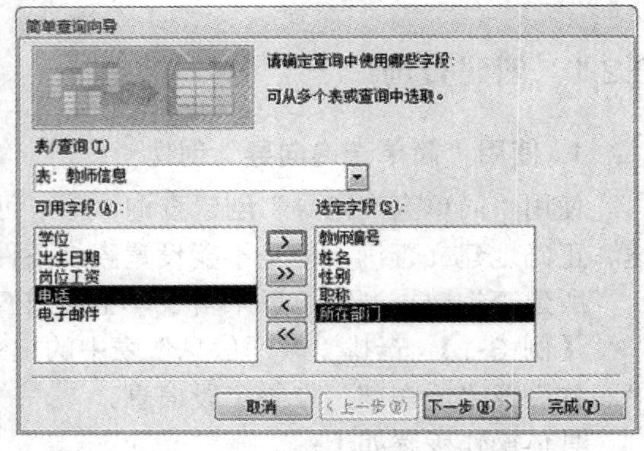

图 3-6　“简单查询向导”对话框 2

(4) 指定查询名称。在“请为查询指定标题”文本框中输入所需的查询名称，也可以使用默认标题“教师信息 查询”，本例使用默认标题。如果要打开查询查看结果，则单击“打开查询查看信息”单选按钮；如果要修改查询设计，则单击“修改查询设计”单选按钮。这里单击“打开查询查看信息”单选按钮。“简单查询向导”对话框 3 如图 3-7 所示。

(5) 单击“完成”按钮。查询结果如图 3-8 所示。

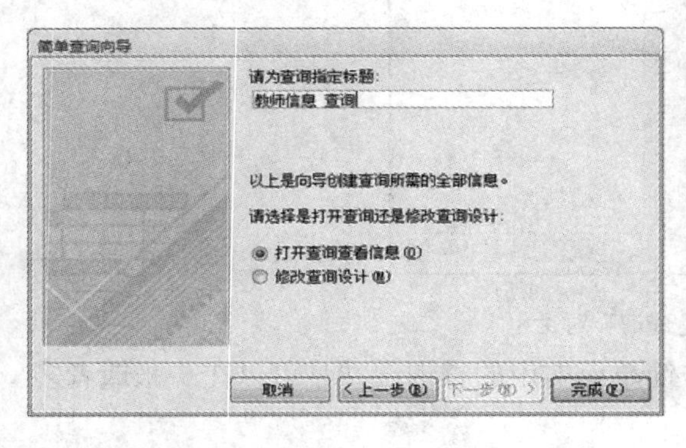

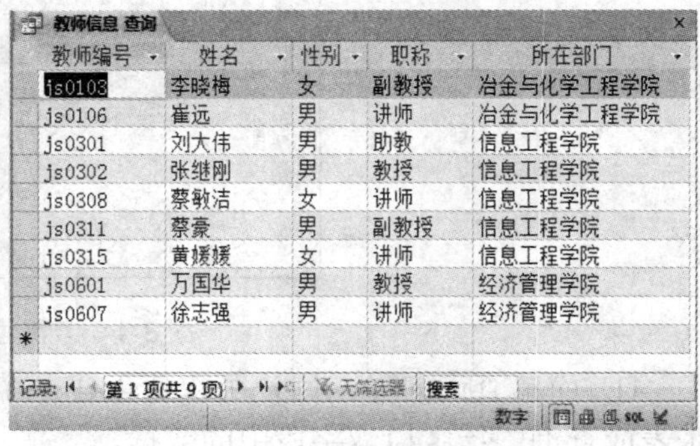
教师信息 查询

教师编号	姓名	性别	职称	所在部门
js0103	李晓梅	女	副教授	冶金与化学工程学院
js0106	崔远	男	讲师	冶金与化学工程学院
js0301	刘大伟	男	助教	信息工程学院
js0302	张继刚	男	教授	信息工程学院
js0308	蔡敏洁	女	讲师	信息工程学院
js0311	蔡豪	男	副教授	信息工程学院
js0315	黄媛媛	女	讲师	信息工程学院
js0601	万国华	男	教授	经济管理学院
js0607	徐志强	男	讲师	经济管理学院

记录: 第 1 项(共 9 项)　无筛选器　搜索
数字

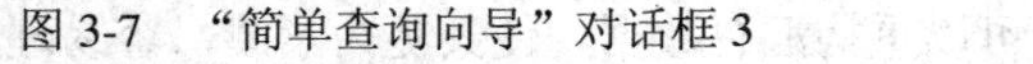
图 3-7　“简单查询向导”对话框 3

图 3-8　查询结果

【例 3-2】 查找每名学生选课成绩，并显示“学号”、“姓名”、“课程名称”和“考试成绩”等字段。查询名为“学生选课成绩”。

分析查询要求不难发现，查询用到的“学号”、“姓名”、“课程名称”和“考试成绩”等字段信息分别来自“学生信息”、“选课成绩”和“课程”等3个表。因此，应建立基于3个表的查询。具体操作步骤如下：

(1) 在 Access 中，单击“创建”选项卡，单击“查询”组中的“查询向导”按钮，弹出“新建查询”对话框。在该对话框中，单击“表/查询”下拉列表框右侧的下拉箭头按钮，从弹出的下拉列表中选择 “学生信息”表，然后分别双击“可用字段”列表框中的“学号”、“姓名”字段，将它们添加到“选定字段”列表框中。

(2) 单击“表/查询”下拉列表框右侧的下拉箭头按钮，从下拉列表中选择“课程”表，然后双击“课程名称”字段，将其添加到“选定字段”列表框中；使用相同方法，将“选课成绩”表中的“考试成绩”字段添加到“选定字段”列表框中，结果如图 3-9 所示。

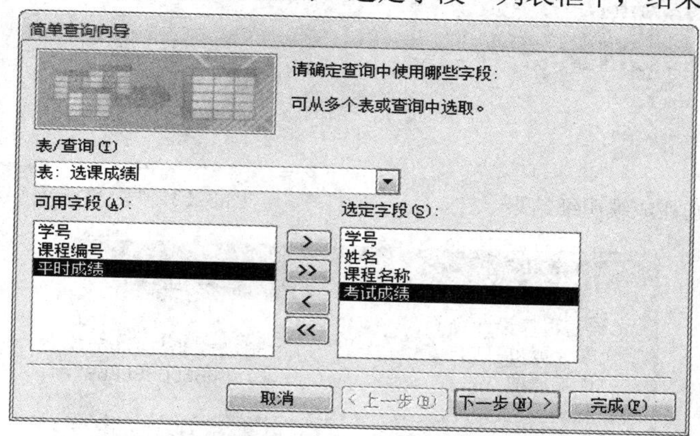

图 3-9 选定字段结果

(3) 单击“下一步”按钮，弹出“简单查询向导”第一个对话框。在该对话框中，需要确定是建立“明细”查询，还是建立“汇总”查询。建立“明细”查询，则查看详细信息；建立“汇总”查询，则对一组或全部记录进行各种统计，如图 3-10 所示。本例单击“明细”单选按钮。

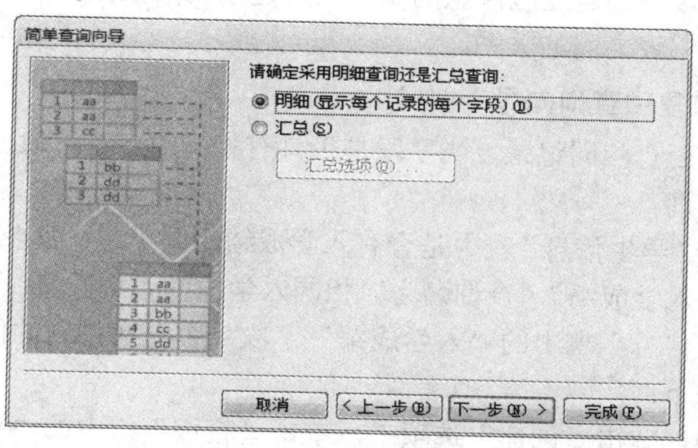

图 3-10 明细/汇总查询

(4) 单击“下一步”按钮，弹出“简单查询向导”第二个对话框。在“请为查询指定标题”文本框中输入“学生选课成绩明细”。

(5) 单击“完成”按钮。这时，Access 将开始建立查询，并将查询结果显示在屏幕上，如图 3-11 所示。

如果只选择了“课程名称”和“考试成绩”两个字段，在步骤(3)中，选择“汇总”选项，单击“汇总选项”按钮，弹出“汇总选项”对话框，如图 3-12 所示。

从中勾选“平均”选项，单击“确定”按钮返回，再单击“下一步”按钮，标题设为“选课成绩汇总”，最后单击“完成”按钮，结果如图 3-13 所示。

学生选课成绩明细

学号	姓名	课程名称	考试成绩
2017270106	兰梦	C语言程序设计(A)	86
2017270120	孟旭溪	C语言程序设计(A)	83
2017270113	张丽洁	C语言程序设计(A)	92
2016260106	刘蔚	密码学	84
2016260108	丁明安	密码学	56
2016260107	胡乐娟	密码学	76
2017250115	刘明	大学计算机基础	68
2017250117	张萌	大学计算机基础	87
2017250204	胡振华	大学计算机基础	78
2017270120	孟旭溪	大学计算机基础	72
2017320312	余江豪	大学计算机基础	48
2017320302	黄梦兰	大学计算机基础	82
2017250206	阮班圣楠	大学计算机基础	42
2017320312	余江豪	冶金工艺学	85
2017320309	曾洁	冶金工艺学	72
2016410101	范鹏飞	会计学原理	78
2016410107	余悦	会计学原理	67
2016410106	黄浩	会计学原理	58

图 3-11　学生选课成绩明细结果

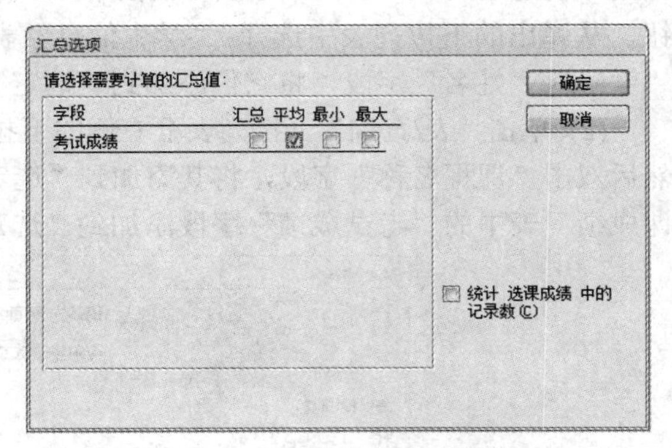

图 3-12　“汇总选项”对话框

选课成绩汇总

课程名称	考试成绩 之 平均值
C语言程序设计(A)	87
大学计算机基础	68.1428571428571
会计学原理	67.6666666666667
密码学	72
冶金工艺学	78.5

图 3-13　选课成绩汇总结果

在用数据表视图显示查询结果时，字段排列顺序与在“简单查询向导”对话框中选定字段的顺序相同。因此在选择字段时，应考虑按照字段的显示顺序选取。当然，也可以在数据表视图中改变字段顺序。还应注意的是，当所建查询的数据源来自于多个表时，在建立查询之前，应先建立表之间的关系。

2. 使用“查找重复项查询向导”创建

若要确定表中是否有相同记录，或字段是否具有相同值，可以通过“查找重复项查询向导”建立重复项查询。

【例 3-3】 判断“学生信息”表中是否有入学成绩相同学生，如果有，则显示“学号”、“姓名”、“性别”、“入学成绩”，查询名为“相同入学成绩查询”。根据查找重复项查询向导，可以确定“学生信息”表中的“入学成绩”字段是否存在相同的值。

具体操作步骤如下：

(1) 在 Access 中，单击“创建”选项卡，单击“查询”组中的“查询向导”按钮，弹出“新建查询”对话框，如图 3-4 所示。

(2) 选择“查找重复项查询向导”，然后单击“确定”按钮，弹出“查找重复项查询向导”第一个对话框。

(3) 选择查询数据源。在该对话框中，单击“表：学生信息”选项，如图 3-14 所示。单击“下一步”按钮，弹出“查找重复项查询向导”第二个对话框。

(4) 选择包含重复值的字段。双击“入学成绩”字段，将其添加到“重复值字段”列表框中，如图 3-15 所示。单击“下一步”按钮，弹出“查找重复项查询向导”第三个对话框。

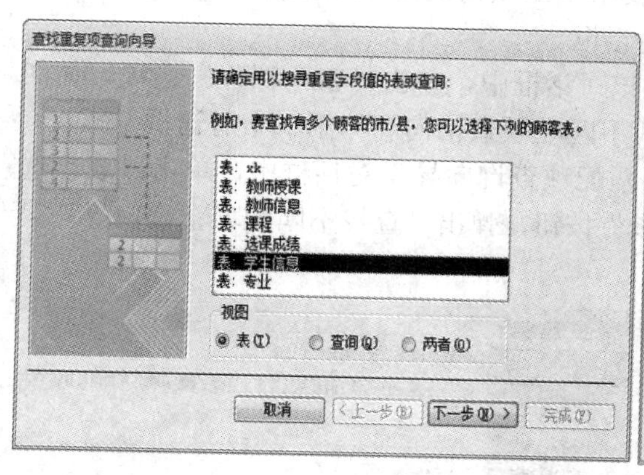

图 3-14 选择数据源

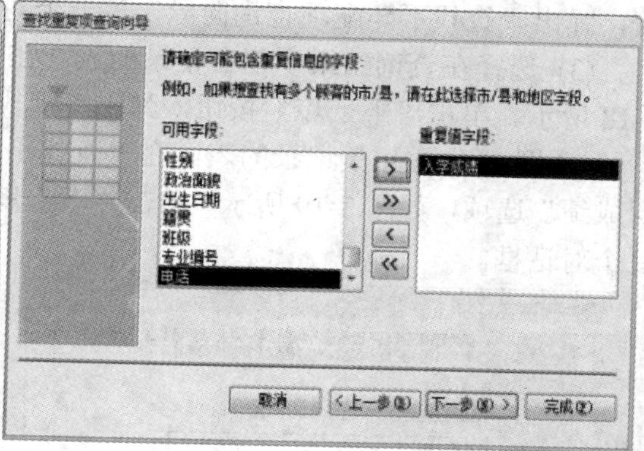

图 3-15 选择包含重复值的字段

(5) 选择重复字段之外的其他字段。分别双击“学号”、“性别”、“姓名”等字段，将它们添加到“另外的查询字段”列表框中，如图 3-16 所示。单击“下一步”按钮，弹出“查找重复项查询向导”第四个对话框。

(6) 指定查询名称。在“请指定查询的名称”文本框中输入“相同入学成绩查询”，然后单击“查看结果”单选按钮。

(7) 最后单击“完成”按钮，结果如图 3-17 所示。

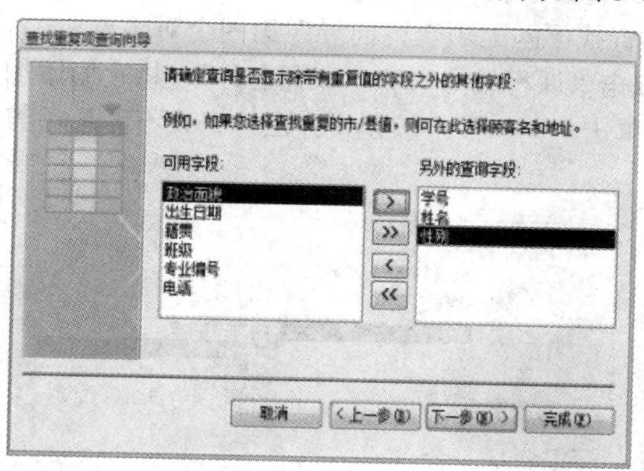

图 3-16 选择重复值之外的字段

相同入学成绩查询

入学成绩	学号	姓名	性别
529	2017320302	黄梦兰	女
529	2016410106	黄浩	男
529	2016260106	刘蔚	女
537	2016260108	丁明安	男
537	2017250118	王立刚	男
547	2017270113	张丽洁	女
547	2017320309	曾洁	女
550	2017320312	余江豪	男
550	2017250116	王丽敏	女

图 3-17 相同入学成绩查询结果

3. 使用“查找不匹配项查询向导”创建

在关系数据库中，当建立了一对多的关系后，通常“一方”表的每一条记录与“多方”表的多条记录相匹配。但是也可能存在“多方”表中没有记录与之匹配。例如，在“学生成绩管理”数据库中，常常出现有些课程没有学生选修的情况。为了查找哪些课程没有学生选修，最好的方法是使用“查找不匹配项查询向导”。

【例 3-4】 查找哪些课程没有学生选修，并显示“课程编号”和“课程名称”。

具体操作步骤如下：

(1) 在 Access 中，单击“创建”选项卡，单击“查询”组中的“查询向导”按钮，弹出“新建查询”对话框，如图 3-4 所示。

(2) 在“新建查询”对话框中，选择“查找不匹配项查询向导”，然后单击“确定”按钮，弹出“查找不匹配项查询向导”第一个对话框。

(3) 选择在查询结果中包含记录的表。在该对话框中，单击“表：课程”选项，如图 3-18 所示。单击“下一步”按钮，弹出“查找不匹配项查询向导”第二个对话框。

(4) 选择包含相关记录的表。在“查找不匹配项查询向导”对话框中，单击“表：选课成绩”选项，如图 3-19 所示。单击“下一步”按钮，弹出“查找不匹配项查询向导”第三个对话框。

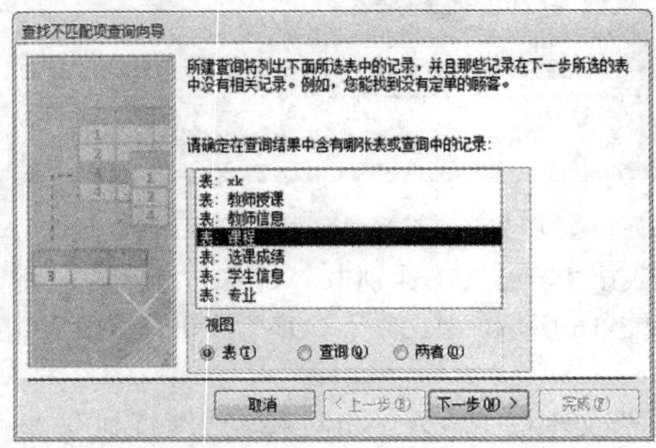

图 3-18　选择“表：课程”对话框

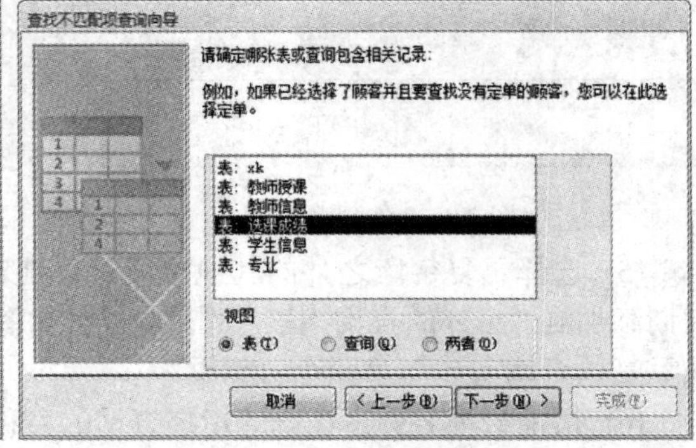

图 3-19　选择“表：选课成绩”对话框

(5) 确定在两个表中都有的信息。Access 将自动找出相匹配的字段“课程编号”，如图 3-20 所示。单击“下一步”按钮，弹出“查找不匹配项查询向导”第四个对话框。

(6) 确定查询中所需显示的字段。分别双击“课程编号”和“课程名称”，将它们添加到“选定字段”列表框中，如图 3-21 所示。单击“下一步”按钮，弹出“查找不匹配项查询向导”第五个对话框。

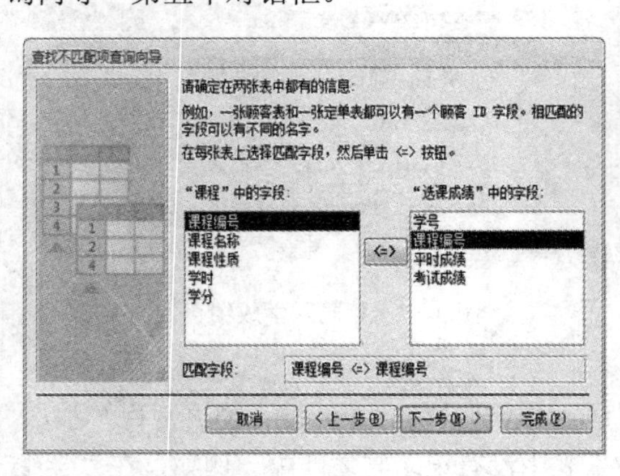

图 3-20　两张表中共有字段

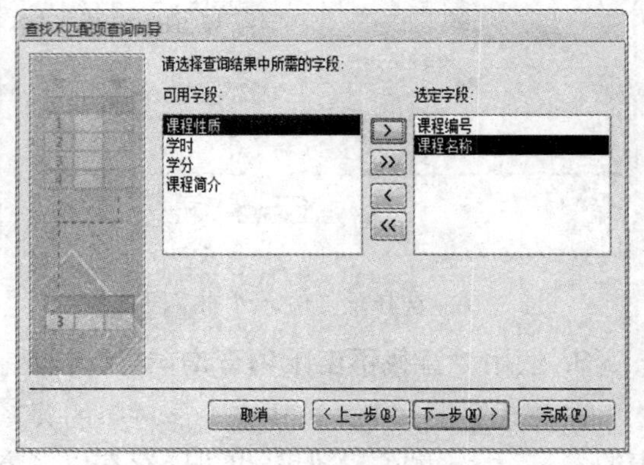

图 3-21　查询中显示的字段

(7) 指定查询名称。在“请指定查询名称”文本框中输入“没有学生选修的课程查询”，然后单击“查看结果”单选按钮。

(8) 单击“完成”按钮，结果如图3-22所示。

没有学生选修的课程查询

课程编号	课程名称
cs06	高等数学
cs07	大学英语
kc12	音乐鉴赏
kc16	人工智能技术
*	

图3-22 没有学生选修的课程查询结果

4. 使用设计视图创建

在实际应用中，需要创建的查询多种多样，使用查询向导创建查询，操作简单但是不够灵活，只能创建不带条件的查询，而对于复杂的查询需要使用查询设计视图来完成。

在Access中，查询有5种视图，分别是设计视图、数据表视图、SQL视图、数据透视表视图和数据透视图视图。使用设计视图是建立查询的主要方法。具体如下：

打开某一Access数据库，单击“创建”选项卡下“查询”选项组中的“查询设计”按钮，打开查询设计视图界面，同时打开“显示表”对话框，如图3-23所示。

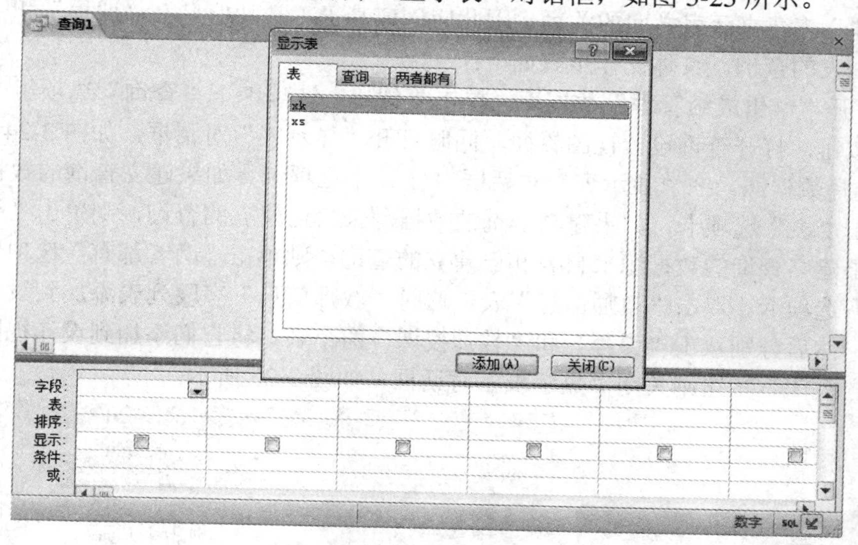

图3-23 查询设计视图界面

其中，“显示表”对话框中有3个选项：

(1) 表：查询的数据源来自于若干个表。

(2) 查询：查询的数据源来自于若干个已创建的查询。

(3) 两者都有：查询的数据源来自于若干个已创建的表和查询。

从中选择正确的表和查询的数据源之后，单击“关闭”按钮则可关闭“显示表”对话框。正常使用的查询设计视图窗口通常由两部分构成：上部分为对象窗格，显示所选对象(如表或查询)字段列表，并显示表间关系；下部分为设计网格，设计网格由若干行组成。设计网格中的每一列对应查询动态集中的一个字段，每一行对应字段的属性和要求。每行的作用如表 3-1 所示。需要注意的是，对于不同类型的查询，设计网格中包含的行项目会有所不同。

表 3-1　“设计网格”中行的作用

行的名称	作　用
字段	设置查询需要的字段和用户自定义的字段
表	设置字段行的字段来源(表或查询)
排序	设置字段的排序方式
显示	设置选择的字段是否在查询结果中显示
条件	设置指定的查询条件(同一行是逻辑“与”的关系)
或	放置逻辑上存在“或”关系的条件

下面通过实例来介绍使用设计视图创建查询的操作步骤。

【例 3-5】 使用设计视图创建查询，查找并显示授课教师的“职称”、“姓名”、“课程名称”和“学分”，要求按姓名从大到小顺序显示。

我们分析查询要求可以发现，查询用到的“职称”、“姓名”、“课程名称”和“学分”等字段分别来自“教师信息”和“课程”两个表，但两个表之间没有直接关系，需要通过“教师授课”表建立两表之间的关系。因此应创建基于“教师信息”、“课程”和“教师授课”这 3 个表的查询。具体操作步骤如下：

(1) 打开“学生成绩管理”数据库，单击“创建”选项卡下“查询”选项组中的“查询设计”按钮，打开查询设计视图界面，同时打开“显示表”对话框，如图 3-24 所示。

(2) 选择数据源。在“显示表”对话框中有 3 个选项卡。如果建立查询的数据源来自表，则单击“表”选项卡；如果建立查询的数据源来自已建立的查询，则单击“查询”选项卡；如果建立查询的数据源来自表和已建立的查询，则单击“两者都有”选项卡。本例单击“表”选项卡。双击“教师信息”表，这时“教师信息”字段列表添加到设计视图窗口的上方，然后分别双击“课程”和“教师授课”两个表，将它们添加到设计视图窗口上方，单击“关闭”按钮则关闭“显示表”对话框，如图 3-25 所示。

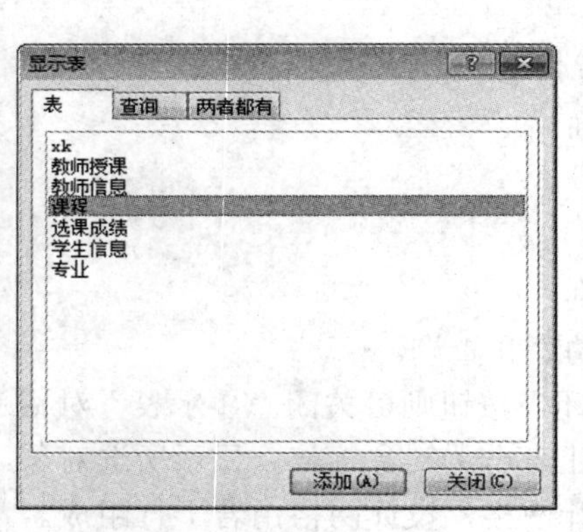

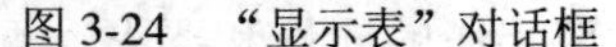

图 3-24　“显示表”对话框

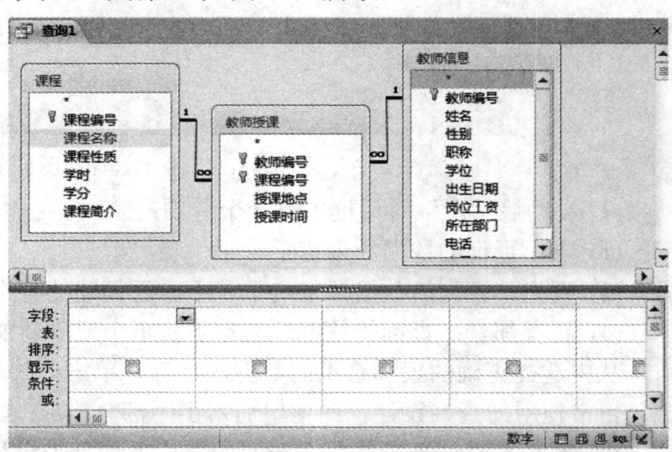

图 3-25　选择数据源后的设计视图窗口

(3) 选择字段。选择字段有 3 种方法：一是单击某字段，然后按住鼠标左键不放，将其拖放到“设计网格”中的“字段”行上；二是双击选中的字段；三是在“设计网格”中，单击要放置“字段”列的“字段”行，然后单击右侧下拉箭头按钮，并从弹出的下拉列表中选择所需字段。这里分别双击“教师信息”字段列表中的“姓名”和“职称”字段，“课程”字段列表中的“课程名称”和“学分”字段，将它们分别添加到“字段”行的第 1～第 4 列上。同时“表”行上显示这些字段所在表的名称。

(4) 设置显示顺序。单击“姓名”字段的“排序”行，单击右侧下拉箭头按钮，并从弹出的下拉列表中选择“降序”。设计结果如图 3-26 所示。

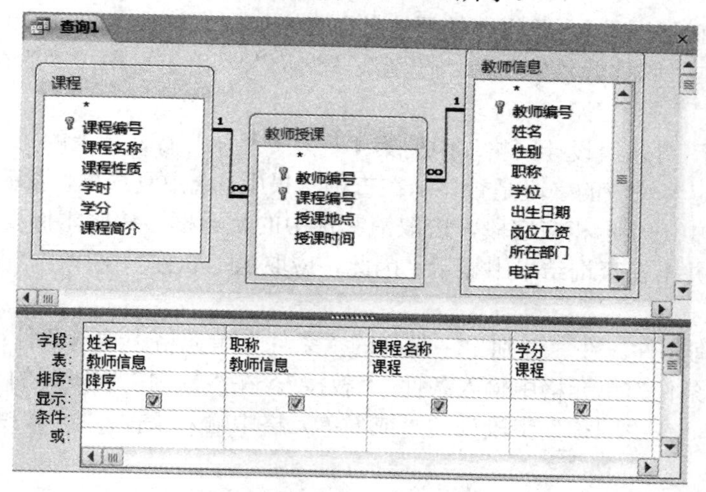

图 3-26　查询字段窗口设计

(5) 保存查询。单击快速访问工具栏上的“保存”按钮，在弹出的“另存为”对话框的“查询名称”文本框中，输入“授课教师查询”，然后单击“确定”按钮。

(6) 查看结果。单击“设计”选项卡，单击“结果”组中的“运行”按钮，或者单击“视图”按钮，切换到数据表视图。结果如图 3-27 所示。

授课教师查询

姓名	职称	课程名称	学分
张继刚	教授	人工智能技术	2
徐志强	讲师	会计学原理	3
万国华	教授	会计学原理	3
刘大伟	助教	C语言程序设计(A)	3
刘大伟	助教	大学计算机基础	2
李晓梅	副教授	冶金工艺学	4
黄媛媛	讲师	大学计算机基础	2
崔远	讲师	冶金工艺学	4
蔡敏洁	讲师	C语言程序设计(A)	3
蔡豪	副教授	密码学	3

记录: 第 1 项(共 10 项　无筛选器　搜索

图 3-27　授课教师查询结果

需要注意的是，在创建多表查询时，表与表之间必须保证建立关系。如果没有建立关系，多表查询的结果将会出现多条重复记录，造成数据混乱。如果已经建立了表与表之间的关系，那么这些关系将被自动带到查询设计视图中。

如果没有建立表之间的关系，那么必须在设计视图中建立，建立方法与在关系窗口中相同。在查询设计视图中创建的关系，只在本查询中有效。

【例 3-6】 查找教授职称的男教师或者副教授职称的女教师，并显示“姓名”、“性别”、“学位”、“出生日期”、“所在部门”和“电话”。

由题意可知，要查询教授职称的男教师或者副教授职称的女教师，需要两个条件：一是性别值，二是职称值。查询时这两个字段值都应等于条件给定的值。因此，两个条件是“与”的关系。Access 规定，如果两个条件是“与”关系，应将它们都放在“条件”行上。同时，男教师和女教师是“或”的关系，应将它们都放在“或”行上。具体操作步骤如下：

(1) 打开查询设计视图，并将“教师信息”表添加到设计视图窗口的上方。

(2) 分别双击“职称”、“姓名”、“性别”、“学位”、“出生日期”、“所在部门”和“电话”等字段。

(3) 设置显示字段。“设计网格”中的第 4 行是“显示”行，行上的每一列都有一个复选框，用它来确定其对应的字段是否显示在查询结果中。选中复选框，表示显示这个字段。如果在查询结果中不显示相应字段，应取消其选中的复选框。按照本例要求，“职称”字段只作为条件，并不在查询结果中显示，因此，应取消“职称”字段中“显示”复选框的勾选。

(4) 输入查询条件。在“性别”字段列的“条件”单元格中输入条件：“男”，在“职称”字段列的“条件”单元格中输入条件：“教授”。在“性别”字段列的“或”单元格中输入条件：“女”，在“职称”字段列的“或”单元格中输入条件：“副教授”。设计结果如图 3-28 所示。

字段:	职称	姓名	性别	学位	出生日期	所在部门	电话
表:	教师信息	教师信息	教师信息	教师信息	教师信息	教师信息	教师信息
排序:							
显示:	☐	☑	☑	☑	☑	☑	☑
条件:	"教授"		"男"				
或:	"副教授"		"女"				

图 3-28　查询条件设计

(5) 保存所建查询，将其命名为“男教授及女副教授”。

(6) 查看结果。单击“设计”选项卡，单击“结果”组中的“运行”按钮，或者单击“视图”按钮，切换到数据表视图。结果如图 3-29 所示。

男教授及女副教授

姓名	性别	学位	出生日期	所在部门	电话
李晓梅	女	博士	1983/6/15	冶金与化学工程学院	13607971246
张继刚	男	学士	1962/3/25	信息工程学院	13607072369
万国华	男	硕士	1972/4/27	经济管理学院	18807075883
*					

图 3-29　男教授及女副教授查询结果

3.2.2　运行查询

运行查询，可以在保存查询设计之后，也可以在设计视图中一边设计一边运行，便于查看设计效果和修正设计。概括起来，运行查询有以下5种方法：

(1) 在查询“设计视图”窗口，直接单击“结果”选项组的“运行”按钮。

(2) 在查询“设计视图”窗口，直接单击“结果”选项组的“视图”按钮(默认是“数据表 视图”)；或者在“视图”下拉列表中切换到“数据表视图”。

(3) 在查询“设计视图”窗口，右键单击设计视图空白处，打开快捷菜单，单击“数据表视图”命令。

(4) 双击“导航窗格”中查询对象列表中要运行的查询名称。

(5) 右键单击 “导航窗格”中查询对象列表中要运行的查询名称，打开快捷菜单，单击“打开”命令。

除上述5种运行查询的方法之外，还有在“宏”中运行查询以及在“模块”中运行查询的方法。

3.2.3　修改查询

对已经创建的查询有时需要修改设计。修改查询设计就是打开某个查询的“设计视图”窗口，对查询进行更改，如添加、删除数据源；在“设计网格”中添加、删除字段，修改查询条件，进行重新排序设置，等等。

查询设置工具如图3-30所示。在“设计网格”中可以插入行、删除行、插入列、删除列等，单击“显示表”按钮 可以添加表，如果“对象窗格”中某一张表不再作为查询数据源，则可以删除该表(并不是删除基本表)，操作步骤：选中该表右击，从弹出的快捷菜单中选择“删除表”命令即可。

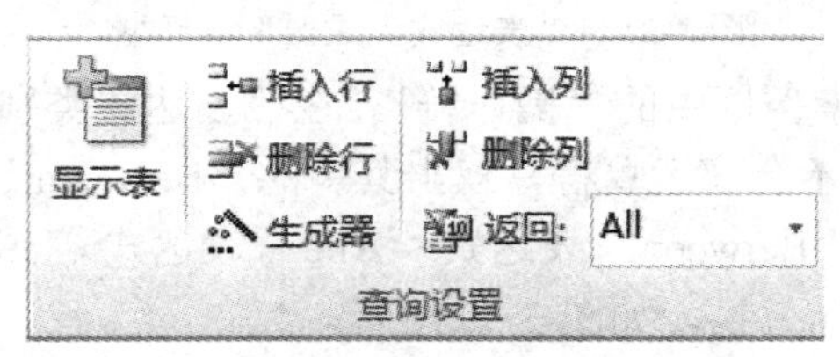

图3-30　查询设置工具

此外，在设置复杂查询条件时，可以单击“生成器”按钮，打开“表达式生成器”对话框，从中设置条件表达式。

3.3　查询条件设置

在实际应用过程中，绝大多数是查询部分数据记录信息，所以，如何正确地设置查询条件，是查询设计的重点与难点。需要将应用中的自然条件语言转化为查询条件表达式，如果查询条件设置有错误，查询就不能取得正确的结果，甚至无法执行。

查询条件是指在查询中用于限制检索记录的条件表达式，由运算符、常量、字段值、函数和字段名组成。Access将它与查询字段值进行比较，找出并显示满足条件的所有记录。

对于比较复杂的表达式，当光标处于该字段的“条件”行单元格时，单击查询工具“设计”选项卡下“查询设置”选项组中的“生成器”按钮，打开“表达式生成器”对话框，可以在对话框中设计复杂的表达式。

【例 3-7】 从“学生成绩管理”数据库的“学生信息”表中，查询 1999 年出生的学生记录。

使用表达式生成器设计该查询条件的操作步骤如下：

(1) 打开查询设计视图，按题目要求添加数据源“学生信息”表，并添加学号、姓名和出生日期等字段。

(2) 将光标置于“出生日期”字段列“条件”行单元格中，单击查询工具“设计”选项卡下“查询设置”选项组中的“生成器”按钮，打开“表达式生成器”对话框，如图 3-31 所示。

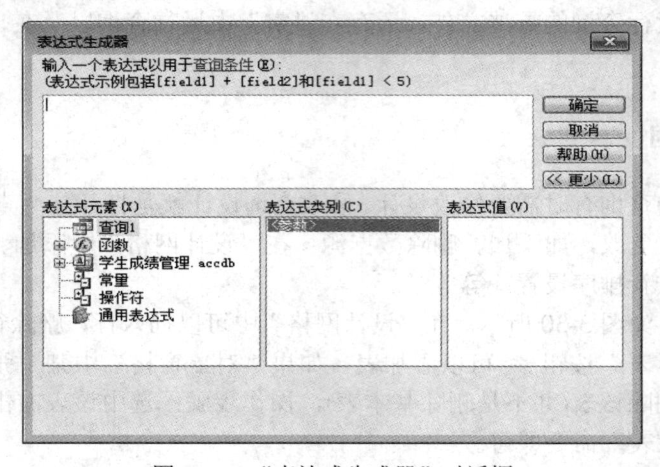

图 3-31　“表达式生成器”对话框

(3) 选择“表达式元素”框中的“操作符”，在“表达式类别”框中选择“全部”，则会在“表达式值”框中显示全部运算符，双击其中的“Between”运算符。

(4) 将生成的表达式“Between <表达式> And <表达式>”中的两个<表达式>分别用#1999-1-1# 和 #1999-12-31#替换，如图 3-32 所示。

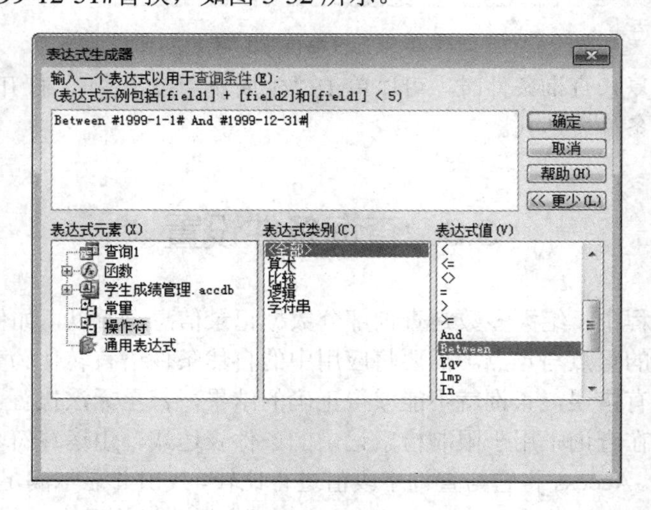

图 3-32　表达式生成器的设置

(5) 单击“确定”按钮，关闭表达式生成器，返回查询设计视图，可看到“出生日期”字段列“条件”行单元格中该条件表达式已经生成。

(6) 保存查询，命名为“1999 年学生信息查询”。

(7) 查看结果。单击“设计”选项卡，单击“结果”组中的“运行”按钮，结果如图 3-33 所示。

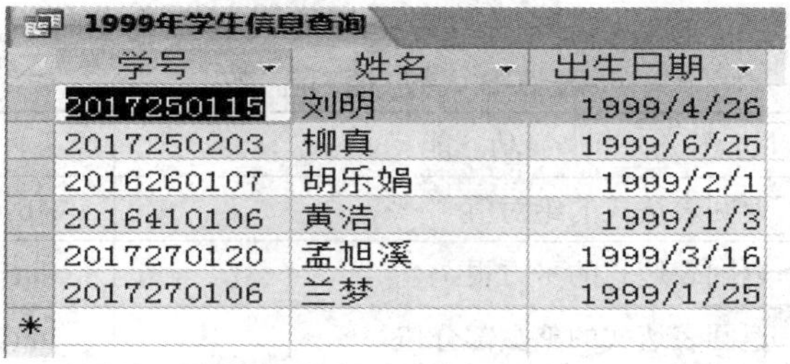

1999年学生信息查询

学号	姓名	出生日期
2017250115	刘明	1999/4/26
2017250203	柳真	1999/6/25
2016260107	胡乐娟	1999/2/1
2016410106	黄浩	1999/1/3
2017270120	孟旭溪	1999/3/16
2017270106	兰梦	1999/1/25
*		

图 3-33　1999 年学生信息查询结果

1. 条件表达式中的常量

常量的值是保持不变的，主要的常量类型有：

(1) 数字型常量：直接输入数值，例如，21、-45、50.34 等。

(2) 文本型常量：直接输入的文本，要用双引号作为定界符括起来，例如，“北京”、“108802”。输入时如不加定界符，系统会自动添加。

(3) 日期/时间型常量：日期/时间型常量用符号#括起来，例如，#1999-1-1#，输入时如不加 #号，系统会自动添加。

(4) 是/否型常量：Yes、No、True、False、On、Off、-1、0。

2. 条件表达式中的运算符

Access 提供了 4 种运算符，分别是算术运算符、比较运算符、逻辑运算符和特殊运算符。常用的运算符如表 3-2 所示。

表 3-2　常用的运算符

查询条件	运算符或保留字	说　明
算术运算符	+、 -、 *、/、 \、 ^	加、减、乘、除、整除、乘方
关系条件	=、>、<、>=、<=、<>	
确定范围	Between A And B 或 Not Between A And B	若表达式的值在 A 和 B 之间，则返回真；否则为假
包含子项	In (值 1, 值 2, …) 或 Not In(值 1, 值 2, …)	如表达式的值包含在值列表中，则返回真；否则为假
复合条件	Not、And、Or	否定、并且、或者
字符匹配	Like (字符串中可用通配符)	
列内容测试	Is Null 或 Is Not Null	

其中，通配符包括：“ * ”代表任意多个字符；“?”代表任意单个字符；“#”代表任

意单个数字字符；“[ ]”描述一个范围。

需要注意的是，在设置查询条件时，所有的非汉字字符，如逗号“,”、引号“‘’”等，必须在英文输入方式下输入，字母不区分大小写。

3. 条件表达式中的函数

Access 提供了大量的标准函数，如数值函数、字符函数、日期和时间函数、统计函数等，分别如表 3-3～表 3-6 所示。这些函数为更好地设置查询条件提供了便利。

表 3-3　数 值 函 数

函　数	功　能	示　例
Abs (表达式)	返回表达式的绝对值	Abs(-3) = 3
Sqr (表达式)	返回表达式的平方根	Sqr(2) = 1.414
Int (表达式)	返回表达式的整数部分值	Int(2.6) = 2
Round (表达式，n)	返回表达式的四舍五入到 n 位小数位数	Round(3.456, 2) = 3.46
Sgn (表达式)	返回表达式的正负号，若表达式为 0，则返回 0	Sgn(3) = 1, Sgn(-3) = -1

表 3-4　字 符 函 数

函　数	功　能	示　例
Left (字符表达式, n)	从字符表达式左侧起，截取 n 个字符	Left("abcd", 2) = "ab"
Right (字符表达式, n)	从字符表达式右侧起，截取 n 个字符	Right("理工大学", 2) = "大学"
Mid (字符表达式, n, m)	从字符表达式左侧第 n 个字符开始，截取 m 个字符	Mid("理工大学", 2, 1) = "工"
Len (字符表达式)	返回字符表达式的字符个数	Len ("a, bc") = 4
Trim(字符表达式)	删除字符串前后的空格	Trim("　abc　") = "abc"
Ltrim (字符表达式)	删除字符串前面的空格	Trim("　abc　") = "abc　"
Rtrim (字符表达式)	删除字符串后面的空格	Trim("　abc　") = "　abc"
Space(n)	返回 n 个空格组成的字符串	Space(3) = "　"
String (字符表达式, n)	返回字符表达式中的第一个字符重复 n 次组成的字符串	String ("abc", 2) = "aa"

表 3-5　日期和时间函数

函　数	功　能	示　例
Day (日期表达式)	返回日期表达式的日	Day(#2018-11-16#) = 16
Month (日期表达式)	返回日期表达式的月份	Month(#2018-11-16#) = 11
Year (日期表达式)	返回日期表达式的年	Year(#2018-11-16#) = 2018
Weekday (日期表达式)	返回日期表达式的星期	Weekday(#2018-11-16#) = 5
Hour (日期时间表达式)	返回日期时间表达式的小时	Hour(#2018-11-16 12:35:45#) = 12
Date( )	返回系统当前日期	

表3-6 统计函数

函数	功能
Sum(数值表达式)	返回表达式的算术和
Avg(数值表达式)	返回表达式的平均值
Max(表达式)	返回表达式值中的最大值
Min(表达式)	返回表达式值中的最小值
Count( )	返回表达式中值的个数，即统计记录个数

最后还需要注意的是，在条件中字段名必须用方括号“[ ]”括起来，而且数据类型应与对应字段定义的类型相符合，否则会出现数据类型不匹配错误。例如，例3-7中表达式的查询条件也可以设置为：“Year([出生日期]) = 1999”。

【例3-8】 在“学生成绩管理”数据库中，查询选修课程编号为“cs02”的江西籍或选修课程编号为“kc06”的广东籍的学生信息记录，显示学生的学号、姓名、课程名称及考试成绩。

分析：查询用到的学号、姓名、课程名称及考试成绩字段分别来自于“学生信息”、“课程”和“选课成绩”3张表，因此数据源应添加这3张表。

在查询条件中，选修课程编号为“cs02”的江西籍，相当于两个条件“与”的关系，应在同一行中；选修课程编号为“kc06”的广东籍，也是“与”的关系，也应在同行。最后两个复合条件再进行“或”运算。江西籍的条件可以用表达式：Like“江西*”；也可以用函数：Left ([籍贯]，2) = “江西*”。取消“籍贯”字段及“课程编号”字段中“显示”复选框的勾选。

设计视图如图3-34所示。保存查询，命名为“江西及广东学生成绩查询”，最后运行该查询，结果如图3-35所示。

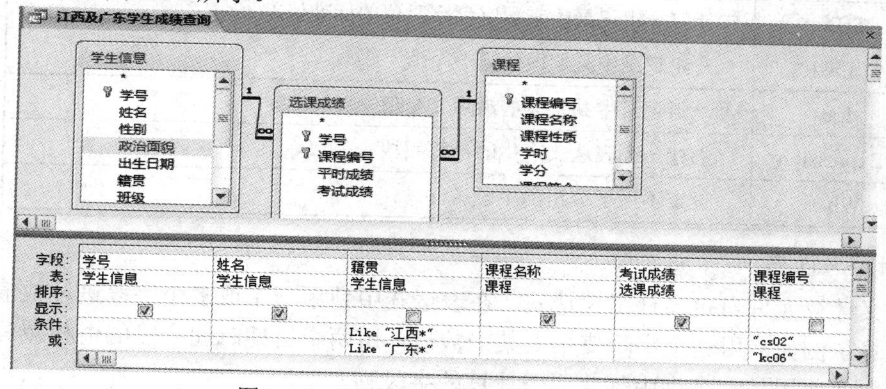

图3-34 江西及广东学生成绩查询设计

江西及广东学生成绩查询

学号	姓名	课程名称	考试成绩
2017270120	孟旭溪	C语言程序设计(A)	83
2017270113	张丽洁	C语言程序设计(A)	92
2016410107	余悦	会计学原理	67
*			

图3-35 江西及广东学生成绩查询结果

3.4 设置查询的计算

前面介绍了创建查询的一般方法，同时也使用这些方法创建了一些查询，但所建查询仅仅是为了获取符合条件的记录，并没有对查询得到的结果进行更深入的分析和利用。在实际应用中，常常需要对查询结果进行统计计算，如求和、计数、求最大值、求平均值等。Access 允许在查询中对数据进行各种统计操作。

3.4.1 查询中的计算功能

1. 预定义计算

预定义计算即“总计”计算，是系统提供的用于对查询中的一组或全部记录进行的计算，包括合计、平均值、最大值、最小值、计数等。总计选项名称及功能如表 3-7 所示。

表 3-7 总计选项名称及功能

名 称	功 能
Group by	定义要执行计算的组
合计	计算一组记录中某字段值的总和
平均值	计算一组记录中某字段值的平均值
最大值	计算一组记录中某字段值的最大值
最小值	计算一组记录中某字段值的最小值
计数	计算一组记录中记录的个数
StDev	计算一组记录中某数字型字段值的标准偏差
First	一组记录中某字段的第一个值
Last	一组记录中某字段的最后一个值
Expression	创建一个表达式产生的计算字段
Where	设定不用于分组的字段条件

2. 自定义计算

自定义计算允许自定义计算表达式，在表达式中使用一个或多个字段进行数值、日期和文本计算。例如，用一个字段值乘上某一数值，用两个日期时间字段的值相减等。自定义计算的主要作用是在查询中创建用于计算的字段列。

这里需要说明的是，在查询中进行计算，只是在字段中显示计算结果，实际结果并不存储在表中。如果需要将计算的结果保存在表中，应在表中创建一个数据类型为“计算”的字段或创建一个生成表查询。

3.4.2 总计查询

在创建查询时，有时可能更关心记录的统计结果。例如，某个年龄段的教师人数、每名学生各科的平均考试成绩等。为了获取这样的数据，需要使用 Access 提供的总计查询功能。

总计查询是通过在查询设计视图中的“总计”行进行设置实现的，用于对查询中的一组记录或全部记录进行求和或求平均值计算，也可根据查询要求选择相应的分组、第一条记录、最后一条记录、表达式或条件。

【例 3-9】 统计教师人数。

具体操作步骤如下：

(1) 打开查询设计视图，将“教师信息”表添加到设计视图中上方的对象窗口。

(2) 双击“教师信息”字段列表中的“教师编号”字段，将其添加到字段行的第 1 列上。

(3) 在“显示/隐藏”组中，单击“汇总”按钮∑，这时 Access 在“设计网格”中插入一个“总计”行，并自动将“教师编号”字段的“总计”单元格设置成“Group By”。

(4) 单击“教师编号”字段的“总计”行单元格，再单击其右侧的下拉箭头按钮，然后从下拉列表中选择“计数”。设计结果如图 3-36 所示。

(5) 单击快速访问工具栏上的“保存”按钮，输入“教师人数统计”作为查询名称，单击“确定”按钮。单击“结果”组中的“运行”按钮，结果如图 3-37 所示。

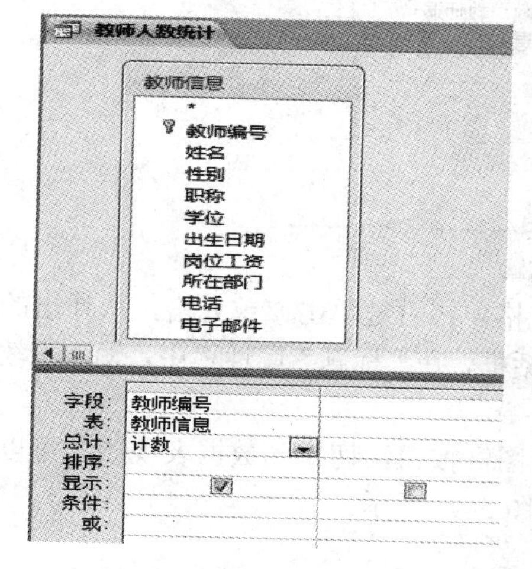

图 3-36　教师人数统计查询设计

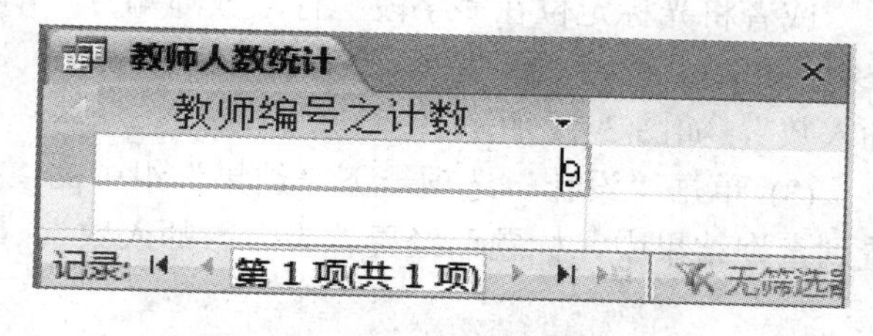

图 3-37　教师人数统计查询结果

此例完成的是最基本的统计操作，不带有任何条件。在实际应用中，往往需要对符合某条件的记录进行统计。

【例 3-10】 统计 1990 年以后出生的教师人数。该查询的设计界面如图 3-38 所示。保存该查询，并将其命名为“90 后教师统计”，结果如图 3-39 所示。

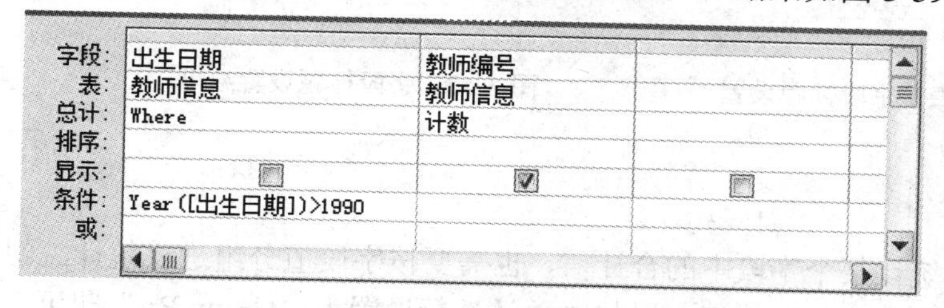

图 3-38　90 后教师统计查询设计

图 3-39　90 后教师统计查询结果

在该查询中，由于“出生日期”只作为条件，并不参与计算或分组，故在“出生日期”的“总计”行上选择了“Where”。Access 规定，“Where”总计项指定的字段不能出现在查询结果中，因此统计结果中只显示了统计人数，没有显示出生日期。

另外，统计人数的显示标题是“教师编号之计数”，这种显示可读性比较差，显然无法使人满意。为了更加清晰和明确地显示出统计字段的标题，需要进行更改。

在 Access 中，允许用户重新命名字段标题。重新命名字段标题的方法有两种，一种是在设计网格“字段”行的单元格中直接命名；另一种是利用“属性表”对话框来命名。

【例 3-11】 在“90 后教师统计”查询中，将以“教师编号”字段统计的结果显示标题改为“教师人数”。

具体操作步骤如下：

(1) 打开“90 后教师统计”查询，切换至设计视图。

(2) 将光标定位在“字段”行“教师编号”单元格中，输入“教师人数:”，需要注意的是，字段标题和字段名称之间一定要用英文冒号分隔，如图 3-40 所示。其中，“教师人数”为更改后的字段标题，“教师编号”为用于计数的字段。

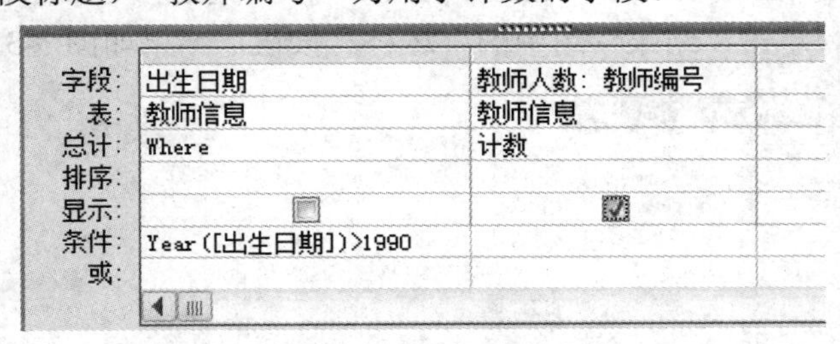

图 3-40 字段标题设置

或者将光标定位在“字段”行“教师编号”单元格中，右键单击该单元格，从弹出的快捷菜单中，选择“属性”命令，打开“属性表”对话框，在“标题”属性栏中，输入“教师人数”，如图 3-41 所示。

(3) 单击“设计”选项卡下“结果”组中的“视图”按钮，切换到数据表视图。可以看到查询结果中，标题已经更改为“教师人数”，如图 3-42 所示。

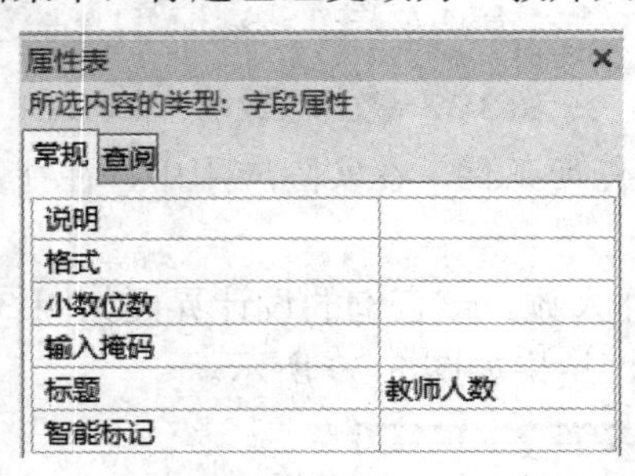

图 3-41 “属性表”字段标题设置

图 3-42 字段标题设置结果

3.4.3 分组总计查询

在实际应用中，不仅要统计某个字段中的合计值，也需要按字段值分组进行统计。创建分组统计，只需在设计视图中将用于分组字段的“总计”行设置为“Group By”即可。

【例3-12】 统计各类职称的教师人数，并显示“职称”和“人数”。

设计结果如图3-43所示。其命名为“统计教师职称”，运行该查询后的结果如图3-44所示。

字段:	职称	人数:教师编号
表:	教师信息	教师信息
总计:	Group By	计数
排序:		
显示:	☑	☑
条件:		
或:		

图3-43　分组统计设置

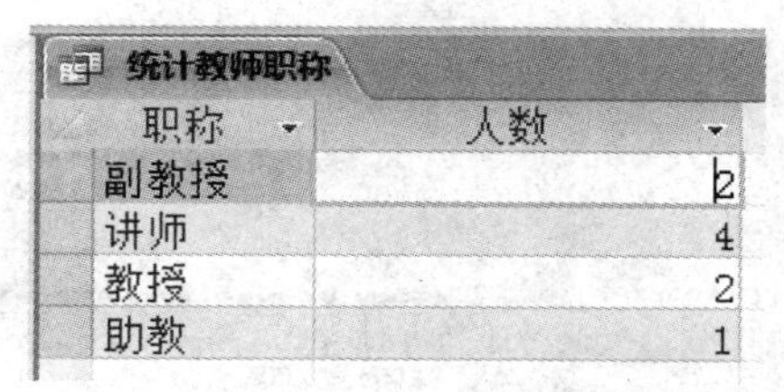

统计教师职称

职称	人数
副教授	2
讲师	4
教授	2
助教	1

图3-44　统计教师职称查询结果

3.4.4　计算字段

当需要统计的字段未出现在表中，或者用于计算的数据值来源于多个字段时，应在“设计网格”中添加一个计算字段。计算字段是根据一个或多个表中的一个或多个字段，通过使用表达式建立的新字段。创建计算字段的方法是，在设计视图的设计网格“字段”行中直接输入计算字段名及其计算表达式。输入格式为：

　　计算字段名: 计算表达式

计算表达式中通常需要引用表中的字段值，引用格式：

　　[表名 | 查询名]![字段名]

如果字段名只可能来自一个表或查询，则可以直接使用格式：

　　[字段名]

【例3-13】 从“学生信息”表中计算学生年龄，从“选课成绩”表中计算期末成绩，期末成绩：平时成绩占30%，考试成绩占70%；并显示期末成绩大于85分的学生信息，包括学号、姓名、年龄、课程名称及期末成绩，并按期末成绩降序排列。

按照题目要求，需将“年龄”及“期末成绩”设置为计算字段，“年龄”字段值可根据系统当前日期和出生日期计算得出。计算表达式为：

　　Year(Date( ))-Year([出生日期])

期末成绩”字段值的计算表达式：

　　[平时成绩]*0.3+[考试成绩]*0.7

具体操作步骤如下：

(1) 打开查询设计视图，并将“学生信息”、“课程”及“选课成绩”表添加到设计视图窗口的上方。

(2) 分别双击“学生信息”字段列表中的“学号”、“姓名”字段，将其添加到字段行的第1、第2列中。

(3) 在第3列“字段”行单元格中输入：“年龄: Year(Date( ))-Year([出生日期])”。

(4) 双击“课程”表中的“课程名称”字段，在第5列“字段”行单元格中输入：“期末成绩: [平时成绩]*0.3+[考试成绩]*0.7”；在“期末成绩”字段列的“排序”行中选择“降序”，在“期末成绩”字段列的“条件”行中输入：“>85”。设计结果如图3-45所示。

(5) 以“85分以上学生信息”保存该查询，结果如图3-46所示。

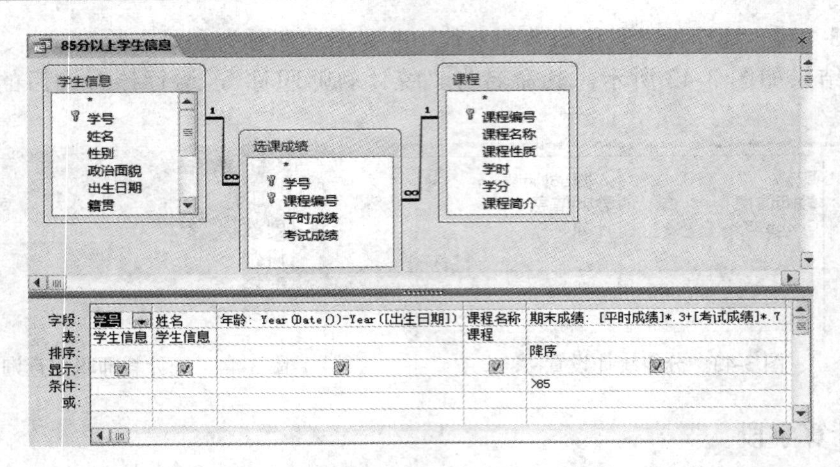

图 3-45　85 分以上学生信息查询设计

85分以上学生信息

学号	姓名	年龄	课程名称	期末成绩
2017270113	张丽洁	21	C语言程序设计(A)	92.9
2017250117	张萌	21	大学计算机基础	89.4
2017270106	兰梦	20	C语言程序设计(A)	87.2
2017320312	余江豪	21	冶金工艺学	86.5
2016260106	刘蔚	21	密码学	86.4

图 3-46　85 分以上学生信息查询结果

3.5　交叉表查询

使用 Access 提供的查询，可以根据需要检索出满足条件的记录，也可以在查询中执行计算。但是，这两个功能并不能很好地解决数据管理工作中遇到的所有问题。例如，前面建立的"学生选课成绩明细"查询(如图 3-11 所示)中给出了每名学生所选课程的考试成绩。由于很多学生选学了同一门课程，因此在"课程名称"字段列中出现了重复的课程名。在实际应用中，常常需要以姓名为行、以每门课程名称为列来显示每门课程的成绩，这种情况就需要使用 Access 提供的交叉表查询来实现了。

3.5.1　交叉表查询的概念

交叉表查询是将来源于某个表中的字段进行分组，一组放在数据表的左侧作为交叉表的行标题，另一组放在数据表的顶端作为交叉表的列标题，并在数据表行与列的交叉处显示表中某个字段的计算值。图 3-47 显示的是一个交叉表查询示例。该表第一行显示性别值，第一列显示班级值，行与列交叉点单元格显示每班男生人数或女生人数。

每个班男女生人数交叉表

班级	男	女
会计161	2	1
计算机171	1	2
网络171	2	2
网络172	3	1
信安161	1	2
冶金173	1	2

图 3-47　交叉表查询示例

在创建交叉表查询时，需要指定 3 类字段：一是放在数据表最左侧的行标题，它将某一字段的相关数据放入指定的行中；二是放在数据表最上端的列标题，它将某一字段的相关数据放入指定的列中；三是放在数据表行与列交叉位置上的字段，需要为该字段指定一个总计项，如合计、平均值、计数等。在交叉表查询中，只能指定一个列标题字段和一个总计类型的字段。

3.5.2　使用查询向导创建交叉表查询

设计交叉表查询，通常可以首先使用交叉表查询向导，以便快速生成一个基本的交叉表查询对象，然后，再进入查询设计视图对交叉表查询对象进行修改。

【例 3-14】 创建一个交叉表查询，统计每班男女生人数。查询结果如图 3-47 所示。

在图 3-47 所示交叉表查询结果中，行标题是“班级”，列标题是“性别”，数据表行与列交叉位置上的字段统计是计数操作。建立交叉表查询的具体操作步骤如下：

(1) 在 Access 中，单击“创建”选项卡，单击“查询”组中的“查询向导”按钮，弹出“新建查询”对话框；在该对话框中单击“交叉表查询向导”，然后单击“确定”按钮，弹出“交叉表查询向导”第一个对话框，如图 3-48 所示。

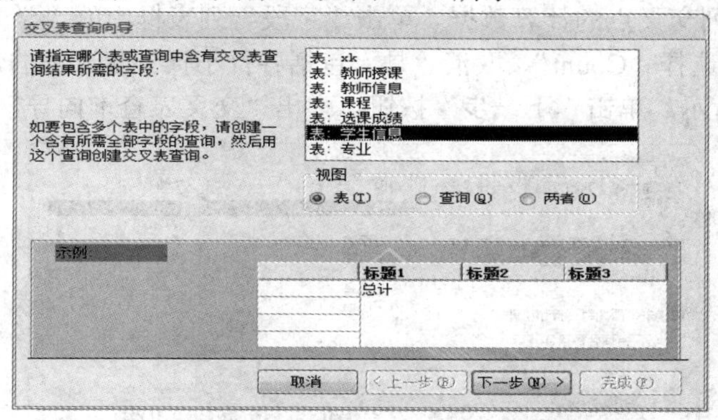

图 3-48　“交叉表查询向导”对话框

(2) 选择数据源。单击“表”单选按钮，从上方列表框中选择“表：学生信息”，单击“下一步”按钮，弹出“交叉表查询向导”第二个对话框。

(3) 确定行标题。在交叉表每一行最左侧显示班级，则在“可用字段”列表框中，双击“班级”字段，将其移到“选定字段”列表框中，如图 3-49 所示。单击“下一步”按钮，弹出“交叉表查询向导”第三个对话框。

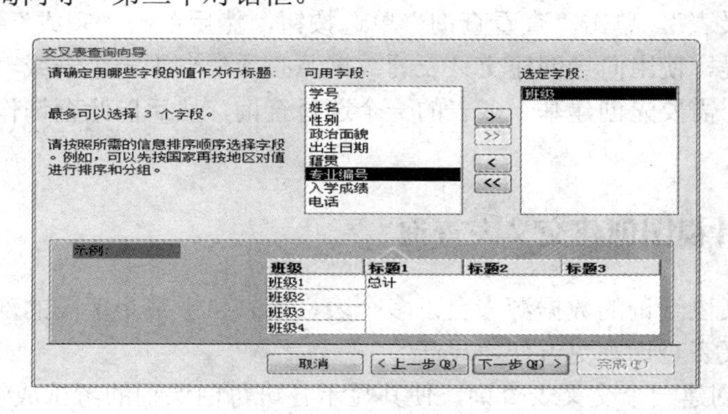

图 3-49　确定行标题

(4) 确定列标题。在交叉表每一列最上端显示性别，则单击“性别”字段，如图 3-50 所示。然后单击“下一步”按钮，弹出“交叉表查询向导”第四个对话框。

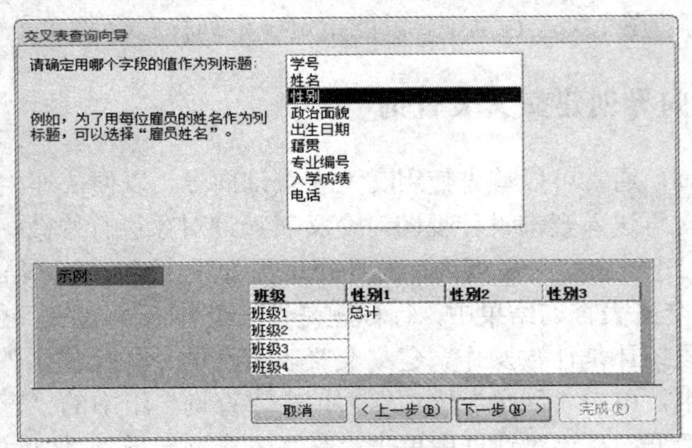

图 3-50　确定列标题

(5) 确定行和列交叉点的计算数据。单击“字段”列表框中的“学号”字段，然后在“函数”列表框中选择“Count”。取消“是，包括各行小计”复选框的勾选，则不显示总计数，如图 3-51 所示。单击“下一步”按钮，弹出“交叉表查询向导”最后一个对话框。

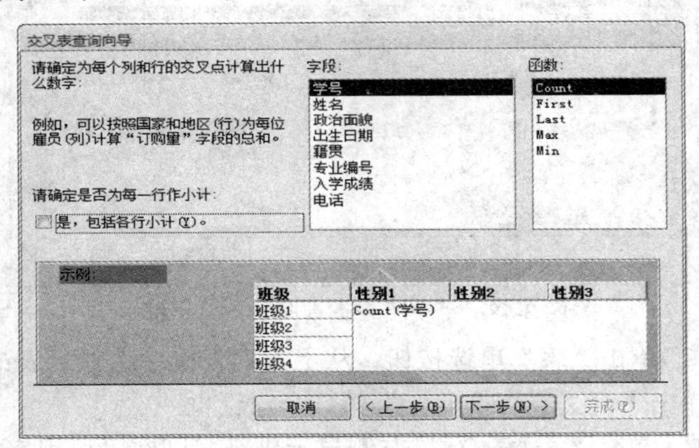

图 3-51　确定行和列交叉点的计算数据

(6) 确定交叉表查询名称。在该对话框的“请指定查询的名称”文本框中输入“每个班男女生人数交叉表”，单击“查看查询”单选按钮，然后单击“完成”按钮即可。

需要注意的是，使用向导创建交叉表的数据源必须来自于一个表或一个查询。如果数据源来自多个表，需要先创建基于多表的一个选择查询，然后以此查询作为数据源，再创建交叉表查询。

3.5.3　使用设计视图创建交叉表查询

如果所建交叉表查询的数据源来自于多个表，或来自于某个字段的部分值，那么使用设计视图创建交叉表查询则更方便、灵活。

【例 3-15】创建一个交叉表查询，使其显示各班每门课程的考试成绩的平均分。

我们分析查询要求不难发现，查询用到的“班级”、“课程名称”和“考试成绩”等字段信息分别来自“学生信息”、“选课成绩”和“课程”等3个表。交叉表查询向导不支持从多个表中选择字段，因此可以直接在设计视图中创建交叉表查询。具体操作步骤如下：

(1) 打开查询设计视图，并将“学生信息”表、“选课成绩”表和“课程”表添加到设计视图窗口上方。

(2) 双击“学生信息”表中的“班级”字段，将其添加到“设计网格”中“字段”行的第1列。

(3) 双击“课程”表中的“课程名称”字段，将其添加到“设计网格”中“字段”行的第2列；双击“选课成绩”表中的“考试成绩”字段，将其添加到“设计网格”中“字段”行的第3列。

(4) 单击“设计”选项卡，单击“查询类型”组中的“交叉表”按钮，这时查询“设计网格”中显示一个“总计”行和一个“交叉表”行。

(5) 为了将“班级”字段放在交叉表第一列，单击“班级”字段的“交叉表”单元格，然后单击右侧下拉箭头按钮，从弹出的下拉列表中选择“行标题”选项；为了将“课程名称”字段放在交叉表第一行，将“课程名称”字段的“交叉表”单元格设置为“列标题”；为了在行和列交叉处显示考试成绩的平均值，将“考试成绩”字段的“交叉表”单元格设置为“值”，单击“考试成绩”字段的“总计”行单元格，单击其右侧的下拉箭头按钮，然后从下拉列表中选择“平均值”。设计结果如图3-52所示。

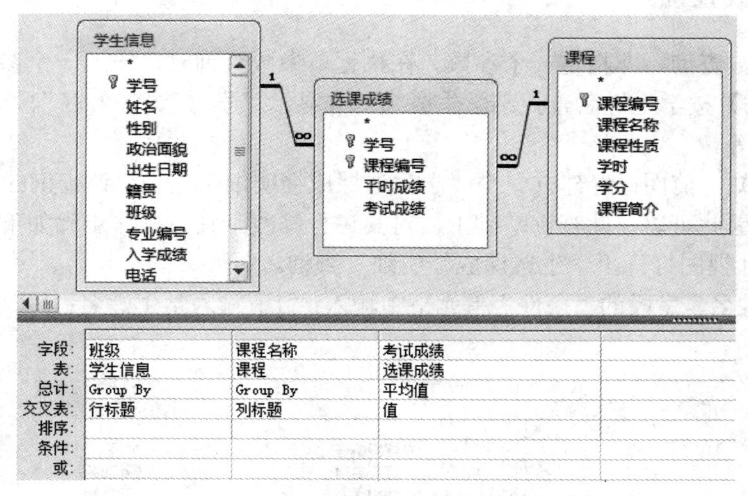

图3-52 交叉表查询设计

(6) 保存该查询，并命名为“班级选课成绩交叉表”。查询结果如图3-53所示。

班级选课成绩交叉表

班级	C语言程序设计(A)	大学计算机基础	会计学原理	密码学	冶金工艺学
会计161			67.6666666666667		
计算机171	87	72			
网络171		77.5			
网络172		60			
信安161				72	
冶金173		65			78.5

图3-53 班级选课成绩交叉表查询结果

显然，当所建“交叉表查询”数据来源于多个表或查询时，最简单、灵活的方法是使用设计视图。在设计视图中可以自由地选择一个或多个表，选择一个或多个查询。如果“行标题”或“列标题”需要通过建立新字段得到，那么使用设计视图来创建查询也是最好的选择。

3.6 参数查询

使用前面所述方法创建的查询所包含的条件都是固定的常数，如果希望根据某个或某些字段不同的值来查找记录，就需要不断地更改查询的条件，显然很麻烦。为了更灵活地输入查询条件，需要使用 Access 提供的参数查询。

参数查询在运行时，灵活输入指定的条件，查询出满足条件的信息。例如，查询某学生某门课程的考试成绩，需要按学生姓名和课程名称进行查找。这类查询不是事前在查询设计视图的条件行中输入某一姓名和某一课程名称的，而是根据需要在查询运行中输入姓名和课程名称来进行查询的。

我们可以创建输入一个参数的查询，即单参数查询，也可以创建输入多个参数的查询，即多参数查询。参数查询都显示一个单独的对话框，提示输入该参数的值。

3.6.1 单参数查询

创建单参数查询，即指定一个参数。在执行单参数查询时，输入一个参数值。

【例 3-16】按学生姓名查找某学生成绩，并显示“学号”、“ 姓名”、“课程名称”及“考试成绩”等。

由题意可知，前面已经建立一个“学生选课成绩明细”查询，该查询的设置内容与此例要求相似。因此可以在此查询基础上，对其进行修改。具体操作步骤如下：

(1) 用设计视图打开“学生选课成绩明细”查询。

(2) 在“姓名”字段的“条件”单元格中输入：“[请输入学生姓名：]”，结果如图 3-54 所示。

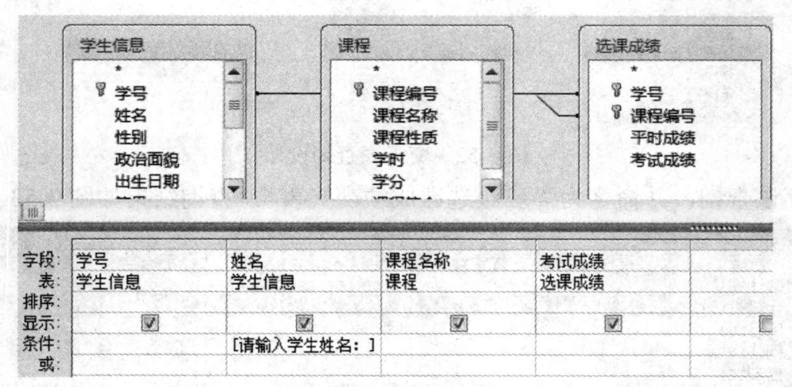

图 3-54　单参数查询设置

需要注意的是，在“设计网格”的“条件”单元格中输入用方括号括起来的提示信息，将出现在参数对话框中。“[ ]”符号必须为半角英文符号。

(3) 保存该查询，并命名为“学生选课成绩参数查询”。

(4) 单击“结果”组中的“运行”按钮，这时屏幕上显示“输入参数值”对话框，如图 3-55 所示。

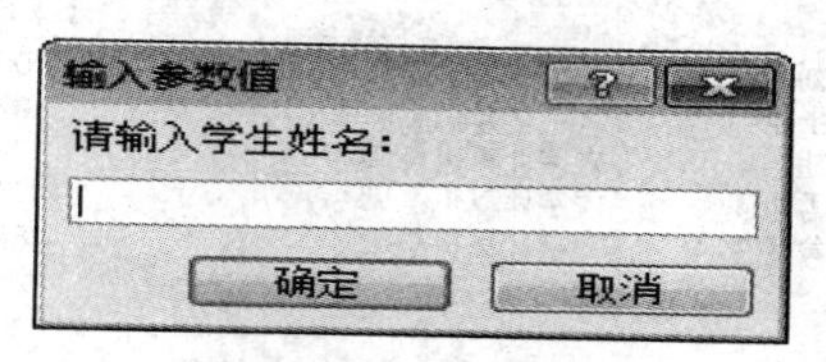

图 3-55　“输入参数值”对话框

(5) “输入参数值”对话框中的提示文本正是在“姓名”字段“条件”单元格中输入的内容。按照需要输入参数值，如果参数值有效，将显示出所有满足条件的记录；否则不显示任何数据。在“请输入学生姓名：”文本框中输入“刘明”，然后单击“确定”按钮。这时就可以看到所建的参数查询结果，如图 3-56 所示。

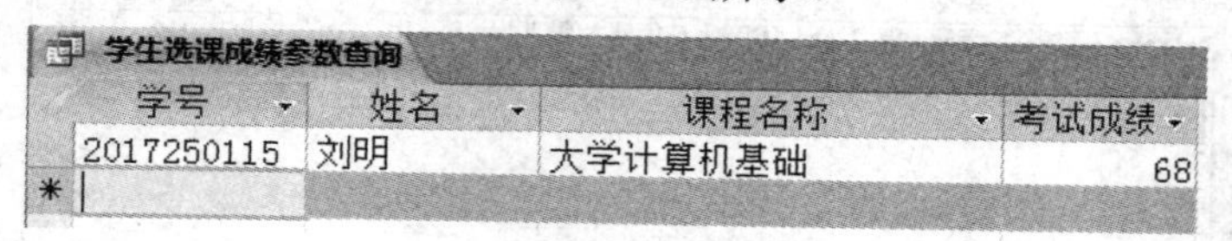

学生选课成绩参数查询

学号	姓名	课程名称	考试成绩
2017250115	刘明	大学计算机基础	68

图 3-56　参数查询结果

3.6.2　多参数查询

创建多参数查询，即指定多个参数。在执行多参数查询时，根据设计视图从左到右的顺序，依次输入多个参数值。

【例 3-17】 建立一个查询，使其显示某门课程某个成绩范围内的学生“姓名”、“课程名称”和“考试成绩”。

该查询将按 2 个字段 3 个参数值进行查找：第一个参数为“课程名称”，第二个参数为考试成绩最小值，第三个参数为考试成绩最大值。因此应将 3 个参数的提示信息均放在“条件”行上。该查询创建步骤与前面步骤相似，设计结果如图 3-57 所示。

字段:	姓名	课程名称	考试成绩
表:	学生信息	课程	选课成绩
排序:			
显示:	☑	☑	☑
条件:		[请输入课程名称:]	Between [请输入成绩最小值:] And [请输入成绩最大值:]
或:			

图 3-57　多参数查询设置

可以在表达式中使用参数提示。例如在此例中，总评成绩的条件参数为：“Between [请输入成绩最小值：] And [请输入成绩最大值：]”。

以“多参数查询”命名保存该查询，运行该查询后，弹出“输入参数值”对话框，在“请输入课程名称：”文本框中输入“大学计算机基础”，然后单击“确定”按钮。这时将弹出第二个“输入参数值”对话框，在“请输入成绩最小值：”文本框中输入：“60”，然后单击“确定”按钮。这时将弹出第三个“输入参数值”对话框，在“请输入成绩最大值：”

文本框中输入：“100”，然后单击“确定”按钮。这时就可以看到相应的查询结果，如图 3-58 所示。

多参数查询

姓名	课程名称	考试成绩
刘明	大学计算机基础	68
张萌	大学计算机基础	87
胡振华	大学计算机基础	78
孟旭溪	大学计算机基础	72
黄梦兰	大学计算机基础	82
*		

图 3-58　多参数查询结果

在参数查询中，如果要输入的参数表达式比较长，可右键单击“条件”单元格，在弹出的快捷菜单中选择“显示比例”命令，弹出“缩放”对话框。在该对话框中输入表达式，如图 3-59 所示，然后单击“确定”按钮，表达式将自动出现在“条件”单元格中。

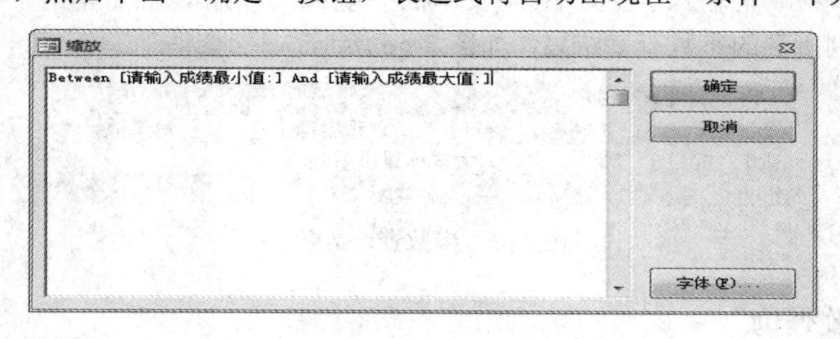

图 3-59　“缩放”对话框

参数查询提供了一种灵活的交互式查询。但在实际数据库开发中，要求用户输入的参数常常是在一个确定的数据集合中。例如，教师职称就是一个由“教授”、“副教授”、“讲师”和“助教”组成的数据集合。如果从一个数据集合的列表中选择参数，比手工输入参数的效率更高，并且不容易出错。这种从数据集合列表中选择参数的参数查询需要结合窗体使用，请参考后续章节的有关内容。

3.7　操作查询

在对数据库的维护操作中，常常需要修改批量数据。例如，删除考试成绩小于 60 分的记录；将所有 40 岁以上及博士学位的教师职称改为副教授；将平均成绩为 90 分以上的学生记录存放到一个新表中，等等。这类操作既要检索记录，又要更新记录，操作查询就能够实现这样的功能。

一般的查询操作只是动态产生运行结果并显示给用户，查询结果不影响数据源，即源数据表中的记录；而操作查询是利用查询所生成的动态集来对表中数据进行更改的查询，运行操作查询会引起数据源的变化，因此运行操作查询需要特别小心谨慎，并且每次运行操作查询的结果也不一样。在 Access 中，操作查询包括生成表查询、更新查询、追加查询及删除查询 4 种类型。

需要注意的是，创建操作查询时，若 Access 窗口中部弹出黄色的“安全警告”提示，如图 3-60 所示。选择“启用内容”选项，才能正常运行。

图 3-60 “安全警告”提示

3.7.1 生成表查询

生成表查询的功能是利用一张或多张表中的全部或者部分数据创建新的表，这个表被保存在数据库对象中。利用生成表查询建立新表时，如果数据库中已经存在同名的数据表，则新表会覆盖该同名的表。

在 Access 中，从表中访问数据要比从查询中访问数据快得多。如果经常需要从几个表中提取数据，最好的方法是使用生成表查询，将从多个表中提取的数据组合起来生成一个新表进行保存。生成表查询还可以应用于备份副本和包含旧记录的历史表。

【例 3-18】 将考试成绩不及格的学生信息存储到一个新表中，表名为“不及格学生信息”，表内容为“学号”、“姓名”、“性别”、“班级”和“考试成绩”等字段。

具体操作步骤如下：

(1) 打开查询设计视图，并将“学生信息”表和“选课成绩”表添加到设计视图窗口上方。

(2) 双击“学生信息”表中的“学号”、“姓名”、“性别”、“班级”等字段，将它们添加到“设计网格”中“字段”行的第1～第4列中。双击“选课成绩”表中的“考试成绩”字段，将其添加到“设计网格”中“字段”行的第5列中。

(3) 在“考试成绩”字段的“条件”单元格中输入查询条件：“< 60”。

(4) 单击“查询类型”组的“生成表”按钮，弹出“生成表”对话框，在“表名称”文本框中输入要创建的表名称：“不及格学生信息”，单击“当前数据库”单选按钮，再单击“确定”按钮，如图 3-61 所示。

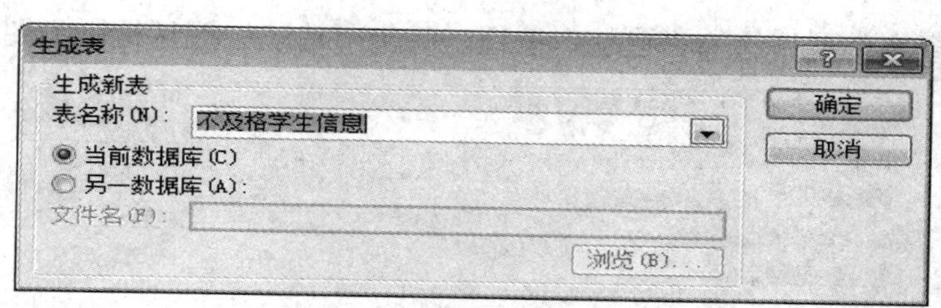

图 3-61 “生成表”对话框

(5) 单击“结果”组中的“视图”按钮，预览新建表。如果不满意，可以再次单击“结果”组中的“视图”按钮，返回到设计视图，对查询进行更改，直到满意为止。

(6) 在设计视图中，单击“结果”组中的“运行”按钮，弹出一个生成表提示框，如图 3-62 所示。

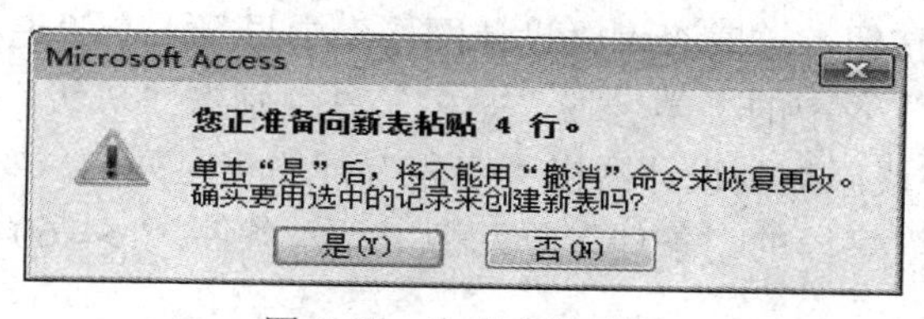

图 3-62 生成表提示框

(7) 单击“是”按钮，Access 将开始建立“不及格学生信息”表，生成新表后不能撤销所做的更改；单击“否”按钮，不建立新表。这里单击“是”按钮。

(8) 此时在“导航窗格”中，可以看到名为“不及格学生信息”的新表，双击该表，如图 3-63 所示。在设计视图中打开这个新表，将“学号”字段设为主键。

生成表查询创建的新表将继承源表字段的数据类型，但不继承源表字段的属性及主键设置，因此往往需要为生成的新表设置主键。

不及格学生信息

学号	姓名	性别	班级	考试成绩	单击以添加
2016260108	丁明安	男	信安161	56	
2016410106	黄浩	男	会计161	58	
2017250206	阮班圣楠	男	网络172	42	
2017320312	余江豪	男	冶金173	48	
*					

图 3-63　生成表查询结果

3.7.2　追加查询

在维护数据库时，常常需要将某个表中符合一定条件的记录追加到另一个表中，此时可以使用追加查询。追加查询的作用是从数据表中提取记录，将其追加到另外一张表中，所以追加查询的前提是两个表必须具有相同的表结构。

【例 3-19】 建立一个追加查询将考试成绩在 60～70 分之间的学生成绩添加到已建立的“不及格学生信息”表中。

具体操作步骤如下：

(1) 打开查询设计视图，并将“学生信息”表和“选课成绩”表添加到设计视图窗口上方。

(2) 单击“查询类型”组的“追加”按钮，弹出“追加”对话框，如图 3-64 所示。

图 3-64　“追加”对话框

(3) 在“表名称”文本框中输入“不及格学生信息”或从下拉列表中选择“不及格学生信息”，单击“当前数据库”单选按钮。

(4) 单击“确定”按钮。这时查询“设计网格”中显示一个“追加到”行。

(5) 将“学生信息”表中的“学号”、“姓名”、“性别”、“班级”字段和“选课成绩”表中的“考试成绩”字段添加到设计网格“字段”行的相应列上。

(6) 在“考试成绩”字段的“条件”单元格中输入条件：“>= 60 And < 70”。设计结果如图 3-65 所示。

(7) 单击“结果”组中的“视图”按钮，能够预览到要追加的一组记录。再次单击“视图”按钮，返回到设计视图，可对查询进行修改。

(8) 单击“结果”组中的“运行”按钮，弹出一个追加查询提示框，如图 3-66 所示。

字段:	学号	姓名	性别	班级	考试成绩
表:	学生信息	学生信息	学生信息	学生信息	选课成绩
排序:					
追加到:	学号	姓名	性别	班级	考试成绩
条件:					>=60 And <70
或:					

图 3-65 追加查询设计

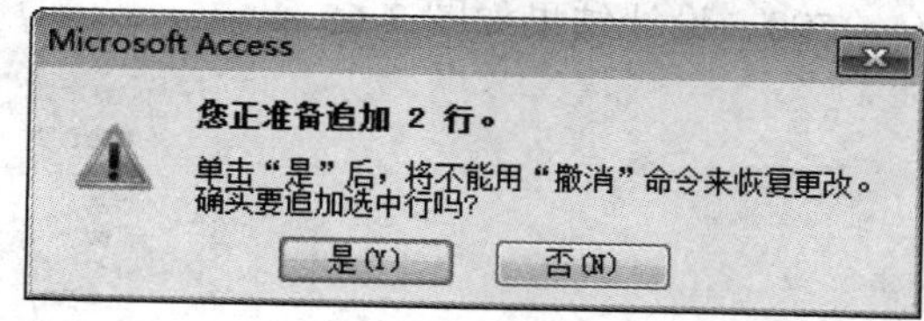

图 3-66 追加查询提示框

(9) 单击“是”按钮，Access 开始将符合条件的一组记录追加到指定表中，一旦利用“追加查询”追加了记录，就不能用“撤销”命令恢复所做的更改；单击“否”按钮，不将记录追加到指定的表中。这里单击“是”按钮。这时，如果打开“不及格学生信息”表，就可以看到增加了 60～70 分学生的记录，结果如图 3-67 所示。

不及格学生信息

学号	姓名	性别	班级	考试成绩
2016260108	丁明安	男	信安161	56
2016410106	黄浩	男	会计161	58
2016410107	余悦	女	会计161	67
2017250115	刘明	男	网络171	68
2017250206	阮班圣楠	男	网络172	42
2017320312	余江豪	男	冶金173	48
*				

图 3-67 追加查询结果

无论何种操作查询，都可以在一个操作中更改许多记录，并且在执行操作查询后，不能撤销所做的更改操作。因此应注意在执行操作查询之前，最好单击“结果”组中的“视图”按钮，预览即将更改的记录，如果预览记录就是所要操作的记录，再执行操作查询，以防止误操作。另外，在执行操作查询之前，应对数据进行备份。

3.7.3 更新查询

在对记录进行更新和修改时，常常需要成批更新数据。例如，将所有 40 岁以上及博士学位的教师职称改为副教授。对于这一类操作最简单有效的方法是使用 Access 2010 提供的更新查询来完成。

更新查询可以对表中的部分记录或者全部记录进行更改，在设计更新查询时，需要填写适当的条件，即设置指定的更新条件表达式。

【例 3-20】 给所有博士学位且为副教授的教师，增加 500 元的岗位工资。

为了保持“教师信息”表数据的一致性，先创建一个“教师信息”表的备份，命名为“教师信息 2”，再使用“教师信息 2”表进行操作演示，具体操作步骤如下：

(1) 打开查询设计视图，将“教师信息 2”表添加到设计视图窗口上方。

(2) 单击“查询类型”组中的“更新”按钮，这时查询“设计网格”中显示一个“更新到”行。

(3) 分别双击“教师信息 2”字段列表中的“学位”、“职称”和“岗位工资”字段，将它们添加到“设计网格”中“字段”行的第 1～第 3 列。

(4) 在“学位”字段的“条件”单元格中输入查询条件：“博士”，“职称”字段的“条件”单元格中输入查询条件：“副教授”。

(5) 在“岗位工资”字段的“更新到”单元格中输入改变字段数值的表达式：[岗位工资] + 500。设计结果如图 3-68 所示。

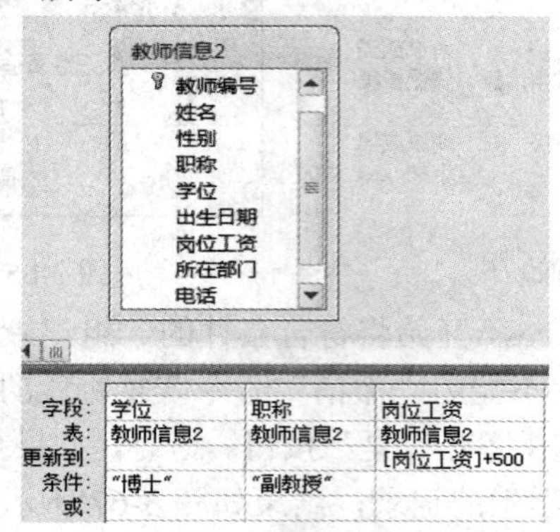

图 3-68　更新查询设计

需要注意的是，Access 除了可以更新一个字段的值，还可以更新多个字段的值，只要在查询“设计网格”中指定要修改字段的内容即可。

(6) 单击“结果”组中的“视图”按钮，能够预览到要更新的一组记录。再次单击“视图”按钮，返回到设计视图，可对查询进行修改。

(7) 单击“结果”组中的“运行”按钮，弹出一个更新提示框，如图 3-69 所示。

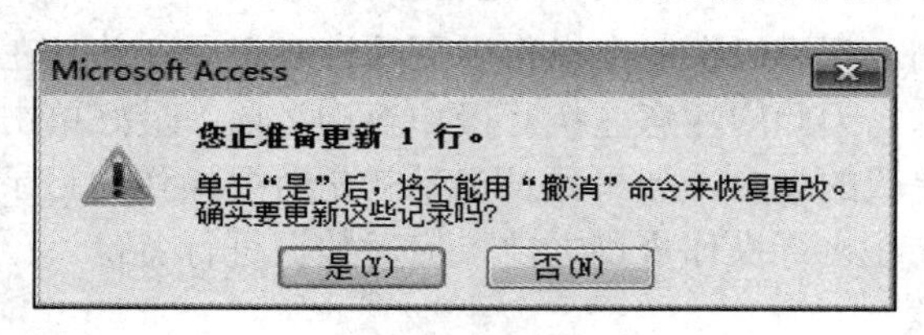

图 3-69　更新提示框

(8) 单击“是”按钮，Access 将开始更新属于同一组的所有记录，一旦利用“更新查询”更新记录，就不能用“撤销”命令恢复所做的更改；单击“否”按钮，不更新表中记录。这里单击“是”按钮。查询结果如图 3-70 所示。

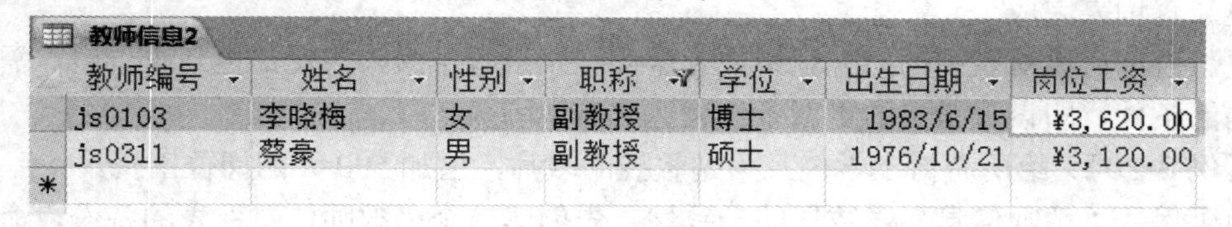

教师信息2

教师编号	姓名	性别	职称	学位	出生日期	岗位工资
js0103	李晓梅	女	副教授	博士	1983/6/15	¥3,620.00
js0311	蔡豪	男	副教授	硕士	1976/10/21	¥3,120.00
*						

图 3-70　更新查询结果

需要注意的是，更新数据之前一定要确认找出的数据是不是准备更新的数据。还应注意的是，每执行一次更新查询就会对源表更新一次。

3.7.4　删除查询

随着时间的推移，表中数据会越来越多，其中有些数据有用，而有些数据已无任何用途，对于这些数据应及时从表中删除。删除查询用于从数据库某一表中删除多条记录，甚至整个表中的记录，但是表结构不会删除。

【例 3-21】 从“不及格学生信息”表中，删除考试成绩在 60 至 70 分之间的学生记录。

具体操作步骤如下：

(1) 打开查询设计视图，将“不及格学生信息”表添加到设计视图窗口上方。

(2) 单击“查询类型”组的“删除”按钮，查询“设计网格”中显示一个“删除”行。

(3) 单击“不及格学生信息”字段列表中的“*”号，并将其拖放到“设计网格”中“字段”行的第 1 列上，这时第 1 列上显示“不及格学生信息.*”，表示已将该表中的所有字段放在了“设计网格”中。同时，在“删除”单元格中显示“From”，表示从何处删除记录。

(4) 双击字段列表中的“考试成绩”字段，将其添加到“设计网格”中“字段”行的第 2 列。同时在该字段的“删除”单元格中显示“Where”，表示要删除哪些记录。

(5) 在“考试成绩”字段的“条件”单元格中输入条件：“>= 60 And < 70”。设计结果如图 3-71 所示。

(6) 单击“结果”组中的“视图”按钮，能够预览“删除查询”检索到的记录。如果预览到的记录不是要删除的，可以再次单击“视图”按钮，返回到设计视图，对查询进行更改，直到确认删除内容为止。

(7) 在设计视图中，单击“结果”组中的“运行”按钮，弹出一个删除提示框，如图 3-72 所示。

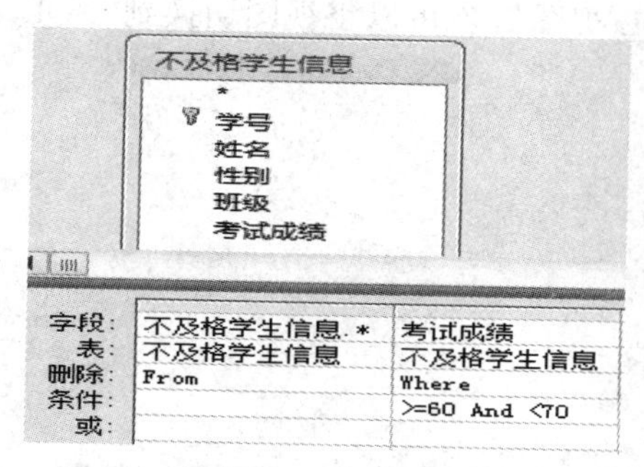

图 3-71 删除查询设计

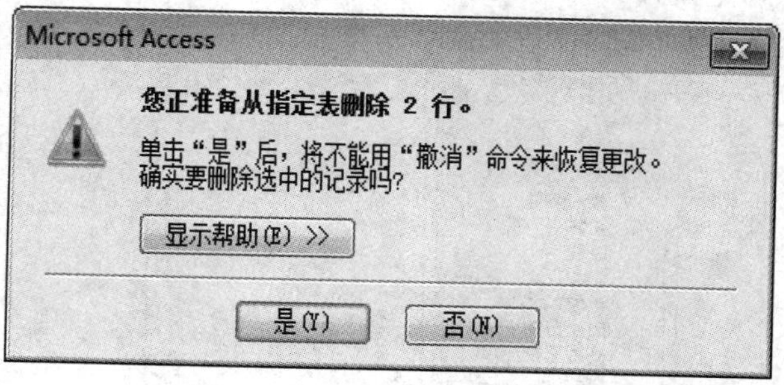

Microsoft Access

您正准备从指定表删除 2 行。

单击“是”后，将不能用“撤消”命令来恢复更改。
确实要删除选中的记录吗？

显示帮助(E) >>

是(Y) 否(N)

图 3-72 删除提示框

(8) 单击“是”按钮，Access 将开始删除属于同一组的所有记录；单击“否”按钮，不删除记录。这里单击“是”按钮。查询结果如图 3-73 所示。

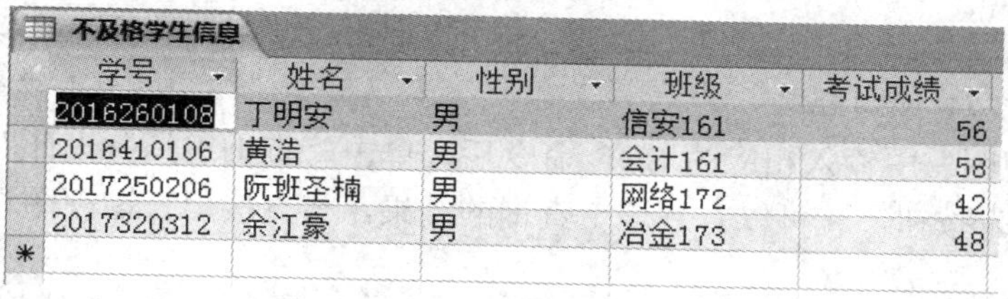

不及格学生信息

学号	姓名	性别	班级	考试成绩
2016260108	丁明安	男	信安161	56
2016410106	黄浩	男	会计161	58
2017250206	阮班圣楠	男	网络172	42
2017320312	余江豪	男	冶金173	48
*				

图 3-73 删除查询结果

删除查询将永久删除指定表中的记录，记录一旦删除将不能恢复。因此运行删除查询要十分慎重，最好在删除记录前对其进行备份，以防由于误操作而引起数据丢失。

3.8 SQL 查询

在开始使用 Access 时，用设计视图和向导就可以建立很多有用的查询，而且它的功能已经基本上能满足我们的需求。但在实际工作中，我们经常会碰到这样一些查询，这些查询用查询向导和设计视图都无法做出来，而用 SQL 查询就可以完成比较复杂的查询工作。

SQL 查询是用户使用 SQL 语句创建的查询。对于前面讲过的查询，系统在执行时自动将其转换为 SQL 语句。用户也可以在“SQL 视图”中直接书写 SQL 语句。

单纯的 SQL 查询所包含的语句并不多，但在使用的过程中需要大量输入各种表、查询和字段的名字。这样，当建立一个涉及大量字段的查询时，就需要输入大量文字，与用查询设计视图建立查询相比，就麻烦多了。所以，在建立查询的时候，建议先在查询设计视图中将基本的查询功能都实现，最后再切换到“SQL 视图”，通过编写 SQL 语句完成某些特殊的查询。下面我们就来看看在设计查询时是怎么切换到“SQL 视图”的。

单击“创建”选项卡中“查询”组的“查询设计”按钮，这时屏幕显示“显示表”对话框，之后添加要查询的表或查询，这里添加“教师信息”表，如图 3-74 所示。

现在要切换到“SQL 视图”，单击“查询工具→设计”选项卡中“结果”组的“视图”按钮下半部分的三角形，在弹出的下拉菜单中选择“SQL 视图”，就可以将视图切换到“SQL 视图”，如图 3-75 所示。

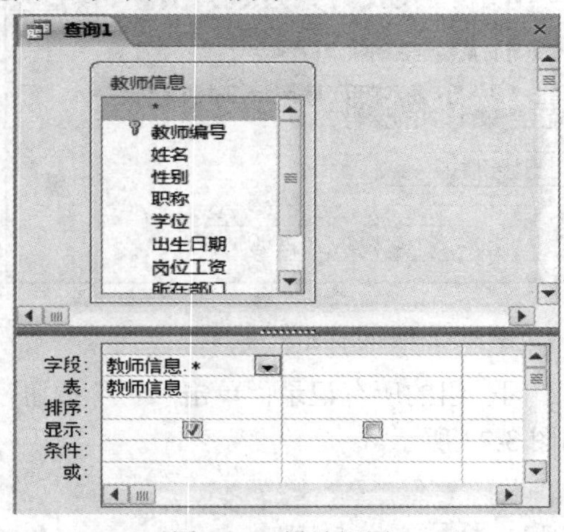

图 3-74　设计视图

图 3-75　SQL 视图

在“SQL 视图”中输入相应的 SQL 命令后，单击“查询工具→设计”选项卡中“结果”组的“运行”按钮，就可以看到这个查询的结果，与直接用查询视图设计的查询产生的效果相同。

其实 Access 2010 中所有的数据库操作都是由 SQL 语句构成的，只是在其上增加了更加方便的操作向导和可视化设计罢了。当直接用设计视图建立一个同样的查询以后，将视图切换到“SQL 视图”，我们会惊奇地发现，在这个视图的 SQL 编辑器中有同样的语句，这是 Access 2010 自动生成的语句。原来，Access 也是首先生成 SQL 语句，然后用这些语句再去操作数据库。

关于 Access 2010 中常用的 SQL 命令，将在第 4 章中做详细介绍。

单元测试3

一、单选题

1. 在 Access 中，查询的数据源可以是(　　)。

A. 表　　B. 查询

C. 表和查询　　D. 表、查询和报表

2. Access 查询的结果总是与数据源中的数据保持(　　)。

A. 不一致　　B. 同步

C. 无关　　D. 不同步

3. 查询就是根据给定的条件从指定的表中找出用户需要的数据，从而形成一个(　　)。

A. 新的表　　B. 表的副本

C. 关系　　D. 动态数据集

4. 下列不属于查询视图的是(　　)。

A. 设计视图　　B. 模板视图

C. 数据表视图　　D. SQL 视图

5. 在查询设计视图中(　　)。

A. 可以添加表，也可以添加查询　　B. 只能添加表

C. 只能添加查询　　D. 表和查询都不能添加

6. 在 Access 查询准则中，日期值要用(　　)括起来。

A. %　　B. $　　C. #　　D. &

7. 查询“学生”表中“出生日期”在 6 月份的学生记录的条件是(　　)。

A. Date([出生日期]) = 6　　B. Month([出生日期]) = 6

C. Mon([出生日期]) = 6　　D. Month([出生日期]) = "06"

8. 若用“学生”表中的“出生日期”字段计算每个学生的年龄(取整)，那么正确的计算公式为(　　)。

A. Year(Date())-Year([出生日期]　　B. (Date()-[出生日期])/365

C. Date()-[出生日期]/365　　D. Year([出生日期]/365

9. 表中有一个“工作时间”字段，查找 15 天前参加工作的记录的条件是(　　)。

A. = Date()-15　　B. < Date()-15

C. > Date()-15　　D. < > Date()-15

10. 特殊运算符“Is Null”用于判断一个字段是否为(　　)。

A. 0　　B. 空格

C. 空值　　D. False

11. 数据库中的查询有很多种，其中最常用的查询是(　　)。

A. 选择查询　　B. 交叉表查询

C. 操作查询　　D. SQL 查询

12. 在下列关于使用“交叉表查询向导”创建交叉表的数据源的描述中，正确的是(　　)。

A. 创建交叉表的数据源可以来自于多个表或查询

B. 创建交叉表的数据源只能来自于一个表和一个查询

C. 创建交叉表的数据源只能来自于一个表或一个查询

D. 创建交叉表的数据源可以来自于多个表

13. 如果希望根据某个可以临时变化的值来查找记录，则最好使用(　　)。

A. 选择查询　　B. 交叉表查询

C. 参数查询　　D. 操作查询

14. 对于参数查询，输入参数可以设置在设计视图中“设计网格”的(　　)。

A. “字段”行　　C. “或”行

B. “显示”行　　D. “条件”行

15. 将计算机系 2000 年以前参加工作的教师的职称改为“副教授”，合适的查询为(　　)。

A. 生成表查询　　B. 更新查询

C. 删除查询　　D. 追加查询

16. 若在查询条件中使用了通配符“!”，它的含义是(　　)。

A. 通配任意长度的字符

B. 通配不在括号内的任意字符

C. 通配方括号内列出的任意单个字符

D. 错误的使用方法

17. 要查询字段中所有第一个字符为“a”、第二个字符不为“a，b，c”、第三个字符为“b”的数据，下列选项中正确使用通配符的是(　　)。

A. Like "a[*abc]b"　　B. Like "a[!abc]b"

C. Like "a[#abc]b"　　D. Like "a[abc]b"

18. Access 中通配符“-”的含义是(　　)。

A. 通配任意单个运算符　　B. 通配任意单个字符

C. 通配指定范围内的任意单个字符　　D. 通配任意多个减号

19. 特殊运算符“In”的含义是(　　)。

A. 用于指定一个字段值的范围，指定的范围之间用 And 连接

B. 用于指定一个字段值的列表，列表中的任一值都可与查询的字段相匹配

C. 用于指定一个字段为空

D. 用于指定一个字段为非空

20. 在某一表中查找“姓名”为“张三”或“李四”的记录，其查询条件是(　　)。

A. In("张三"，"李四")　　B. Like "张三" And Like "李四"

C. Like("张三"，"李四")　　D. "张三 " And "李四"

21. 查询“学生”表中“姓名”不为空值的记录条件是(　　)。

A. [姓名] = "*"　　　　B. Is Not Null

C. [姓名] <> Null　　　　D. [姓名] <> ""

22. 如果在“学生”表中查找姓“李”学生的记录，则查询条件是(　　)。

A. Not "李*"　　　　B. Like "李"

C. Like "李*"　　　　D. "李 xx"

23. 如果想显示电话号码字段中 6 打头的所有记录(电话号码字段的数据类型为文本型)，在条件行输入(　　)。

A. Like "6*　　　　B. Like "6?"

C. Like "6#"　　　　D. Like6*

24. 在“课程”表中要查找课程名称中包含“计算机”的课程，对应“课程名称”字段的正确条件表达式是(　　)。

A. "计算机"　　　　B. "*计算机*"

C. Like"*计算机*"　　　　D. Like "计算机"

25. 若 Access 数据表中有姓名为“李建华”的记录，下列无法查出“李建华”的表达式是(　　)。

A. Like "*华"　　　　B. like "华"

C. Like "*华*"　　　　D. Like "?华"

26. 在 Access 查询中，(　　)能够减少源数据表的数据。

A. 选择查询　　　　B. 生成表查询

C. 追加查询　　　　D. 删除查询

27. 在 Access 中，删除查询操作中被删除的记录属于(　　)。

A. 逻辑删除　　　　B. 物理删除

C. 可恢复删除　　　　D. 临时删除

28. 将表 A 的记录添加到表 B 中，要求保持表 B 中原有的记录，可以使用的查询是(　　)。

A. 选择查询　　　　B. 生成表查询

C. 追加查询　　　　D. 更新查询

29. 要从“成绩”表中删除“考分”低于 60 的记录，应该使用的查询是(　　)。

A. 参数查询　　　　B. 操作查询

C. 选择查询　　　　D. 交叉表查询

30. 图 3-76 显示的是某查询设计视图，从图中的内容可以判定要创建的查询是(　)。

A. 追加查询　　　　B. 删除查询

C. 生成表查询　　　　D. 更新查询

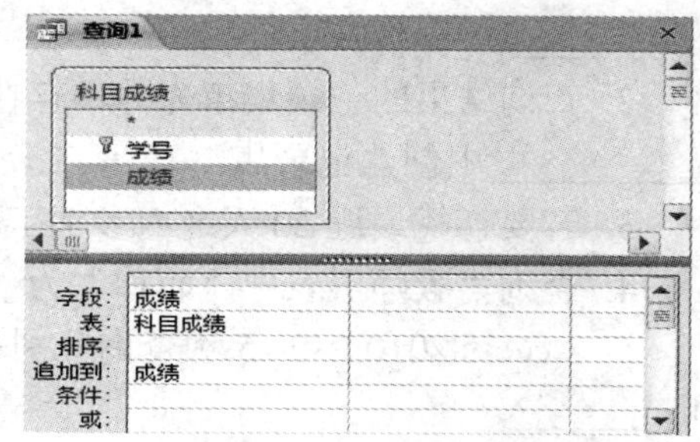

图 3-76　查询设计视图

31. 操作查询可以用于(　　)。

A. 改变已有表中的数据或产生新表

B. 对一组记录进行计算并显示结果

C. 从一个以上的表中查找记录

D. 以类似于电子表格的格式汇总数据

32. 在查询中，默认的字段显示顺序是(　　)。

A. 表中的字段顺序　　B. 建立查询时字段添加的顺序

C. 按照字母顺序　　D. 按照文字笔画顺序

33. 查询设计视图窗口中通过设置(　　)行，可以让某个字段只用于设定条件，而不出现在查询结果中。

A. 排序　　B. 显示

C. 字段　　D. 条件

34. 以下不属于操作查询的是(　　)。

A. 交叉表查询　　B. 更新查询

C. 删除查询　　D. 生成表查询

35. 创建追加表查询的数据来源是(　　)。

A. 一个表　　B. 多个表

C. 没有限制　　D. 两个表

36. 若统计“学生”表中各专业学生人数，应在查询设计视图中，将“学号”字段“总计”单元格设置为(　　)。

A. Sum　　B. Count

C. Where　　D. Total

37. 设置排序可以将查询结果按一定的顺序排列，便于查阅。如果所有的字段都设置了排序，那么查询的结果将先按(　　)排序字段进行排序。

A. 最左边　　B. 最右边

C. 最中间　　D. 随机

38. 计算数值表达式平均值的数学函数是(　　)

A. Max()　　B. Min()

C. Int()　　D. Avg()

39. 在查询设计视图中，如果要使表中所有记录的“价格”字段的值增加 20%，应使用(　　)表达式。

A. [价格]+20%　　B. [价格]*20/100

C. [价格]*(1+20/100)　　D. [价格]*(1+20%)

二、填空题

1. 选择查询的最终结果是创建一个________，而这一结果又可作为其他数据库对象的________。

2. 查询结果的记录集事先并不存在，而是在使用查询时，从创建查询时所提供的__________中创建记录集。

3. 若要查找最近 20 天之内参加工作的职工记录，查询条件为______________。

4. 查询“教师”表中“职称”为“教授”或“副教授”的记录的条件为_________。

5. Access 2010 中的 5 种查询分别是_________、_________、_________、_________和________。

6. 操作查询共有 4 种类型，分别是________、_______、_______和________。

7. 创建交叉表查询，必须对行标题和列标题进行________操作。

8. 使用查询设计视图中的________可以对查询中全部记录或记录组计算一个或多个字段的统计值。

9. 设计查询时，设置在同一行的条件之间是____________的关系，设置在不同行的条件之间是________的关系。

10. 在对“选课成绩”表的查询中，若设置显示的排序字段是“学号”和“课程编号”，则查询结果先按________排序、________相同时再按________排列。

11. 如果要求通过输入“学号”查询学生基本信息，可以采用__________查询。如果在“教师”表中按“年龄”生成“青年教师”表，可以采用__________查询。

12. 书写查询条件时，日期常量值应使用________符号括起来。

三、问答题

1. 什么是查询？查询有哪几种类型？创建查询的方法有哪些？
2. 查询和表有什么区别？查询和筛选有什么区别？
3. 简述在查询中进行计算的方法。
4. 什么是联合查询？其作用是什么？
5. 什么是总计查询？总计项有哪些？如何使用这些总计项？
6. 使用查询的目的是什么？查询具有哪些功能？

第 4 章　SQL

在 Access 中，创建和修改查询最简便、灵活的方法是使用查询设计视图，但并不是所有查询都可以在系统提供的查询设计视图中进行设计，有些查询只能通过 SQL 语句实现。例如，同时显示“不及格学生信息”表中所有记录和“学生选课成绩明细”查询中 80 分以下所有记录。在实际应用中常常需要用 SQL 语句来创建一些复杂的查询。

SQL 是结构化查询语言(Structured Query Language)的英文缩写，是目前使用最为广泛的关系数据库标准语言。最早的 SQL 标准是 1986 年 10 月由美国 ANSI(American National Standards Institute)公布的。随后，ISO(International Standards Organization)于 1987 年 6 月也正式确定它为国际标准，并在此基础上进行了补充。到 1989 年 4 月，ISO 提出了具有完整性特征的 SQL，1992 年 11 月又公布了 SQL 的新标准，从而建立了 SQL 在数据库领域中的核心地位。不过各种通行的数据库系统在其实践过程中都对 SQL 规范做了某些改编和扩充。因此，实际上不同数据库系统之间的 SQL 不能完全相互通用。

本章将重点介绍 SQL 的特点以及数据定义、数据查询、数据操作等命令。

4.1　概　　述

SQL 是一种特殊目的的编程语言，也是一种数据库查询和程序设计语言，用于存取数据以及查询、更新和管理关系数据库系统；同时也是数据库脚本文件的扩展名。

SQL 是高级的非过程化编程语言，允许用户在高层数据结构上工作。它不要求用户指定对数据的存放方法，也不需要用户了解具体的数据存放方式。所以，具有完全不同底层结构的不同数据库系统，可以使用相同的结构化查询语言作为数据输入与管理的接口，具有极大的灵活性和强大的功能。

4.1.1　SQL 的组成

SQL 包含以下 6 个部分：

(1) 数据查询语言(Data Query Language，DQL)：它也称为“数据检索语句”，用来从表中获得数据，确定数据怎样在应用程序给出。关键字 SELECT 是 DQL(也是所有 SQL)用得最多的，其他 DQL 常用的关键字有 WHERE、ORDER BY、GROUP BY 和 HAVING。这些 DQL 关键字常与其他类型的 SQL 语句一起使用。

(2) 数据操作语言(Data Manipulation Language，DML)：它包括关键字 INSERT、UPDATE 和 DELETE，它们分别用于添加、修改和删除表中的行。数据操作语言也称为动作查询语言。

(3) 事务处理语言(TPL)：它能确保被DML语句影响的表的所有行及时得以更新。TPL语句包括BEGIN TRANSACTION、COMMIT和ROLLBACK。

(4) 数据控制语言(DCL)：它通过GRANT或REVOKE获得许可，确定单个用户和用户组对数据库对象的访问。某些RDBMS(关系型数据库管理系统)可用GRANT或REVOKE控制对表中单个列的访问。但是，在Access 2010中不能使用数据控制语言。

(5) 数据定义语言(DDL)：它包括关键字CREATE和DROP。在数据库中创建新表或删除表(CREATE TABLE 或 DROP TABLE)；为表添加索引等。

(6) 指针控制语言(CCL)：它包括关键字DECLARE CURSOR、FETCH INTO和UPDATE WHERE CURRENT等，用于对一个或多个表中单独行的操作。

4.1.2 SQL的特点

SQL的主要特点包括以下几个方面：

(1) 综合统一。数据库系统的主要功能是通过数据库支持的数据语言实现的。SQL风格统一，可以独立完成数据库生命周期中的全部活动，包括：

① 创建数据库、表、索引和视图。

② 对数据库中的数据进行查询和更新操作。

③ 数据库重构和维护。

④ 数据库安全性、完整性控制。

(2) 高度非过程化。非关系数据模型的数据操作语言是“面向过程”的语言，用“过程化”语言完成某项请求，必须指定存取路径。而用SQL进行数据操作，只需提出“做什么”，无须指明“怎么做"，因此无须了解存取路径。存取路径的选择以及SQL的操作过程由系统自动完成，这就大大减轻了用户负担，而且有利于提高数据独立性。

(3) 面向集合的操作方式。非关系数据模型采用的是面向记录的操作方式，操作对象是一条记录。例如，查询所有平均成绩在80分以上的学生，用户必须一条一条地将满足条件的学生记录找出来。而SQL采用集合操作方式，不仅操作对象、查询结果可以是记录的集合，而且一次插入、删除、更新操作的对象可以是记录的集合。

(4) 以同一种语法结构提供多种使用方式。SQL既是独立的语言，又是嵌入式语言。作为独立的语言，它能够独立地用于联机交互中，用户可以在终端键盘上直接键入SQL命令对数据库进行操作；作为嵌入式语言，SQL语句能够嵌入到高级语言(如C、C++、Java等)程序中，供程序员设计数据库应用程序时使用。在两种不同的使用方式下，SQL的语法结构基本上是一致的。这种以统一的语法结构提供多种不同使用方式的做法，提供了极大的灵活性与方便性。

(5) 语言简洁，易学易用。SQL功能极强，但由于设计巧妙，语言十分简洁，完成核心功能只用了9个关键字，如表4-1所示。SQL接近英语口语，因此容易学习和使用。

表 4-1　SQL 的关键字

SQL 功能	关　键　字
数据定义	CREATE、DROP、ALTER
数据查询	SELECT
数据操纵	INSERT、UPDATE、DELETE
数据控制	GRANT、REVOKE

SQL 语句的格式由两部分构成：动词和选项。学习 SQL 的重点是掌握关键字、选项及其功用，读者可以通过了解命令格式、功能和实例以及实践操作来熟练掌握。

4.1.3　在 Access 2010 中使用 SQL

大多数数据库管理系统都提供了图形用户界面，可以利用菜单命令和工具栏完成对数据库的常用操作，同时也提供了 SQL 语句输入界面。

1. 在 SQL 视图中使用

在查询设计视图中创建查询时，Access 会自动生成等效的 SQL 语句，可以在“SQL 视图”中查看和编辑 SQL 语句。下面以“学生信息查询”为例，介绍在 SQL 视图中查看和编辑 SQL 语句的方法。

(1) 在 Access 2010 中打开“学生成绩管理”数据库，单击“创建”→“查询向导”，创建查询，或者在 Access 的导航窗格中打开已有的查询，如“学生信息查询”。

(2) 单击窗口左上角的“开始”选项卡中的“视图”→“SQL 视图”按钮，在弹出的窗口中能看到 Access 自动生成的 SQL 命令，如图 4-1 所示。

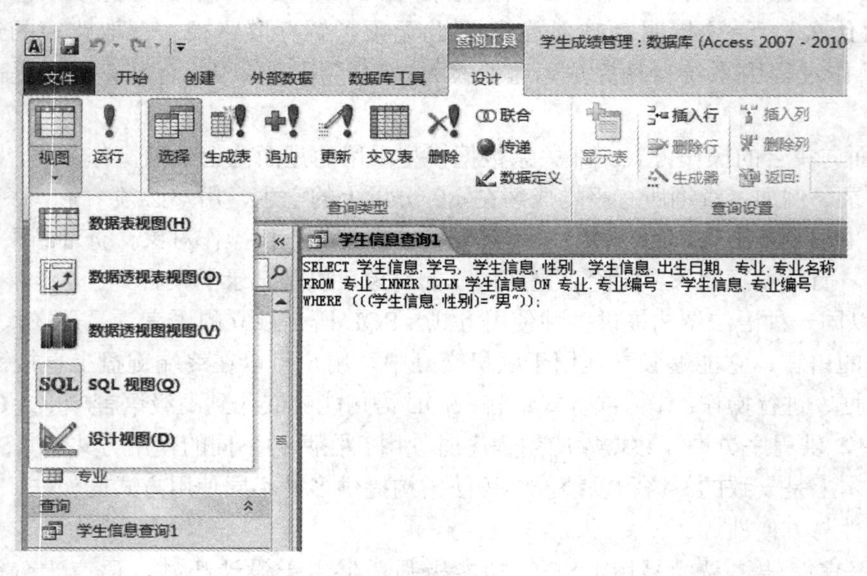

图 4-1　SQL 视图

我们也可以直接在 SQL 视图窗口中输入 SQL 语句，再单击“运行”按钮执行，即可看到查询运行的结果。

SQL语句既可写在同一行中，也可分成多行书写；语句中的非汉字字符必须在英文输入方式下输入，字母不区分大小写。大多数语句可在 SQL 视图中执行，只有少部分语句不可以。

2. 在程序中嵌入使用

我们可以在VBA模块编程中使用SQL语句。由于在Access中设计查询、窗体或报表时，均可在其设计器中指定数据源，会自动生成此类程序段，所以，Access可以大大地节省嵌入式编程的工作压力。

4.2 数据定义

利用数据定义命令可以直接创建、删除或更改表，或者在当前数据库中创建索引或视图。每个数据定义查询只能由一个数据定义语句组成。

表4-2 数据定义语句

功能	语句
创建表	CREATE TABLE
修改表	ALTER TABLE
删除表	DROP TABLE
创建索引/视图	CREATE INDEX/VIEW
删除索引/视图	DROP INDEX/VIEW

4.2.1 创建、修改与删除表

1. 创建表

创建基本表的语法格式如下：

```
CREATE TABLE <表名>
(<字段名 1> <数据类型> [(长度)] [字段级完整性约束条件 1]
[, <字段名 2> <数据类型> [(长度)] [字段级完整性约束条件 2]]
[, CONSTRAINT  约束名 1 <表级完整性约束条件 1>…);
```

语法符号：“[ ]”代表可选项，“< >”代表必须输入对应内容，“|”表示或者的意思，“{ }”表示子句的集合。语法符号用于描述语法，不出现在实际的语句中。

命令说明：

① <表名>：需要定义的表的名字。

② <字段名>：定义表中一个或多个字段的名称。

③ <数据类型>：字段的数据类型。要求，每个字段必须定义字段名称和数据类型。其中，CHAR为文本型、INTEGER为整数型、NMUERIC/DOUBLE为双精度型、MEMO为备注型、DATETIME为日期/时间型、YESNO为是/否型。

④ 长度：指定文本型字段的最大字符个数，省略则默认为255。其他类型不需要指定

字段长度。

⑤ [字段级完整性约束条件]：定义相关字段的约束条件，包括主键约束(Primary Key)、数据唯一约束(Unique)、空值约束(Not Null 或 Null)和参照完整性约束(References)。

建立两表的参照关系就是建立表间关系，新表是子表，被参照表是已经建立的主表。格式：

References <被参照表名> [<被参照字段名 1>[，被参照字段名 2] …]

如果指定的字段是被参照表的主键，则可以省略被参照字段。

【例 4-1】 创建“学生信息”表 xs，字段包括：学号，文本、长度为 12；姓名，文本、长度为 10，性别，文本、长度为 1；专业编号，文本、长度为 4；出生日期，日期时间型；入学成绩，整型；政治面貌，文本、长度为 4。其中学号不为空且唯一，并且姓名取值也唯一。其 SQL 语句如下：

```
CREATE TABLE   xs
( 学号 char(12) primary key,
  姓名 char(10) unique,
  性别 char(1),
  专业编号 char(4),
  出生日期 datetime,
  入学成绩 integer,
  政治面貌 char(4)     );
```

操作步骤如下：

(1) 在 Access 中创建一个空数据库，名为“sql.accdb”，点击“创建”→“查询设计”，关闭弹出的“显示表”窗口，并切换到“SQL 视图”方式，在窗口中输入以上 SQL 语句，如图 4-2 所示。

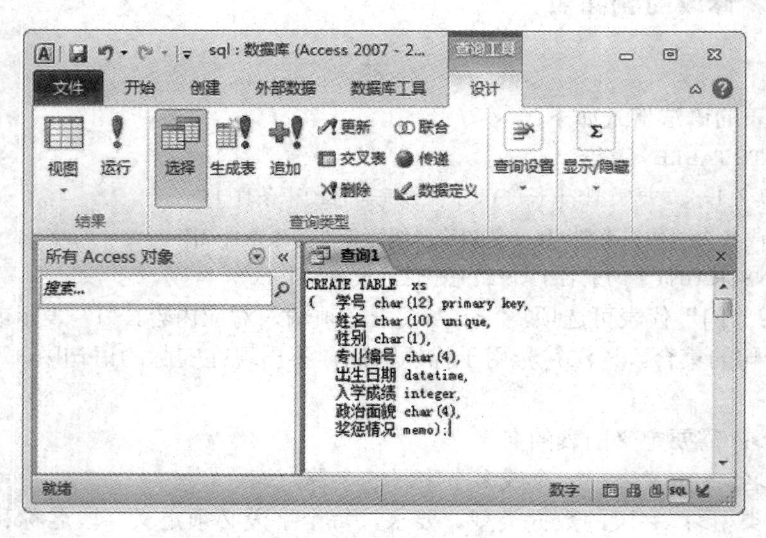

图 4-2　创建“学生信息”表 xs 语句

(2) 点击“运行”按钮，输入的语句正确则创建了“学生信息”表 xs 及主键等，切换至“数据表视图”，结果如图 4-3 所示。

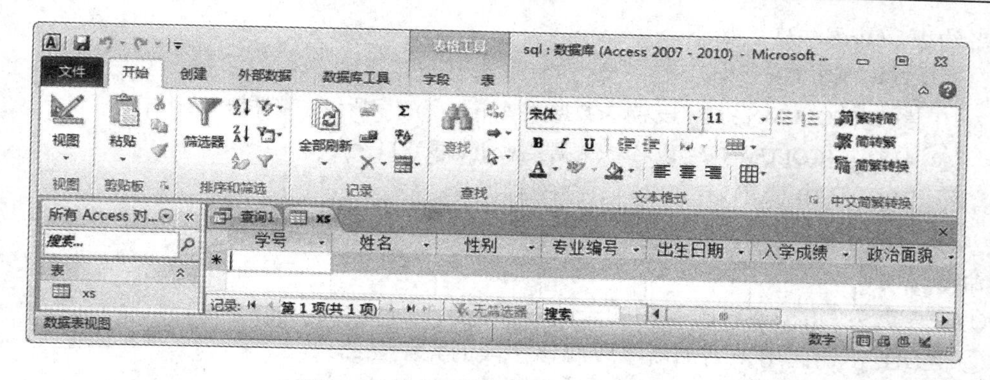

图 4-3　创建"学生信息"表 xs 结果

【例 4-2】 创建"选课成绩"表 xk，字段包括：学号，文本、长度为 12，其值参照"学生信息"表 xs 中的学号；课程编号，文本、长度为 4；平时成绩，整型；考试成绩，整型；以学号和课程编号两个字段联合作为主键。其 SQL 语句如下：

```
CREATE TABLE    xk
( 学号  char(12) references xs,
  课程编号  char(4),
  平时成绩  integer,
  考试成绩 integer,
  constraint xhkc primary key (学号，课程编号)      );
```

其中，constraint xhkc primary key (学号，课程编号)，表示建立包含学号和课程编号两个字段的主键 xhkc 是约束名。

在 SQL 视图窗口中输入以上语句，则创建了"选课成绩"表 xk，并创建了主键和表间关系。结果如图 4-4 所示。

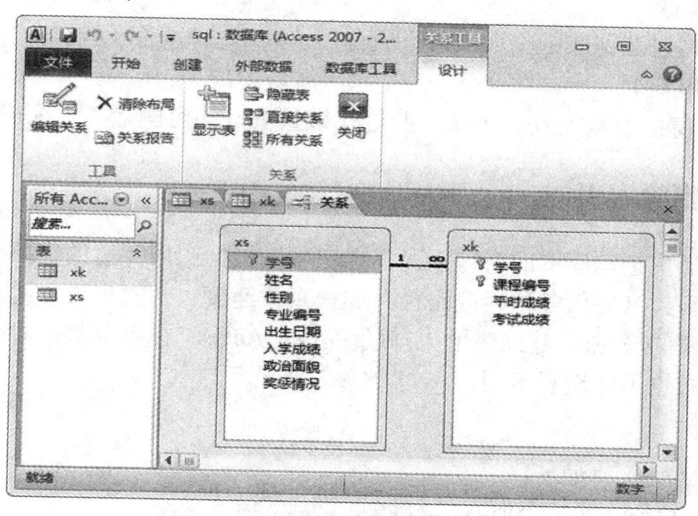

图 4-4　创建"选课成绩"表 xk 结果

2. 修改表

有时需要修改已经创建好的基本表，使用 ALTER TABLE 命令可添加、修改或删除字段或者约束。其语法格式如下：

```
ALTER TABLE <表名>
{ ADD {COLUMN <新字段名> <数据类型>[(长度)] [字段级完整性约束条件]} |
  ALTER {COLUMN <字段名> <数据类型>[(长度)] } |
  DROP {COLUMN <字段名> | <完整性约束名> }
};
```

命令说明：

① <表名>：指需要修改结构的表的名字。

② ADD 子句：用于增加新字段和该字段的完整性约束。

③ DROP 子句：用于删除指定的字段和完整性约束。

④ ALTER 子句：用于修改原有字段属性，包括字段名称、数据类型等。

【例 4-3】 在之前创建的“学生信息”表 xs 中增加字段：奖惩情况，备注型。

```
ALTER TABLE xs ADD column 奖惩情况  memo ;
```

【例 4-4】 在之前创建的“选课成绩”表 xk 中，“课程编号”字段的长度修改为 6。

```
ALTER TABLE xk ALTER column 课程编号    char (6);
```

3. 删除表

DROP TABLE 语句用于删除不需要的表，删除一个表是将表结构和表中记录一起删除。其语句的基本格式为：

```
DROP TABLE <表名>;
```

命令说明：

(1) <表名>：指要删除的表的名字。

(2) 表一旦被删除，表中数据以及在此表基础上建立的索引等都将自动删除，并且无法恢复。

【例 4-5】 将“选课成绩”表“xk”删除。

```
DROP TABLE xk;
```

在 SQL 视图窗口中输入以上语句，并运行该查询，即可删除“选课成绩”表 xk。

4.2.2 创建与删除索引

建立索引是加快查询速度的有效手段。用户可以根据应用环境的需要，在基本表上建立一个或多个索引，以提供多种存取路径并加快查找速度。一般来说，建立与删除索引由数据库管理员或表的属主(即建立表的人)负责完成。Access 在存取数据时会自动选择相应的索引，用户不必也不能选择索引。

1. 创建索引

创建索引的语法格式如下：

```
CREATE   [ UNIQUE ]   INDEX <索引名>
  ON   <表名> (字段名 1 [ASC | DESC] [, 字段名 2 [ASC | DESC ], ...])
  [ WITH { PRIMARY | DISALLOW NULL | IGNORE NULL } ]
```

功能：建立索引。建立索引是为了排序显示或快速查询。

命令说明：

(1) WITH PRIMARY：将索引字段作为表的主键。

(2) WITH DISALLOW NULL：索引字段不允许为空值。

(3) WITH IGNORE NULL：避免索引中包含值为空的字段。

由于在查询语句 SELECT (参见 4.3 节)中，常用 ORDER BY 子句在查询之前临时排序，所以，很少使用 CREATE INDEX 语句为表建立索引。

【例 4-6】 为“学生信息”表 xs 创建入学成绩字段的索引。

```
CREATE  INDEX  rxcj  ON  xs(入学成绩);
```

2. 删除索引

索引一经创建，就由 Access 使用和维护它，不需要干预。如果频繁地添加或删除表数据，则 Access 会花费许多时间维护或更新索引。这时，可以删除一些不必要的索引。

删除索引的语法格式如下：

```
DROP  INDEX  <索引名>  ON <表名>
```

功能：删除指定表中的指定索引。

【例 4-7】 删除“学生信息”表 xs 中名为“rxcj”的索引。

```
DROP  INDEX  rxcj  ON  xs;
```

4.3 数据查询

数据查询是数据库的核心操作，也是实际应用中使用最频繁的操作。SQL 提供了 SELECT 语句进行数据库的查询。SELECT 语句是 SQL 中功能强大、使用灵活的语句之一，它能够实现数据的选择、投影和连接运算，并能够完成筛选字段、分类汇总、排序和多数据源数据组合等具体操作。其一般的语法格式如下：

```
SELECT [ALL | DISTINCT | TOP n] * | [表别名.]<字段表达式 1> [AS 列别名 1] …
        [INTO 新表名][IN 数据库名]
FROM <表名 1> [表别名 1] [, <表名 2>]…
[WHERE <条件表达式>]
[GROUP BY <字段名> [HAVING <条件表达式>]]
[ORDER BY <字段名 1> [ASC | DESC] [, <字段名 1> [ASC | DESC]] …];
```

命令说明：

(1) ALL：查询结果是满足条件的全部记录，默认值为 ALL。

(2) DISTINCT：查询结果是不包含重复行的所有记录。

(3) TOP n：查询结果是前 n 条记录，其中 n 为整数。

(4) *：查询结果是整个记录，即包括所有的字段。

(5) <字段表达式>：使用“,”将各项分开，这些项可以是字段、常数或系统内部的函数。如果指定“AS 列别名”，则在显示结果中以此别名为列标题。

(6) FROM <表名>：说明查询的数据源。它可以是单个表，也可以是多个表。如果指定“表别名”，则在该命令中可用此别名作为表别名。

(7) WHERE <条件表达式>：说明查询的条件。条件表达式可以是关系表达式，也可以是逻辑表达式。查询结果是表中满足<条件表达式>的记录集。

(8) GROUP BY<字段名>：用于对查询结果进行分组，该字段值相等的若干行为一个组。查询结果是按<字段名>分组的记录集。通常会在每个组中使用聚合函数，如 Sum( )、Count( )、Max( )、Min( )、Avg( )等统计函数。

(9) HAVING：必须跟随 GROUP BY 使用，用来限定分组必须满足的条件。

(10) ORDER BY <字段名>：用于对查询结果进行排序。查询结果是按某一字段值排序。

(11) ASC：必须跟随 ORDER BY 使用，查询结果按某一字段值升序排列。

(12) DESC：必须跟随 ORDER BY 使用，查询结果按某一字段值降序排列。

4.3.1　单表查询

1. 查询全部记录

【例 4-8】 查询“学生信息”表中的所有记录。

```
SELECT*  FROM  学生信息;
```

2. 查询部分记录

在实际应用中，用户只对部分字段满足一定条件的记录感兴趣。这时就需要选择部分字段，并设置查询条件了。

查询部分记录，主要是如何正确设置查询条件，查询条件通过 WHERE 子句来设置。查询条件的设置可以参照 3.3 章节的内容，常用的运算符详见表 3-2。其中，通配符包括：“*”代表任意多个字符；“?”代表任意单个字符；“#”代表任意单个数字字符；“[ ]”描述一个范围。

【例 4-9】 查询“学生信息”表中男生党员的信息，要求显示学号、姓名、性别、政治面貌等字段信息。运行以下语句后，查询结果如图 4-5 所示。

```
SELECT 学号, 姓名, 性别, 政治面貌  FROM 学生信息
WHERE (性别="男") AND (政治面貌 = "党员");
```

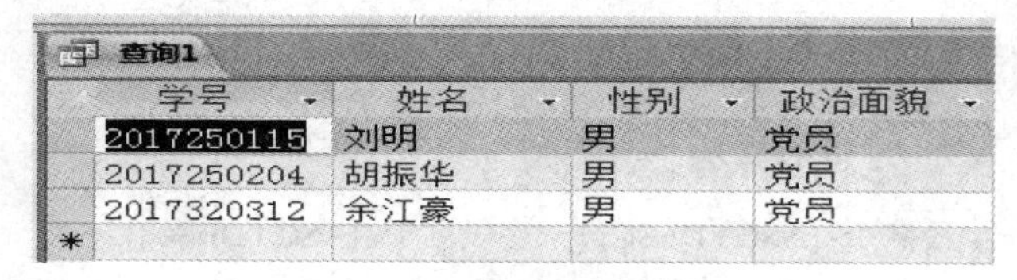

查询1

学号	姓名	性别	政治面貌
2017250115	刘明	男	党员
2017250204	胡振华	男	党员
2017320312	余江豪	男	党员
*			

图 4-5　男生党员查询结果

【例 4-10】 查询“学生信息”表中入学成绩大于 540 分的刘姓学生信息，要求显示学号、姓名、入学成绩等字段信息。运行以下语句后，查询结果如图 4-6 所示。

```
SELECT 学号, 姓名, 入学成绩 FROM 学生信息
WHERE (姓名 Like"刘*") AND (入学成绩>540 );
```

查询1

学号	姓名	入学成绩
2017250115	刘明	543
*		

图 4-6　入学成绩大于 540 分的刘姓学生信息

以上示例可以利用 Access 提供的大量的标准函数来设置查询条件，如数值函数、字符函数、日期和时间函数、统计函数等，详见表 3-3～表 3-6。

另外，使用 DISTINCT 可以不显示重复记录信息，使用 ORDER BY 子句可以按照选定字段进行排序，默认为升序。也可以使用 GROUP BY 子句将查询结果按某一列或者多个字段进行分组，值相同的为一组，再使用统计函数进行统计查询。

【例 4-11】 运行语句："SELECT DISTINCT 性别 FROM 学生信息;"。

查询结果只有"男"、"女"两条记录。

【例 4-12】 从"学生信息"表中统计男生和女生的人数。

```
SELECT 性别, Count(*) AS 人数 FROM 学生信息 GROUP BY 性别;
```

【例 4-13】 从"学生信息"表中，统计出选取专业的人数大于等于 3 的记录信息。运行以下语句，结果如图 4-7 所示。

```
SELECT 专业编号, Count(*) AS 人数 FROM 学生信息
GROUP BY 专业编号, HAVING Count(*) >= 3 ;
```

学生信息　查询1

专业编号	人数
25	8
26	3
27	3
32	3
41	3

图 4-7　人数大于等于 3 的记录信息

【例 4-14】 统计"学生信息"表中 2016 级学生的男生人数及平均成绩。运行以下语句，结果如图 4-8 所示。

```
SELECT  Count (学号) AS  男生人数，Avg(入学成绩) AS 平均成绩 FROM 学生信息
WHERE 性别 = "男" AND Left (学号, 4) = "2016";
```

查询1

男生人数	平均成绩
3	530

图 4-8　2016 级学生的男生人数及平均成绩

4.3.2 多表查询

若要查询的数据来自多个不同的表，则必须使用多表查询方法。注意以下两点：

(1) 如果参与查询的多个表中存在同名的字段，并且这些字段参与查询，则必须在字段名前加表名，中间用"."间隔；格式为"表名.字段名"，或者为"表别名.字段名"。

(2) 必须建立多个表之间相互关联字段的关系。方法有两种：一是在 FROM 子句中列出参与查询的表，并用 WHERE 子句建立关联条件，多个条件要用 AND 连接；二是用 JOIN 子句建立表间关联。

【例 4-15】 从“选课成绩”表、“课程”表和“学生信息”表中查询考试成绩大于85分的信息，显示学号、姓名、课程名称、考试成绩等信息，并按考试成绩降序排列。运行以下语句，结果如图 4-9 所示。

```
SELECT a.学号, 姓名, 课程名称, 考试成绩
FROM 学生信息 a, 课程 b, 选课成绩 c
WHERE a.学号 =c.学号 AND b.课程编号 =c.课程编号 AND 考试成绩 >85
ORDER BY 考试成绩 DESC;
```

查询1

学号	姓名	课程名称	考试成绩
2017270113	张丽洁	C语言程序设计(A)	92
2017250117	张萌	大学计算机基础	87
2017270106	兰梦	C语言程序设计(A)	86

图 4-9　成绩大于 85 分的学生信息

4.3.3 联合查询与子查询

1. 联合查询

对于多个相似的表或选择查询，当希望将它们返回的所有数据一起作为一个合并的集合查看时，便可以使用联合查询。在创建联合查询时，可以使用 WHERE 子句，进行条件筛选。联合查询的命令格式为：

```
SELECT <字段列表>
FROM <表名 1> [, <表名 2>]…
[WHERE <条件表达式 1>]
UNION [ALL]
SELECT <字段列表>
FROM <表名 a> [, <表名 b>]…
[WHERE <条件表达式 2>];
```

命令说明：

(1) FROM(表名)：说明查询的数据源。它可以是单个表，也可以是多个表。

(2) WHERE(条件表达式)：说明查询的条件。条件表达式可以是关系表达式，也可以是逻辑表达式。查询结果是表中满足<条件表达式>的记录集。

(3) UNION：指合并，将 UNION 前后的 SELECT 语句结果合并。

(4) ALL：合并所有记录。如果不需要返回重复记录，只使用带有 UNION 的 SQL SELECT 语句；如果需要返回重复记录，应使用带有 UNION ALL 的 SQL SELECT 语句。

(5) 联合查询中合并的选择查询必须具有相同的输出字段数、采用相同的顺序并包含相同或兼容的数据类型。

【例 4-16】 查询“学生信息”表和“教师信息”表中男性记录，运行以下语句，结果如图 4-10 所示。

SELECT 学号 AS 编号, 姓名, 性别 FROM 学生信息 WHERE 性别 = "男"
UNION
SELECT 教师编号 AS 编号, 姓名, 性别 FROM 教师信息 WHERE 性别 = "男"

查询1

编号	姓名	性别
2016260108	丁明安	男
2016410101	范鹏飞	男
2016410106	黄浩	男
2017250115	刘明	男
2017250118	王立刚	男
2017250203	柳真	男
2017250204	胡振华	男
2017250206	阮班圣楠	男
2017270120	孟旭溪	男
2017320312	余江豪	男
js0106	崔远	男
js0301	刘大伟	男
js0302	张继刚	男
js0311	蔡豪	男
js0601	万国华	男
js0607	徐志强	男

图 4-10 学生与教师信息联合查询

2. 子查询

在对 Access 表中字段进行查询时，可以利用子查询的结果进行进一步的查询。例如，通过子查询作为查询的条件来测试某些结果的存在性，查找主查询中等于、小于或大于子查询返回值的值。但是不能将子查询作为单独的一个查询，必须与其他查询相配合。

需要注意的是，子查询的 SELECT 语句不能定义联合查询或交叉表查询。

4.4 视　　图

视图是关系数据库系统提供给用户多种角度观察数据库中数据的重要机制。视图是从一个或多个基本表(或视图)导出的表，它与基本表不同，是一个虚表。数据库中只存放视图的定义，而不存放视图对应的数据，这些数据仍放在原来的基本表中。所以，基本表中的数据发生变化，从视图中查询出的数据也随之改变。从这个意义上讲，视图就像一个窗口，透过它可以看到数据库中自己感兴趣的内容及其变化。

1. 创建视图

创建视图的语法格式如下：

CREATE VIEW <视图名> [(字段名 1 [, 字段名 2], …)] AS 查询语句;

功能：建立新的视图。

命令说明：

① 字段名：在创建的视图中设置字段名。字段名必须与查询结果中的列对应。若省略，则用查询结果的列名作为视图中的字段名。

② 以查询结果作为视图的数据源。需要注意的是，SELECT 语句中不能包含 INTO 子句，也不能带参数。

③ 视图名：新创建的视图的名称，不能与已有的表名相同。

【例 4-17】 建立视图，用来从“学生信息”表中查询 2017 级的学生信息，包括学号、姓名、性别等字段。

```
CREATE VIEW st1 AS SELECT 学号, 姓名, 性别 FROM 学生信息
WHERE 学号 Like "2017*";
```

需要注意的是，CREATE VIEW 不能直接在 SQL 窗口中使用，可以将 CREATE VIEW 语句嵌入到 Visual Basic 程序中使用。也可以将常用的统计查询以视图的形式保存在数据库中。

2. 视图查询

创建后的视图与表的使用类似，可以通过视图进行数据查询。例如，“SELECT* FROM st1;”表示查看视图 st1 中的所有数据。

3. 视图更新

更新视图是指通过视图来插入(INSERT)、删除(DELETE)和修改(UPDATE) 数据。由于视图是不实际存储数据的虚表，因此对视图的更新最终转换为对基本表的更新。

4. 删除视图

删除视图的语法格式如下：

```
DROP VIEW <视图名>;
```

4.5 数据操作

4.5.1 插入数据

INSERT 语句实现数据的插入功能，有两种基本形式：一种是插入单条记录；另一种是插入子查询的结果。后者可以一次在表的末尾插入多条记录。

(1) 插入单条记录的基本语法格式为：

```
INSERT INTO <表名> [(<字段名 1> [, <字段名 2>…])] VALUES (<常量 1> [, <常量 2>]…);
```

命令说明：

① <表名>：指要插入记录的表的名字。

② <字段名 1> [, <字段名 2>…]：指表中插入新的记录的字段名。

③ VALUES(<常量 1> [, <常量 2>]…)：指表中新插入字段对应的具体值。其中各常量的数据类型必须与 INTO 子句中所对应字段的数据类型相同，且个数也要匹配，顺序也要一致。

(2) 插入多条记录的基本语法格式为：

```
INSERT INTO <表名> [(<字段名 1> [, <字段名 2>…])]
  SELECT [表名.] 字段列表 FROM 表列表 [ WHERE <条件表达式> ]
```

【例 4-18】 向专业表中插入新的记录。

```
INSERT INTO 专业 (专业编号，专业名称，所在学院)
  VALUES ('28', '通信工程', '信息工程学院' );
```

【例 4-19】 将课程编号为“cs01”的记录插入到“选课成绩”表 xk 中。运行以下语句，结果如图 4-11 所示。

```
INSERT  INTO xk  SELECT * FROM 选课成绩 WHERE 课程编号 = 'cs01';
```

查询1　xk

学号	课程编号	平时成绩	考试成绩	单击以添加
2017250115	cs01	82	68	
2017250117	cs01	95	87	
2017250204	cs01	86	78	
2017250206	cs01	70	42	
2017270120	cs01	80	72	
2017320302	cs01	85	82	
2017320312	cs01	72	48	
*				

记录: 第 1 项(共 7 项)　无筛选器　搜索　数字

图 4-11　插入记录示例

4.5.2　修改数据

修改数据的语法格式如下：

```
UPDATE  <表名>  SET 字段名 1 = 新值 1[, 字段名 2 = 新值 2, …]
[WHERE 条件表达式];
```

功能：修改指定表中符合条件的记录。

【例 4-20】 将“选课成绩”表 xk 中平时成绩小于 80 分的学生，其考试成绩加 10 分。运行以下语句，结果如图 4-12 所示。

```
UPDATE xk SET 考试成绩 = 考试成绩+10 WHERE 平时成绩 < 80;
```

查询1　xk

学号	课程编号	平时成绩	考试成绩	单击以添加
2017250115	cs01	82	68	
2017250117	cs01	95	87	
2017250204	cs01	86	78	
2017270120	cs01	80	72	
2017320302	cs01	85	82	
*				

记录: 第 1 项(共 5 项)　无筛选器　搜索

图 4-12　修改记录示例

需要注意的是，通过视图方式将数据插入基本表，或者修改基本表中的数据，视图必须包含基本表的主键。

4.5.3　删除数据

删除数据的语法格式如下：

```
DELETE  FROM  <表名> [WHERE 条件表达式];
```

功能：从指定表中删除符合条件的数据记录。

命令说明：若没有条件表达式子句，则删除表中的所有数据记录，但是并不会删除表结构。

【例 4-21】 将“选课成绩”表 xk 中考试成绩不及格的记录删除。运行以下语句，结果如图 4-13 所示。

```
DELETE FROM xk WHERE 考试成绩 < 60;
```

查询1 | xk

学号	课程编号	平时成绩	考试成绩	单击以添加
2017250115	cs01	82	68	
2017250117	cs01	95	87	
2017250204	cs01	86	78	
2017270120	cs01	80	72	
2017320302	cs01	85	82	
*				

记录: 第 1 项(共 5 项)　无筛选器　搜索

图 4-13　删除记录示例

单元测试4

一、单选题

1. 在 SELECT 语句中，需显示的内容使用“*”，则表示(　　)。

A. 选择任何属性　　B. 选择所有属性

C. 选择所有元组　　D. 选择主键

2. 在 SQL 的 SELECT 语句中，用于实现选择运算的子句是(　　)。

A. FROM　　B. GROUP BY　　C. ORDER BY　　D. WHERE

3. SELECT 语句中用于返回非重复记录的关键字是(　　)。

A. DISTINCT　　B. GROUP　　C. TOP　　D. ORDER

4. 打开查询设计视图窗口，在“查询工具设计”选项卡的“结果”命令组中单击“视图”按钮，在下拉菜单中选择(　　)命令，即进入查询的 SQL 视图界面。

A. SQL 视图　　B. SQL 查询　　C. SQL 语言　　D. SQL 语句

5. 在 SQL 语句中，与表达式“仓库号 Not In("wh1", "wh2")”功能相同的表达式是(　)。

A. 仓库号 = "wh1" AND 仓库号 = "wh2"

B. 仓库号 <> "wh1"OR 仓库号 <>"wh2"

C. 仓库号 <> "wh1"OR 仓库号 = "wh2"

D. 仓库号 <> "wh1"AND 仓库号 <>"wh2"

6. 我们可以直接将命令发送到 ODBC 数据库，它使用服务器能接受的命令，利用它可以检验或更改记录的查询是(　　)。

A. 联合查询　　B. 传递查询　　C. 数据定义查询　　D. 子查询

7. 要从数据库中删除一个表，应该使用的 SQL 语句是(　　)。

A. ALTER TABLE　　B. KILL TABLE

C. DELETE TABLE　　D. DROP TABLE

8. SQL 语句不能创建的是(　　)。

A. 报表查询　B. 操作查询　C. 数据定义查询　D. 选择查询

9. 在 SELECT 语句中使用 GROUP BY NO 时，NO 必须(　　)。

A. 在 WHERE 子句中出现　B. 在 FROM 子句中出现

C. 在 SELECT 子句中出现　D. 在 HAVING 子句中出现

10. 在 SQL 查询语句中，用来指定对选定的字段进行排序的子句是(　　)。

A. ORDER BY　B. FROM　C. WHERE　D. HAVING

11. SQL 中用于删除基本表的语句是(　　)。

A. DROP　B. UPDATE　C. ZAP　D. DELETE

12. SQL 中用于在已有表中添加或改变字段的语句是(　　)。

A. CREATE　B. ALTER　C. UPDATE　D. DROP

13. 假设职工表中有 10 条记录，获得“职工”表最前面两条记录的命令为(　　)。

A. SELECT 2* FROM 职工　B. SELECT Top 2 FROM 职工

C. SELECT Percent 2* FROM 职工　D. SELECT Percent 20* FROM 职工

14. 在使用 SELECT 语句进行分组检索时，为了去掉不满足条件的分组，应当(　　)。

A. 使用 WHERE 子句

B. 在 GROUP BY 子句后面使用 HAVING 子句

C. 先使用 WHERE 子句，再使用 HAVING 子句

D. 先使用 HAVING 子句，再使用 WHERE 子句

15. 在下列查询语句中，与“SELECT FROM Member WHERE InStr([简历], "篮球")>0”功能相同的语句是(　　)。

A. SELECT* FROM Member WHERE 简历 Like "篮球"

B. SELECT* FROM Member WHERE 简历 Like"*篮球"

C. SELECT* FROM Member WHERE Member.简历 Like"*篮球*"

D. SELECT* FROM Member WHERE Member 简历 Like 篮球*"

16. 已知“借阅”表中有“借阅编号”、“学号”和“借阅图书编号”等字段，每名学生每借阅本书生成一条记录，要求按学生学号统计出每名学生的借阅次数，在下列 SQL 语句中，正确的是(　　)。

A. SELECT 学号, Count(学号) FROM 借阅

B. SELECT 学号, Count(学号) FROM 借阅 GROUP BY 学号

C. SELECT 学号, Int(学号) FROM 借阅 GROUP BY 学号

D. SELECT 学号, Int(学号) FROM 借阅 ORDER BY 学号

17. 在 Access 中已经建立了“学生”表，表中有“学号”、“姓名”、“性别”、“入学成绩”等字段，执行以下 SQL 命令，其结果是(　　)。

```
SELECT 性别, Avg(入学成绩) FROM 学生 GROUP BY 性别
```

A. 计算并显示所有学生的性别和入学成绩的平均值

B. 按性别分组计算并显示性别和入学成绩的平均值

C. 计算并显示所有学生的入学成绩的平均值

D. 按性别分组计算并显示所有学生的入学成绩的平均值

18. 有如下的 SQL SELECT 语句：

SELECT * FROM stock WHERE Between 12.76 AND 15.20

与该语句等价的是(　　)。

A. SELECT* FROM stock WHERE 单价 <= 15.20 AND 单价 >= 12.76

B. SELECT* FROM stock WHERE 单价 < 15.20 AND 单价 > 12.76

C. SELECT* FROM stock WHERE 单价 >= 15.20 AND 单价 <= 12.76

D. SELECT* FROM stock WHERE 单价 > 15.20 AND 单价 < 12.76

19. 在下列关于 SQL 语句的说法中，错误的是(　　)。

A. INSERT 语句可以向数据表中追加新的数据记录

B. UPDATE 语句用来修改数据表中已经存在的数据记录

C. DELETE 语句用来删除数据表中的记录

D. CREATE 语句用来建立表结构并追加新的记录

20. 在 Access 数据库中创建一个新表，应该使用的 SQL 语句是(　　)。

A. CREATE TABLE　　B. CREATE INDEX

C. ALTER TABLE　　D. CREATE DATABASE

21. SQL 语句中的 DROP 关键字的功能是从数据库中(　　)。

A. 修改表　　B. 删除表　　C. 插入表　　D. 新建表

22. 有一“人事档案”表，该表中有职工编号、姓名、性别、年龄和职位这 5 个字段的信息，要查询所有年龄在 50 岁以上(含 50 岁)的女职工，并且只显示其职工编号、姓名、年龄这 3 个字段的信息，应使用(　　)SQL 语句。

A. SELECT 职工编号, 姓名, 年龄 FROM 人事档案
WHERE 年龄 >= 50 性别 = "女"

B. SELECT 职工编号, 姓名, 年龄 FROM 人事档案
WHERE 年龄 >= 50 AND 性别 = "女"AND 职位 = "职工"

C. SELECT 职工编号, 姓名, 年龄 FROM 人事档案
WHERE 年龄 >= 50 AND 性别 = "女"

D. SELECT 职工编号, 姓名, 年龄 FROM 人事档案
WHERE 年龄 >= 50, 性别 = "女"

23. 有一“人事档案”表，该表中有职工编号、姓名、性别、年龄和职位这 5 个字段的信息，要将所有职工的年龄增加 1，应用(　　) SQL 语句。

A. UPDATE 人事档案 年龄 = 年龄+1

B. UPDATE 人事档案 SET 年龄 WITH 年龄+1

C. UPDATE 人事档案 SET 年龄 = 年龄+1

D. UPDATE 人事档案 LET 年龄 = 年龄+1

24. 有一“人事档案”表，该表中有职工编号、姓名、性别、出生日期和职位这 5 个字段的信息，对所有的职工先按性别的升序排序，在性别相同的情况下再按出生日期的降序排序。能完成这一功能的 SQL 语句是(　　)。

A. SELECT * FROM 人事档案 ORDER BY 性别 ASC 出生日期 DESC

B. SELECT * FROM 人事档案 ORDER BY 性别 ASC AND 出生日期 DESC

C. SELECT * FROM 人事档案 ORDER BY 性别 ASC, 出生日期 DESC

D. SELECT * FROM 人事档案 ORDER BY 性别, 出生日期 DESC

25. 有一“人事档案”表，该表中有职工编号、姓名、性别、年龄和职位这5个字段的信息，现要求显示所有职位不是部门经理的职工的信息。能完成该功能的SQL语句是(　　)。

A. SELECT* FROM 人事档案 WHERE NOT "部门经理"

B. SELECT* FROM 人事档案 WHERE 职位 NOT "部门经理"

C. SELECT* FROM 人事档案 WHERE NOT 职位 = "部门经理"

D. SELECT* FROM 人事档案 WHERE 职位 = "部门经理"

26. 某工厂数据库中使用表“产品”记录生产信息，该表包括小组编号、日期、产量等字段，每个记录保存了一个小组一天的产量等信息。现需要统计每个小组在2008年9月份的总产量，则使用的SQL命令是(　　)。

A. SELECT 小组编号, Sum(产量)AS 总产量 FROM 产品
WHERE 日期 = #2008-09# GROUP BY 小组编号

B. SELECT 小组编号, Sum(产量)AS 总产量 FROM 产品
WHERE 日期 >= #2008-09-01# AND 日期 <= #2008-09-30# GROUP BY 日期

C. SELECT 小组编号, Sum(产量)AS 总产量 FROM 产品
WHERE 日期 >= #2008-09-01# AND 日期 < #2008-10-01# GROUP BY 小组编号

D. SELECT 小组编号, Sum(产量)AS 总产量 FROM 产品
WHERE 日期 = 9 月 GROUP BY 小组编号, 日期

二、填空题

1. SQL的中文含义是__________。

2. 在SELECT语句中，“*”代表__________。

3. 在Access 2010中，SQL查询具有3种特定形式，分别是________、________及________。

4. 联合查询指使用________运算将多个__________合并到一起。

5. 要将“学生”表中女生的入学成绩加10分，可使用的SQL语句__________。

6. 语句“SELECT 成绩表.* FROM 成绩表 WHERE 成绩表.成绩 > (SELECT Avg(成绩表.成绩 FROM 成绩表)”，其功能是______________________。

三、问答题

1. SQL语句有哪些功能？在Access查询中如何使用SQL语句？

2. 在SELECT语句中，对查询结果进行排序的子句是什么？能消除重复行的关键字是什么？

3. 在SQL中，对于“查询结果是否允许存在重复元组”是如何实现的？

4. 在SELECT语句中，何时使用分组子句？何时不必使用分组子句？

5. 在包含集合函数的SELECT语句中，GROUP BY子句有哪些用途？

6. HAVING与WHERE同时用于指出查询条件，说明各自的应用场合。

第 5 章　窗　　体

第 2 章节介绍的数据表视图可以对数据记录进行浏览、添加、修改和删除等操作，但是，人们更加热衷于使用人机交互更友好、更方便的界面——窗体(Form)。在 Access 中，窗体是一个重要的数据库对象，也可称为表单，意为操作列表与清单，是维护表中数据最为灵活的一种形式。窗体可以大致分为窗口和对话框两大类。窗体中的操作对象称为控件，意为输入/输出控制部件。

在 Access 中，当以窗体作为输入界面时，它可以接收用户的输入，判定其有效性和合理性，并响应动作消息，执行一定的功能。以窗体作为输出界面时，它可以输出数据表中的各种字段内容，如文字、图形图像，还可以播放声音、视频动画，实现数据库中多媒体数据处理。窗体还可以作为控制驱动界面，如窗体中的“命令按钮”，用它将整个系统中的对象组织起来，从而形成一个连贯、完整的系统。

本章将首先介绍 Access 2010 中窗体的概念、创建窗体的各种方法、窗体中常用控件的创建与属性设置、窗体数据记录的操作，然后再介绍控制窗体的创建与设计操作，如导航窗体、切换面板窗体等。

5.1　窗 体 概 述

在 Access 中，窗体是用户与数据库系统之间进行交互操作的主要对象。窗体本质上是一个 Windows 的窗口，只是在进行可视化程序设计时将其称为窗体。

由于窗体的功能与数据库中的数据密切相关，因此在建立一个窗体时，往往需要指定与该窗体相关的表或查询对象，也就是需要指定窗体的记录源。

窗体的记录源可以是表或查询对象，还可以是 SQL 语句。窗体中显示的数据将来自记录源指定的基础表或查询。窗体的记录源引用基础表和查询中的字段，但窗体无需包含每个基础表或查询中的所有字段。窗体上的其他信息(如标题、日期和页码)存储在窗体的设计中。

在窗体中，通常需要使用各种窗体元素，例如，标签、文本框、选项按钮、复选框、命令按钮、图片框等，我们把这些窗体元素称为控件。对于负责显示记录源中某个字段数据的控件，需要将该控件的“控件来源”属性指定为记录源中的某个字段。

一旦完成了窗体“记录源”属性和所有控件的“控件来源”属性的设置，窗体就具备了显示记录源中记录的能力。在打开窗体对象时，系统通常会自动在窗体中添加导航条，用户便可以浏览和编辑“记录源”中的记录了。

对数据库的所有操作都可以通过窗体来实现。利用窗体可以使数据库中数据的输入、修改和查看等操作变得非常简单、直观，数据类型也更加灵活多样。用 Access 2010 可以在窗体中设计美观的背景图案；设计文本框、列表框、组合框来向表中输入数据；创建命令按钮来打开其他窗体或者报表；创建自定义对话框以接收用户输入，并根据用户输入的信息执行相应的操作。

在一个数据库应用系统的各项功能开发完成后，可以用一个主要的窗体，被称为总控窗体或者主界面，控制各项功能的选择和操作。主窗体可以是导航窗体、切换面板窗体或者是包含一组功能选择按钮的窗体。

5.1.1 窗体的功能与类型

外观上，窗体和普通的 Windows 窗口非常类似，上方是标题栏和控制按钮，窗体内是各种控件，如命令按钮、文本框、列表框、组合框等；下方是状态栏。

1. 窗体的功能

窗体是应用程序与用户之间的接口，是设计数据库应用系统的常用对象之一。用户使用窗体进行人机交互，实现数据维护和控制应用程序流程。具体来说，窗体具有以下 3 种功能：

(1) 输入、输出与编辑数据。窗体的基本功能就是显示和编辑数据。通过窗体可以输入、修改、删除和输出数据库中的数据，还可以利用窗体所结合的程序设计语言 VBA (Visual Basic for Application，面向应用的 VB)，为窗体设计计算过程。在窗体中显示的数据清晰且易于控制。尤其是在大型数据表中，数据可能难以查找，而窗体使数据容易使用。

(2) 显示信息。在窗体中可以显示一些解释或警告的信息。在 Access 2010 中，单击“文件”→“打印”，可以打印当前打开的窗体等对象。

(3) 控制应用程序流程。窗体可以与函数、子程序相结合，通过编写宏或 VBA 代码完成各种复杂的控制功能。例如，在窗体中设计命令按钮，并对其编程，当单击命令按钮时，即可执行相应的操作，从而达到控制程序流程的目的。

2. 窗体的信息来源

窗体作为用户与 Access 应用程序之间的交互界面，其本身并不存储数据；多数窗体都是在表或查询的基础上完成的。数据源为窗体提供所需的数据。输入、编辑和输出数据的窗体在应用中都需要数据源的支持。具体来说，窗体的信息来源于两个方面：

(1) 附加信息。在设计窗体时，或是为了美观，或是为了给用户一些提示信息，可以在窗体中添加一些说明性文字或图形元素，如线条、矩形框等。

(2) 表或查询。如果窗体需要显示数据库中的数据，则在创建窗体时，选择数据库中的表或查询作为窗体的数据源(或称为记录源)。这时，窗体与选择的表或查询相关联，使得在窗体中对数据进行修改、添加或删除时，数据操作的结果会自动保存到相关联的数据表中。当然，数据源表中的记录发生变化时，窗体中的信息也会随之变化。

5.1.2 窗体的视图

窗体的各种显示形式称为窗体的视图。Access 2010 中有 6 种窗体视图，分别是设计视图、窗体视图、数据表视图、数据透视表视图、数据透视图视图以及布局视图。不同类型的窗体具有的视图类型也不同；窗体在不同视图中完成不同的操作任务，通过窗体的“视图”命令可以方便地切换不同视图。

1. 设计视图

若要创建或修改一个窗体的布局设计，可在窗体“设计视图”中进行。在“设计视图”中，可以使用“窗体设计工具”下的“设计”选项卡上的按钮添加控件，如标签、文本框、按钮等；可以设置窗体或各个控件的属性；可以使用“窗体设计工具”下的“格式”选项卡上的按钮更改字体或字体大小、对齐文本、更改边框或线条宽度、应用颜色或特殊效果；可以使用“窗体设计工具”下的“排列”选项卡上相应按钮对齐控件等。

在“设计视图”中，单击“设计”选项卡上“视图”组中的“视图”按钮可切换到另一个视图(默认切换到“窗体视图”)。“设计视图”用于设计和修改窗体。在“设计视图”中有下列功能：

(1) 窗体在“设计视图”中显示时并没有运行，看不到实际数据。

(2) 显示网格线，便于对齐窗体内的各个控件。

(3) 可以用鼠标左键框选多个控件，所选择的控件四周以黄色突出显示控制框，表示此时可以调整这些控件的位置和大小。

(4) 默认显示“主体”节，可以在窗体的空白处单击鼠标右键，执行“页面页眉/页脚”或“窗体页眉/页脚”命令显示或隐藏它们，还可以调整各部分的大小。

(5) 可以向窗体添加更多类型的控件，如选项框、分页符和图表。

(6) 可以对文本框单击鼠标右键，使用“事件生成器”编辑文本框的“控件来源”(数据来源)，而不使用属性表。

(7) 更改某些无法在布局视图中更改的窗体属性。

2. 窗体视图

在“设计视图”中创建窗体后，即可在“窗体视图”中进行查看。在“窗体视图”中，显示来自记录源的记录数据，并可使用“记录导航”按钮在记录之间进行快速切换。

3. 数据表视图

在“设计视图”中创建窗体后，即可在“数据表视图”中进行查看。在“数据表视图”中可以查看以行与列格式显示的记录，因此可同时看到许多条记录，并可使用“记录导航”按钮在记录之间进行快速切换。

4. 数据透视表视图

在“数据透视表视图”中，可以动态地更改窗体的版面，从而以各种不同方法分析数据；可以重新排列行标题、列标题和筛选字段，直到形成所需的版面布置为止。每次改变版面布置时，窗体会立即按照新的布置重新计算数据。在“数据透视表视图”中，通过排列筛选行、列和汇总或明细区域中的字段，可以查看明细数据或汇总数据。

5. 数据透视图视图

在“数据透视图视图”中，可以动态地更改窗体的版面，从而以各种不同方法分析数据；可以重新排列横坐标轴标题、纵坐标轴标题和筛选字段，直到形成所需的版面布置为止。每次改变版面布置时，窗体会立即按照新的布置重新计算数据并显示对应的图表。在“数据透视图视图”中，通过选择一种图表类型并排列筛选系列、类别和数据区域中的字段，可以直观地以图表形式显示数据。

6. 布局视图

Access 2010 新增了“布局视图”，它比“设计视图”更加直观，在设计的同时，还可以查看数据。在“布局视图”中，窗体中每个控件都显示了记录源中的数据，因此可以更加方便地根据实际数据调整控件的大小、位置等。

5.1.3 窗体的类型

窗体的分类方法有多种，根据数据的显示方式，窗体可以分为单页窗体、多页窗体、连续窗体、弹出式窗体、主—子窗体、图表窗体等。窗体类型及其主要功能如表 5-1 所示。

表 5-1 窗体类型及其主要功能

窗 体 类 型	主 要 功 能
单页窗体	也称为纵栏式窗体，在窗体中每页只显示表和查询的一条记录，记录中的字段纵向排列于窗体之中
多页窗体	在窗体中每页显示记录的部分信息。可以通过“切换”按钮，在不同分页中切换
连续窗体	也称为表格式窗体，可以一次显示多条记录，它是以数据表的方式显示已经格式化的数据
弹出式窗体	用来显示信息或者提示用户输入数据
主—子窗体	用来显示具有一对多关系的表中的数据
图表窗体	将数据经过一定的处理，以图表形式直观显示出来，清晰地展示数据的变化状态以及发展趋势

在 Access 2010 中，窗体的类型包含：单窗体、数据表窗体、分割窗体、多项目窗体、数据透视表窗体和数据透视图窗体等。这些不同类型的窗体设计操作将在后续的章节中介绍。

在“创建”选项卡的“窗体”组中，提供了多种创建窗体的功能按钮，如图 5-1 所示。其包括 3 个主要的按钮：“窗体”、“窗体设计”和“空白窗体”；3 个辅助按钮：“窗体向导”、“导航”和“其他窗体”。

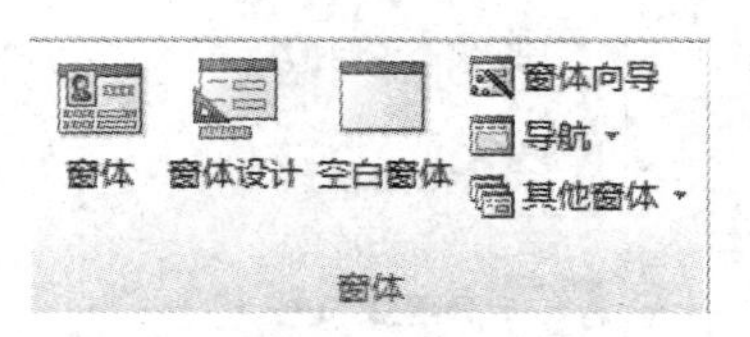

图 5-1 “窗体”组功能按钮

“窗体”组的 6 个按钮功能如下：

(1) 窗体。在 Access 2010 的“导航窗格”中选择要在窗体上显示的表或查询后，单击“窗体”按钮，即自动创建窗体。使用该按钮创建的窗体，自动把数据源的所有字段都放置在窗体上。一次只纵向显示一条记录，可称之为单窗体。

(2) 窗体设计。单击“窗体设计”按钮，即显示窗体的“设计视图”，可以手动设计和修改窗体。

(3) 空白窗体。单击“空白窗体”按钮，即显示窗体的“布局视图”，可以手动设计和修改窗体；“布局视图”能够看到窗体的运行结果。

(4) 窗体向导。单击“窗体导向”按钮，即显示“窗体向导”，引导用户创建窗体。其中，允许手动选择若干个有关的表或查询，以及需要的字段作为窗体的数据源。

(5) 导航。“导航”按钮用于创建数据库应用程序主界面，即导航窗体，以集成和控制其他窗体。其下拉列表中提供 6 种不同的布局形式，可以创建不同布局格式的导航窗体，如图 5-2 所示。“导航”按钮更适合于创建 Web 数据库窗体。

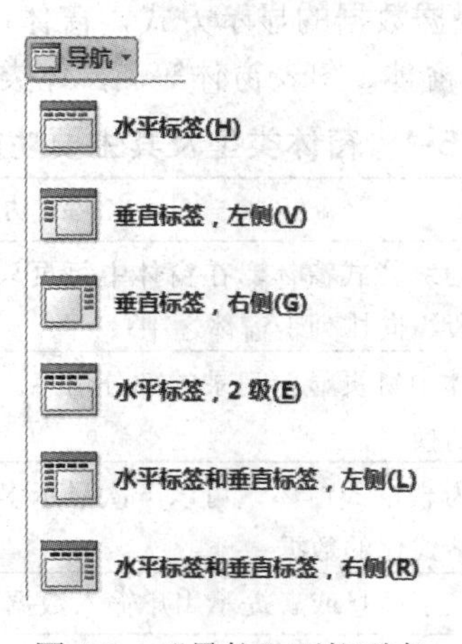

图 5-2　“导航”下拉列表

(6) 其他窗体。单击“其他窗体”按钮可以展开下拉列表，该下拉列表中提供了创建各种特定窗体的命令按钮，如图 5-3 所示。其功能分别是：

① 多个项目：创建显示多条记录的窗体。

② 数据表：生成数据表形式的窗体。

③ 分割窗体：能同时提供数据的两种视图，窗体视图和数据表视图。分割窗体不同于窗体和子窗体的组合，它的两个视图连接同一数据源，并且总是相互保持同步。若在窗体的某个视图中选择一个字段，则在窗体的另外一个视图中选择相同的字段。

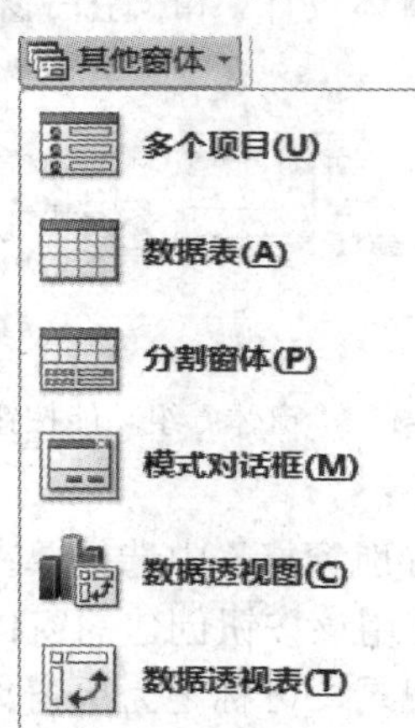

图 5-3　“其他窗体”下拉列表

④ 模式对话框：生成的窗体总是保持在系统的最上面，不关闭该窗体就不能在该窗体之外进行其他操作，如“登录”窗体就属于这种窗体。

⑤ 数据透视图：生成基于数据源的数据透视图窗体。

⑥ 数据透视表：生成基于数据源的数据透视表窗体。

5.1.4　窗体的组成

窗体的构成包括窗体页眉、页面页眉、主体、页面页脚和窗体页脚这5个部分，每个部分称为一个“节”。窗体中的信息可以分布在多个节中。每个节都有特定的用途，并且按窗体中预见的顺序打印。

在窗体的“设计视图”中，节表现为区段形式，并且窗体包含的每个节最多出现一次。窗体的组成如图5-4所示。在打印窗体中，页面页眉和页面页脚可以每页重复一次。通过在某个节中放置控件(如标签和文本框等)，可确定该节中信息的显示位置。

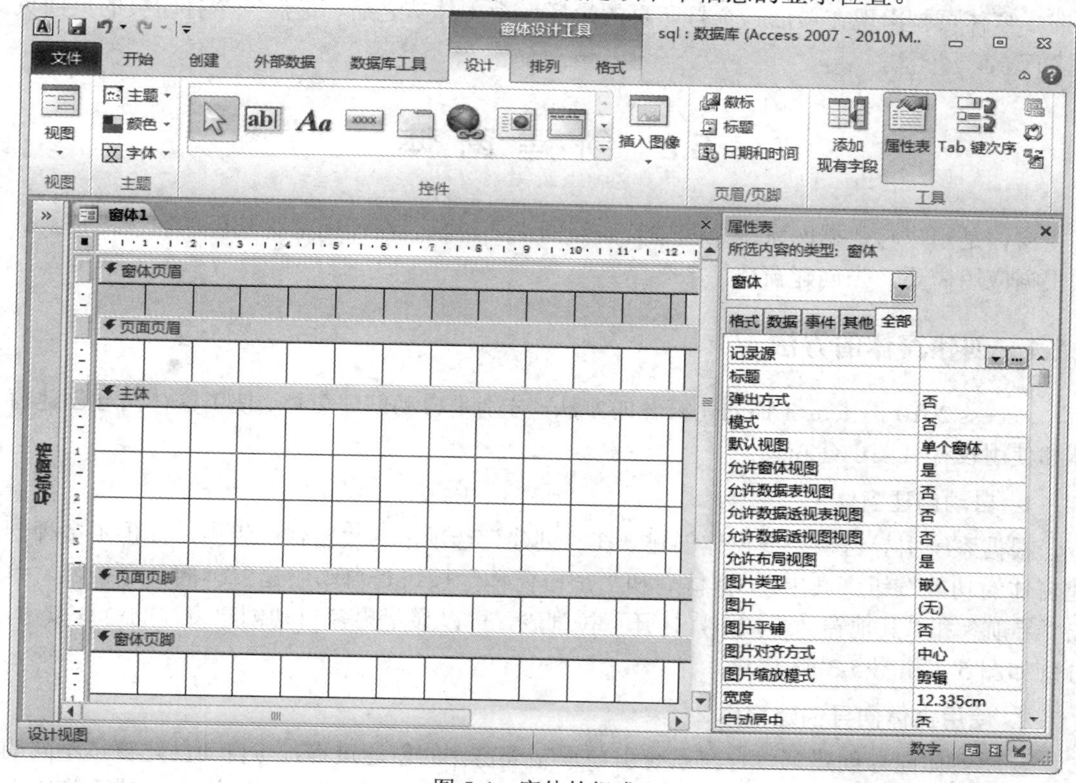

图5-4　窗体的组成

在默认情况下，窗体“设计视图”只显示主体节，若要添加其他节，可用鼠标右键单击节中空白的地方，在弹出的快捷菜单中单击“页面页眉/页脚”(默认)，可显示或隐藏页面页眉节和页面页脚节；单击“窗体页眉/页脚”，可显示或隐藏窗体页眉节和窗体页脚节。

1. 窗体页眉节

窗体页眉节显示对每条记录都一样的信息，如窗体的标题。窗体页眉出现在“窗体视图”中屏幕的顶部，以及打印时首页的顶部。

2. 页面页眉节

页面页眉节在每个打印页的顶部显示诸如标题或列标题等信息。页面页眉只出现在打印预览中或打印页纸上。

3. 主体节

主体节显示明细记录。它可以在屏幕或页上显示一条记录，也可以显示尽可能多的记录。

4. 页面页脚节

页面页脚节在每个打印页的底部显示诸如日期或页码等信息。页面页脚只出现在打印预览中或打印页纸上。

5. 窗体页脚节

窗体页脚节显示对每条记录都一样的信息，如命令按钮或有关使用窗体的指导。在打印时，窗体页脚出现在最后一个打印页的最后一个主体节之后、最后一个打印页的页面页脚之前。

5.2 创建窗体

窗体是用户与数据库系统之间进行交互的主要对象。在使用某种功能的窗体之前，必须根据应用需要，先创建窗体。

5.2.1 创建窗体的方法

Access 2010 提供了 3 种创建窗体的方法，分别是自动创建窗体、使用窗体向导创建窗体和使用设计视图创建窗体。

1. 自动创建窗体

根据系统引导自动完成窗体创建。在“创建”选项卡的“窗体”组中，提供了多种创建窗体的功能按钮。其中，“窗体”和“空白窗体”按钮是自动创建窗体的命令按钮，单击“导航”和“其他窗体”按钮，打开下拉列表，可以显示更多自动创建窗体的命令按钮，分别如图 5-2 和图 5-3 所示。

2. 使用窗体向导创建窗体

使用窗体向导创建窗体是在系统引导下完成窗体的创建过程，与自动创建窗体不同的是，前者只能基于单个表或查询创建窗体，而使用向导创建窗体可以从多个表或查询中选取数据，使用窗体向导可以创建纵栏式、表格式、数据表和主—子类型的窗体。在图 5-1 中单击“窗体向导”按钮就可以在系统引导下完成窗体的创建。

3. 使用设计视图创建窗体

使用向导创建的窗体一般都有固定模式，不一定完全符合用户要求。使用设计视图可以根据用户的需要自行设计窗体。无论采用哪种方法创建的窗体，都可以在设计视图中进行修改和调整。设计视图是创建窗体的主要方法，在图 5-1 中单击“窗体设计”按钮就可以新建一个空白窗体并打开窗体的设计视图。

5.2.2 自动创建窗体

应用 Access 提供的窗体按钮自动创建窗体，基本方法是先打开(或选定)一个表或者查询作为窗体的记录源，然后再选用某种自动创建窗体的按钮创建。

在 Access 中，使用自动创建窗体方法可以创建 5 种窗体：纵栏式窗体、表格式窗体、数据表窗体、数据透视表窗体、数据透视图窗体。

1. 使用“窗体”按钮创建纵栏式窗体

使用“窗体”按钮创建窗体是基于单个表或查询，创建出纵栏式窗体。在纵栏式窗体中，数据源的所有字段都会显示在窗体上，每个字段占一行，一次只显示一条记录。

【例 5-1】 在“学生成绩管理”数据库中，使用“窗体”按钮创建一个名为“例 5-1 选课成绩”的窗体。该窗体的记录源是“选课成绩”表。

具体操作步骤如下：

(1) 打开“学生成绩管理”数据库，单击“导航窗格”中的“表”对象。

(2) 在展开的“表”对象列表中单击“选课成绩”，即选定“选课成绩”表为窗体的数据源。

(3) 单击“创建”选项卡中“窗体”选项组上的“窗体”按钮，Access 即可自动生成一个纵栏式窗体。

(4) 保存该窗体，命名为“例 5-1 选课成绩”，该窗体的布局视图如图 5-5 所示。

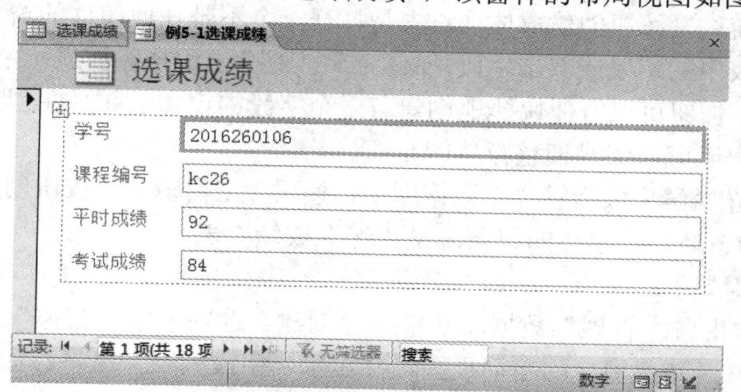

图 5-5 “例 5-1 选课成绩”窗体

【例 5-2】 在“学生成绩管理”数据库中，使用“窗体”按钮创建一个名为 “例 5-2 学生信息”的窗体。该窗体的记录源是“学生信息”表。

具体操作步骤如下：

(1) 打开“学生成绩管理”数据库，单击“导航窗格”中的“表”对象。

(2) 在展开的“表”对象列表中单击“学生信息”，即选定“学生信息”表为窗体的数据源。

(3) 单击“创建”选项卡中“窗体”选项组上的“窗体”按钮，Access 即可自动生成一个纵栏式窗体。

(4) 保存该窗体，命名为“例 5-2 学生信息”，该窗体的布局视图如图 5-6 所示。

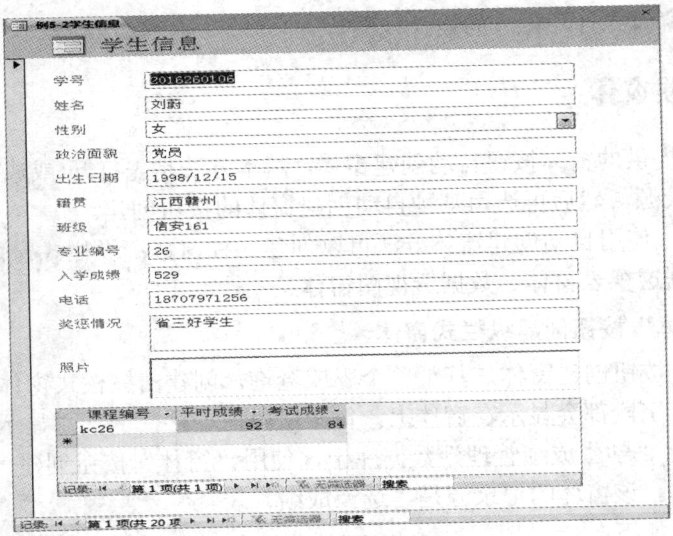

图 5-6　“例 5-2 学生信息”窗体

从以上例题中可发现，作为窗体的记录源，如果选定的表有关联的子表，则会在主窗体中自动生成子窗体，用于显示主窗体中当前记录相关联的子表中的数据。本例中可以看到，在生成的主窗体下方有一个子窗体，显示了“学生信息”表当前记录在子表“选课成绩”中关联的记录。

2. 使用“空白窗体”按钮创建窗体

使用“空白窗体”按钮创建窗体，首先是打开一个不带任何控件的窗体“布局视图”，通过拖曳数据源表中的字段或双击字段，在“布局视图”上添加需要显示字段的对应控件。使用“空白窗体”按钮可以方便快捷地创建若干个字段的窗体，并且在创建过程中可以直接看到数据，用户还可以即时调整窗体的布局。

【例 5-3】 在“学生成绩管理”数据库中，使用“空白窗体”按钮创建一个名为“例 5-3 选课成绩”的窗体。该窗体的记录源是“选课成绩”表。

具体操作步骤如下：

(1) 打开“学生成绩管理”数据库，单击“创建”选项卡中“窗体”选项组上的“空白窗体”按钮，打开新建窗体的布局视图，并显示“字段列表”窗格，如图 5-7 所示。

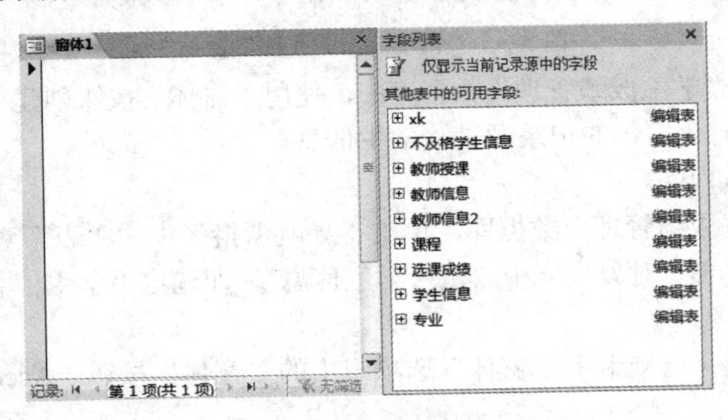

图 5-7　用“空白窗体”创建窗体的布局视图

(2) 在“字段列表”窗格中，单击“选课成绩”表前的“+”号，展开“选课成绩”表的所有字段。

(3) 移动光标到“学号”字段，按住鼠标左键并拖曳至布局视图的适当位置上释放鼠标。此时，添加“学号”字段后窗体的布局视图如图 5-8 所示。“可用于此视图的字段”列出了已添加在窗体上的字段所在表的所有字段，“相关表中的可用字段”列出了与已添加字段所在表相关联的表的所有字段。

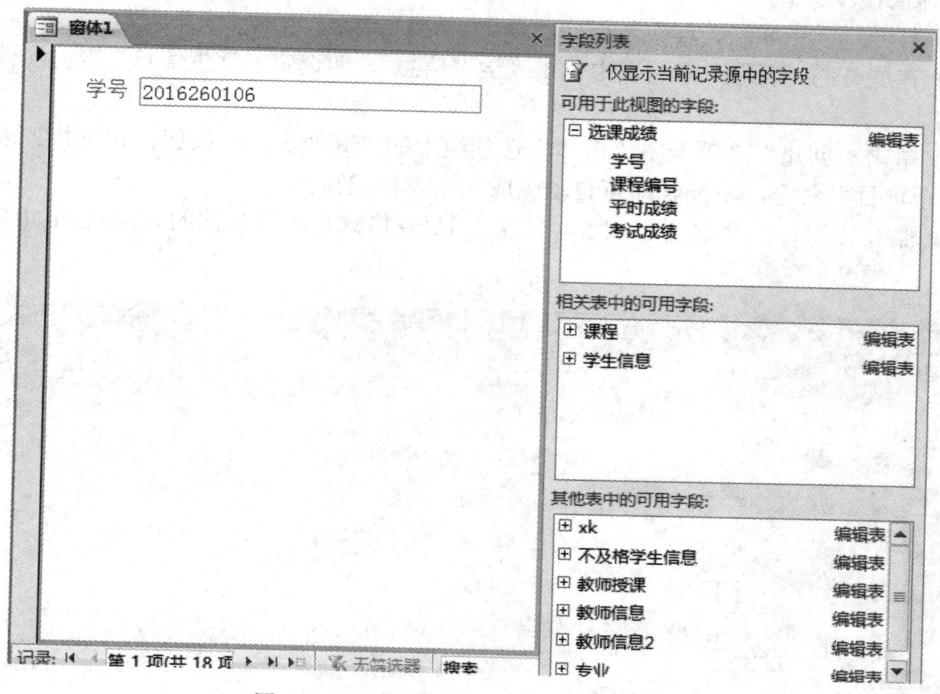

图 5-8　添加“学号”字段后的布局视图

(4) 在“相关表中的可用字段”窗格中，单击“课程”表前的“+”号，展开“课程”表的所有字段，双击其中的“课程名称”字段。

(5) 重复步骤(3)添加“平时成绩”和“考试成绩”字段。

(6) 单击“保存”按钮，保存该窗体，窗体命名为“例 5-3 选课成绩(空白)”；该窗体的布局视图如图 5-9 所示。

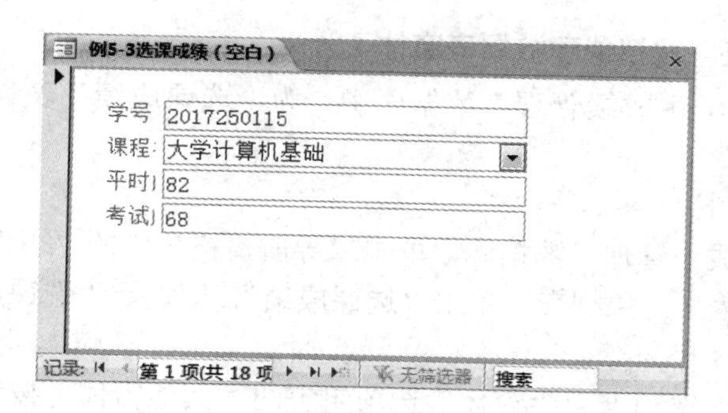

图 5-9　“例 5-3 选课成绩(空白)”窗体

3. 使用“多个项目”按钮创建表格式窗体

使用“多个项目”按钮创建表格式窗体，在一个窗体上显示多条记录，每一行为一条记录，数据源可以是表或者查询。

【例 5-4】 在“学生成绩管理”数据库中，为“学生信息”表自动创建一个表格式窗体。

具体操作步骤如下：

(1) 打开“学生成绩管理”数据库，单击“导航窗格”中的“表”对象。

(2) 在展开的“表”对象列表中单击“学生信息”，即选定“学生信息”表为窗体的数据源。

(3) 单击“创建”选项卡中“窗体”选项组上的“其他窗体”按钮，在下拉列表中选择“多个项目”命令，Access 即可自动生成一个表格式窗体。

(4) 保存该窗体，命名为“例 5-4 学生信息(表格式)”，该窗体的布局视图如图 5-10 所示。

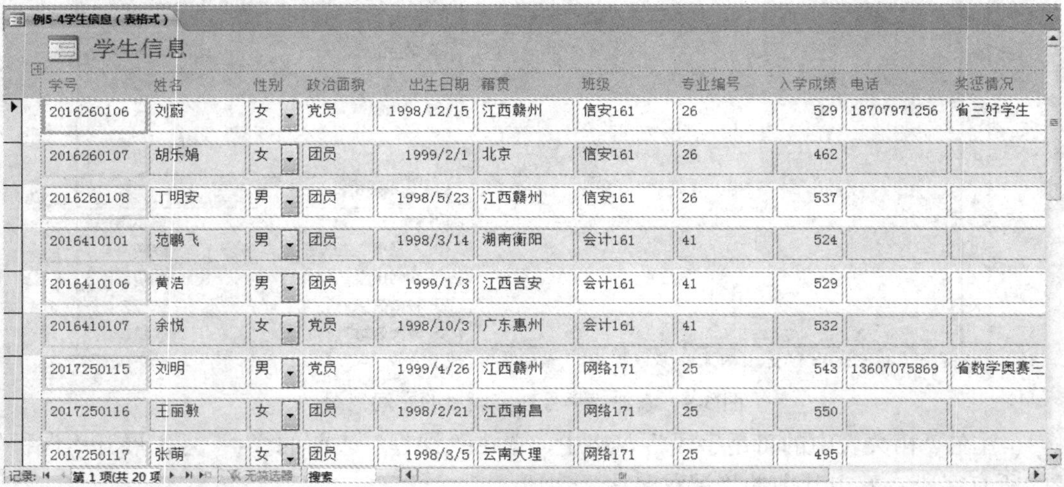

例5-4学生信息（表格式）

学生信息

学号	姓名	性别	政治面貌	出生日期	籍贯	班级	专业编号	入学成绩	电话	奖惩情况
2016260106	刘蔚	女	党员	1998/12/15	江西赣州	信安161	26	529	18707971256	省三好学生
2016260107	胡乐娟	女	团员	1999/2/1	北京	信安161	26	462		
2016260108	丁明安	男	团员	1998/5/23	江西赣州	信安161	26	537		
2016410101	范鹏飞	男	团员	1998/3/14	湖南衡阳	会计161	41	524		
2016410106	黄浩	男	团员	1999/1/3	江西吉安	会计161	41	529		
2016410107	余悦	女	党员	1998/10/3	广东惠州	会计161	41	532		
2017250115	刘明	男	党员	1999/4/26	江西赣州	网络171	25	543	13607075869	省数学奥赛三
2017250116	王丽敏	女	团员	1998/2/21	江西南昌	网络171	25	550		
2017250117	张萌	女	团员	1998/3/5	云南大理	网络171	25	495		

记录: 第 1 项(共 20 项　无筛选器　搜索

图 5-10　“例 5-4 学生信息(表格式)”窗体

需要注意的是，在窗体下方自动添加了记录导航按钮，用于前后选择记录和添加新的记录。

4. 使用“数据表”按钮创建数据表窗体

【例 5-5】 在“学生成绩管理”数据库中，为“选课成绩”表自动创建一个数据表窗体。

具体操作步骤如下：

(1) 打开“学生成绩管理”数据库，单击“导航窗格”中的“表”对象。

(2) 在展开的“表”对象列表中单击“选课成绩”，即选定“选课成绩”表为窗体的数据源。

(3) 单击“创建”选项卡中“窗体”选项组上的“其他窗体”按钮，在下拉列表中选择“数据表”命令，Access 即可自动生成一个数据表窗体。

(4) 保存该窗体，命名为“例 5-5 选课成绩(数据表)”，该窗体的布局视图如图 5-11 所示。

例5-5 选课成绩（数据表）

学号	课程编号	平时成绩	考试成绩
2016260106	kc26	92	84
2016260107	kc26	88	76
2016260108	kc26	80	56
2016410101	kc06	88	78
2016410106	kc06	75	58
2016410107	kc06	85	67
2017250115	cs01	82	68
2017250117	cs01	95	87
2017250204	cs01	86	78
2017250206	cs01	70	42
2017270106	cs02	90	86
2017270113	cs02	95	92

记录: 第 19 项(共 19 项) 无筛选器 搜索

图 5-11 “例 5-5 选课成绩(数据表)”窗体

5. 使用“数据透视表”按钮创建数据透视表窗体

数据透视表是一种特殊的表，用于从数据源的选定字段中分类汇总信息。通过数据透视表可以动态更改表的布局，以不同方式查看和分析数据。

【例 5-6】 在“学生成绩管理”数据库中，为“学生信息”表创建一个数据透视表窗体，要求显示每个班级的男女生人数。

具体操作步骤如下：

(1) 打开“学生成绩管理”数据库，单击“导航窗格”中的“表”对象。

(2) 在展开的“表”对象列表中单击“学生信息”，即选定“学生信息”表为窗体的数据源。

(3) 单击“创建”选项卡中“窗体”选项组上的“其他窗体”按钮，在下拉列表中选择“数据透视表”命令，Access 显示如图 5-12 所示的数据透视表设计窗口，另外，单击“字段列表”按钮，则可显示出“数据透视表字段列表”窗格。

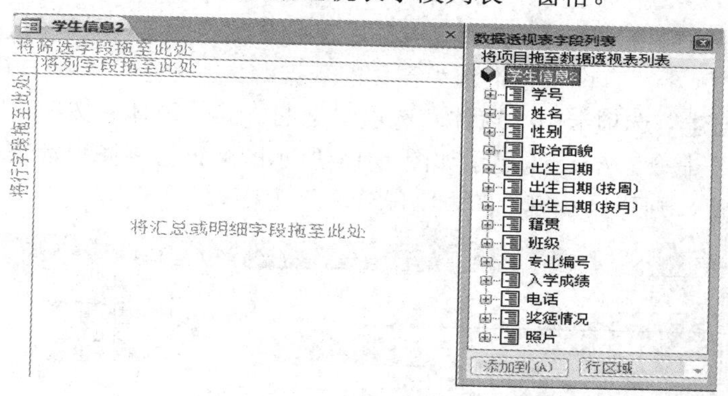

图 5-12 数据透视表设计窗口

(4) 将“数据透视表字段列表”窗格中“班级”字段拖曳到行字段处，将“性别”字段拖曳到列字段处，将“学号”字段拖曳到汇总或明细字段处，关闭“数据透视表字段列表”窗格。

(5) 右键单击数据透视表中的“学号”，打开快捷菜单，单击“自动计算”右侧下拉按钮，从中选择“计数”命令。

(6) 再次右键单击数据透视表中的“学号”，打开快捷菜单，选择“隐藏详细信息”命令，将学号的具体信息隐藏起来。

(7) 右键单击数据透视表中的“班级”，打开快捷菜单，单击“小计”按钮，取消“班级”的总计项。

(8) 保存该窗体，命名为“例 5-6 各班级男女生人数(数据透视表)”，该窗体的布局视图如图 5-13 所示。

例5-6 各班级男女生人数（数据透视表）

将筛选字段拖至此处

	性别		
	男	女	总计
班级	学号 的计数	学号 的计数	学号 的计数
会计161	2	1	3
计算机171	1	2	3
网络171	2	2	4
网络172	3	1	4
信安161	1	2	3
冶金173	1	2	3

图 5-13　“例 5-6 各班级男女生人数(数据透视表)”窗体

需要注意的是，“数据透视表窗体”只能基于一个数据源，因此如果需要用到多个不同数据源的字段时，就必须先创建包含所需字段的查询，然后再以该查询作为数据源创建窗体。

6. 使用“数据透视图”按钮创建数据透视图窗体

数据透视图是一种交互式的图表，以图形化的形式来显示数据。

【例 5-7】在“学生成绩管理”数据库中创建一个数据透视图窗体，要求显示各个学院的学院名称以及男女生人数。

根据题意分析可知，要显示的内容涉及“学生信息”表和“专业”表，所以，应该先创建一个包含了所需字段的查询，再以该查询为数据源创建窗体。具体操作步骤如下：

(1) 打开“学生成绩管理”数据库，创建一个查询并保存为“例 5-7 查询”，查询“学生信息”表中的“学号”、“性别”字段和“专业”表中的“所在学院”字段。

(2) 单击“导航窗格”中的“查询”对象，在展开的“查询”对象列表中单击“例 5-7 查询”，即选定“例 5-7 查询”查询作为窗体的数据源。

(3) 单击“创建”选项卡中“窗体”选项组上的“其他窗体”按钮，在下拉列表中选择“数据透视图”命令，Access 显示如图 5-14 所示的数据透视图设计窗口，另外，单击“字段列表”按钮，则可显示出“图表字段列表”窗格。

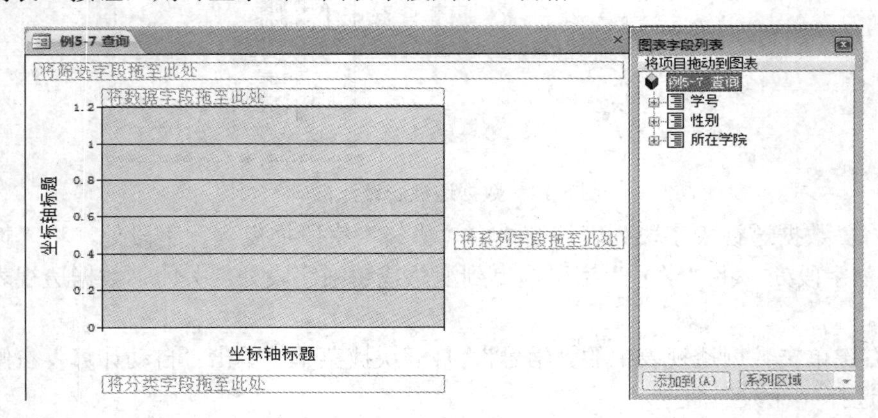

图 5-14　数据透视图设计窗口

(4) 将“图表字段列表”中“所在学院”字段拖曳到分类字段处，将“性别”字段拖曳到系列字段处，将“学号”字段拖曳到数据字段处，关闭“图表字段列表”窗格。

(5) 更改坐标轴标题。单击“数据透视图工具”下“设计”选项卡“工具”选项组“属性”按钮，打开“属性”对话框，如图 5-15 所示。单击其中的“常规”选项卡，选择“分类轴 1 标题”，然后在“格式”选项卡的标题文本框中，输入“学院名称”。

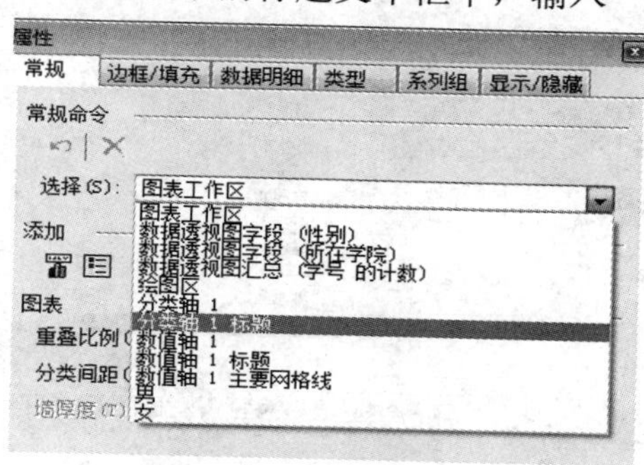

图 5-15 “属性”对话框

(6) 同样的操作方法，选择“数值轴 1 标题”，在标题文本框中输入“人数”。

(7) 保存该窗体，命名为“例 5-7 各学院男女生人数(数据透视图)”，该窗体的布局视图如图 5-16 所示。

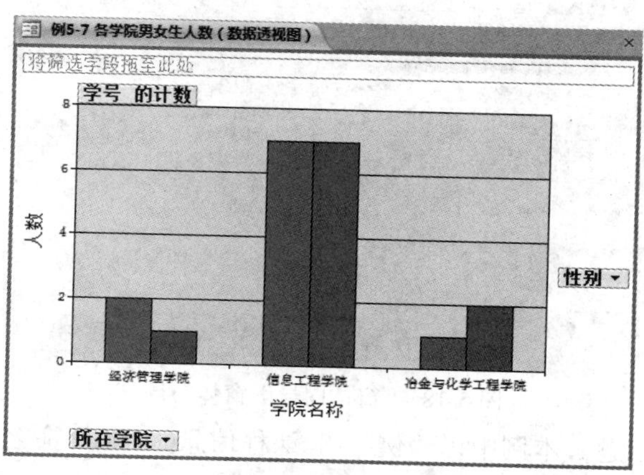

图 5-16 “例 5-7 各学院男女生人数(数据透视图)”窗体

5.2.3 使用窗体向导创建窗体

使用窗体向导创建窗体的特点是简单快捷。窗体向导既可以创建单一数据源的窗体，也可以创建基于多个数据源的主—子窗体。

1. 创建单一数据源的窗体

【例 5-8】在“学生成绩管理”数据库中，使用“窗体向导”为“课程”表创建一个窗体，要求窗体布局为表格，显示表中所有字段。

具体操作步骤如下：

(1) 启动窗体向导。单击“创建”选项卡中“窗体”选项组上的“窗体向导”按钮，打开“窗体向导”第一个对话框。

(2) 确定窗体选用的字段。在“表/查询”下拉列表框中选中“课程”表，然后在“可用字段”列表框中选中所需字段；本例要求选择所有字段，直接单击“>>”按钮。选择结果如图 5-17 所示。单击“下一步”按钮，打开“窗体向导”第二个对话框。

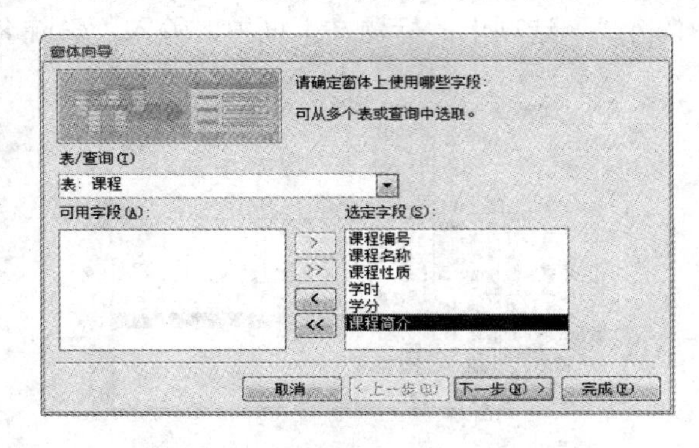

图 5-17　“窗体向导”选定表及字段

(3) 确定窗体使用的布局。向导提供了 4 种布局形式。本例中选择“表格”形式，如图 5-18 所示，单击“下一步”按钮。

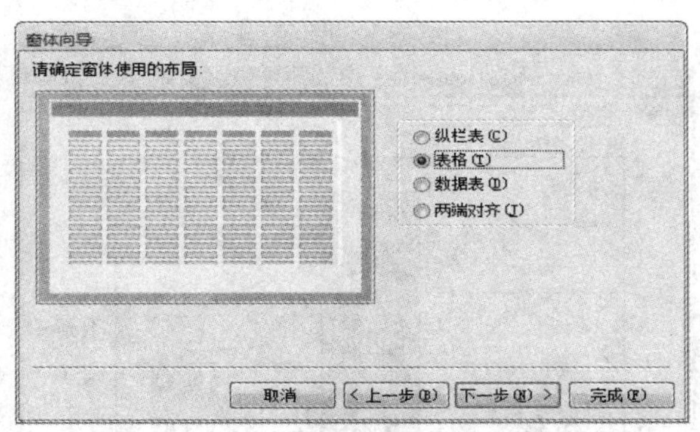

图 5-18　“窗体向导”窗体布局

(4) 为窗体指定标题。本例中以“例 5-8 课程信息(向导)”命名，选择“打开窗体查看或输入信息”选项，如图 5-19 所示。

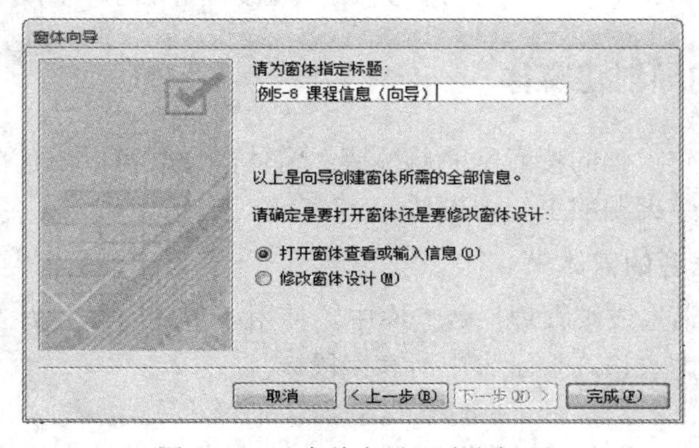

图 5-19　“窗体向导”确定标题

(5) 查看窗体效果。单击“完成”按钮即可，窗体结果如图5-20所示。

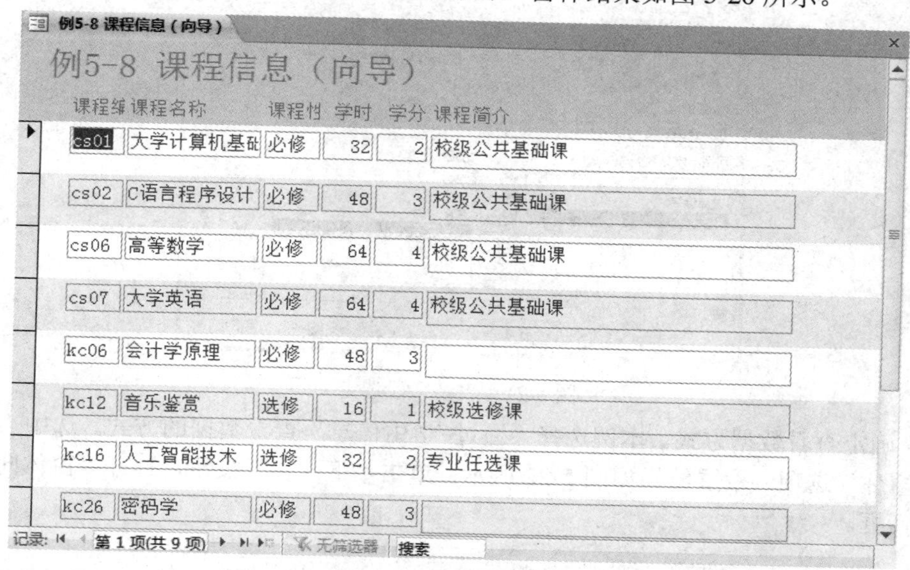

图5-20 “例5-8课程信息(向导)”窗体

2. 创建多个数据源的窗体

使用窗体向导创建多个数据源的窗体，此类窗体称为主—子窗体。子窗体是插入到另一个窗体中的窗体。原始窗体称为主窗体，窗体中的窗体称为子窗体。当显示具有一对多关系的表或查询中的数据时，子窗体特别有效。例如，可以创建一个带有子窗体的主窗体，用于显示“院系”表和“专业”表中的数据。“院系”表和“专业”表之间的关系是一对多关系，“院系”表中的数据是一对多关系中的“一”方的数据，放在主窗体中；而“专业”表中的数据是一对多关系中的“多”方的数据，放在子窗体中。

如果将每个子窗体都放在主窗体上，则主窗体可以包含任意数量的子窗体，还可以嵌套多达7层的子窗体。也就是说，可以在主窗体内包含子窗体，而子窗体内可以再有子窗体。例如，可以用一个主窗体来显示客户数据，用一个子窗体来显示订单，用另一个子窗体来显示订单的详细内容。但在数据透视表视图或数据透视图视图中，窗体不显示子窗体。

【例5-9】 在“学生成绩管理”数据库中，使用“窗体向导”创建一个主—子窗体，要求显示学生的“学号”、“姓名”、“课程名称”以及“考试成绩”字段。

具体操作步骤如下：

(1) 启动窗体向导。单击“创建”选项卡中“窗体”选项组上的“窗体向导”按钮，打开“窗体向导”第一个对话框。

(2) 确定窗体选用的字段。在“表/查询”下拉列表框中选择“学生信息”表，添加“学号”、“姓名”字段，选择 “课程”表，添加“课程名称”字段，选择“选课成绩”表，添加“考试成绩”字段。选择结果如图5-21所示。单击“下一步”按钮，打开“窗体向导”第二个对话框。

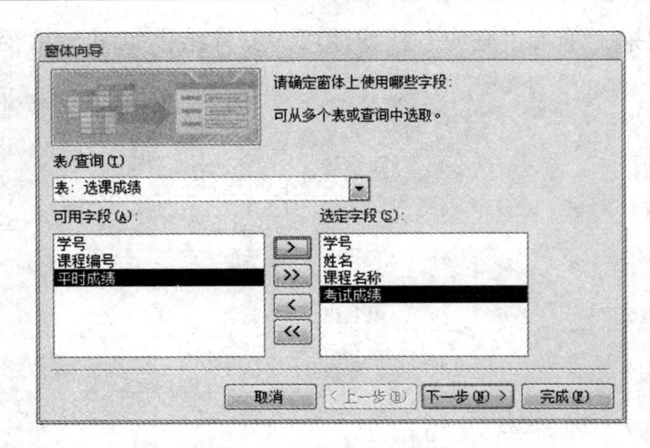

图 5-21　表及字段选定

(3) 确定查看数据方式。本例选择“通过 学生信息”查看数据的方式。选中“带有子窗体的窗体”选项。设置结果如图 5-22 所示，单击“下一步”按钮，打开“窗体向导”第三个对话框。

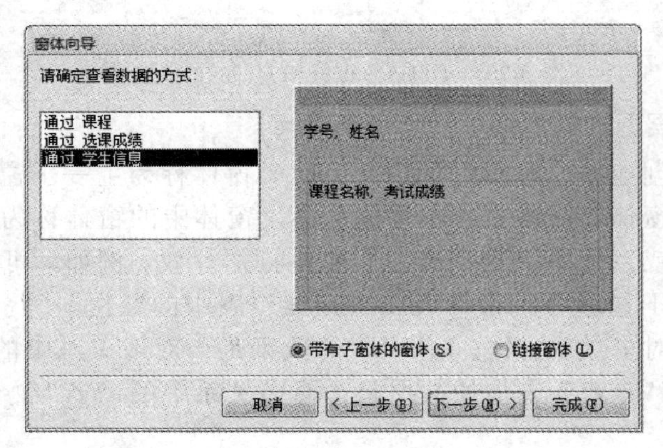

图 5-22　确定查看数据方式

(4) 指定子窗体采用“数据表”布局，单击“下一步”按钮，如图 5-23 所示。

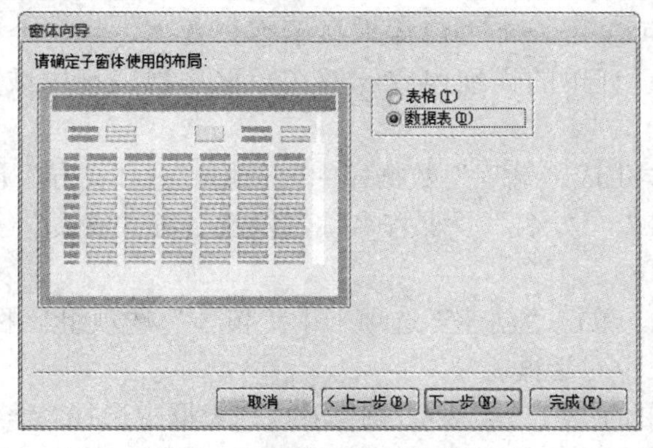

图 5-23　确定子窗体布局

(5) 指定窗体标题及子窗体标题。本例中窗体标题为“例 5-9 学生课程成绩(主—子)”，子窗体标题为“选课成绩”，如图 5-24 所示。

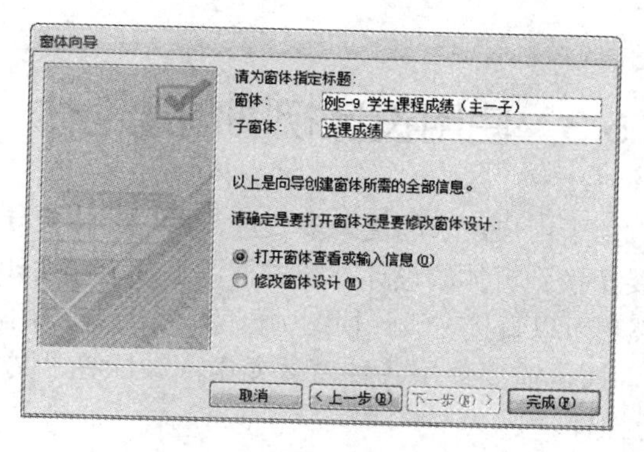

图 5-24　指定主/子窗体标题

(6) 查看窗体效果。单击“完成”按钮即可，窗体结果如图 5-25 所示。

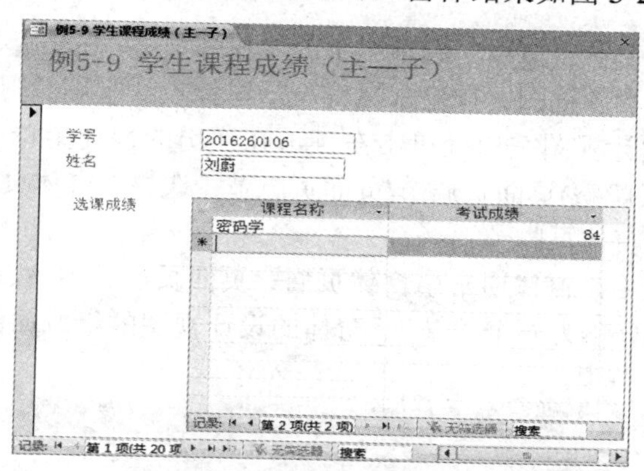

图 5-25　“例 5-9 学生课程成绩(主—子)”窗体

提示：在使用窗体向导为存在一对多关系的多个数据源创建主—子窗体时，有一个步骤很重要，即“确定查看数据的方式”。选择不同的查看数据方式将会产生不同结构的窗体。从主表查看数据，可以创建带有子窗体的窗体，子窗体显示子表的数据。若选择从子表查看数据，则将生成单个窗体。

例如，在本例中，如果在步骤(3)中选择的是“通过 选课成绩”表来查看数据，则将生成单个窗体，结果如图 5-26 所示。

通过“选课成绩”查看

学号	姓名	课程名称	考试成绩
2016260106	刘蔚	密码学	84
2016260107	胡乐娟	密码学	76
2016260108	丁明安	密码学	56
2016410101	范鹏飞	会计学原理	78
2016410106	黄浩	会计学原理	58
2016410107	余悦	会计学原理	67
2017250115	刘明	大学计算机基础	68
2017250117	张萌	大学计算机基础	87
2017250204	胡振华	大学计算机基础	78
2017250206	阮班圣楠	大学计算机基础	42
2017270106	兰梦	C语言程序设计(A)	86

记录: 第 1 项(共 18 项)　无筛选器　搜索

图 5-26　“通过‘选课成绩’查看”的单个窗体

5.3　使用设计视图创建窗体

在实际应用过程中，由于用户需求的复杂多变性，采用窗体向导创建窗体很难达到非常满意的效果，往往还需要切换到窗体的设计视图进行调整。窗体设计视图可以修改用任何一种方式创建的窗体，当然也可以直接在设计视图中创建符合实际应用需求的复杂窗体。

在窗体设计视图中，通常需要使用各种窗体元素，如标签、文本框和命令按钮等，这些元素在 Access 中称为控件。

5.3.1　窗体的设计视图

单击“创建”选项卡中“窗体”选项组上的“窗体设计”按钮，即可创建一个新的空白窗体，并打开窗体的设计视图。在通常情况下，窗体设计视图只显示主体节。若需要显示其他节，可在窗体设计视图空白处单击右键，在弹出的快捷菜单中，选择“页面页眉/页脚”命令可以显示(或隐藏)页面页眉节/页面页脚节；选择“窗体页眉/页脚”命令可以显示(或隐藏)窗体页眉节/窗体页脚节。

在窗体的设计视图中，窗体通常由窗体页眉、页面页眉、主体、页面页脚和窗体页脚5 个部分组成，每个部分称为一个“节”。窗体的设计视图的组成如图 5-27 所示。窗体中的信息可以分布在多个节中。

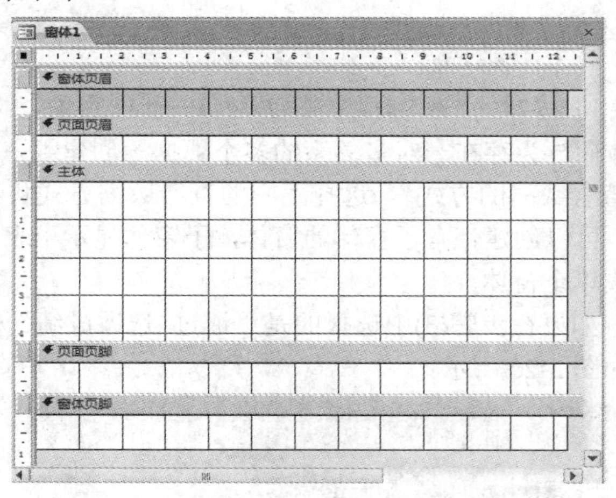

图 5-27　窗体的设计视图的组成

窗体设计工具包含“设计”、“排列”及“格式”这 3 个选项卡，分别如图 5-28、图 5-29及图 5-30 所示。

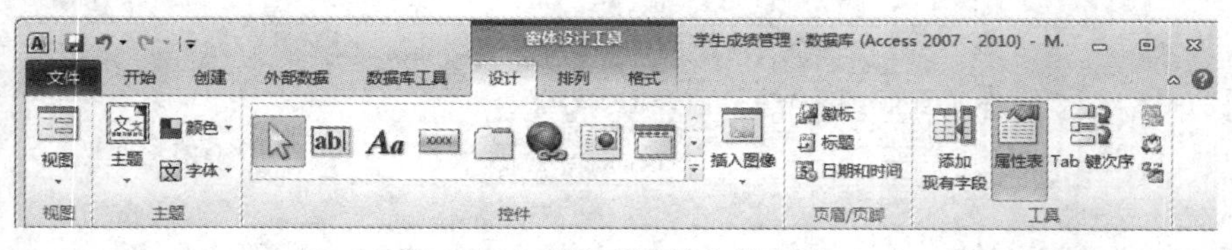

图 5-28　窗体“设计”选项卡

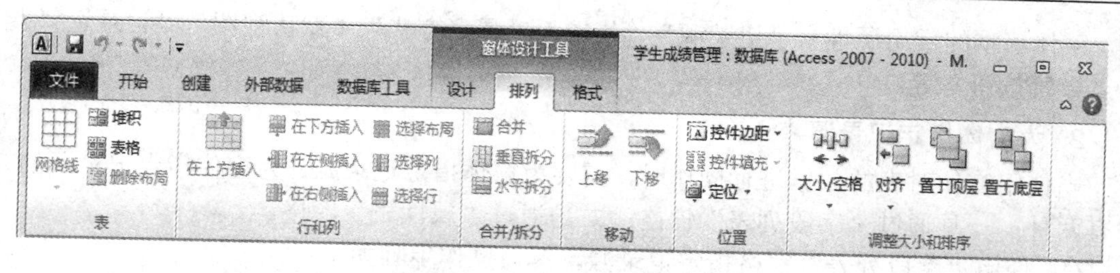

图5-29　窗体“排列”选项卡

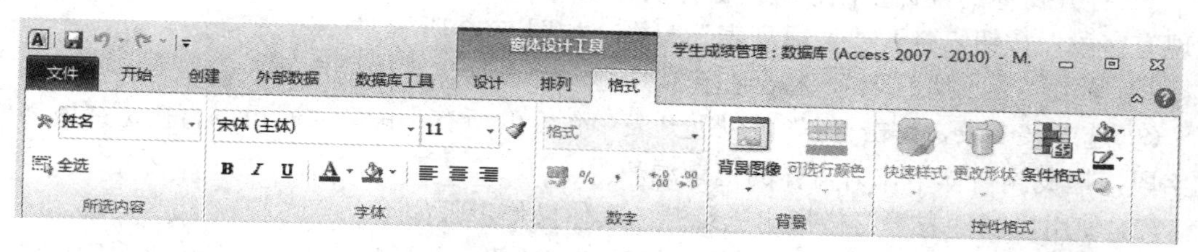

图5-30　窗体“格式”选项卡

5.3.2　属性表

在 Access 中，属性决定对象的特性。窗体、窗体中的每一个控件和节都具有各自的属性。窗体属性决定窗体的结构、外观和行为；控件属性决定控件的外观、行为及其中所含文本或数据的特性。

通过“属性表”窗格可以为一个对象设置其属性。在窗体的设计视图中，单击窗体设计工具下“设计”选项卡“工具”选项组上的“属性表”按钮，可以打开“属性表”窗格。窗体的属性表如图5-31所示。“属性表”窗格包含“格式”、“数据”、“事件”、“其他”及“全部”这5个选项卡。

(1) “格式”选项卡：包含窗体、节或控件的外观类属性。

(2) “数据”选项卡：包含了与数据源和数据操作相关的属性。

(3) “事件”选项卡：包含了窗体、节或控件能够响应的事件。

(4) “其他”选项卡：包含“名称”、“制表位”等其他属性。

(5) “全部”选项卡：包含了对象的所有属性。

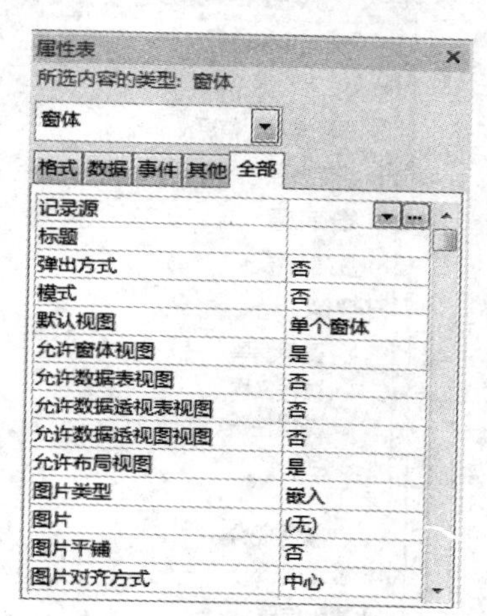

图5-31　窗体的属性表

一般来说，Access 对各个属性都提供了相应的默认值或空字符串，在一个对象的“属性表”窗格中，可以重新设置其属性值，除此之外，在事件过程中也可以对控件的属性值进行设置。

1. 窗体的基本属性

窗体也是一个控件对象，只不过不是从“控件”选项组中创建的，它是一个容器类控件。窗体基本的常用属性有“记录源”、“标题”、“弹出方式”、“默认视图”、“记录选择器”及“导航按钮”等。

2. 为窗体指定记录源

当使用窗体对表的数据进行操作时，需要为窗体指定记录源。为窗体指定记录源的方法有两种：一是通过“字段列表”窗格；二是通过“属性表”窗格。

(1) 使用“字段列表”窗格指定记录源。具体操作步骤如下：

① 打开窗体的设计视图，单击窗体设计工具“设计”选项卡“工具”选项组中的“添加现有字段”按钮，打开“字段列表”窗格，如图 5-32 所示。

② 单击“显示所有表”，将会在窗格中显示当前数据库中的所有表。

③ 选中某个表，单击“+”可以展开表中包含的所有字段。这时可以直接选择所需要的字段，拖曳到窗体中作为窗体的记录源。

(2) 使用“属性表”窗格指定记录源。具体操作步骤如下：

① 打开窗体的设计视图，单击窗体设计工具“设计”选项卡“工具”选项组中的“属性表”按钮，打开“属性表”窗格。

② 在“属性表”窗格上方的对象组合框中选择“窗体”对象。

③ 单击“数据”选项卡“记录源”属性右侧下拉按钮，在下拉列表中指定记录源。图 5-33 中将“课程”表指定为窗体记录源。

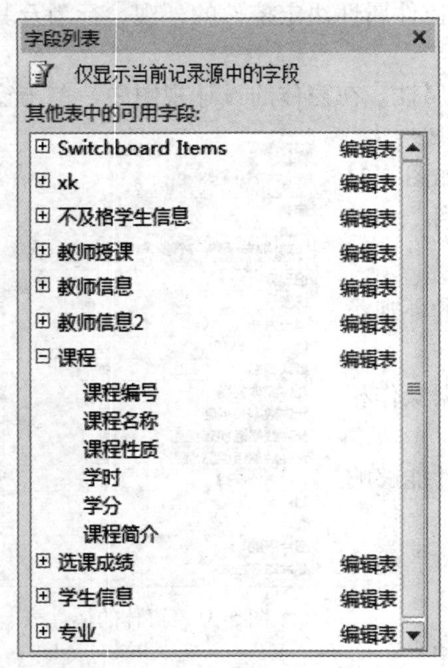

图 5-32　“字段列表”窗格

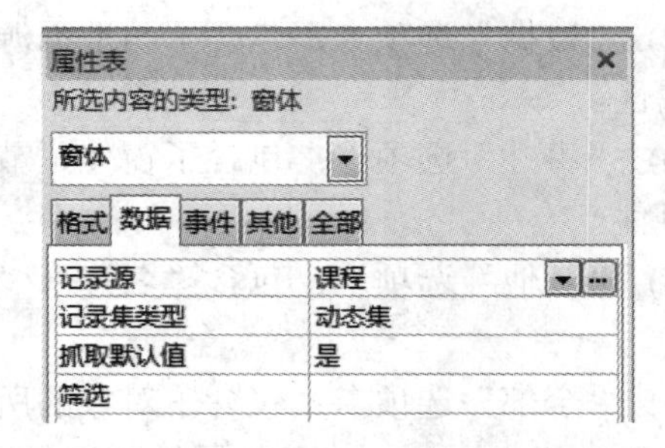

图 5-33　在“属性表”中指定记录源

5.3.3　控件的类型与功能

控件是允许用户控制程序的图形用户界面对象，如文本框、复选框、滚动条或按钮等，它们是窗体的基本元素。使用控件可显示数据或选项、执行操作或让用户界面更易阅读。

窗体中的所有信息都包含在控件中。例如，可以在窗体上使用文本框显示数据，使用命令按钮打开另一个窗体、查询或报表等；或用直线条或矩形来隔离和分组控件，以增强它们的可读性等。

窗体的控件包括标签、文本框、按钮、选项卡、超链接、Web 浏览器、导航、选项组、插入分页符、组合框、图表、直线、切换按钮、列表框、矩形、复选框、未绑定对象框、附件、选项按钮、绑定对象框、图像、子窗体/子报表及 ActiveX 等选择。在设计窗体之前，用户首先要掌握控件的基本知识。

1. 控件的类型

在窗体中，控件可分为 3 种类型，即绑定控件、未绑定控件及计算控件。

(1) 绑定控件。绑定控件与记录源的基础表或查询中的字段捆缚在一起。使用绑定控件可以显示、输入或更新数据库中的字段值。

(2) 未绑定控件。未绑定控件没有数据源。使用未绑定控件可以显示信息、线条、矩形和图片等。

(3) 计算控件。计算控件使用表达式作为其控件来源。表达式是运算符、常数、函数和字段名称、控件和属性的任意组合。表达式的计算结果为单个值，必须在表达式前键入一个等号("=")。表达式可以使用窗体记录源基础表或查询中的字段数据，也可以使用窗体上其他控件的数据。例如，要在文本框中显示当前日期，需要将该文本框的"控件来源"属性设置为"=Date( )"。若想要在文本框中显示学生是哪年出生的，需将文本框的"控件来源"属性设置为"=Year([出生日期])"。

2. 基本控件及其功能

在 Access 2010 中进行窗体设计时，常用的控件按钮被放置在"窗体设计工具"下"设计"选项卡的"控件"组中，如图 5-34 所示。单击"控件"组右侧的下拉按钮，可显示"控件"组的全部控件按钮，如图 5-35 所示。

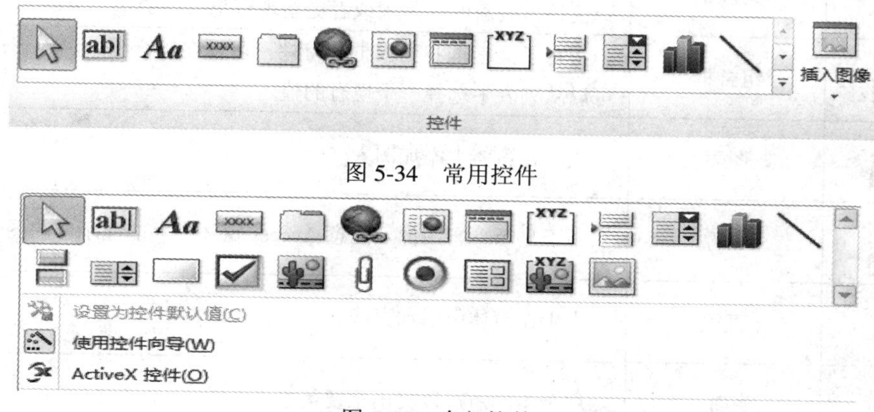

图 5-34　常用控件

图 5-35　全部控件

在窗体中添加控件时，可以选择是否使用控件向导，通过"使用控件向导"的切换按钮来打开或关闭控件向导，其中黄色外框显示则表示为生效状态；此外，通过"ActiveX 控件"还可以在窗体中添加 ActiveX 控件。窗体中各个控件按钮的名称及其功能如表 5-2 所示。

表 5-2　窗体中各个控件按钮的名称及其功能

控件按钮	名　称	功　　能
	选择对象	用于选择对象、节、窗体。单击可以释放以前选定的控件
ab|	文本框	用于显示、输入或编辑窗体或报表的基础记录数据，显示计算结果或接收用户输入的数据
Aa	标签	用于显示说明性文本
XXXX	命令按钮	用于完成各种动作操作
	选项卡控件	用于创建一个多页的选项卡窗体或对话框，可以在选项卡控件上添加其他控件
	超链接	用于在窗体中添加超链接
	Web 浏览器	用于在窗体中添加浏览器控件
	导航控件	用于在窗体中添加导航条
XYZ	选项组	与复选框、选项按钮或切换按钮搭配使用，可以显示一组可选项，但只能选择其中一个选项值
	插入分页符	用于在窗体中开始一个新屏幕，或者在打印窗体中开始一个新页
	列表框	显示可滚动的数值列表。在“窗体视图”中，可以从列表中选择值输入到新的记录中或者更新现有记录中的值
	组合框	组合了文本框和列表框的特性，可以在组合框中输入新值，也可以从列表中选择一个现有的值
	图表	用于在窗体中添加图表
	图像	用于显示静态图像，注意 Access 窗体中只能显示位图图像
	直线	用于在窗体中添加直线
	矩形	用于绘制矩形以突出重要信息
	切换按钮	通常作为用户选项组的一部分
	选项按钮	通常作为用户选项组的一部分

续表

控件按钮	名 称	功 能
	复选框	表示“是/否”值的最佳控件，也是窗体或者报表中添加“是/否”字段时创建的默认控件
	附件	用于在窗体中添加附件
	子报表/子窗体	用于显示来自多个表的数据
	未绑定对象	用于在窗体中显示未绑定 OLE 对象
	绑定对象	用于在窗体中显示绑定 OLE 对象，如显示学生的照片

5.3.4 控件的基本操作

1. 添加控件

在窗体中添加控件的方法有以下 3 种：

(1) 在基于记录源的窗体中，可以通过从字段列表中拖曳字段来创建控件。其中的字段列表是列出了基础记录源或数据库对象中的全部字段的窗口。

(2) 通过单击“窗体设计工具”下“设计”选项卡中的“控件”组上的某一控件按钮，然后在窗体中的适当位置拖曳，直接创建控件。

(3) 在确保“设计”选项卡中的“控件”组上的“使用控件向导”按钮生效(即显示黄色外框)后，再单击“控件”组上某控件按钮，然后窗体中的适当位置拖曳，当 Access 对该控件有提供控件向导时，系统将弹出相应的向导对话框，用户可按该向导对话框的提示创建控件。

在窗体中添加的每个控件都会有一个“名称”来唯一标识自己。文本框控件的名称默认为 Text 开头，标签控件的名称默认为 Label 开头，命令按钮控件的名称默认为 Command 开头。在窗体中添加控件时，系统会自动按照添加控件的先后顺序在每个控件的默认名称后加上一个自动编排的数字编号(从 0 开始)。例如，第 1 个添加的标签控件名称默认为 Label0，第 2 个添加的标签控件名称默认为 Label1，第 3 个添加的命令按钮控件名称默认为 Command2，第 4 个添加的文本框控件名称默认为 Text3 等，依此类推。在属性表中可以通过控件的“名称”属性来修改各个控件的名称。

2. 调整控件大小

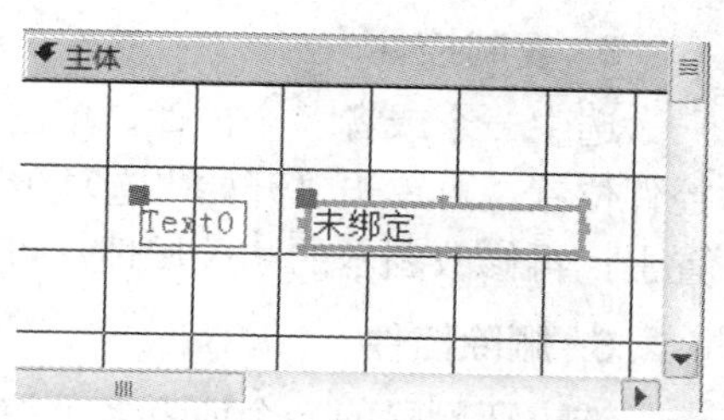

图 5-36 控件被选中

对窗体中的控件进行操作，首先应先选中控件，方法是：单击控件，被选中的控件或控件组(控件以及与其相关联的标签控件)的四周出现 8 个控制点，如图 5-36 所示。如果选取多个控件，可按住“Ctrl”键逐个单击。

在控件被选中的情况下，当鼠标指向 8 个控制点任意一个时，鼠标会变成双向箭头，此时可以向 8 个方向拖曳鼠标，调整控件的大小。

3. 移动控件

控件的移动有以下两种不同形式：

(1) 控件和其关联的标签联动：当鼠标放在控件四周，变成十字箭头形状，用鼠标拖曳，可以同时移动两个相关控件。

(2) 控件独立移动：当鼠标放在按件左上角的黑色方块图移动控制点时，变成十字箭头形状，用鼠标拖曳只能移动所指向的单个控件。

4. 对齐控件

向窗体中添加控件，大多数情况下都不能一次性将控件对齐，这时可以用“窗体设计工具”下“排列”选项卡中“调整大小和排序”选项组的“对齐”按钮(如图 5-37 所示)和“大小/空格”按钮(如图 5-38 所示)来调整。

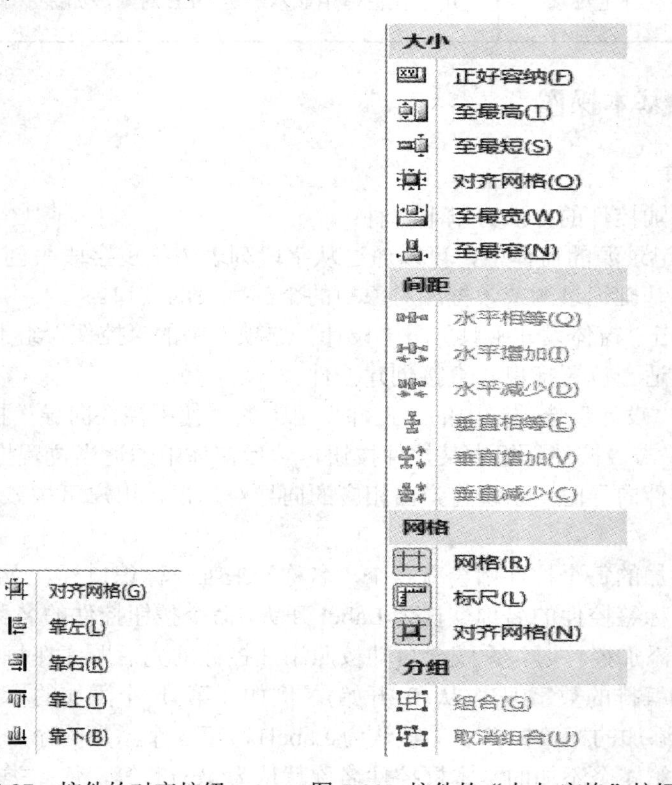

图 5-37　控件的对齐按钮　　　图 5-38　控件的“大小/空格”按钮

5. 复制控件

选中一个或者多个控件，单击“开始”选项卡中的“复制”命令，再确定需要复制的控件位置，再单击“开始”选项卡中的“粘贴”命令，可将已经选中的控件复制到指定位置上，再修改副本的相关属性，可大大提高控件的设计效率。

6. 删除控件

选中要删除的一个或者多个控件，按“Delete”键即可。

【例 5-10】 将如图 5-39 所示的初始窗体，调整美化成如图 5-40 所示的效果。

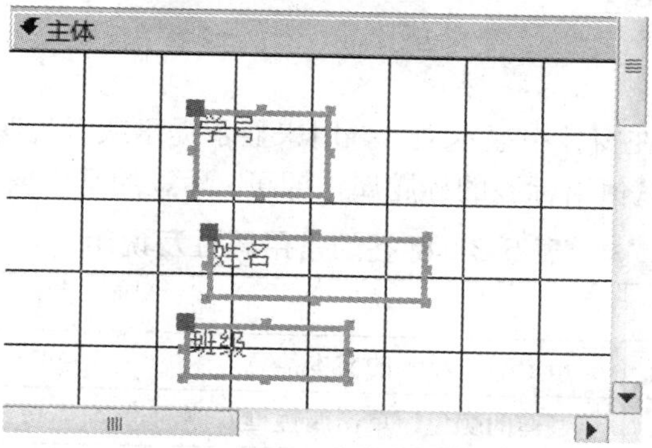

图 5-39 例 5-10 初始窗体

具体操作步骤如下：

(1) 靠左对齐控件：先选中以上 3 个控件，单击“排列”选项卡中“调整大小和排序”选项组的“对齐”下拉按钮，选择“靠左”命令。

(2) 调整控件大小一致：单击“排列”选项卡中“调整大小和排序”选项组的“大小/空格”下拉按钮，先选择“至最短”命令将控件调整为同样的高度，再选中“至最宽”命令将控件调整为同样的宽度。

(3) 调整控件之间的间距垂直相等：单击“排列”选项卡中“调整大小和排序”选项组的“大小/空格”下拉按钮，选择“垂直相等”命令，最后的效果如图 5-40 所示。

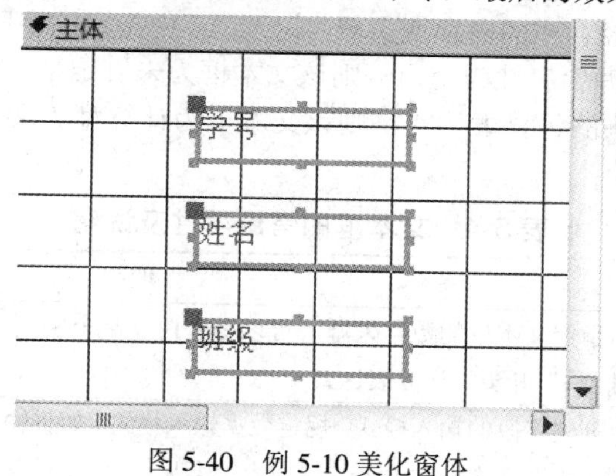

图 5-40 例 5-10 美化窗体

5.3.5 控件的事件与事件过程

事件是一种特定的操作在某个对象上发生或对某个对象发生。Access 可以响应多种类型的事件，如键盘事件、鼠标事件、对象事件、窗口事件及操作事件等。事件的发生通常是用户操作的结果。例如，打开某窗体显示第一个记录之前发生的“打开”窗口事件；单击鼠标时发生“单击”鼠标事件；双击鼠标时发生“双击”鼠标事件等。

事件过程是为响应由用户或程序代码引发的事件或由系统触发的事件而运行的过程。过程是包含一系列的 Visual Basic 语句，用以执行操作或计算结果。通过使用事件过程，可以为窗体或控件上发生的事件添加自定义的事件响应。

5.3.6　常用控件的功能

1. 标签

标签控件通常用来在窗体中显示文本，用来显示提示或者说明信息，该控件没有数据源，只需将显示的文本赋值给标签的标题属性即可。标签的常用属性及说明如表 5-3 所示。

表 5-3　标签的常用属性及说明

属性名称	说　明
标题	指定需要显示的文本信息
前景色	字体的颜色，单击属性框右侧的“...”按钮打开颜色面板选择
文本对齐	指定文本对齐方式
字体名称	指定显示文本的字体
字号	指定文本的大小
背景样式	指定标签背景是否透明
特殊效果	指定标签的特殊效果

2. 文本框

文本框用来显示、输入或编辑窗体或报表的数据源中的数据，或者显示计算结果。文本框可以是绑定型、非绑定型或计算型，通过“控件来源”属性进行设置。如果文本框的“控件来源”属性为已经存在的内存变量或“记录源”中指定的字段，则文本框为绑定型；如果文本框的“控件来源”属性为空白，则该文本框为未绑定型；如果文本框的“控件来源”为以等号“=”开头的计算表达式，则该文本框为计算型。文本框的常用属性及说明如表 5-4 所示。

表 5-4　文本框的常用属性及说明

属性名称	说　明
控件来源	指定文本框的数据来源。可以是空白、某个字段、某个内存变量或以等号“=”开头的计算表达式
输入掩码	创建字段的输入模式，规定数据输入格式。如将输入掩码设置为“密码”，则无论在文本框中输入任何内容都会显示“*”号
默认值	指定文本框中默认显示的值，默认值可决定文本框中数值的类型
有效性规则	指定文本框输入数据的值域
有效性文本	设置数据违反有效性规则时，屏幕上弹出的提示性文字
是否锁定	指定文本框是否只读，默认为“否”
可用	指定文本框是否可用，值为“否”则处于灰色状态，默认为“是”
可见	指定文本框是否可见，默认为“是”

3. 命令按钮

命令按钮可以启动或执行某种功能的操作，如打开或关闭表和窗体、执行查询、运行宏、运行事件过程以及控制应用程序的流程等。

向窗体中添加命令按钮的方式有两种：使用命令按钮向导和自行创建。通常采用使用命令按钮向导的方式比较方便快捷。

用户利用向导创建命令按钮，几乎不用编写任何代码，通过系统引导即可以创建不同类型的命令按钮。Access 中提供了 6 种类别的命令按钮，分别是记录导航、记录操作、窗体操作、报表操作、应用程序和杂项。

4. 选项卡

选项卡主要用于在一个窗体中展现多页分类信息，只需要单击选项卡，就可以进行页面的切换。例如，属性表中的 5 个属性选项卡，默认的选项卡是“格式”，若单击“其他”选项卡，就切换至“其他”属性页面。

5. 组合框和列表框

组合框和列表框可以提高输入数据的效率，减少出错率。通常从一个指定的数据源中选择其中一项将其填入到对应的数据源字段中。列表框是显示可供选择的值列表，只能从列表中选择项，不能向列表框中输入值。可以调整列表框的大小，来显示几乎任意数目的数据。

组合框是列表框和文本框功能组合的一种控件。既可以在组合框中键入一个值，也可以从控件的下拉列表中选择一项。键入的值还可以是非列表中的值。

如果窗体有足够的空间显示列表，则使用列表框；否则就使用组合框。组合框和列表框的常用属性及说明如表 5-5 所示。

表 5-5 组合框和列表框的常用属性及说明

属性名称	说 明
列数	属性值默认为 1，表示只显示 1 列数据，若属性值大于 1，则显示多列数
行来源类型	指定数据来源类型，有 3 个选择：表/查询、值列表和字段列表
行来源	指定数据来源
是否锁定	指定是否只读，默认为“否”

6. 选项组控件

选项组控件用于控制在多个选项中只选择一个选项的操作。选项组由一个组框和一组切换按钮、选项按钮和复选框组成。

7. 切换按钮、选项按钮和复选框

切换按钮、选项按钮和复选框可以是绑定控件或非绑定控件。作为绑定控件，主要用于显示数据源的“是/否”型字段的值，尤其是复选框，是表示“是/否”的最佳控件。如果选中，则字段的值为“是”；若未选中，则表示字段的值为“否”。作为非绑定控件，可接受用户输入的内容，并执行相应的操作。一般在选项组中使用选项按钮和切换按钮。

8. 子窗体控件

子窗体控件用于在现有的窗体中再创建一个与该窗体相关联的窗体。

9. ActiveX 控件

ActiveX 控件用于直接向窗体中添加由 Windows 系统提供的一些控件或组件。例如，日历控件等。

10. 其他

直线控件和矩形控件用于在窗体中绘制直线和矩形；图表控件用于在窗体中绘制图表；图像控件用于在窗体中插入静态图片，如照片等；超链接控件用于在窗体中创建指向网页、邮件地址、文件或程序的链接。

5.3.7 综合示例

使用窗体设计视图创建窗体，需要熟悉掌握常用控件的创建及其属性设置。在窗体的设计视图中，灵活地运用窗体控件并设置属性，可以创建功能强大的复杂窗体。

本小节将简单讨论常用控件的属性设置，有关窗体和控件的方法和事件将在后续的章节中进行介绍。

【例 5-11】 在“学生成绩管理”数据库中，通过使用窗体设计视图的方式来创建一个“学生基本信息浏览”窗体，如图 5-41 所示。其包含标签、文本框、组合框、命令按钮及图像控件等。

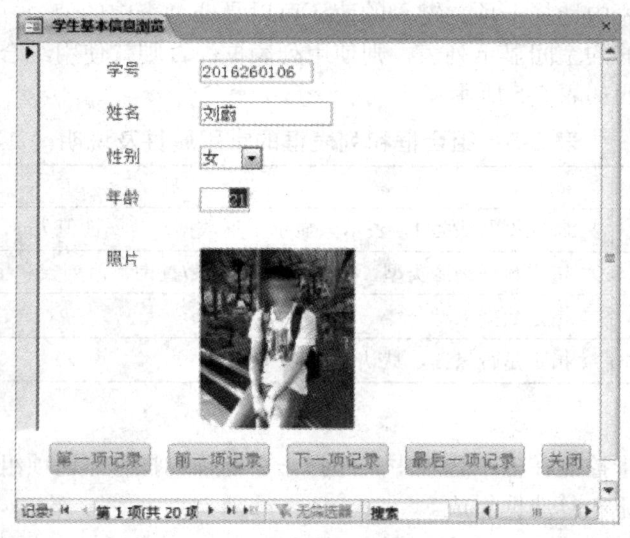

图 5-41　“学生基本信息浏览”窗体

具体操作步骤如下：

(1) 打开“学生成绩管理”数据库，单击“创建”选项卡“窗体”选项组中的“窗体设计”按钮，打开窗体设计视图。

(2) 为窗体指定记录源。单击窗体工具“设计”选项卡“工具”选项组中的“属性表”按钮，打开“属性表”窗格。在“属性表”上方对象组合框选择“窗体”对象，单击“数据”选项卡“记录源”右侧下拉按钮，选择“学生信息”表作为窗体记录源，如图 5-42 所示。此外，单击“格式”选项卡，在“标题”文本框中输入“学生基本信息浏览”。

属性表
所选内容的类型：窗体
窗体
格式
数据
事件
其他
全部
记录源
学生信息
记录集类型
动态集
抓取默认值
是
筛选

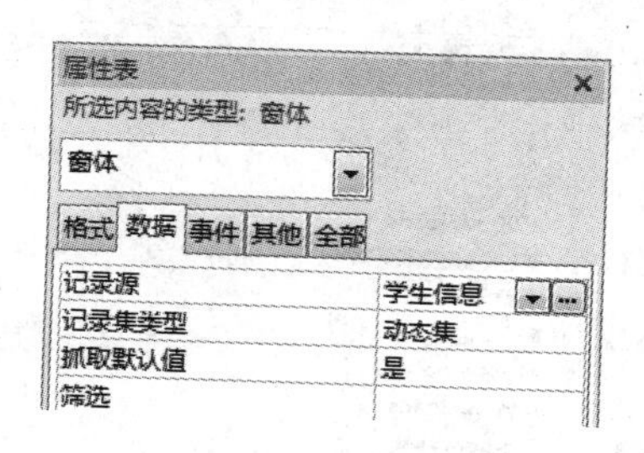

图 5-42　指定窗体记录源

(3) 使用字段列表添加相关字段信息。单击窗体工具“设计”选项卡“工具”选项组中的“添加现有字段”按钮，显示来自记录源的“字段列表”窗格，将“学号”、“姓名”字段拖曳到窗体主体的适当位置，在窗体中产生两组绑定型文本框和相关联的标签，这两组绑定型文本框分别与“学生信息”表的“学号”、“姓名”字段相关联。

同样的方法，将“性别”字段拖曳到窗体主体的适当位置，由于“学生信息”表中“性别”字段设置了查阅向导，如图 5-43 所示。因此，系统自动为其产生了一个组合框和相关联的标签，同样，组合框也与“性别”字段关联。

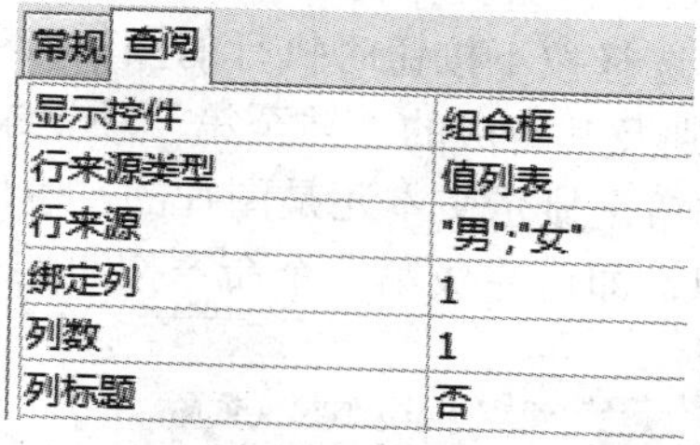

常规
查阅
显示控件
组合框
行来源类型
值列表
行来源
"男";"女"
绑定列
1
列数
1
列标题
否

图 5-43　“性别”字段查阅向导

(4) 添加文本框显示“年龄”。单击窗体工具“设计”选项卡“控件”选项组中的“文本框”控件，在窗体主体的适当位置左键拖曳一个矩形即可添加文本框，这种方式创建的是未绑定型文本框，将该文本框的关联标签的“标题”属性设置为“年龄”，在该文本框控件的“属性表”窗格“数据”选项卡中的“控件来源”属性中输入计算年龄的表达式：=Year(Date())-Year([出生日期])，如图 5-44 所示。

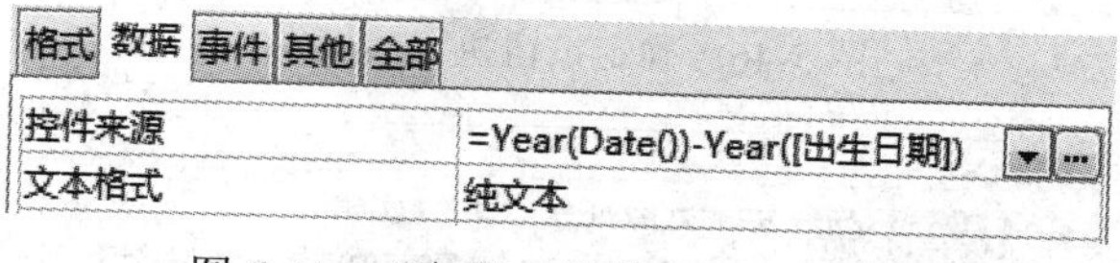

格式
数据
事件
其他
全部
控件来源
=Year(Date())-Year([出生日期])
文本格式
纯文本

图 5-44　“年龄”控件来源属性设置

(5) 添加图像显示照片。先单击窗体工具“设计”选项卡“控件”选项组中的“标签”控件，在窗体主体的适当位置左键拖曳一个矩形即可添加标签，直接在标签中输入“照片”；再单击“图像”控件，在窗体主体的适当位置左键拖曳一个矩形即可添加图像控件，同时会打开一个用来选择图像来源的对话框，先单击“取消”按钮关闭它。在该图像控件的“属性表”窗格“格式”选项卡中的“图片”属性中设置图像来源，单击“…”按钮，打开“插入图片”对话框，选择正确的图片文件即可，如图 5-45 所示。

图 5-45　“插入图片”对话框

(6) 添加记录导航等按钮。先显示窗体页眉/页脚节，再使“使用控件向导”为可用状态(黄色外框线状态)。

(7) 单击“按钮”控件，在窗体页脚节的适当位置左键拖曳一个矩形，系统自动打开命令按钮向导对话框，从中可选择按下按钮时执行的操作。

(8) 选择“记录导航”类别及其对应的“转至第一项记录”操作，如图 5-46 所示。单击“下一步”按钮，可指定按钮是显示文本还是图片的，本例中选择文本方式，名称选择默认设置，单击“完成”按钮，即可完成第一个命令按钮的创建，如图 5-47 所示。

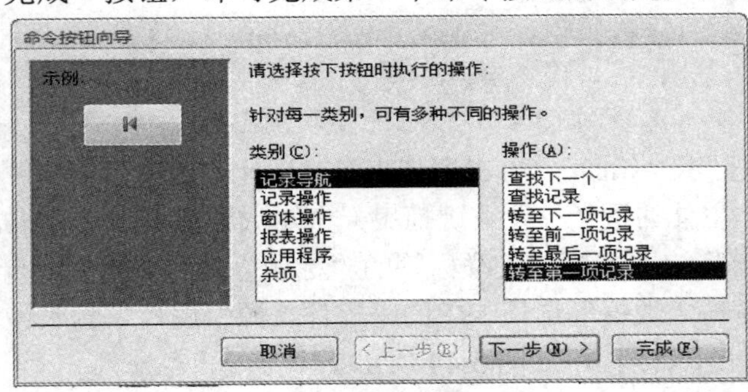

图 5-46　确定按钮执行的操作

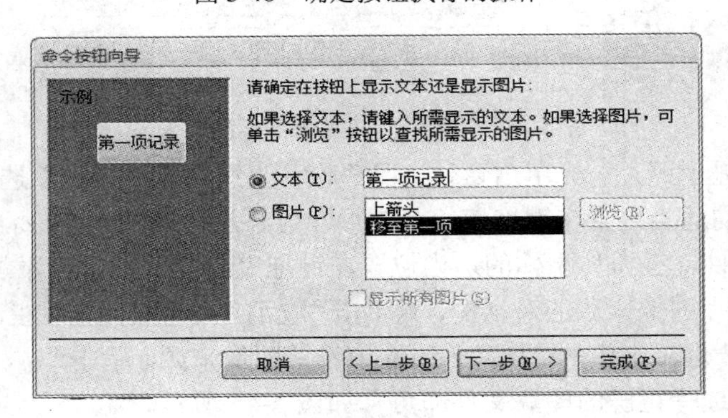

图 5-47　确定按钮显示方式

(9) 重复步骤(7)、(8)，添加其他3个记录导航按钮，操作分别是“转至前一项记录”、“转至下一项记录”和“转至最后一项记录”。

(10) 添加关闭窗体操作按钮。类似的操作，在打开的按钮控件向导对话框中选择“窗体操作”类别及其对应的“关闭窗体”操作，窗体操作按钮显示为文本方式，文本内容为“关闭”。

(11) 美化窗体。设置各个控件的字体颜色、字号等，通过窗体设计工具“排列”选项卡中的各个命令，如对齐等，设置排列控件的大小、位置等，最终完成窗体的设计。

(12) 切换至窗体的“窗体视图”即可浏览窗体的运行效果，点击记录导航按钮也可以正确运行。

需要注意的是，通过浏览不同的学生记录，会发现照片信息没有变化的，一直是同一张图片，若需要不同的学生记录，显示各自自己的照片，就需要把“图像”控件的“控件来源”属性设置为“学生信息”表中的“照片”字段，使“图像”控件与“照片”字段关联起来。

【例 5-12】 在“学生成绩管理”数据库中，通过使用窗体设计视图的方式来创建一个“调查学生特长信息”窗体，如图5-48所示。其包含标签、文本框、列表框、选项组、选项按钮及复选框控件等。

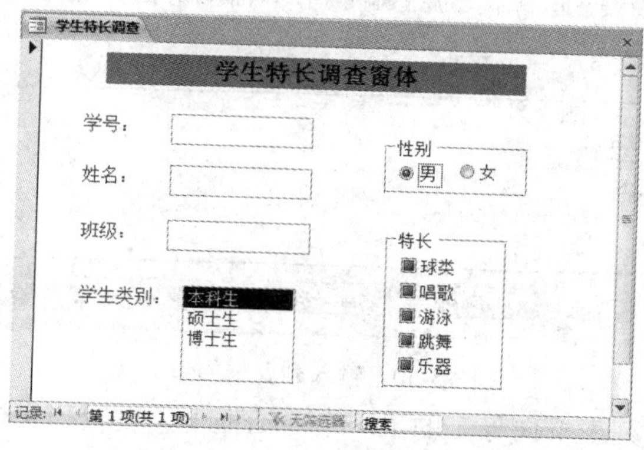

图5-48 “学生特长调查”窗体

具体操作步骤如下：

(1) 打开“学生成绩管理”数据库，单击“创建”选项卡“窗体”选项组中的“窗体设计”按钮，打开窗体设计视图。

(2) 单击窗体工具“设计”选项卡“控件”选项组中的“标签”控件，在窗体主体的上方中心位置左键拖曳一个矩形即可添加标签，直接在标签中输入“学生特长调查窗体”。

(3) 单击窗体工具“设计”选项卡“控件”选项组中的“文本框”控件，在窗体主体的适当位置左键拖曳一个矩形即可添加文本框，将该文本框的关联标签的“标题”属性设置为“学号:”，“字号”属性为“12”，“前景色”属性设置为“深蓝”；使用复制控件的方法，创建“姓名”、“班级”对应的标签及文本框。

(4) 使用控件向导添加学生类别列表框。单击窗体工具“设计”选项卡“控件”选项组中的“列表框”控件，在窗体主体的适当位置左键拖曳一个矩形即可添加列表框，此时打开“列表框向导”对话框，选择“自行输入所需的值”选项，单击“下一步”按钮，如

图 5-49 所示。

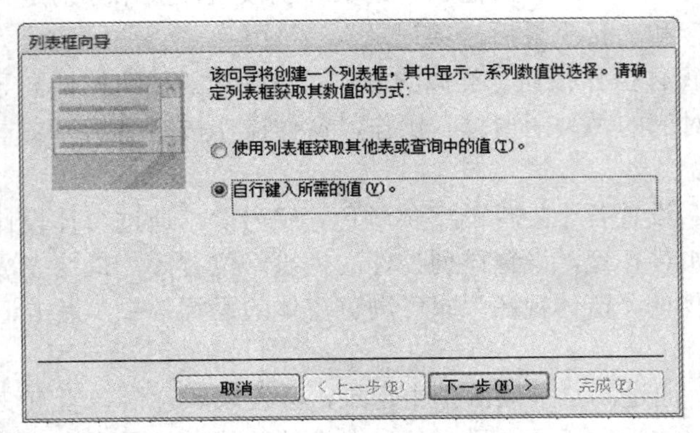

图 5-49　列表框取值方式

(5) 在被打开的“列表框向导”的下一个对话框中，列数设置为“1”，在表格里输入信息，单击“下一步”按钮，如图 5-50 所示。

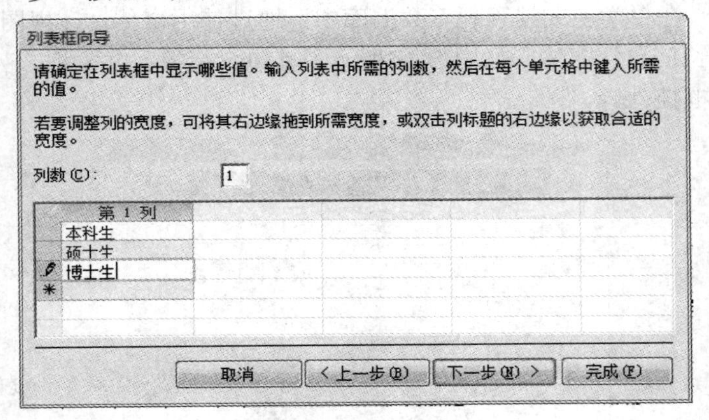

图 5-50　输入列表框的值

(6) 在被打开的“列表框向导”的下一个对话框中，设置列表框指定标签为“学生类别:”，单击“完成”按钮，如图 5-51 所示。

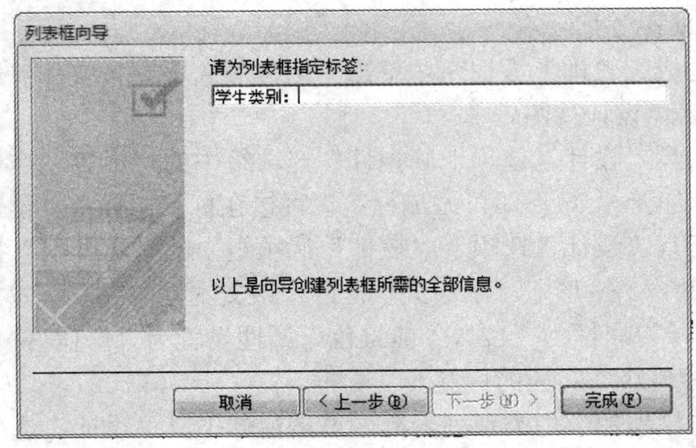

图 5-51　设置列表框指定标签

(7) 使用控件向导添加性别选项按钮组控件。单击窗体工具“设计”选项卡“控件”

选项组中的"选项组"控件，在窗体主体的适当位置左键拖曳一个矩形，此时打开"选项组向导"对话框，在表格的"标签名称"列中输入信息，单击"下一步"按钮，在下一个对话框中设置"男"为默认选项，单击"下一步"按钮，为每一个选项赋值，选择默认设置，单击"下一步"按钮，如图 5-52 所示。

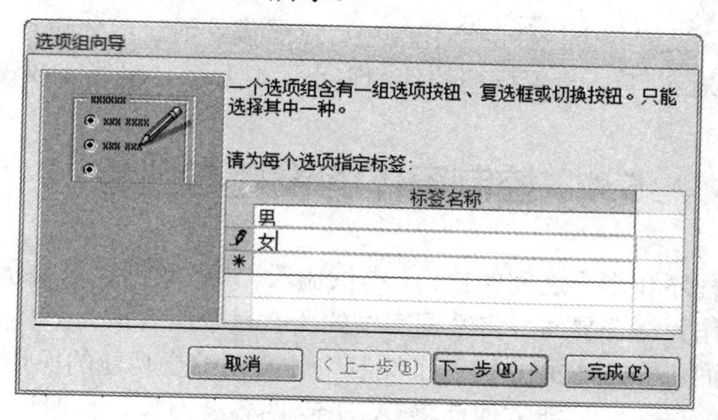

图 5-52　设置选项标签名称

(8) 在被打开的"选项组"向导的下一个对话框中，设置选项组的控件类型及样式，本例中选择选项按钮控件，样式为"蚀刻"，单击"下一步"按钮，如图 5-53 所示。

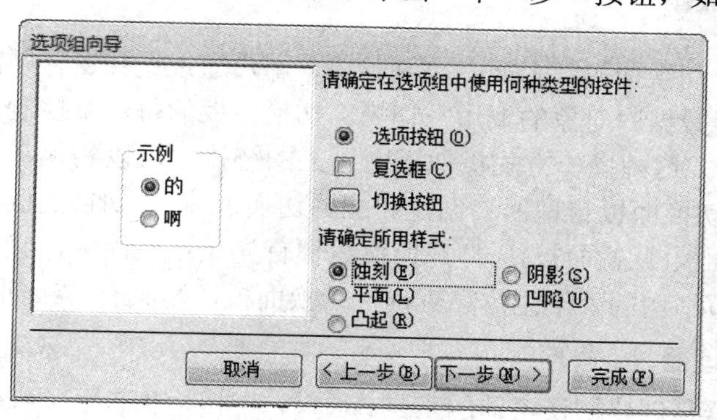

图 5-53　设置选项组控件类型及样式

(9) 在被打开的"选项组"向导的下一个对话框中，设置选项组指定标题为"性别"，单击"完成"按钮，如图 5-54 所示。

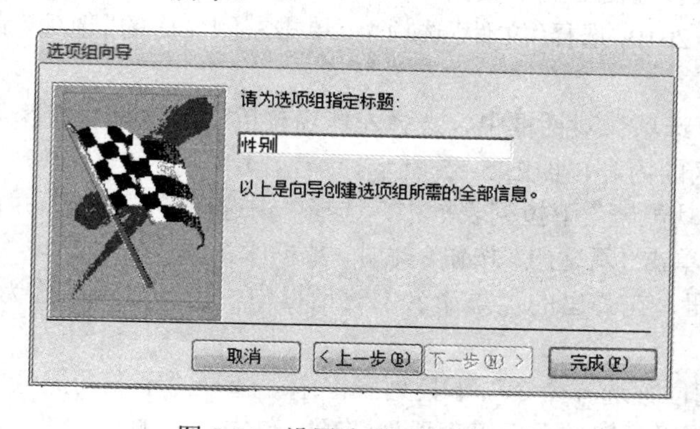

图 5-54　设置选项组指定标题

(10) 使用控件向导添加特长复选框控件。与添加性别选项按钮组控件的操作方法类似，在“标签名称”列分别输入“球类”、“唱歌”、“游泳”、“跳舞”及“乐器”等特长信息，选择“不需要默认选项”的方式，控件类型选择复选框，样式为“蚀刻”，选项组标题为“特长”即可。

(11) 美化窗体。设置各个控件的字体颜色、字号等，通过窗体设计工具“排列”选项卡中的各个命令(如对齐等)，设置排列控件的大小、位置等，最终完成窗体的设计。

5.4 控制窗体的设计与创建

窗体作为应用程序和用户之间的接口，提供输入、修改数据以及显示处理结果等功能。此外，窗体还可以作为综合界面，将数据库中的所有对象组合成为整体，为用户提供一个综合功能的操作界面。Access 2010 提供了控制窗体实现综合功能的操作界面，控制窗体包括切换窗体和导航窗体，它们能方便地将 Access 的各种对象，按照用户实际操作需求集合在一起，提供具有综合功能的应用程序控制界面。

5.4.1 创建切换窗体

切换窗体是一个切换面板，上面有控制菜单，用户通过选择窗体中的菜单项，实现对窗体、报表、查询等数据库对象的调用与切换。切换面板的每一个控制菜单项对应一个对象(例如另一个面板)，这种操作方式类似于网页上的链接，可以实现在不同网页间跳转。Access 2010 利用“切换面板管理器”创建和配置切换窗体。“切换面板管理器”创建的第一个切换面板为主面板(默认面板)，打开切换窗体首先显示主面板，然后可以根据需要切换到二级面板。本节举例的“学生信息查询”切换面板，是具有二级面板的切换窗体。

1. 切换面板管理器

切换面板管理器是创建切换窗体的工具。通常，在初始状态下，Access 2010 功能区中没有显示“切换面板管理器”按钮，因此，在创建切换窗体前，应该首先将其添加到“数据库功能”选项卡的功能区中。

添加“切换面板管理器”到“数据库功能”选项卡的功能区的操作步骤如下：

(1) 打开 Access 2010，选择“文件”选项卡，单击左侧窗格的“选项”命令，打开“Access 选项”对话框。

(2) 在“Access 选项”对话框中，选择左侧窗格的“自定义功能区”选项，右侧窗格会显示自定义功能区的内容，如图 5-55 所示。

(3) 在“自定义功能区”下拉列表框中，选择“主选项卡”选项，并在列表中选择“数据库工具”复选框，单击“新建组”按钮。此时，数据库工具列表中出现“新建组(自定义)”，单击“重命名”按钮，在弹出的“重命名”对话框中，更改显示名称为“切换面板”，单击“确定”按钮。

(4) 在“从下列位置选择命令”下拉列表框中，选择“不在功能区中的命令”选项，并在其下方列表中选择“切换面板管理器”选项，单击“添加”按钮，将其加入到“切换面板”组中，如图5-55所示。

(5) 单击“Access选项”对话框中的“确定”按钮，即可完成添加任务。

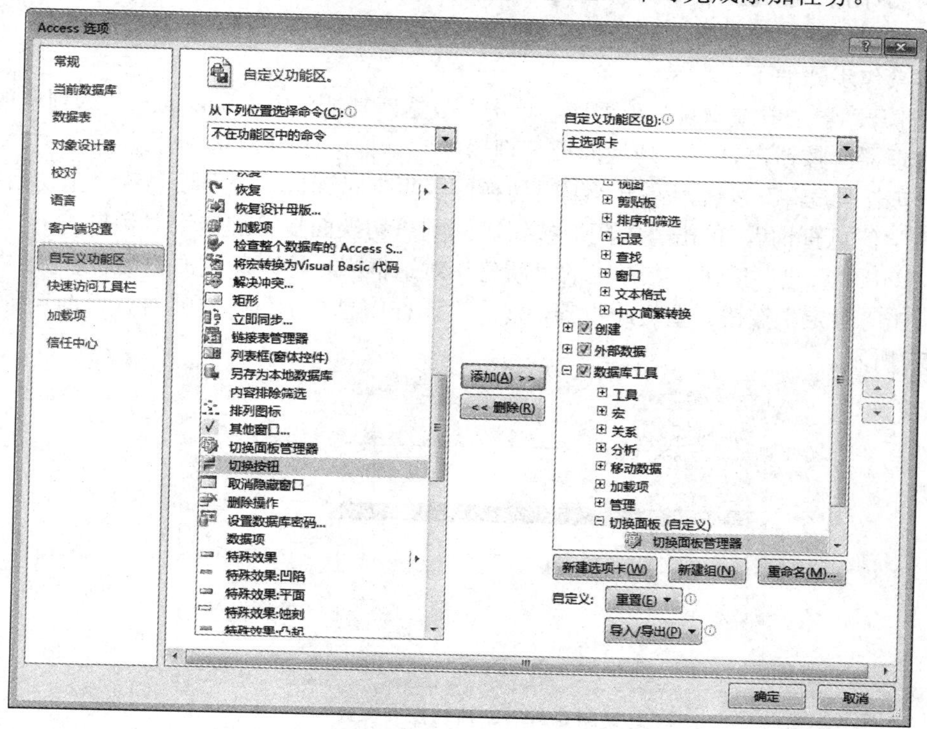

图5-55 “自定义功能区”对话框

完成“切换面板管理器”的添加工作后，就可创建切换面板页。启动“切换面板管理器”的操作步骤如下：

(1) 选择“数据库工具”选项卡，单击“切换面板”组的“切换面板管理器”。在首次创建切换面板时，弹出消息框：“切换面板管理器在该数据库中找不到有效的切换面板，是否创建一个？”，单击“是”按钮，弹出“切换面板管理器”对话框，如图5-56所示。在此可以进行“新建”、“编辑”及“删除”等操作。

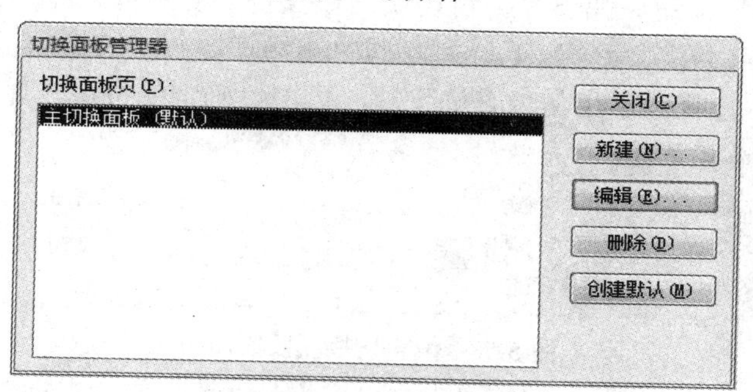

图5-56 “切换面板管理器”对话框

(2) 数据库自动增加“switchboard Items”表及“切换面板”窗体。此时，“切换面板页”列表中只有“主切换面板(默认)”一项。

2. 创建切换面板页

【例 5-13】 创建“教学信息查询”各个切换面板页，分别是教学信息查询(默认)、学生信息查询、课程信息查询、教师信息查询。

具体操作步骤如下：

(1) 打开“学生成绩管理”数据库，单击“数据库功能”中“切换面板”选项卡的“切换面板管理器”按钮，打开“切换面板管理器”对话框，如图 5-56 所示。

(2) 单击“编辑”按钮，弹出“编辑切换面板页”对话框，把面板名称“主切换面板”改为“教学信息查询”，单击“关闭”按钮，回到“切换面板管理器”对话框。

(3) 单击“新建”按钮，在弹出的“新建”对话框中，输入新建面板名称：“学生信息查询”单击“确定”按钮。重复此步骤，建立“课程信息查询”、“教师信息查询”面板页，如图 5-57 所示。

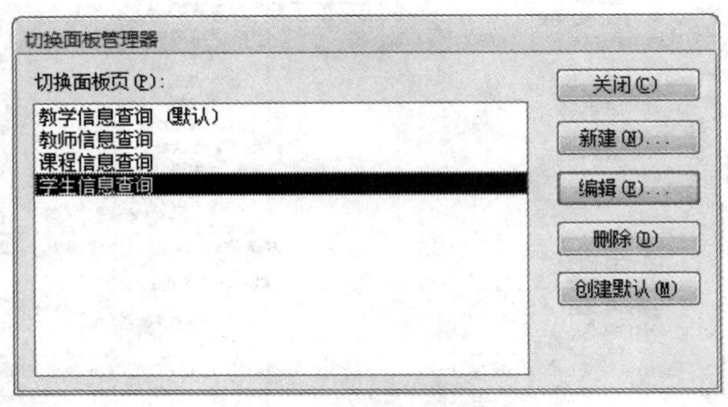

图 5-57　创建切换面板页

3. 创建主切换面板页的切换项目

【例 5-14】 创建主切换面板(默认)页“教学信息查询”的切换项目，分别是“学生信息查询”、“课程信息查询”、“教师信息查询”及“退出数据库”。

具体操作步骤如下：

(1) 在完成例 5-13 的步骤后，在“切换面板管理器”对话框中选择“教学信息查询(默认)”项，单击“编辑”按钮，弹出“编辑切换面板页”对话框。

(2) 单击“新建”按钮，弹出“编辑切换面板项目”对话框，在“文本”文本框中输入：“学生信息查询”，在“命令”下拉列表框中选择“转至‘切换面板’”项，在“切换面板”下拉列表框中选择“学生信息查询”项，单击“确定”按钮，如图 5-58 所示。

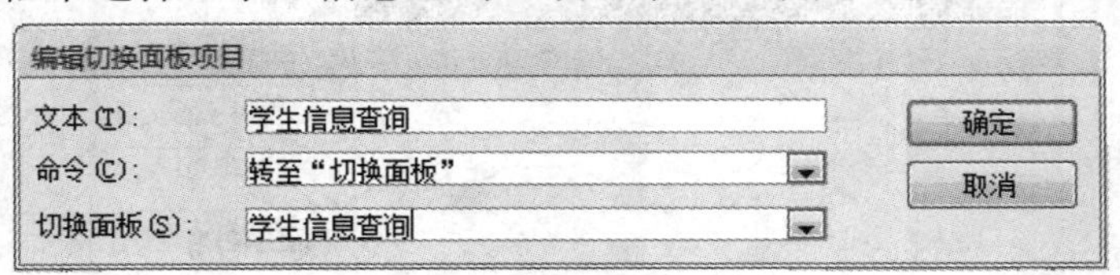

图 5-58　编辑切换面板项目

(3) 重复此操作步骤，增加项目“课程信息查询”、“教师信息查询”；最后单击“新建”按钮，弹出“编辑切换面板项目”对话框，在“文本”文本框中输入：“退出数据库”，在“命令”下拉列表框中选择“退出应用程序”项，单击“确定”按钮；完成全部切换项目的添加，单击“关闭”按钮，如图 5-59 所示。

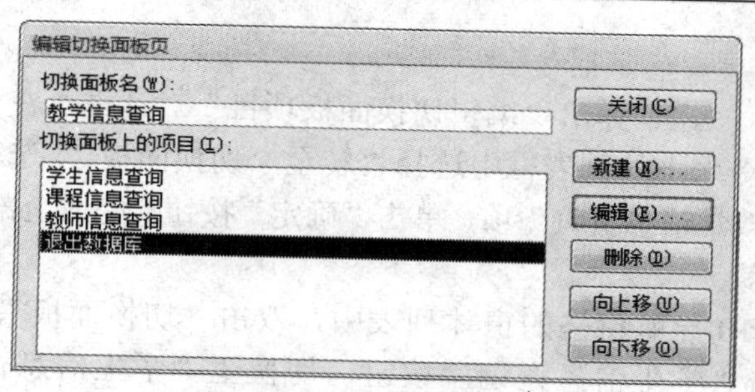

图5-59　添加全部切换面板项目

(4) 在Access 2010导航窗格的窗体列表中，双击“切换面板”，打开“教学信息查询”切换面板，显示效果如图5-60所示。

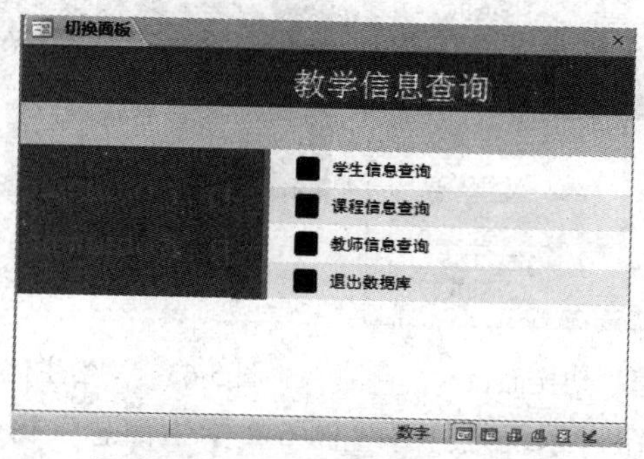

图5-60　打开“切换面板”效果

4. 编辑二级切换面板页的切换项目

【例5-15】 创建二级切换面板页“学生信息查询”的下一级的切换项目，分别是“学生信息”和“返回”。

具体操作步骤如下：

(1) 在“切换面板管理器”对话框中选择“学生信息查询”，单击“编辑”按钮，弹出“编辑切换面板页”对话框，如图5-61所示。

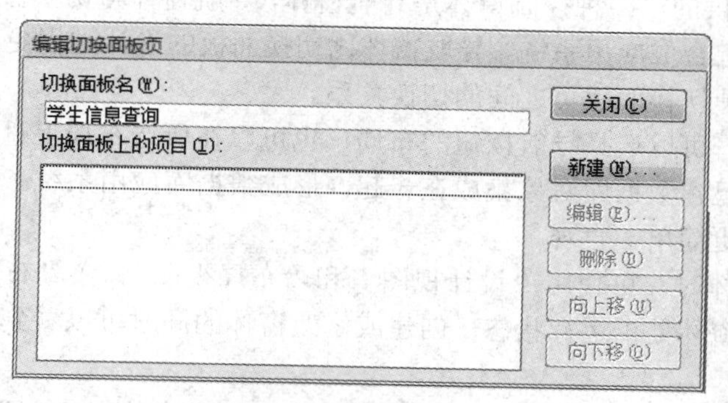

图5-61　学生信息查询“编辑切换面板页”

(2) 单击“新建”按钮，弹出“编辑切换面板项目”对话框，在“文本”文本框中输入：“学生信息”，在“命令”下拉列表框中选择“在‘编辑’模式下打开窗体”选项，在“窗体”下拉列表框中选择“例5-2学生信息”项，单击“确定”按钮，如图5-62

所示。

(3) 单击“新建”按钮，弹出“编辑切换面板项目”对话框，在“文本”文本框中输入：“返回”，在“命令”下拉列表框中选择“转至‘切换面板’”选项，在“切换面板”下拉列表框中选择“教学信息查询”项，单击“确定”按钮。完成全部切换项目的添加后，单击“关闭”按钮。

(4) 在 Access 2010 导航窗格的窗体列表中，双击“切换面板”，打开“教学信息查询”切换面板，单击“学生信息查询”按钮，切换至“学生信息查询”面板页，如图 5-63 所示。

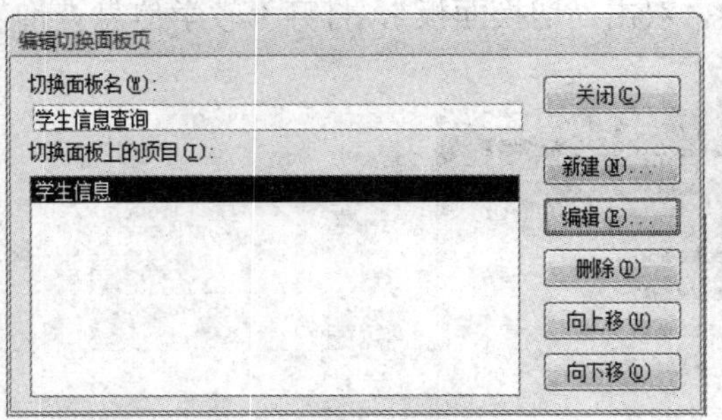

图 5-62　添加“学生信息”切换面板

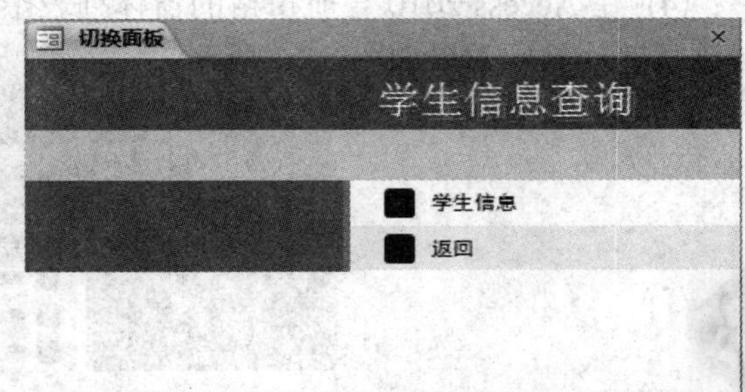

图 5-63　“学生信息查询”面板页效果

单击“学生信息”按钮，系统则打开“例 5-2 学生信息”窗体；单击“返回”按钮，系统则切换至“教学信息查询”主面板，在主面板中单击“退出数据库”按钮，则退出“学生成绩管理”数据库。

重复例 5-15 中的步骤，编辑“课程信息查询”和“教师信息查询”二级切换面板的切换项目，可综合建立起整个“教学信息查询”切换面板的所有项目和切换关系。

5.4.2　创建导航窗体

Access 2010 提供的第二种控制窗体是导航窗体，导航窗体与切换窗体一样，都可以将数据库的对象集成综合成应用系统。导航窗体比切换面板的设计过程更为简单，不需要像切换面板那样，设计切换面板页之间的切换关系。

在导航窗体中，可以选择导航按钮的布局，也可以在所选布局上直接创建导航按钮，并通过这些按钮将已建数据库对象集成在一起，形成数据库应用系统。使用导航窗体创建应用系统控制界面更简单、直观。

在设计导航窗体时，可使用“设计视图”和“布局视图”。在“布局视图”中创建和修改导航窗体时，窗体处于运行状态，创建或修改窗体的同时可以看到运行的效果，因此更直观方便。

【例 5-16】 创建 “教学信息查询”的导航窗体，在窗体中建立两级导航标签按钮，第一级标签为“学生信息查询”、“课程信息查询”及“教师信息查询”。

具体操作步骤如下：

(1) 打开“学生成绩管理”数据库，依次单击“创建”→“窗体”→“导航”按钮，选择“水平标签，2 级”，打开导航窗体的布局视图。

(2) 双击标题栏，将标题“导航窗体”改为“教学信息查询”，如图5-64所示。

(3) 单击窗体内第一级标签“新增”按钮，输入标签名“学生信息查询”，重复此操作，定义其他的一级标签名称：“课程信息查询”及“教师信息查询”。

(4) 选中第一级标签“学生信息查询”，双击其第二级标签“新增”按钮，输入标签名“基本信息”，重复此操作，输入“学生成绩”标签名称，完成“学生信息查询”的第二级标签每次定义。

(5) 用鼠标右键单击二级标签“基本信息”，在弹出的快捷菜单中选择“属性”，系统弹出属性表窗格，在“导航按钮”的“数据”属性中，单击“导航目标名称”下拉按钮，从下拉列表中选择“学生信息”窗体，如图5-64所示。

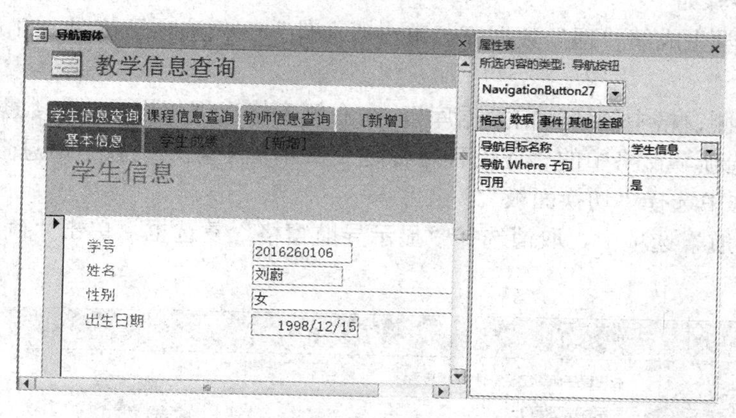

图5-64 二级标签“基本信息”属性设置

(6) 用鼠标右键单击二级标签“学生成绩”，在弹出的快捷菜单中选择“属性”，系统弹出属性表窗格，在“导航按钮”的“数据”属性中，单击“导航目标名称”下拉按钮，从下拉列表中选择“通过‘选课成绩’查看”窗体。

(7) 同理，重复步骤(4)、(5)，完成所有导航标签的名称定义与属性设置。

(8) 保存窗体，命名为“教学信息导航窗体”；在Access 2010导航窗格的窗体列表中，双击“教学信息导航窗体”，单击“学生信息查询”按钮，显示“基本信息”与“学生成绩”二级标签；单击“学生成绩”标签，数据库则打开对应的窗体信息，如图5-65所示。

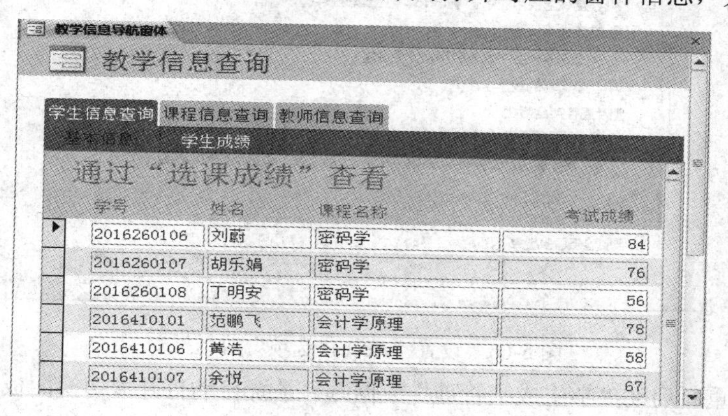

图5-65 导航窗体显示效果

5.4.3 创建启动窗体

在创建了 Access 2010 控制窗体后，系统交付给用户使用，在一般情况下，用户希望在日常打开系统时，直接看到操作界面，而不是每次启动时需要先找到导航窗格，然后再双击该窗体。因此，需要实现在打开“学生成绩管理”数据库时，自动打开其控制窗体，并且不显示导航窗格。

【例 5-17】 设置“学生成绩管理”数据库的启动窗体为“教学信息查询”切换面板，设置数据库应用程序标题为“教学信息查询”，取消显示导航窗格。

具体操作步骤如下：

(1) 打开“学生成绩管理”数据库，单击“文件”→“选项”按钮，打开“Access 选项”对话框。

(2) 选择左侧窗格中的“当前数据库”，在右侧窗格出现“用于当前数据库的选项”，在“应用程序选项”窗格中的“应用程序标题”文本框中输入“教学信息查询”，在“显示窗体”组合框中选择“切换面板”。

(3) 在“导航”选项中，取消选择“显示导航窗格”复选框，单击“确定”按钮，如图 5-66 所示。

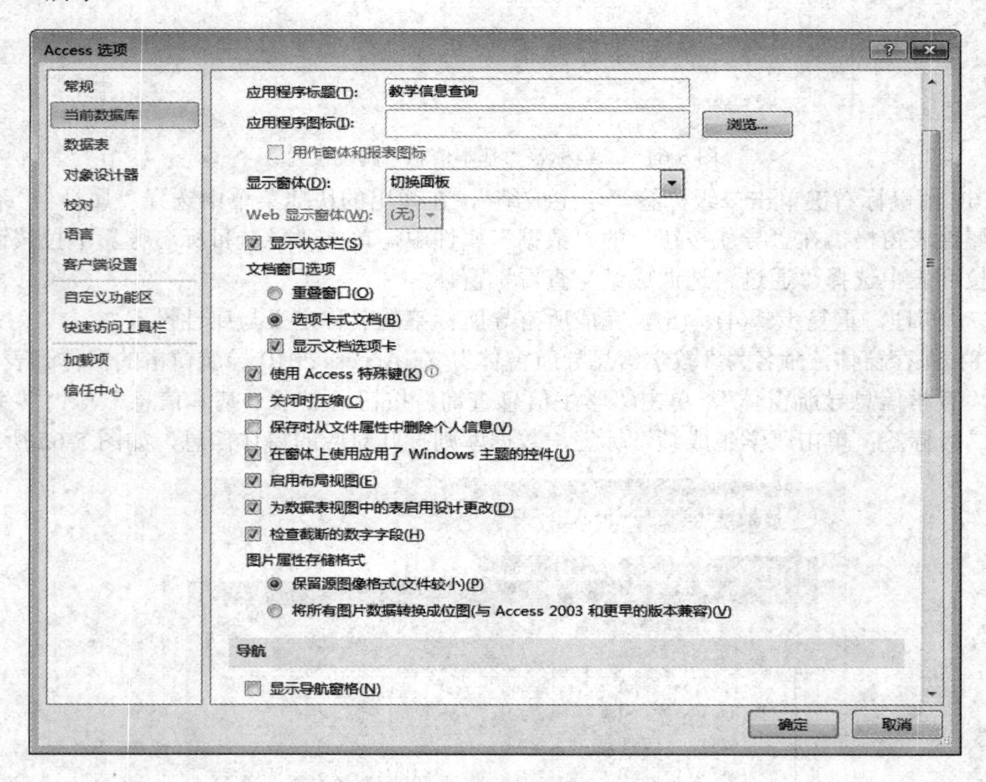

图 5-66　设置“Access 选项”对话框

(4) 关闭并重新启动“学生成绩管理”数据库，系统自动打开“切换面板”窗体，不显示导航窗格，并且在 Access 2010 数据库顶部，显示标题为“教学信息查询”，如图 5-67 所示。

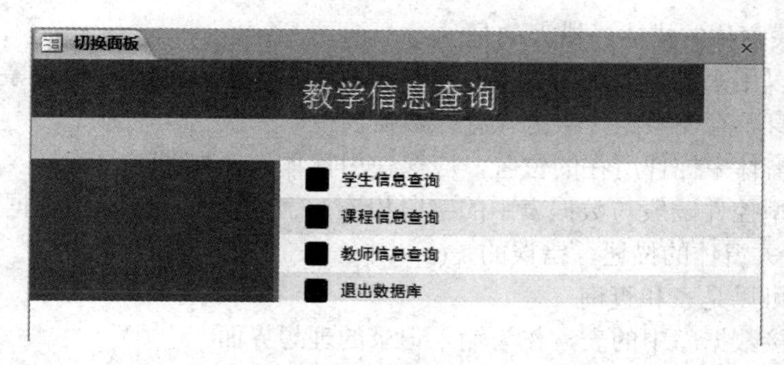

图5-67　启动窗体运行效果

另外，若在某个数据库中设置了启动窗体，但是，在打开数据库时，需禁止自动运行启动窗体，可在打开该数据库的过程中，按住“Shift”键，则不会自动运行启动窗体。

单元测试5

一、单选题

1. 下列不属于Access窗体的视图是(　　)。

A. 设计视图　　B. 窗体视图　　C. 版面视图　　D. 数据表视图

2. 在窗体设计视图中，必须包含的部分是(　　)。

A. 主体　　B. 窗体页眉和页脚

C. 页面页眉和页脚　　D. 以上3项都要包括

3. 不是窗体组成部分的是(　　)。

A. 窗体页眉　　B. 窗体页脚　　C. 主体　　D. 窗体设计器

4. (　　)节在窗体每页的顶部显示信息。

A. 主体　　B. 窗体页眉　　C. 页面页眉　　D. 控件页眉

5. Access的窗体由多个部分组成，每个部分称为一个(　　)。

A. 控件　　B. 子窗体　　C. 节　　D. 页

6. 关于窗体的作用，下面叙述错误的是(　　)。

A. 可以接收用户输入的数据或命令

B. 可以编辑、显示数据库中的数据

C. 可以构造方便、美观的输入输出界面

D. 可以直接存储数据

7. 下列不属于窗体类型的是(　　)。

A. 纵栏式窗体　　B. 表格式窗体　　C. 开放式窗体　　D. 数据表窗体

8. 下列有关窗体的叙述，错误的是(　　)。

A. 可以存储数据，并以行和列的形式显示数据

B. 可以用于显示表和查询中的数据，输入数据、编辑数据和修改数据

C. 由多个部分组成，每个部分称为一个“节”

D. 常用的3种视图为“设计视图”、“窗体视图”和“数据表视图”

9. 下列有关窗体的描述，错误的是(　　)。

A. 窗体可以用来显示表中的数据，并对表中的数据进行修改、删除等操作

B. 窗体本身不存储数据，数据保存在数据表中

C. 要调整窗体中控件所在的位置，应该使用窗体设计视图

D. 未绑定型控件一般与数据表中的字段相连，字段就是该控件的数据源

10. 下列有关窗体的描述，错误的是(　　)。

A. 数据源可以是表和查询

B. 可以链接数据库中的表，作为输入记录的理想界面

C. 能够从表中查询提取所需的数据，并将其显示出来

D. 可以将数据库中的数据进行汇总，并将数据以格式化的方式发送到打印机

11. 要在文本框中显示当前日期和时间，应当设置文本框的控件来源属性为(　　)。

A. =Date()　　B. =Now()　　C. =Time()　　D. =Year()

12. 可以作为窗体记录源的是(　　)表。

A. 表　　B. 查询

C. SELECT 语句　　D. 表、查询或 SELECT 语句

13. 窗体上的控件分为 3 种类型：绑定控件、未绑定控件和(　　)。

A. 查询控件　　B. 报表控件　　C. 计算控件　　D. 模块控件

14. 若要快速调整控件格式，如字体大小、颜色等，可以使用(　　)。

A. “字段列表”窗格　　B. “窗体设计工具设计”选项卡

C. “窗体设计工具排列”选项卡　　D. “窗体设计工具格式”选项卡

15. 下列关于控件的描述，错误的是(　　)。

A. 控件是窗体上用于显示数据、执行操作、装饰窗体的对象

B. 在窗体上添加的每一个对象都是控件

C. 控件的类型分为计算型和非计算型

D. 未绑定型控件没有数据来源，可以用来显示信息、线条、矩形或图像

16. 在使用向导为“学生”表创建窗体时，“照片”字段所使用的默认控件是(　　)。

A. 图像框　　B. 绑定对象框　　C. 非绑定对象框　　D. 列表框

17. 用表达式作为数据源的控件类型是(　　)。

A. 绑定型　　B. 未绑定型　　C. 计算型　　D. 结合型

18. 在计算控件中，每个表达式前都要加上(　　)。

A. “=”　　B. “!”　　C. “,”　　D. Like

19. 如果窗体上输入的数据总是取自表或查询中的字段数据，或某固定内容的数据，可以使用(　　)控件来显示该字段。

A. 文本框　　B. 选项组　　C. 列表框　　D. 选项卡

20. 下面关于列表框和组合框的叙述，正确的是(　　)。

A. 在列表框和组合框中均不可以输入新值

B. 可以在列表框中输入新值，而组合框不能

C. 在列表框和组合框中均可以输入新值

D. 可以在组合框中输入新值，而列表框不能

21. 在显示具有(　　)关系的表或查询中的数据时，子窗体特别有效。

A. 1∶1　B. 1∶2　C. 1∶n　D. m∶n

22. 当需要将一些切换按钮、选项按钮或复选框组合起来使用时，需要使用的控件是(　　)。

A. 列表框　B. 复选框　C. 选项组　D. 组合框

23. 要在窗体首页使用标题，应在窗体页眉添加(　　)控件。

A. 标签　B. 文本框　C. 选项组　D. 图片

24. 在窗体中，用来输入和编辑字段数据的交互控件是(　　)。

A. 文本框　B. 标签　C. 复选框　D. 列表框

25. 若字段类型为是/否型，通常会在窗体中使用的控件是(　　)。

A. 标签　B. 文本框　C. 复选框　D. 组合框

26. 能够接收数据的窗体控件是(　　)。

A. 图形　B. 命令按钮　C. 文本框　D. 标签

27. 不能够输出图片的窗体控件是(　　)。

A. 图像　B. 文本框
C. 绑定对象框　D. 未绑定对象框

28. 选项组控件不包含(　　)。

A. 组合框　B. 复选框
C. 切换按钮　D. 选项按钮

29. 当窗体中的内容较多而无法在一页中显示时，可以使用(　　)控件来进行分页。

A. 命令按钮　B. 组合框
C. 选项卡　D. 选项组

30. 既可以直接输入文字，又可以从列表中选择输入项的控件是(　　)。

A. 选项框　B. 文本框
C. 组合框　D. 列表框

31. 用来显示与窗体关联的表或查询中字段值的控件类型是(　　)。

A. 绑定型　B. 计算型
C. 关联型　D. 未绑定型

32. 下面不是文本框的“事件”属性的是(　　)。

A. 更新前　B. 加载
C. 退出　D. 单击

33. 下列不属于窗体的常用“格式”属性的是(　　)。

A. 标题　B. 滚动条
C. 分隔线　D. 记录源

34. 确定一个控件在窗体或报表中的位置的属性是(　　)。

A. Width 或 Height　B. Width 和 Height
C. Top 或 Left　D. Top 和 Left

35. 若需要改变某控件的名称，应该选取其属性选项卡的(　　)页。

A. 格式　B. 数据

C. 事件　　D. 其他

36. 在下列属性中，属于窗体的“数据”类型的是(　　)。

A. 记录源　　B. 自动居中

C. 获得焦点　　D. 记录选择器

37. 下面不是窗体的“数据”属性的是(　　)。

A. 允许添加　　B. 排序依据　　C. 记录源　　D. 自动居中

38. 要改变窗体上文本框控件的输出内容，应设置的属性是(　　)。

A. 标题　　B. 查询条件　　C. 控件来源　　D. 记录源

39. 为窗体上的控件设置 Tab 键的顺序，应选择“属性表”对话框中的(　　)选项卡。

A. 格式　　B. 数据　　C. 事件　　D. 其他

40. 如果要在文本框内输入姓名后，光标可立即移至下一指定文本框，应设置(　　)属性。

A. 自动 Tab 键　　B. 制表位　　C. Tab 键索引　　D. 可以扩大

41. 假定窗体的名称为“fm Test”，则把窗体的标题设置为“Access Test”的语句是(　　)。

A. Me = "Access Test"　　B. Me.Caption = "Access Test"

C. Me. Text = "Access Test"　　D. Me. Name"Access Test"

42. 下列关于对象事件“更新前”的描述，正确的是(　　)。

A. 当窗体或控件接收焦点时发生的事件

B. 在控件或记录用更改过的数据更新之后发生的事件

C. 在控件或记录用更改了的数据更新之前发生的事件

D. 当窗体或控件失去焦点时发生的事件

43. 不是窗体“格式”属性的选项是(　　)。

A. 标题　　B. 默认视图　　C. 自动调整　　D. 前景色

44. 在窗体上，设置控件 Command1 为不可见的属性是(　　)。

A. Command1.Color　　B. Command1.Caption

C. Command1.Enabled　　D. Command1.Visible

45. 若要求在文本框中输入文本时达到密码“*”号的显示效果，则应设置的属性是(　　)。

A. “默认值”属性　　B. “标题”属性

C. “密码”属性　　D. “输入掩码”属性

46. 如果将窗体背景图片存储到数据库文件中，则在“图片类型”属性框中应指定(　　)。

A. 嵌入方式　　B. 链接方式

C. 嵌入或链接方式　　D. 任意方式

47. 窗体事件是指操作窗体时所引发的事件，下列不属于窗体事件的是(　　)。

A. 打开　　B. 关闭

C. 加载　　D. 取消

48. 下列对键盘事件“击键”的描述，正确的是(　　)。

A. 在控件或窗体具有焦点时，在键盘上按下任何键所发生的事件

B. 在控件或窗体具有焦点时，释放一个按下的键所发生的事件

C. 在控件或窗体具有焦点时，当按下并释放一个键或键组合时发生的事件

D. 在控件或窗体具有焦点时，当按下或释放一个键或键组合时发生的事件

49. 窗体的名称为“fmTest”，窗体中有一个标签和一个命令按钮，名称分别为 Labe1 和 cHange 在“窗体视图”显示该窗体时，要求在单击命令按钮后标签上显示的文字颜色变为红色，以下能实现该操作的语句是(　　)。

A. Labell. ForeColor = 255　　B. cChange. ForeColor = 255

C. Labell. BackColor = 255　　D. bChange. BackColor = 255

50. 假设已在 Access 中建立了包含“书名”、“单价”和“数量”这 3 个字段的“图书订单”表，该表为数据源创建的窗体中，有一个计算订购总金额的文本框，其控件来源为(　　)。

A. [单价]*[数量]

B. =[单价]*[数量]

C. [图书订单表]![单价]*[图书订单表]![数量]

D. =[图书订单表]![书名]*[图书订单表]![数量]

二、填空题

1. 在创建主—子窗体之前，必须设置____________之间的关系。

2. 窗体“属性表”对话框中有__________、__________、__________、__________选项卡。

3. 插入到其他窗体中的窗体称为____________。

4. 用鼠标将__________命令组中的任意一个控件拖曳到窗体中，将在窗体中添加一个新的控件，用户只有对新控件的____________加以设置，窗体的控件才能发挥其作用。

5. 利用“窗体设计工具”中的________选项卡中的命令，可以对选定的控件进行对齐等操作。

6. 窗体中的控件依据与数据的关系可以分为__________、__________、__________ 3 种类型。

7. 计算型控件用____________作为数据源。

8. 在 Access 2010 主窗口中，“创建”选项卡__________命令组提供了多种创建窗体的命令按钮，其中__________命令按钮用于在窗体设计视图下创建窗体。

9. 窗体__________决定了窗体的结构、外观以及窗体的数据来源。

10. 能够唯一标识某一控件的属性是____________。

11. 选项组中可存放的控件有____________、____________、____________。

12. 通过设置窗体的______________属性可以设定窗体数据源。

13. 组合框和列表框都可以从列表中选择值，相比较而言，占用窗体空间多的是__________；而不仅可以选择值，还可以输入新的文本的是____________。

三、问答题

1. 窗体控件分为几类？各有何特点？

2. 简述窗体的功能、类型及窗体的视图。

3. “属性表”对话框有什么作用？如何显示“属性表”对话框？举例说明在“属性表”对话框中设置对象属性值的方法。

4. 如何在窗体中添加绑定控件？举例说明如何创建计算型控件？

5. 窗体由哪几部分组成？各部分主要用来放置哪些信息和数据？

6. 用于创建主窗体和子窗体的表间需要满足什么条件？如何设置主窗体和子窗体之间的联系，使子窗体的内容随主窗体中记录的改变而发生改变？

第6章 报 表

报表是 Access 数据库的对象之一，是以打印格式展示数据的一种有效方式。报表可以对大量的原始数据进行综合整理，然后将数据分析结果打印成表，还可以实现分组数据、数据计算和各种汇总数据等。将报表显示和打印出来，供用户分析或存档。

与其他的打印数据方法相比，报表具有可以执行简单数据浏览和打印的功能，还可以对大量原始数据进行比较、汇总和小计。报表可以生成清单、订单及其他所需的输出内容，从而方便、有效地处理商务。

本章将主要介绍报表的概念、创建报表、编辑设计报表以及报表的打印与导出等内容。

6.1 概 述

6.1.1 报表的基本概念

1. 报表的基本概念

对于普通用户来说，窗体是日常操作最为频繁的界面，但是对于决策者来说，通常不会直接参与这些比较基础的工作，因此，对他们而言，报表才是最为关键的环节。所谓报表，即是基于当前数据库中所有的数据，或者部分有选择性的数据而产生的数据汇总或数据分析的结果表格。因此，好的报表，必然来源于好的窗体，只有友好、精准、美观的窗体，才能确保数据来源的可靠，从而为报表提供优良的数据来源，保证报表的精准和可信。

此外，有一点也可以预先明确，那就是报表的属性对话框以及设计区域、属性设置区，几乎与窗体完全一样，因此，在窗体设计的环节所学到的开发技巧，绝大部分在报表设计的环节都是通用的。

那么，报表和窗体所不一样的是设计的目标的不同；窗体主要是被用来提供给用户，完成日常的管理工作，而报表则为了分析以及汇总数据，用来了解当前的单位的运行状况，以便为决策提供相关数据方面的依据。

报表的记录源可以是表或查询对象，还可以是一个 SQL 语句。报表中显示的数据将来自记录源指定的基础表或查询。报表中的其他信息(如标题、日期和页码)存储在报表的设计中。

在报表中，对于负责显示记录源中某个字段数据的控件，需要将该控件的“控件来源”属性指定为记录源中的某个字段。

使用报表可以创建邮件标签；可以创建图表以显示统计数据；可以对记录按类别进行分组；可以计算总计等。

简而言之，报表具备以下功能：

(1) 可制成各种丰富的格式，使用户报表更易于阅读和理解。

(2) 可以使用剪贴画、图片或者扫描图像来美化报表。

(3) 通过页眉和页脚，可在每页的顶部和底部打印标志信息。

(4) 可利用图表和图形来帮助说明数据的含义。

2. 报表的类型

Access 2010 主要提供了 4 种类型的报表。

(1) 纵栏式报表：也称为窗体报表，如图 6-1 所示。在纵栏式报表中，每个字段都显示在主体节中的一个独立的行上，并且左边带有一个该字段的标题标签。一般是在一页的主体节区内以垂直方式显示一条或多条记录。纵栏式报表适合记录较少、字段较多的情况。

教师授课

教师编号	课程编号	授课地点	授课时间
js0103			
	kc31	Z304	1-16周
js0106			
	kc31	Z305	1-16周
js0301			
	cs02	D03	1-15周
	cs01	Z4D1	6-9周
js0302			
	kc16	D01	1-8周
js0308			
	cs02	D02	1-15周
js0311			
	kc26	E03	4-15周
js0315			
	cs01	Z3D4	6-9周
js0601			
	kc06	1302	1-12周
js0607			
	kc06	1304	1-12周

2018年11月22日　　共 1 页，第 1 页

图 6-1　纵栏式报表

(2) 表格式报表：在表格式报表中，每条记录的所有字段显示在主体节中的一行上，通常一行显示一条记录，一页显示多行记录，其记录数据的字段标题信息标签，显示在报表的页面页眉节中，如图 6-2 所示。表格式报表适合记录较多、字段较少的情况。

教师信息

教师信息

教师编	姓名	性别	职称	学位	出生日期	岗位工资	所在部门	电话	电子邮件
js010	李晓梅	女	副教	博士	1983/6/15 星期三	¥3,120.00	冶金与(	136079'	234878223@qq.c(
js010	崔远	男	讲师	博士	1986/3/6 星期四	¥2,460.00	冶金与(		
js030	张继刚	男	教授	学士	1962/3/25 星期日	¥3,450.00	信息工	136070'	
js030	刘大伟	男	助教	硕士	1992/12/3 星期四	¥2,150.00	信息工		
js031	黄媛媛	女	讲师	博士	1988/2/17 星期三	¥2,460.00	信息工		
js031	蔡豪	男	副教	硕士	.976/10/21 星期四	¥3,120.00	信息工		
js060	徐志强	男	讲师	博士	1988/9/15 星期四	¥2,460.00	经济管		
js060	万国华	男	教授	硕士	1972/4/27 星期四	¥3,450.00	经济管	188070'	wgh1972@126.com
js030	蔡敏洁	女	讲师	博士	1987/5/18 星期一	¥2,460.00	信息工		

2019年3月4日 星期一　　共 1 页，第 1 页

图 6-2　表格式报表

(3) 图表报表：它是指在报表中包含图表显示的报表。它可以直观地表示数据之间的关系，如图 6-3 所示。其适合综合、归纳、比较和进一步分析数据的情况。

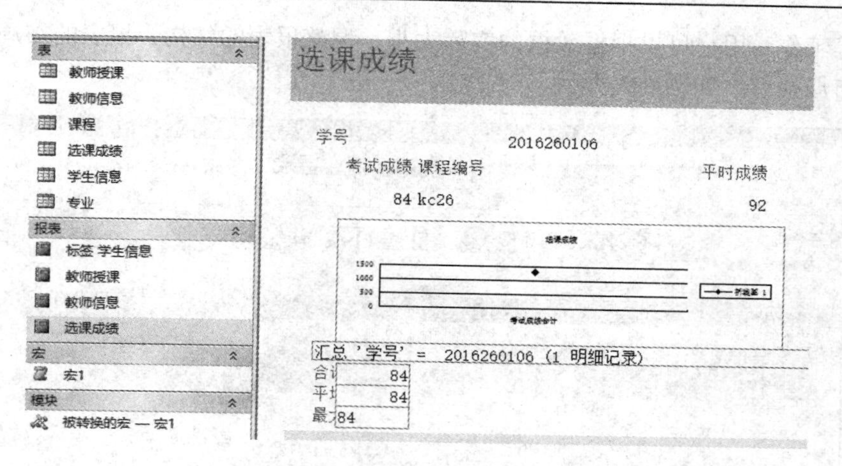

图 6-3　图表报表

(4) 标签报表：它是 Access 报表的一种特殊类型。如果将标签绑定到表或查询中，Access 就会为基础记录源中的每条记录生成一个标签。在实际应用中，经常会用到标签，如物品标签、客户标签等。其打印预览效果如图 6-4 所示。

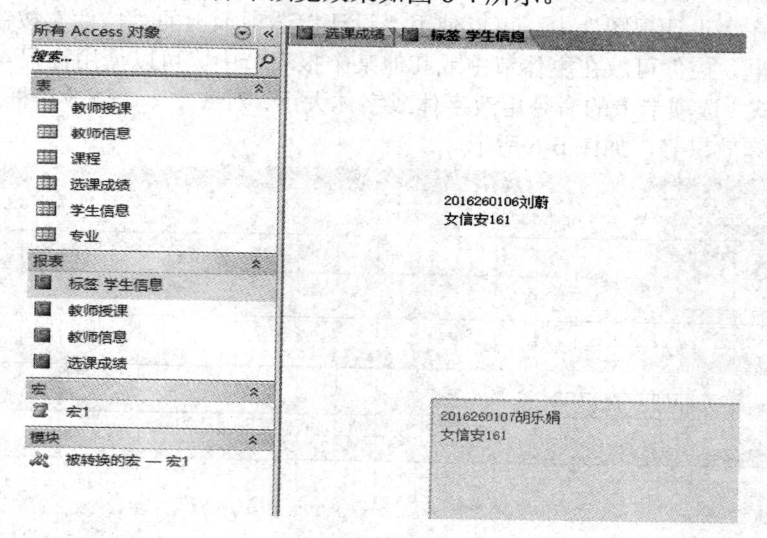

图 6-4　标签报表

3. 报表的视图类型

在 Access 2010 中，报表的视图类型通常有报表视图、打印预览视图、布局视图和设计视图这 4 种。

(1) 报表视图：它是设计完报表之后，展现出来的视图。它用于显示报表内容，可以对数据进行排序、筛选、查找等。

(2) 打印预览视图：用于测试报表对象打印效果的窗口，即用来查看报表的页面数据输出形态。Access 2010 提供的打印预览视图所显示的报表布局和打印内容与实际打印结果是一致的，即所见既所得。

(3) 布局视图：也称为设计网格或设计图面，用于在显示数据的同时对报表进行设计，调整布局等工作。用户可以根据数据的实际大小，调整报表的结构。报表的布局视图类似于窗体的布局视图，如图 6-5 所示。

图 6-5　布局视图

(4) 设计视图：它用于创建报表，是设计报表对象的结构、布局、数据的分组与汇总特性的窗口。在“设计视图”中，可以使用“设计”选项卡上的“控件”按钮添加控件，如标签和文本框。控件可放在主体节中或其他某个报表节中。可以使用标尺对齐控件，还可以使用“格式”选项卡上的命令更改字体或字体大小、对齐文本、更改边框或线条宽度、应用颜色或特殊效果等，如图 6-6 所示。

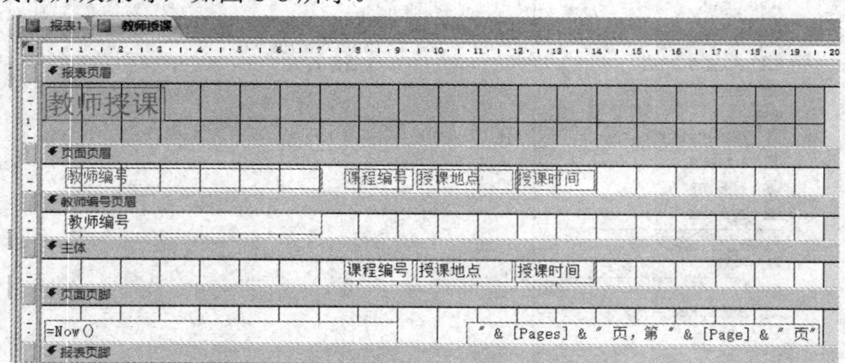

图 6-6　设计视图

6.1.2　报表设计区

报表的结构一般由报表主体、报表页眉、报表页脚、页面页眉、页面页脚、组页眉和组页脚这 6 个区段组成，这些区段称为“节”。报表中的信息可以分布在多个节中。此外，可以在报表中对记录数据进行分组，对每个组添加其对应的组页眉和组页脚。

1. 报表页眉节

报表页眉节位于报表的左上端，只有报表的第 1 页才出现报表页眉内容。可以将报表页眉用于诸如商标、报表题目、图形、说明性文字或打印日期等项目。报表页眉的作用是作为封面或信封等。

2. 页面页眉节

页面页眉节出现在报表中的每个打印页的顶部，如果报表页眉和页面页眉共同存在于第1页，则页面页眉数据会打印在报表页眉的数据下面。它用来显示报表中的字段名称或记录的分组名称，诸如页标题或列标题等信息。

3. 主体节

主体节(也称为明细节)用于处理每一条记录，其中的每个值都要被打印。将定义报表中最主要的数据输出内容和格式，将针对每条记录进行处理，各字段数据均要通过文本框或其他控件(主要是复选框和绑定对象框)绑定显示，可以包含通过计算得到的字段数据，但也可能包含未绑定控件，如标识字段内容的标签。如果某报表的主体节中没有包含任何控件，则可以在其属性表中将主体节“高度”属性设置为“0”。

4. 页面页脚节

页面页脚节位于每页报表的底部，用来显示本页数据的汇总情况。其一般包含诸如日期、页码或控制项的合计内容，数据显示安排在文本框等类型控件中，如通过表达式“= "第"&[page]& "页"”来打印页码。

5. 报表页脚节

报表页脚节一般是在所有的主体和组页脚输出完成后才会出现在报表的最后面，也就是在报表的最后一页出现一次，用来显示整份报表的汇总说明。通过在报表页脚区域安排文本框等控件，可以输出整个报表的计算汇总或其他统计信息。

6. 组页眉和组页脚节

可以在报表中的每个组内添加组页眉和组页脚。单击“设计”选项卡下“分组和汇总”组中的“排序与分组”按钮，在打开的“分组、排序和汇总”区域中设置，以实现报表的分组输出和分组统计。

组页眉显示在新的记录组的开头，可用于显示分组字段的数据。在组页眉显示适用于整个组的信息，如组名称等。组页眉节内主要安排文本框或其他类型控件，用于显示分组字段等数据信息。在打印输出时，分组数据只在每组开始位置显示一次。

组页脚出现在每组记录的结尾，可用于显示该组的统计数据，通过文本框或其他类型控件来实现。在打印输出时，其数据出现在每组记录的结尾。

6.2 创建报表

Access 2010提供了5种创建报表的工具：报表、报表设计、空报表、报表向导和标签。创建报表的方法和创建窗体非常相似，报表的创建过程可归纳为3种方法：一是使用自动报表创建基于单个表或查询的报表；二是使用向导创建基于一个或多个表或查询的报表；三是在设计视图中自行创建报表。

6.2.1 用“报表”工具创建报表

“报表”提供了最快的自动创建报表的方式，当需要快速浏览表或查询中的数据时，可以使用“报表”工具创建报表，“报表”将自动包含所选表或查询中的所有字段。报表的类型有纵栏式或表格式。

在采用“报表”工具创建报表(如图 6-7 所示)时，先选择表或查询作为报表的数据源，然后选择报表类型，最后自动生成报表，输出数据源中所有字段的全部记录。

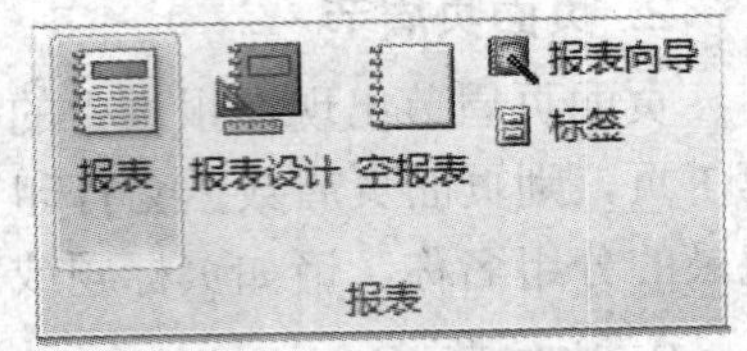

图 6-7　用“报表”工具创建报表

【例 6-1】 在“学生成绩管理”数据库中，使用“报表”按钮创建一个基于“专业”表的报表。报表名称为：例 6-1 专业(报表)。

具体操作步骤如下：

(1) 打开“学生成绩管理”数据库，在“导航窗格”中，选中“专业”表。

(2) 在“创建”选项卡的“报表”组中，单击“报表”按钮，“专业”报表即创建完成，切换到布局视图运行或调整。

(3) 保存为“专业”报表。

采用“报表”工具创建的报表只能基于一个数据源，对数据源中的字段也不能进行自由选择。

6.2.2　用“空报表”工具创建报表

创建空报表是使用“空报表”按钮创建报表，即可在布局视图中打开一个空报表，并显示出“布局视图”和“字段列表”，通过双击或拖曳“字段列表”中的字段，把需要显示的字段添加到该报表“布局视图”中，Access 2010 将创建一个功能完备的报表。

【例 6-2】 以“学生成绩管理”数据库中的“教师授课”表和“课程”表为数据源，使用“空报表”创建一个“教师授课信息”报表。具体操作步骤如下：

(1) 打开“学生成绩管理”数据库，单击“创建”选项卡下“报表”组中的“空报表”按钮，弹出一个空白报表(空报表)，并且在屏幕右边自动显示“字段列表”窗格，分别如图 6-8 和图 6-9 所示。

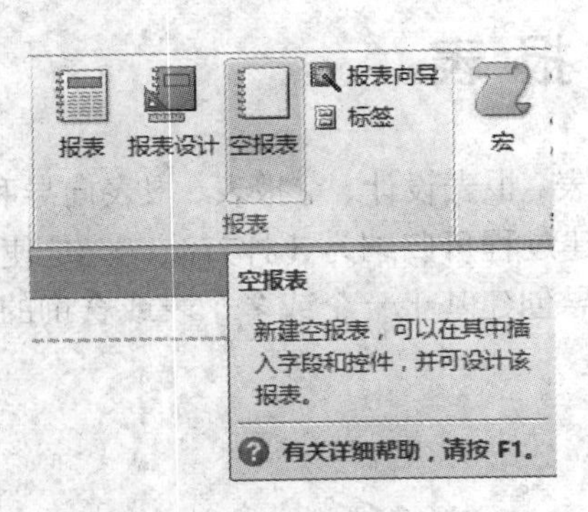

图 6-8　用“空报表”创建报表

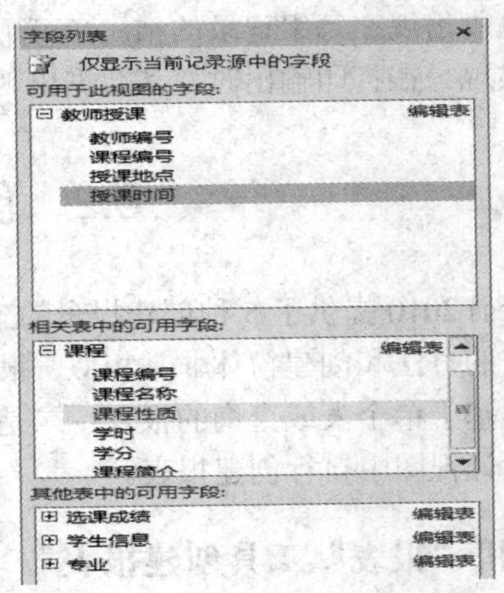

图 6-9　对空白报表添加字段

(2) 在右边的“字段列表”窗格中，单击“教师任课”表前面的“+”号，展开字段列表，双击“教师编号”、“课程编号”字段，将这两个字段添加到报表中。

(3) 再在“字段列表”窗格中选择“课程”表，双击“课程名称”、“学时”、“学分”、“课程性质”，将这4个字段添加到报表中，对添加的字段进行调整，关闭“字段列表”窗格。

(4) 保存为“教师授课信息”报表，结果如图6-10所示。

报表1

教师编号	课程编号	授课地点	授课时间	课程名称	课程性质
js0301	cs01	Z4D1	6-9周	大学计算机基础	必修
js0315	cs01	Z3D4	6-9周	大学计算机基础	必修
js0301	cs02	D03	1-15周	C语言程序设计(A)	必修
js0308	cs02	D02	1-15周	C语言程序设计(A)	必修
js0601	kc06	1302	1-12周	会计学原理	必修
js0607	kc06	1304	1-12周	会计学原理	必修
js0311	kc26	E03	4-15周	密码学	必修
js0103	kc31	Z304	1-16周	冶金工艺学	必修
js0106	kc31	Z305	1-16周	冶金工艺学	必修
js0302	kc16	D01	1-8周	人工智能技术	选修

图6-10 报表预览

6.2.3 用“报表向导”创建报表

使用向导创建报表比较简单，用户只要按照向导提示即可正确建立报表。在创建报表的过程中，如果对前面的设计不满意，可以返回上一步进行修改，直到满意为止。

如果要在报表中包含来自多个表或查询的字段(多个表之间必须已经建立“关系”)，则在报表向导中选择第一个表或查询中的字段后，不要单击“下一步”按钮或“完成”按钮，而是重复执行选择表或查询的步骤，直至选完所有需要的字段。字段选择完毕后，按“下一步”按钮，弹出的对话框要求选择报表使用的布局，接着弹出的对话框则要求选择报表所用的样式，最后一个对话框则要求给出报表的标题(也是报表的名字)，然后单击“完成”按钮即可生成报表。如果生成的报表不符合预期要求，可以在报表设计视图中进行修改。

按以上所创建的报表，大多以数据形式为主。如果需要更加直观地将数据以图表的形式表示，就可使用图表向导创建报表。图表向导功能强大，提供了几十种图表形式供用户选择。

【例6-3】 以“学生成绩管理”数据库中的“学生信息”表和“专业”表为数据源，使用“报表向导”创建一个“专业学生信息”报表。

具体操作步骤如下：

(1) 打开“学生成绩管理”数据库，依次单击“创建”、“报表”、“报表向导”，打开“报表向导”对话框。

(2) 在“表/查询”下拉列表框中选择“学生信息”表，在“可用字段”列表框中选择需要的字段，添加到右边的“选定字段”列表框中，如图6-11所示。

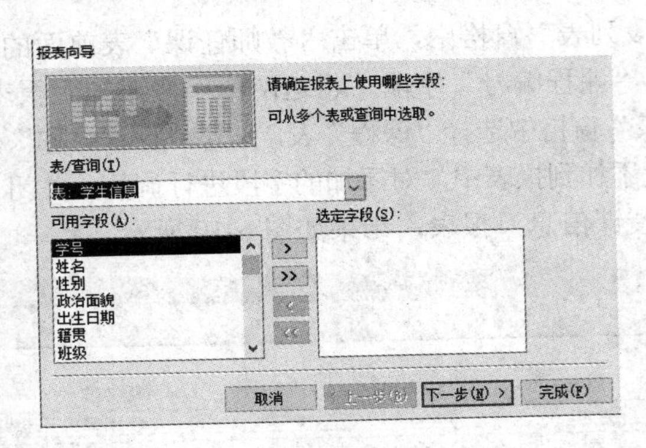

图 6-11　“报表向导”对话框

(3) 在“表/查询”下拉列表框中选择“专业”表，在“可用字段”列表框中选择需要的字段，添加到右边的“选定字段”列表框中。

(4) 单击“下一步”按钮，因要建立的报表是基于两个数据表的，因此，弹出的设置数据查看方式的对话框中提供了“通过 专业”和“通过 学生信息”两种查看方式，如图 6-12 所示。

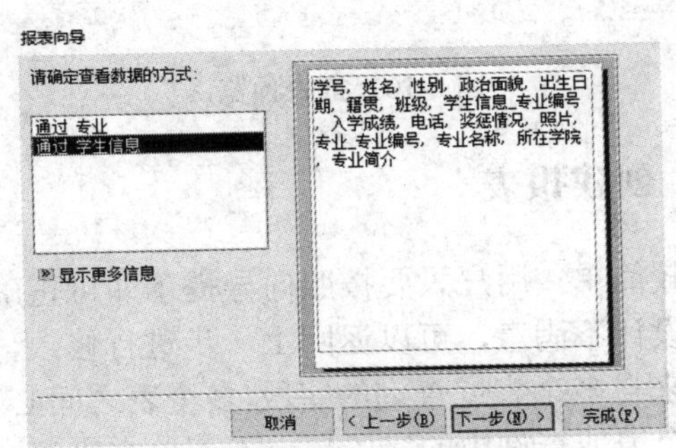

图 6-12　确定查看数据的方式

(5) 单击“下一步”按钮，弹出添加分组级别的对话框，在左边列表框中选择“专业名称”作为分组依据，并不是所有的字段都适合作为分组字段，只有该字段的值有重复才行。

(6) 单击“下一步”按钮，弹出请确定明细信息使用的排序次序和汇总信息的“报表向导”对话框，确定报表记录的排序，最多可以按 4 个字段对记录进行排序，如图 6-13 所示。

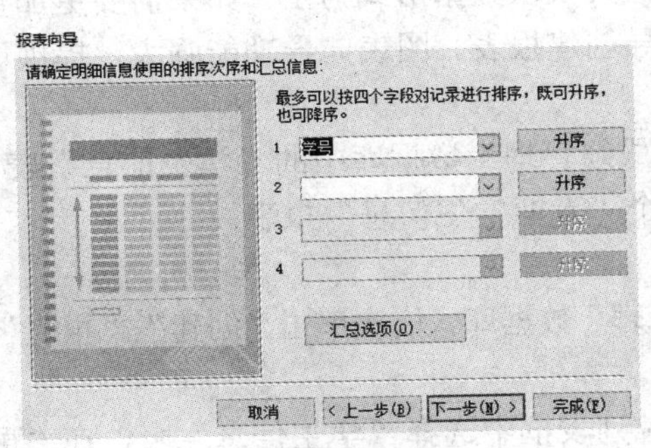

图 6-13　排序次序和汇总信息

(7) 单击“汇总选项”按钮，弹出“汇总选项”对话框，默认选择表中数字字段的“平均”、“最大”和“最小”进行报表汇总。

(8) 单击“下一步”按钮，确定布局方式，有3种布局方式，分别是“递阶”、“块”和“大纲”。右侧的“方向”是报表打印的方式。若无特殊要求，采用默认设置即可，如图6-14所示。

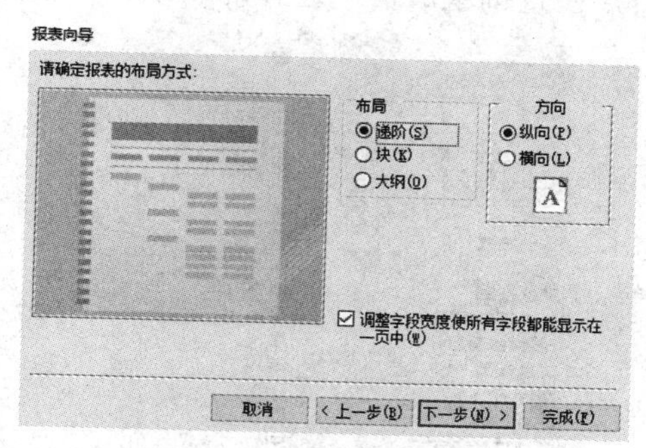

图6-14 报表的布局方式

(9) 单击“下一步”按钮，输入该报表的标题。

(10) 可以预览报表，也可以选择修改报表设计后，完成报表的创建。

6.2.4 用“报表设计”工具创建报表

在Access 2010中提供了报表的设计视图，允许用户通过直观的操作来直接设计或修改报表，“设计视图”是数据库对象的设计窗口，可以新建数据库对象和修改现有数据库对象。在实际应用中，许多用户喜欢先使用向导创建报表，然后再在“设计视图”中修改报表的设计。可见“设计视图”可以让用户完全自主地来创建和修改报表。

打开Access 2010数据库，在“导航窗格”中选定“表”，将其作为报表数据源的数据表，在“创建”选项卡中选择“报表”组，单击“报表设计”按钮，系统将自动打会开“报表设计视图”对话框，这时屏幕会出现报表视图窗口。

在首次启动“报表视图”时，报表布局中默认有3个节：页面页眉、主体和页面页脚，如图6-15所示。可以根据需要添加报表页眉和报表页脚。

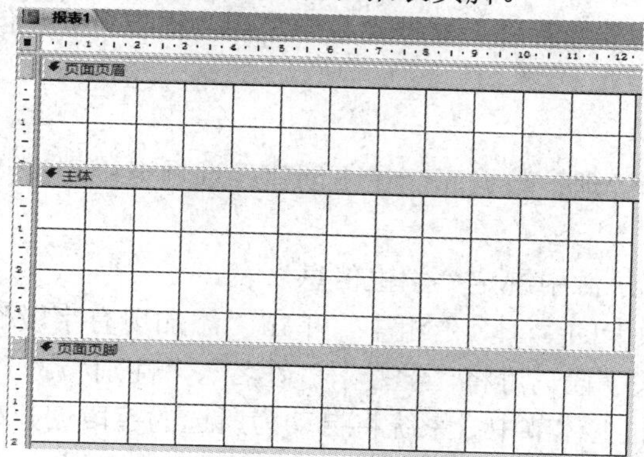

图6-15 报表设计视图

1. 绑定报表

在报表设计视图右边的灰色空白区域右击，选择“属性”命令，在“数据”选项卡中，单击“记录源”属性右侧的下拉列表，选择要绑定的表或查询。报表属性表如图 6-16 所示。如果要将多个表或查询绑定到报表中，要启动查询生成器生成新查询，激活查询生成器后，切换到“查询生成器”窗口，在查询生成器中选择的表或查询就是新报表的数据源。

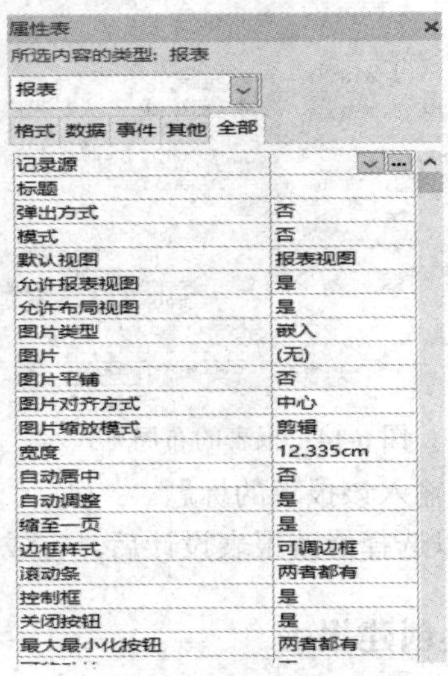

图 6-16　报表属性表

2. 添加控件

(1) 直接从记录源的“字段列表”窗格中反复把报表需要的有关字段拖放到报表的某节中的适当位置。

(2) 在“报表设计工具”中的“设计”选项卡的“控件”组中单击某控件，然后单击该报表的某节中的适当位置。

添加好控件后，根据需要可进行调整控件位置和大小等工作。操作方法与操作窗体的控件相似。首先，单击某个需要调整位置的控件，显出该控件的移动控点和尺寸控点。当鼠标放在控件的四周，除左上角之外的其他地方时，鼠标指针成一个十字四向箭头形状，这时候按住鼠标左键并拖动鼠标可同时移动两个相关控件。

【例 6-4】 在“学生成绩管理”数据库中，使用“报表设计”创建一个基于“学生信息”表的报表。

具体操作步骤如下：

(1) 打开“学生成绩管理”数据库，在“创建”选项卡中点击“报表设计”按钮，打开报表设计视图。

(2) 在“属性”的记录源中绑定“学生信息”表。

(3) 在“设计”选项卡的“工具”组中，单击“添加现有字段”按钮，打开“字段列表”对话框，添加好相关字段。可将“学号”、“姓名”、“性别”、“出生日期”、“政治面貌”等字段拖曳在设计视图的主体节中。系统将自动为所选的字段创建标签和文本框，其中标签显示字段的名称，文本框显示字段的值。

(4) 在“设计”选项卡的“控件”组中，选中标签控件，在报表页眉节中添加一个标签控件，输入标题名称，设置好字体样式。调整好各个节中的控件布局、位置、大小及对齐方式等。报表布局如图6-17所示。

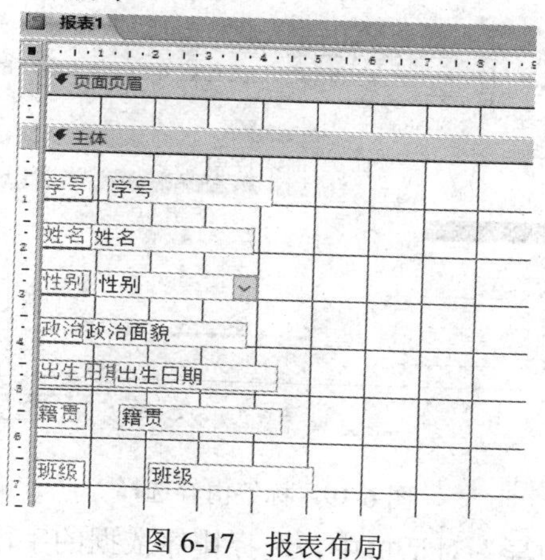

图6-17 报表布局

6.2.5 用“标签”工具创建报表

使用“标签”创建标签报表时，显出的“标签向导”会向用户详细提示有关字段、布局以及所需格式等信息，并根据用户的回答创建标签。用户可先按“标签向导”创建标签报表，然后在该报表的“设计视图”中对标签的外观进行自定义设计，这样可以加快标签报表的创建过程。

【例6-5】 在“学生成绩管理”数据库中，使用“标签”工具创建一个基于“学生信息”表的标签报表，作为准考证。报表名称为：学生准考证标签报表。

具体操作步骤如下：

(1) 打开数据库，选择数据源。

(2) 在“创建”选项卡的“报表”组中，单击“标签”按钮，打开“标签向导”对话框，选定标签的型号(可自定义大小)，此处选“C2166”，如图6-18所示。单击“下一步”按钮，选择合适的字体样式。此例选“宋体”、“12号字”、“细字体”、“黑色”。

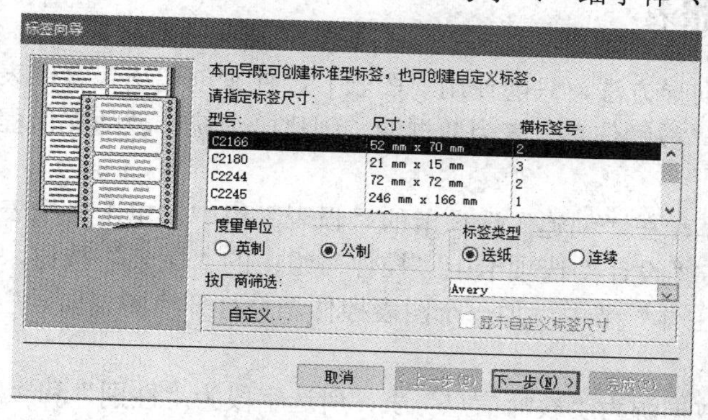

图6-18 标签尺寸

(3) 在下一个“标签向导”对话框中，把“班级”、“学号”字段发送到“原型标签”

列表框中，再单击“原型标签”列表框的下一行，再把“姓名”、“性别”字段发送到“原型标签”列表框中，如图 6-19 所示。

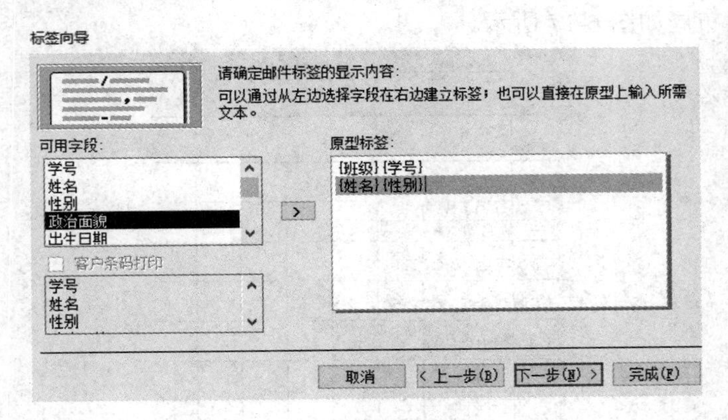

图 6-19　标签内容选择

(4) 在下一个“标签向导”对话框中，选择排序依据的字段，再单击“下一步”按钮，输入报表的名称，完成学生准考证标签报表的创建，如图 6-20 所示。

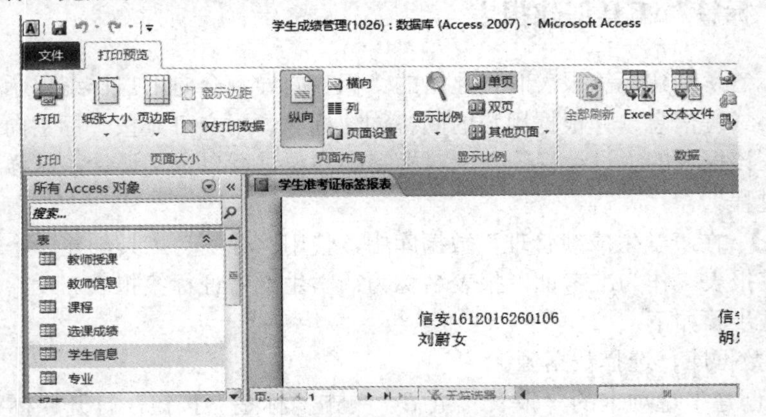

图 6-20　学生准考证标签报表

6.2.6　创建图表报表

图表报表没有向导方法，只能使用“图表”控件来创建出包含图表的报表。

【例 6-6】 以“教师信息”表为数据源，创建一个统计教师文化程度的图形报表。具体操作步骤如下：

(1) 打开数据库，在“创建”选项卡的“报表”组中，单击“报表设计”按钮，进入“设计视图”，单击“设计”选项卡上“控件”组中的“图表”按钮，单击“主体”节中的某一位置，在“主体”节中添加一个图表控件，并打开“图表向导”对话框。按照向导提示逐步创建。

(2) 在本例中数据源为“教师信息”表，所选字段为“性别”和“学位”，选择图标类型为“柱形图”，其中，“性别”字段为横坐标，系列为“学位”。图表的标题为“教师文化程度信息表”，如图 6-21 所示。

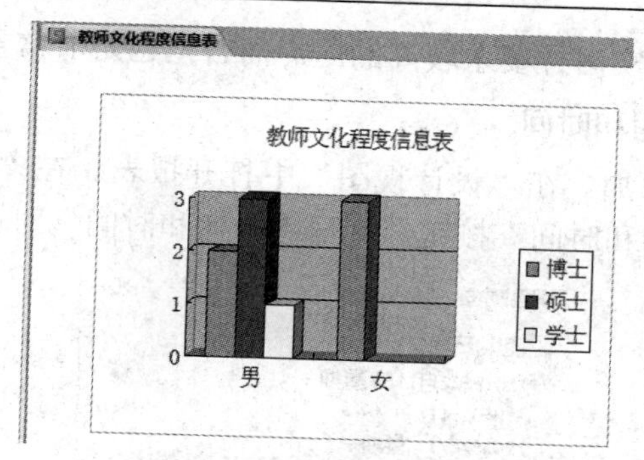

图 6-21　教师文化程度信息表

在“请指定数据在图表中的布局方式”的“图表向导”对话框中，本例按照默认布局即可。若默认设置不符合用户要求，可把左侧示例图表中的字段拖回到右侧字段中，重新选择字段拖放到“数据”、“轴”和“系列”处。

6.3　编辑报表

在使用前面的创建报表的方法完成创建报表之后，可以根据需要对某个报表的设计进行修改，包括可能要添加报表的控件、修改报表的控件或删除报表的控件等。

报表是由各种控件组成的。标题、图标、页面页眉、日期及时间等都需要用添加控件的方法来实现。在“创建”选项卡中选择“报表”组，单击“报表设计”按钮，屏幕的“报表设计工具”中的“设计”选项卡下就会显示报表控件工具栏。

6.3.1　添加背景图案

在报表中添加图片、公司的标志和学校的校徽，根据显示记录的不同显示每个学生的照片；这些会使设计的报表图文并茂，更加美观。报表中的背景图片可以应用于全页。在报表中添加背景图案的操作步骤如下：

(1) 在“设计视图”中打开报表。双击“设计视图”左上角的“报表选定器”，打开报表的“属性表”对话框。

(2) 单击“格式”选项卡，选择“图片”属性，单击“图片”属性右侧的扩展按钮，在打开的“插入图片”对话框图中，选择要作为报表的背景图片插入报表中。

(3) 背景图片的其他属性：

① 图片类型：选择“嵌入”或“链接”图片方式。

② 图片缩放模式：选择“剪辑”、“拉伸”或“缩放”方式来调整图片大小。

③ 图片对齐方式：选择图片的对齐方式。

④ 图片平铺：选择是否平铺背景图片。

6.3.2　在报表中添加日期、时间和页码

在报表制作的时候添加当时的时间，便于读者了解报表中数据的统计时间，便于文档

的存档与查找，对数据的实时性要求较高的用户而言，也是非常重要的。

1. 在报表中添加日期和时间

(1) 在页眉/页脚中添加。在“设计视图”中打开报表。在“设计”选项卡的“页眉/页脚”组中，单击“日期和时间”按钮，打开“日期和时间”对话框，如图 6-22 所示。

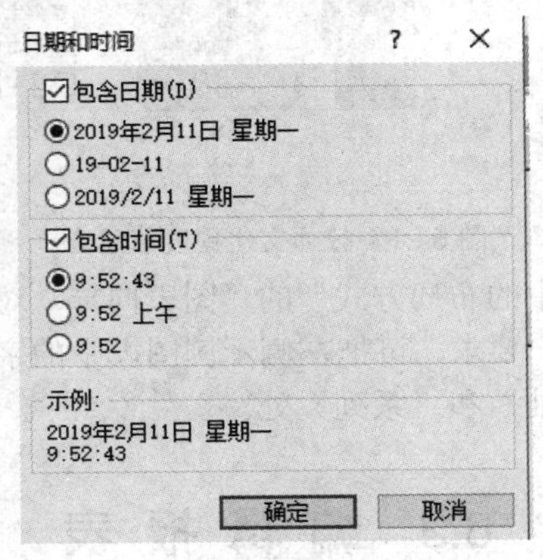

图 6-22　“日期和时间”对话框

选中“包含日期”复选框，或选中“包含时间”复选框，再单击相应的格式。单击“确定”按钮，在报表页眉节中添加了系统当前日期和时间。

(2) 使用控件添加：可使用文本框给报表添加日期和时间。

在“设计视图”中打开报表。添加一个文本框控件，然后删除与文本框控件同时添加的标签控件。打开文本框控件的“属性”对话框，选择“数据”选项卡，设置“控件来源”属性。如果添加日期，在“控件来源”属性行中输入“=Data()”。如果添加时间，在“控件来源”属性行中输入“=Time()”，该控件可安排在报表的任意节区中。

2. 在报表中添加页码

使用“设计”视图打开报表后，在“页眉/页脚”选项卡中选择“页码”命令。在弹出的“页码”对话框中，根据需要选择相应的页码格式、位置和对齐方式。对齐方式有 5 个可选项：

(1) 左：在左页边距添加文本框。

(2) 居中：在左右页边距之间添加文本框。

(3) 右：在右页边距添加文本框。

(4) 内：在左、右页边距之间添加文本框，在奇数页位于左侧，而偶数页位于右侧；

(5) 外：在左、右页边距之间添加文本框，在偶数页位于左侧，而奇数页位于右侧。

若要在第一页显示页码，选中“在第一页显示页码”复选框。可用表达式创建页码。Page 和 Pages 是内置变量，[Page]代表当前页号，[Pages]代表总页数。例如，="第"&[Page]& "页"—"共"&[Pages]& "页"。

6.3.3　显示或隐藏报表页眉、页脚和页面页眉、页脚

在 Access 创建报表都会看到报表页眉、页脚和页面页眉、页脚。在 6.1.2 小节中已经

进行了叙述。

报表页眉、页脚，是对于整个报表，只在打印的第一页与最后一页显示。页面页眉/页脚，是对于每一页，打印每一页都会显示。

需要显示或隐藏报表页眉、页脚和页面页眉、页脚，可在属性中进行设置，方法如下：

(1) 选中报表，打开设计视图。

(2) 选中要操作的页眉(或页脚)，点击右键，在弹出的菜单中选择“属性”。

(3) 在右侧的属性列表中，报表页眉如图6-23所示。在“可见”选项中选中是或否可以调节页眉(或页脚)的可见与否，保存后关闭设计视图。

(4) 点击打开报表即可看到调整后的效果。

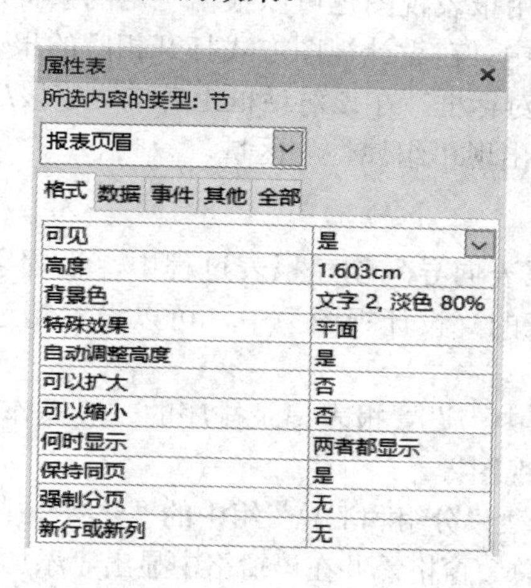

图6-23　报表页眉属性

6.3.4　绘制线条和矩形

在报表设计中，可通过添加线条或矩形来修饰版面，以实现更好的显示效果。

1. 在报表上绘制线条

在报表上绘制线条的操作步骤如下：

(1) 使用“设计视图”打开报表，单击控件工具箱中的“直线”按钮。

(2) 单击报表的任意处可以创建默认大小的线条，或通过单击并拖动的方式创建自定大小的线条。

利用“格式”工具栏中的“线条/边框宽度”按钮和“属性”按钮，可以分别更改线条样式(如点、点划线等)和边框样式。

2. 在报表上绘制矩形

在报表上绘制矩形的操作步骤如下：

(1) 使用“设计”视图打开报表，单击工具箱中的“矩形”按钮。

(2) 在窗体或报表的任意位置单击，可以创建默认大小的矩形，或通过拖曳创建自定大小的矩形。利用“格式”工具栏中的“线条/边框宽”按钮和“属性”按钮，可以分别更改线条样式(如实线、虚线和点划线等)和边框样式。

6.3.5　报表记录的排序与分组

为了使设计出来的报表更能符合用户的要求，需要对报表进行进一步的设计，如对记录排序、分组计算等进行设置。

在实际应用过程中，经常需要按照某个指定的顺序排列记录数据，也会在报表设计时按选定的某个(或几个)字段值是否相等而将记录划分成组。将字段值相等的记录归为同一组，字段值不等的排序一般用来整理数据记录，以便查找和输出。

排序是指按某个字段值将记录排序。而分组是指按某个字段值进行归类，将字段值相同的记录分在一组之中。使用报表视图也可以根据一定的条件对记录进行分组输出，使具有相同条件的记录在一个组中。在设计视图方式打开相应的报表，单击工具栏上的“排序与分组”按钮，弹出相应的对话框，在该对话框上部的“字段/表达式”和“排序次序”栏中选定相应内容，则在下部出现“组属性”区域。

1. 排序

在前面介绍的使用“报表向导”创建报表过程中，设置字段排序时最多只能设置 4 个字段对记录排序。在报表的“设计视图”中，可以设置超过 4 个的字段或表达式对记录排序。

在报表的“设计视图”中，设置报表记录排序的一般操作步骤如下：

(1) 打开报表的“设计视图”。

(2) 单击“设计”选项卡上“分组和汇总”组中的“分组和排序”按钮，则在“设计视图”下方显出“分组、排序和汇总”窗格，并在该窗格中显出“添加组”和“添加排序”按钮。

(3) 单击“添加排序”按钮，在弹出的窗格上部的字段列表中选择排序依据字段，或者在弹出的窗格下部选择“表达式”，打开“表达式生成器”，键入以等号“=”开头的表达式。Access 在默认情况下按“升序”排序，若要改变排序次序，可在“升序”按钮的下拉列表中选择“降序”。第 1 行的字段或表达式排序优先级最高，第 2 行的优先级次高，依此类推。

2. 记录归为不同组

当需要对数据进行分组时，可以单击要设置分组属性的字段或表达式，然后设置其组属性。最多可对 10 个字段和表达式进行分组。

(1) 分组中的几个概念：

① 组页眉：用于设定是否显示该组的页眉。

② 组页脚：用于设定是否显示该组的页脚。

③ 分组形式：选择值或值的范围，以便创建新组。或用选项，取决于分组字段的数据类型。

④ 组间距：指定分组字段或表达式值之间的间距值。

⑤ 保持同页：用于指定是否将组放在同一页上。

(2) 按日期/时间字段分组：

每一个值：按照字段或表达式相同的值对记录进行分组。

年：按照相同历法中的日期对记录进行分组。

季度：按照相同历法季度中的日期对记录进行分组。

月份：按照同一月份中的日期对记录进行分组。

周：按照同一周中的日期对记录进行分组。

日：按照同一天的日期对记录进行分组。

时：按照相同小时的时间对记录进行分组。

分：按照同一分钟的时间对记录进行分组。

(3) 按文本字段分组：

每一个值：按照字段或表达式相同的值对记录进行分组。

前缀字符：按照字段或表达式中前几个字符相同的值对记录进行分组。

(4) 按自动编号、货币字段或数字字段分组：

每一个值：按照字段或表达式中相同数值对记录进行分组。

间隔：按照位于指定间隔中的值对记录进行分组。

6.3.6 报表的计算

在报表设计中，经常要进行各种运算并将结果显示出来。例如，页码的输出、分组统计平均成绩的数据输出等，是通过设置绑定控件的控件来源为计算表达式来实现的，这些控件就称为“计算控件”。计算控件的控件来源是计算表达式，当表达式的值发生变化时，会重新计算结果并输出。

在报表设计中，可以根据需要进行各种类型的统计计算并输出结果，操作方法就是将计算控件的“控件来源”设置为所需的统计计算表达式。

1. 在报表中添加计算控件

(1) 打开报表的“设计视图”。

(2) 单击“设计”选项卡上“控件”组中的“文本框”控件。

(3) 单击报表“设计视图”中的某个节区，就在该节区中添加上一个文本框控件。若要计算一组记录的总计值或平均值，将文本框添加到组页眉或组页脚节区中。 若要计算报表中的所有记录的总计或平均值，将文本框添加到报表页眉或报表页脚节区中。

(4) 双击该文本框控件，显出该文本框的“属性表”。

(5) 在“控件来源”属性框中，键入以等号“=”开头的表达式。例如，=Avg([成绩])、=Sum([实发工资])、=[单价]*0.85*[数量]、=Count([学号])、=[小组合计]/[总计]、=Date()、=Now( ) 等。

需要注意的是，在报表的“设计视图”中，单击一次某文本框控件，再单击一次该文本框控件，进入文本框控件的文本编辑状态，此时，可以在文本框中直接输入以等号“=”开头的表达式。

2. 使用表达式生成器创建计算控件

(1) 在设计视图中打开报表。

(2) 创建或选定一个非绑定的文本框。

(3) 单击报表设计工具栏中的“属性”按钮。

(4) 打开属性对话框中的“数据”选项卡，并单击“控件来源”行。

(5) 单击表达式生成器按钮，弹出“表达式生成器”对话框。

(6) 单击“=”按钮，并单击相应的“计算”按钮。

(7) 双击计算中使用的一个或多个字段。

(8) 输入表达式中的其他数值，然后单击“确定”按钮。

3. 在主体节内添加计算控件

在主体节内添加计算控件对记录的若干字段求和或计算平均值时，只要设置计算控件的“控件来源”为相应字段的运算表达式即可。例如，计算学生平均成绩只要设置新添计算控件的控件来源为“=Avg([成绩])”；又如，在报表中列出学生 3 门课“多媒体技术与应用”、“网页制作与应用”和“Access 数据库程序设计”的成绩，若要对每位学生计算 3 门课的平均成绩，只需设置新添计算控件的控件来源为“=([多媒体技术与应用]+[网页制作与应用]+[Access 数据库程序设计])/3”即可。

这种形式的计算还可以前移到查询设计中，以改善报表操作性能。若报表数据源为表对象，则可以创建一个选择查询，其中添加计算字段完成计算；若报表数据源为查询对象，则可以再添加计算字段完成计算。

4. 在其他节内添加计算字段

在组页眉/组页脚或报表页眉/报表页脚节内添加计算字段，对记录的若干字段求和或进行统计计算，这种形式的统计计算一般是对报表字段列的纵向记录数据进行统计，而且要使用 Access 提供的内置统计函数完成相应计算操作。

例如，要计算报表中所有学生考试课程的平均成绩，在报表页脚节内对应“成绩”字段列的位置添加一个文本框计算控件，设置“控件来源”属性为“=Avg([成绩])”即可。

如果是进行分组统计并输出，则统计计算控件应该放置在“组页眉/组页脚”节区内相应位置，然后设置“控件来源”即可。

6.4　报表的打印与导出

6.4.1　打印报表

打印报表是指在纸上输出报表，在“文件”选项卡中单击“打印”，在打开的“打印”选项中单击“打印”按钮，直接将报表发送到打印机上。但在打印之前，有时需要对页面和打印机进行设置。

1. 预览报表

在数据库窗口中选择“对象”栏中的“报表”选项，选中所需预览的报表后单击工具栏中的“预览”按钮，即打开“打印预览”窗口。

打印预览效果与打印的真实效果一致。如果报表记录很多，一页无法容纳，在每页的下面有显示一个滚动条和页数指示框，可进行翻页操作。

2. 设置页面

在“页面设置”选项卡中的“页面布局”组中单击“页面设置”命令按钮，弹出“页面设置”对话框，如图 6-24 所示。在该对话框中可以设置页面的边距、每列的宽度、打印纸张大小及方向等。

图 6-24　打印报表页面设置

3. 打印报表

完成了页面和打印机的设置后，直接点击“确定”按钮即可完成打印，如图 6-25 所示。

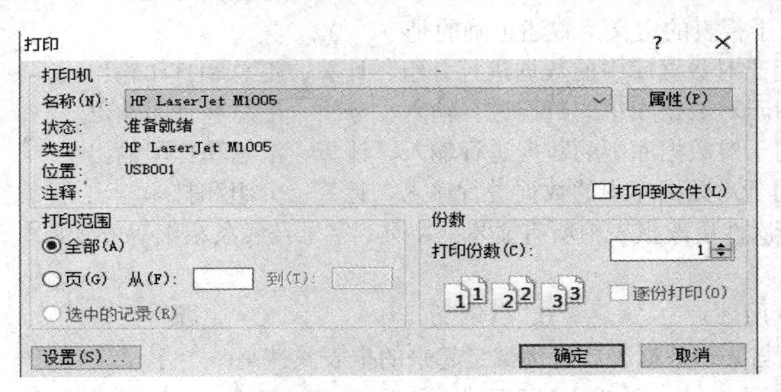

图 6-25　报表打印

6.4.2　导出报表

在 Access 2010 中，不能将报表导出为快照文件。但是 Access 2010 提供了将报表导出为.pdf 和.xps 文件格式的功能，用户可以在脱离 Access 环境的情况下来查看报表。

将报表导出为 PDF 文件(即扩展名为.pdf 的文件)的操作步骤如下：

(1) 打开某个数据库，单击“导航窗格”中的“报表”对象，展开“报表”对象列表。

(2) 单击“报表”对象列表中的要导出的报表名称。

(3) 单击“外部数据”选项卡上“导出”组中的“PDF 或 XPS”按钮。

(4) 在打开的“发布为 PDF 或 XPS”对话框中，指定文件存放的位置，指定文件名，选定保存类型(选定“PDF(*.pdf)”)。

(5) 单击“发布”按钮即完成导出。

此外，在 Access 2010 中，还可以将报表导出为 Excel 文件、文本文件、XML 文件、Word(.rtf)文件、HTML 文档等。

单元测试6

一、单选题

1. 以下叙述正确的是(　　)。

A. 报表只能输入数据　　B. 报表只能输出数据

C. 报表可以输入和输出数据　　D. 报表不能输入和输出数据

2. 可以更直观地表示出数据之间关系的报表是(　　)。

A. 纵栏式报表　　B. 表格式报表

C. 图表报表　　D. 标签报表

3. 提示用户输入相关的数据源、字段和报表版面格式等信息来建立报表的工具是(　　)。

A. 自动报表向导　　B. 报表向导

C. 图表向导　　D. 标签向导

4. 以下关于报表的定义，叙述正确的是(　　)。

A. 主要用于对数据库中的数据进行分组、计算、汇总和打印输出

B. 主要用于对数据库中的数据进行输入、分组、汇总和打印输出

C. 主要用于对数据库中的数据进行输入、计算、汇总和打印输出

D. 主要用于对数据库中的数据进行输入、计算、分组和打印输出

5. 若要一次性更改报表中所有文本的字体、字号及线条粗细等外观属性，应使用的是(　　)。

A. 自动套用　　B. 自定义　　C. 主题　　D. 图表

6. 将报表与某一数据表或查询绑定起来的报表属性是(　　)。

A. 记录来源　　B. 打印版式　　C. 打开　　D. 帮助

7. 如果文本框控件来源属性为“=4*5+2”，在打开报表视图时，该文本框显示的是(　　)。

A. 22　　B. 4*5+2　　C. 未绑定　　D. 出错

8. 报表输出不可缺少的是(　　)。

A. 主体内容　　B. 页面页眉内容

C. 页面页脚内容　　D. 没有不可缺少的部分

9. 报表显示数据的主要区域是(　　)。

A. 报表页眉　　B. 页面页眉　　C. 主体　　D. 报表页脚

10. 在以下叙述中，错误的是(　　)。

A. 报表页眉中的任何内容都只能在报表的开始处打印一次

B. 如果想在每一页上都打印出标题，可以将标题移动到页面页眉中

C. 在设计报表时，页面页眉和页面页脚只能同时添加

D. 使用报表可以打印各种标签、发票、订单和信封等

11. 要在报表每一页顶部都输出信息，需要设置(　　)。

A. 报表页眉　　B. 报表页脚　　C. 页面页眉　　D. 页面页脚

12. 在报表中，要计算“数学”字段的最高分，应将控件的“控件来源”属性设置为(　　)。

A. =Max([数学])　　B. Max(数学)

C. =Max[数学]　　D. =Max(数学)

13. 要实现报表按某字段分组统计输出，需要设置(　　)。

A. 报表页脚　　B. 该字段组页脚

C. 主体　　D. 页面页脚

14. 要显示格式为“页码/总页数”的页码，应当设置文本框的控件来源属性是(　　)。

A. [page]/[pages]　　B. =[page]/[pages]

C. [page]&"/"&[pages]　　D. =[page]&"/"&[pages]

15. 报表不能完成的工作是(　　)。

A. 分组数据　　B. 汇总数据　　C. 格式化数据　　D. 输入数据

16. 如果建立报表所需要显示的信息位于多个数据表中，则必须将报表基于(　　)来制作。

A. 多个数据表的全部数据

B. 由多个数据表中相关数据建立的查询

C. 由多个数据表中相关数据建立的窗体

D. 由多个数据表中相关数据建立的新表

二、填空题

1. 在报表的视图中，能够预览显示结果，并且又能对控件进行调整的视图是________。

2. 报表页眉的内容只在报表的________中打印输出。

3. 在创建报表的过程中，可以控制数据输出的内容、输出对象的显示或打印格式，还可以在报表制作过程中，进行数据的____________。

4. 报表标题一般放在__________中。

5. 计算型控件的“控件来源”属性一般设置为以__________开头的计算表达式。

三、问答题

1. 什么是报表，报表的主要作用是什么？

2. 哪些控件可以创建计算字段？创建计算字段的方法共有哪些？

3. 报表页眉与页面页眉的区别是什么？

4. 在报表中计算汇总信息有哪些常用方法？各个方法的特点是什么？

第 7 章　宏

宏(Macro)是指一个或多个操作的集合。我们把那些能自动执行某种操作的命令统称为“宏”。宏也是一种操作命令，它和菜单操作命令是相同的，只是它们对数据库施加作用的时间有所不同，作用时的条件也有所不同。

本章将主要介绍宏的概念、宏的创建、宏的触发以及宏的运行与调试等内容。

7.1　概　　述

7.1.1　宏的概念

在 Access 中，可以将宏看成是一种简化的编程语言，这种语言是通过生成一系列要执行的操作来编写的。生成宏时，从下拉列表中选择每一个操作，然后填写每个操作所必需的信息。通过使用宏，无需在 VBA 模块中编写代码，即可向窗体、报表和控件中添加功能。宏提供了在 VBA 中可用命令的子集，大多数人都认为生成宏比编写 VBA 代码容易。

菜单命令一般用在数据库的设计过程中，而宏命令则用在数据库的执行过程中。菜单命令必须由使用者来施加这个操作，而宏命令则可以在数据库中自动执行。

1. 宏的基本功能

通过宏的自动执行重复任务的功能，可以保证工作的一致性，还可以避免由于忘记某一操作步骤而引起的错误。宏的具体功能有以下几种：

(1) 显示和隐藏工具栏。

(2) 打开和关闭表、查询、窗体和报表。

(3) 执行报表的预览和打印操作以及报表中数据的发送。

(4) 设置窗体或报表中控件的值。

(5) 设置 Access 工作区中任意窗口的大小，执行窗口移动、缩小、放大和保存等操作。

(6) 执行查询操作，以及数据的过滤、查找。

(7) 为数据库设置一系列的操作，以简化工作。

2. 宏的结构

宏是由操作、参数、注释、组、条件和子宏等组成。Access 2010 对宏的结构进行了重新设计，使得宏从结构上与计算机程序结构从形式上看十分相似。宏的操作内容比程序代码要简单，易于设计和理解。

(1) 宏名。一个宏对象具有自己的对象名称，而其中的每一个宏也具有一个书写在“宏名”列中的唯一名称。而注释是对操作的文字说明，标明该操作的用途和意义。比较简单的操作可以省略注释部分。

(2) 条件。条件是一个计算结果为“是”或“否”的逻辑表达式。为宏操作设置执行条件，在一个宏操作中可以设置多个条件。在运行宏时，Access 将求出第一个条件的表达式的结果，如果这个条件为真，Access 就会执行此行所设置的宏操作，直到遇到另一个表达式、宏名或宏的结尾为止。如果条件为假，Access 则会忽略相应的宏操作，并且移到下一个包含其他条件或条件列为空的操作行。

(3) 组。为了有效地理解宏，Access 2010 引进了组(Group)的概念。使用组可以把宏的若干操作，根据其操作目的的相关性分成块，一个块就是一个组。这样宏的结构显得十分清晰，阅读起来也十分方便。

(4) 操作。操作是宏的基本组成部分，其作用就是执行某个操作命令。一个宏对象可以包含多个宏操作，组成一个操作系列。宏将按序列执行一系列控制指令。

(5) 操作参数。操作参数指定操作方向，让操作沿着用户的要求执行。只有指定了操作参数，宏的操作才是完善的。

(6) 子宏。子宏是存储在一个宏名下的一组宏的集合。该集合通常都被作为一个引用。在一个宏可以只包含一个子宏，也可以包含若干个子宏。而每一个宏又是由若干个操作组成的。因此，我们可以将若干个子宏设计在一个宏对象中，这个宏对象即称为子宏。

3. 独立宏

独立宏是独立的对象，它独立于窗体、报表等对象之外。独立宏在导航窗格中可见。

4. 嵌入宏

嵌入宏与独立宏正好相反，它嵌入到窗体、报表和控件对象的事件中，嵌入宏是所嵌入的对象和控件的一部分。嵌入宏在导航窗格中不可见。

5. 数据宏

数据宏是 Access 2010 中新增的一项功能，该功能允许在表事件中(如添加、更新或删除数据等)自动运行。数据宏有两种主要的数据宏类型：一种是由表事件触发的数据宏(也称为“事件驱动的”数据宏)，另一种是为响应按名称调用而运行的数据宏(也称为“自己命名的”数据宏)。

7.1.2　常用宏操作

Access 中一共有 60 多种常见的宏操作命令，可以分成操作对象类、记录操作类、数据导入/导出类、数据传递类、代码执行类、提示类及其他类等，分别如表 7-1～表 7-6 所示。

表 7-1　操作对象类

OpenModule	打开特定的 Visual Basic 模块
OpenForm	打开一个窗体
OpenReport	打开报表
OpenQuery	打开选择查询或交叉表查询
OpenTable	打开数据表
Rename	对指定的数据库对象重新命名
RepaintObject	完成指定数据库对象挂起的屏幕更新
SelectObject	选择指定的数据库对象
Close	关闭指定的 Access 窗口

表 7-2　记录操作类

GoToControl	把焦点移到打开的窗体、窗体数据表、表数据表、查询数据表中当前记录的特定字段或控件上
FindRecord	查找符合 FindRecord 参数指定的准则的第一个数据实例
FindNext	查找下一个记录，该记录符合由前一个 FindRecord 操作或“在字段中查找”对话框所指定的准则

表 7-3　数据导入/导出类

TransferDatabase	在 Access 数据库或项目与其他数据库之间导入/导出数据
TransferSpreadsheet	在当前的 Access 数据库或项目和电子表格文件之间导入/导出数据
TransferText	在当前的 Access 数据库或项目与文本文件之间导入/导出文本

表 7-4　数据传递类

Requery	通过重新查询控件的数据源来更新活动对象中的特定控件的数据
SendKeys	把按键直接传送到 Access 或其他 Windows 应用程序
SetValue	对 Access 窗体、窗体数据表或报表上的字段、控件或属性的值进行设置

表 7-5　代码执行类

RunApp	运行一个 Windows 或 MS-DOS 应用程序，如 Word、Excel 等
RunCode	调用 Visual Basic 的 Function 过程
RunSQL	执行指定的 SQL 语句以完成操作查询，还可以运行数据定义查询
RunMacro	运行宏，该宏可以在宏组中

表 7-6　提示类及其他类

Beep	通过计算机的扬声器发出“嘟嘟”声
Echo	指定是否打开响应。例如，可以使用该操作隐藏或显示宏运行时的结果
MsgBox	显示包含警告信息或其他信息的提示框
AddMenu	创建所有类型的自定义菜单
FindRecord	查找符合指定条件的第一条或下一条记录
FindNext	查找符合最近的 FindRecord 操作或对话框中指定条件的下一条记录
MoveSize	移动活动窗口或调整其大小
Minimize	将活动窗口缩小为 Access 2010 窗口底部的小标题栏
Quit	退出 Access 2010
Save	保存指定对象。未指定对象时，保存当前活动的对象
SetValue	对窗体、窗体数据表或报表上的字段、控件或属性的值进行设置
ShowAllRecords	从激活表、查询和窗体中移去所有已应用过的筛选
StopAllMacros	中止当前所有宏的运行
StopMacro	停止当前正在运行的宏

7.1.3　宏的设计视图

1. “宏工具设计”选项卡

在 Access 2010 中，在“创建”选项卡的“宏与代码”组中，单击“宏”按钮，打开“宏工具设计”选项卡，该选项卡中共有 3 个组，分别是“工具”、“折叠/展开”和“显示/隐藏”，如图 7-1 所示。

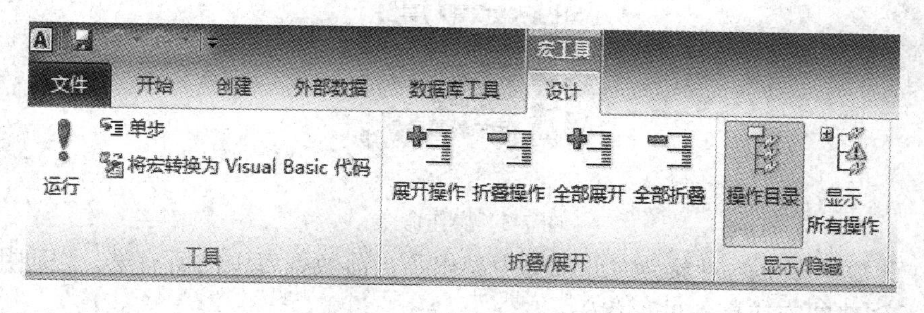

图 7-1　宏工具选项卡

2. 操作目录

进入“宏设计”选项卡后，在 Access 窗口下方，分成 3 个窗格：左边的窗格显示宏对象，中间的窗格是宏设计器，右边的窗格是“操作目录”，如图 7-2 所示。

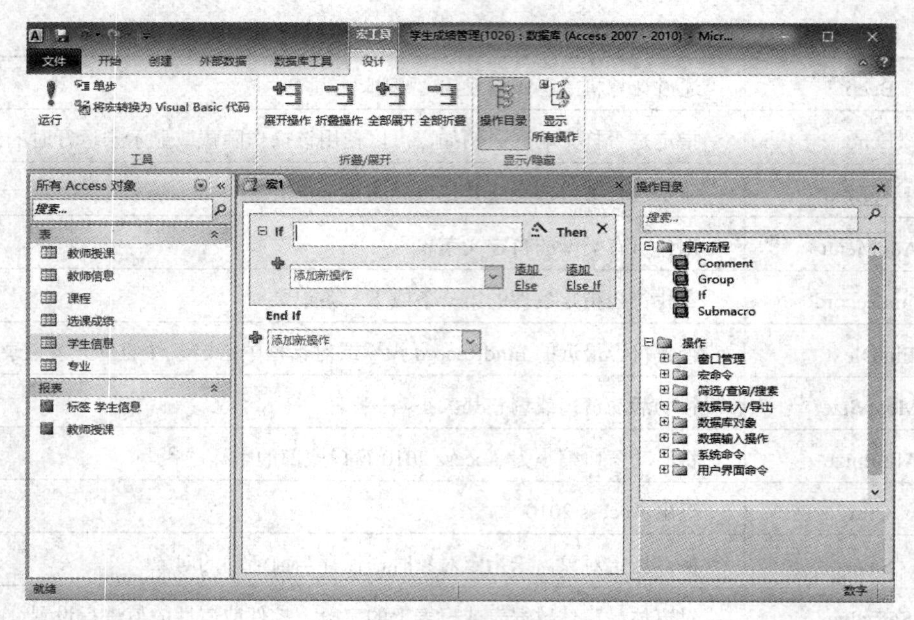

图 7-2　宏设计窗口

操作目录窗格由 3 个部分组成：上部是程序流程部分；中间是操作部分；下部是此数据库中的对象。

(1) 程序流程。程序流程包括注释(Comment)、组(Group)、条件(If)和子宏(Submacro)。

(2) 操作部分。宏的操作按操作性能分为 8 组，分别是“窗口管理”、“宏命令”、“筛选/查询/搜索在”、“数据导入/导出”、“数据库对象”、“数据输入操作”、“系统命令”和“用户界面命令”。Access 2010 以清晰的结构形式操作命令，更加方便用户创建和管理宏，如图 7-3 所示。

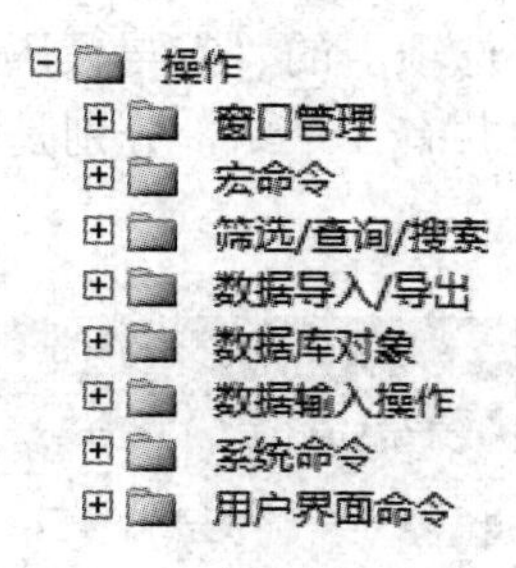

图 7-3　操作命令

(3) 在此数据库中的对象。在此部分中列出了当前数据库中的所有宏，以便用户可以重新使用所创建的宏或事件过程代码。

3. 宏设计器

在 Microsoft Access 之前版本中创建宏，有 3 个列宏生成器，如图 7-4 所示。可在“条件”列中添加了条件语句，在“操作”列中添加了宏操作，在“参数”列中指定了参数。

图 7-4　旧版本的宏生成器

在 Access 2010 中，系统重新设计了宏设计器，如图 7-5 所示。与以前版本相比更接近 VBA 事件过程代码的开发界面，使得开发宏更加方便。

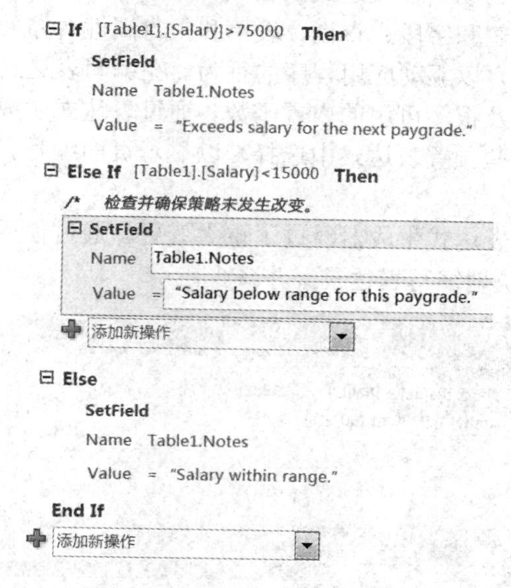

图 7-5　Access 2010 的宏生成器

当创建一个宏后，在宏设计器中会出现一个组合框，组合框中显示添加新操作的占位符，组合框前有个绿色十字，这是“展开/折叠”按钮，如图 7-5 所示。添加新操作的方法有 3 种：

(1) 直接在组合框中输入操作符。

(2) 展开“添加新操作”组合框，在下拉列表中选择操作。

(3) 从“操作目录”窗格中，将某个操作直接拖曳到宏设计器中的组合框中。

“操作目录”搜索框具有搜索功能，可以键入一个搜索词，并让 Microsoft Access 筛选和显示与该搜索词匹配的项目。搜索框不仅会检查操作名称，还会包括操作说明。例如，搜索 Query。搜索结果不仅会显示包含 Query 一词的操作，还会显示说明中包含 Query 的 ApplyFilter、GoToRecord 和 ShowAllRecords。

还可以向宏添加注释，方法是在“添加新操作”下拉框中键入“//”，或在“操作目录”中拖动“注释”节点。注释显示为绿色文本，如图 7-5 所示。这可以确保注释易于发现，并且可用于分隔过程中的各个部分。重新排列宏代码也很简单。将代码块拖放到新位置即可，或者使用操作窗格中块上的绿色向上和向下箭头。

宏设计器引入了一种称为“组块”的新程序流构造。通过组块，可以轻松地将多个宏放入一个组中，可将组作为一个单元进行扩展或折叠，以便于读取。在 Microsoft Access

之前版本的宏生成器中，可以使用“条件”列创建简单的条件语句。在 Access 2010 宏设计器中，可以通过添加 ElseIf 和 Else 语句，创建更加多功能的 If 语句。要添加这些语句，选择“If”块，然后单击代码块右下角的“ElseIf”文本或“Else”文本。例如，单击“ElseIf”文本，将显示“ElseIf”对话框。在条件框中键入时，Access 将使用 IntelliSense 显示标识符、函数和其他数据库项目。

4. 表达式生成器

表达式生成器是一种帮助构建表达式的工具。可以从 Access 中编写表达式的大多数位置启动表达式生成器。表和字段、查询、表单和报告属性、控件、查询和宏都可以使用表达式对数据或逻辑求值，以驱动应用程序的行为。在编写表达式时可以轻松访问数据库中字段和控件的名称，以及很多可用的内置函数。通过表达式生成器，我们可以从头开始创建表达式，也可以从一些预置表达式中选择，以显示页面编号、当前日期或当前日期和时间等。

在 Access 2010 中，表达式生成器经过了重大变更。通过使用改进后的表达式生成器(如图 7-6 所示)，可以更快地编写表达式，并减少错误。

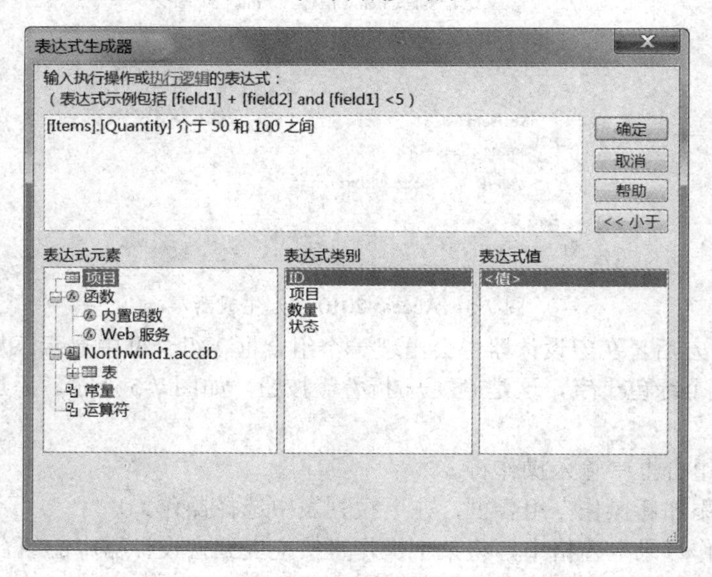

图 7-6　Access 2010 中的表达式生成器

表达式生成器包括新功能和更简单的用户界面。不必再记住语法和可用函数或属性。新的表达式生成器具有 IntelliSense，它可提供在键入表达式时所需的所有信息。

此外，新的用户界面使用逐步解密，这意味着仅显示在特定上下文中存在的函数和属性。在 Microsoft Access 的之前版本中，使用表达式的各个上下文共享同一个通用表达式求值器。这意味着不论在什么位置使用表达式，在大多数情况下可用的函数和运算符均相同。在 Access 2010 中，表达式生成器与上下文相关。例如，FormatDateTime 函数在表的上下文中不可用，但在所有其他上下文中均可用。另外需要注意的是，“运算符”按钮已消失。运算符在“表达式元素”窗格中可用。所有这些更改减少了混乱，使选择更易于关闭并提供了更多编辑区域。

在 Access 2010 的宏设计器中希望构建表达式的其他位置，单击如图 7-7 所示的图标，将显示表达式生成器。

当键入表达式时，将提供一个字段、函数或表达式元素的下拉列表，与图 7-8 类似。

If [Items].[Quantity] 介于 50 和 100 之间

图 7-7　表达式生成器图标

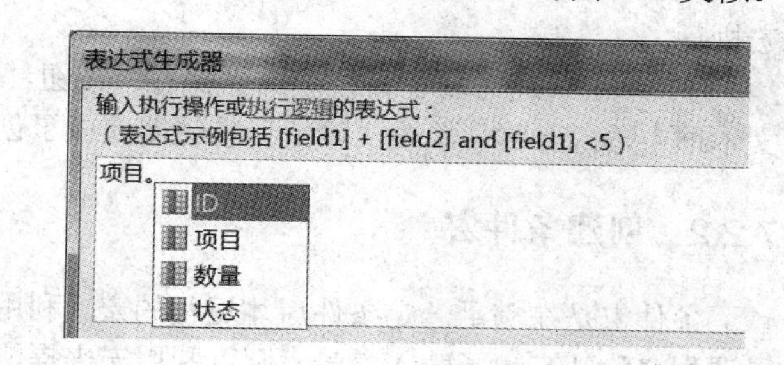

图 7-8　键入将显示选项的下拉列表

我们可以在 Access 2010 帮助中找到关于表达式以及如何使用表达式生成器的更多帮助。

7.2　建　立　宏

在 Access 2010 中，在“创建”选项卡的“宏与代码”组中，单击“宏”按钮，就可打开宏设计窗口，就可以在这个窗口中设计宏了，宏的创建方法非常简单，所以既不需要有什么“宏向导”，也不必有很多的视图，在宏的创建过程中只有一个设计窗口，如图 7-2 所示。

7.2.1　创建子宏

Access 2010 中的子宏就是之前版本的宏组。子宏是宏的集合，它是将完成同一项功能的多个相关宏组织在一起，构成子宏。通过创建子宏，可以方便地进行分类管理和维护。子宏类似于程序中的“主程序”，而子宏中的“宏名”列中的宏类似于“子程序”。使用子宏既可以增加控制，又可以减少编制宏的工作量。

用户也可以通过引用子宏中的“宏名”执行子宏中的一部分宏。在执行子宏中的宏时，Access 2010 将按顺序执行“宏名”列中的宏所设置的操作以及紧跟在后面的“宏名”的操作。在 Access 2010 中，创建子宏同样也是通过宏设计窗口完成的。

在一个复杂的 Access 2010 数据库中，经常需要响应多种事件，甚至于一个复杂的数据库中很可能需要数百个宏协同工作。如果是用户自行设计宏的话，可能会出错。因此 Access 2010 提供了一种方便的组织方法，即将宏分组。将几个相关的宏组成一个宏对象，可以创建一个子宏，这样可以减少用户的工作量。

在 Access 2010 中创建子宏，操作方法如下：

(1) 选择 Access 2010“创建”选项卡，打开一个数据表。在“创建”选项卡上的“宏与代码”组中，单击“宏”按钮，打开宏设计器窗口。

(2) 在“操作目录”窗格中，将程序流程中的子宏命令 SubMacro 拖曳到“新添加操作”

组合框中。

(3) 在“添加新操作”列中单击下拉按钮，显示操作列表，单击要使用的操作。

(4) 在“子宏”列表框中为第一个宏输入名称，重复这前面两步，用户可以添加后续宏执行。

(5) 单击快速访问工具栏中的“保存”按钮，弹出“另存为”对话框，在“宏名称”文本框中输入名称，单击“确定”按钮即完成了创建子宏的工作。

7.2.2 创建条件宏

条件宏是在满足一定条件后才运行的宏。利用条件宏可以显示一些信息，如学生输入了课程名称却忘记了输入学号，则可利用宏来提醒学生输入遗漏的信息。或者进行数据的有效性检查。要创建条件宏，需要向宏设计器的宏窗口中的“条件”列表中输入使条件起作用的宏的规则。如果设置的条件为真，宏就运行。如果设置的条件为假，就转到下一个操作。

设置“条件”的含义是：如果前面的条件式结果为 True，则执行此行中的操作；若结果为 False，则忽略其后的操作。在紧跟此操作的下一行的“条件”栏内输入省略号(...)。就可以在上述条件为真时连续执行其后的操作。

7.2.3 创建 AutoKeys 宏

Autokeys 宏通过按下指定给宏的一个键或一个键序触发。为 AutoKeys 宏设置的键击顺序称为宏的名字。例如，名为“F3”的宏将在按下“F3”键时运行。

在命名 AutoKeys 宏时，使用符号“^”表示“Ctrl”键。表 7-7 列出了可用来运行 AutoKeys 宏的组合键的类型。

表 7-7　组 合 键

语 法	说 明	示 例
^number	“Ctrl”键+任一数字	^9
F*	任一功能键	F3
^F*	“Ctrl”键+任一功能键	^F6
Shift + F*	“Shift”键+任一功能键	〈Shift〉+〈F4〉

在创建 AutoKeys 宏时，必须定义宏将执行的操作，如打开一个对象、最大化一个窗口或显示一条消息。另外，还需要提供操作参数，运行宏时需要该参数，如要打开的数据库对象、要最大化的窗口或要在对话框中显示的消息的名称。

7.2.4 创建 AutoExec 宏

AutoExec 宏也称为“启动窗口宏”，它可以创建一个在第一次打开数据库时运行的特殊的宏。可以执行如打开数据输入窗体、显示消息框提示用户输入、发出表示欢迎的声音等操作。一个数据库只能有一个 AutoExec 宏。

在 Access 中，宏并不能单独执行，必须有一个触发器。而这个触发器通常是由窗体、页及其上面的控件的各种事件来担任的。创建 AutoExec 宏的操作步骤如下：

(1) 在“创建”选项卡的“宏与代码”组中，单击“宏”按钮，打开宏设计窗口。

(2) 在“新添加操作”组合框的下拉列表中选择 OpenForm 操作打开窗体，将“窗体名称”操作参数设置为“登录界面”；再选择 MaximizeWindowse 操作，打开窗体后立即最大化窗口。

(3) 保存宏。将宏名命名为 AutoExec，单击“确定”按钮保存该宏。

7.2.5 构建数据宏

数据宏是 Access 2010 中的新功能。数据宏可以将逻辑附加到记录和表(与 SQL Server 触发器类似)，也就是说，在某个位置编写逻辑，在表中添加、更新或删除数据的所有表单和代码都会继承该逻辑。数据宏可启用以下几种方案：

(1) 在允许添加另一条记录之前先检查字段值。

(2) 保留对记录所做更改的历史记录。

(3) 字段值更改时生成一封电子邮件。

(4) 验证表中数据的准确性。

(5) 旧版宏(本文中称为宏)仍然存在，尽管它们只能从表单事件、另一个宏、报告事件或 VBA 代码调用。

有两种常规类型的数据宏：当对表中的数据执行某些操作时触发的“事件”宏以及按名称调用的独立“已命名”的宏。在添加、更新或删除数据事件之后，或者在删除或更改事件之前，用户可以立即对数据宏编程以运行数据宏。

数据宏可以使用 ReturnVars 将值返回到宏。数据宏中的 ReturnVars 与使用 VBA 或其他编程语言调用函数/方法返回的值类似。这样就可以根据数据宏中发生的情况在调用宏中显示 UI。在数据宏中，用户可以使用 SetReturnVar 命令指定 ReturnVars，如图 7-9 所示。这些值在已命名的数据宏中设置。

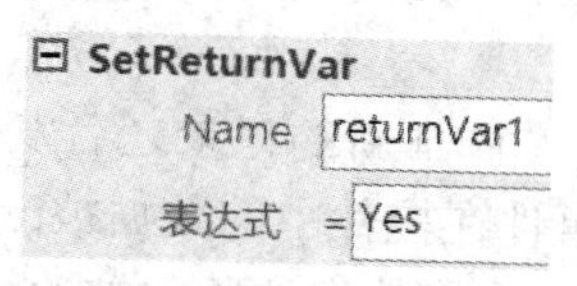

图 7-9　SetReturnVar 命令

要在宏中引用变量，可以用 ReturnVars 命令：“=[ReturnVars]![retrunVar1]”。

数据宏很有帮助，因为它们减少了将同一个宏附加到一系列表单的需要，因此减少了数据库中的混乱。通过将逻辑添加到表中，基于该表创建的任何表单都将继承该逻辑。还可以通过数据宏确保数据的完整性。假设在没有数据宏的表中，与其相关的一个表单中触发了一个事件，如果用户有权访问表并且可以运行查询，他可能会绕过该表单，从而绕过设定的逻辑。可以限制用户对表的访问并禁止运行查询，但并非在所有情况下都能这么做。通过将逻辑直接添加到表，即使用户在表单外进行更改，也会触发操作。

要创建一个事件数据宏，首先在左侧的导航窗格中，双击希望数据宏附加到的表的名称。在“表”选项卡上的“Before 事件”组或“After 事件”组中，单击希望添加到宏的事件。Microsoft Access 显示宏生成器。如果用户已为该事件创建宏，宏生成器将打开到该宏。

要创建已命名的宏，在左侧的导航窗格中，双击希望数据宏附加到的表的名称。在表选项卡上的“已命名的宏”组中，单击“已命名的宏”，然后单击“创建已命名的宏”。Microsoft Access 显示宏生成器。

7.3 通过事件触发宏

7.3.1 事件

事件是预先设置好的可由对象识别并可定义如何响应的动作(或操作)。Access 可以响应多种类型的事件，包括鼠标单击、数据更改、窗体打开或关闭及许多其他类型的事件。事件可由用户的操作或 Visual Basic 语句引起，也可由系统触发。使用与事件关联的属性时，可告知 Access 执行宏、调用 Visual Basic 函数或者运行事件过程来响应事件。某事件发生后，即刻触发调用一个 void 类型的响应函数。组件用户和组件设计者均可设定这个函数的内容。

对象(Object)就是软件中所看到窗体、文本框、按钮和标签等。

7.3.2 事件属性

1. 属性

事件的详细信息被称为属性。在本质上，事件是一种特殊属性，也是一个指向事件句柄的函数指针。

2. 常用的事件属性

(1) 插入前(BeforeInsert)：当用户在新的记录中输入第一个字符时事件发生，在记录真正被创建之前发生。

(2) 插入后(AfterInsert)：事件在添加新的记录之后发生。

(3) 更新前(BeforeUpdate)：事件在控件中的数据被改变或记录被更新之前发生。

(4) 更新后(AfterUpdate)：事件在控件中的数据被改变或记录被更新之后发生。

(5) 删除(Delete)：在用户完成了某些操作时发生事件。例如，按下“Delete”键，以删除一条记录，在记录实际上被删除之前事件就发生了。

(6) 打开(Open)：在窗体已打开，但第一条记录尚未显示时，Open 事件发生。对于报表，事件在报表被预览或被打印之前发生。

(7) 关闭(Close)：事件在当窗体或报表被关闭并从屏幕删除时发生。

(8) 加载(Load)：窗体打开并且显示其中记录时事件 Load 发生。

(9) 卸载(Unload)：事件在窗体被关闭之后，在屏幕上删除之前发生。当窗体重新加载时，Access 将重新显示窗体和重新初始化其中所有控件的内容。

(10) 获得焦点(GotFocus)：事件在窗体或控件接收到焦点时发生。

(11) 失去焦点(LostFocus)：事件在窗体或控件失去焦点时发生。

(12) 单击(Click)：当用户在一个对象上按下然后释放鼠标按钮时，事件 Click 发生。

(13) 计时器触发(Timer)：窗体的 Timer 事件按窗体的 TimerInterval 属性指定的时间间隔定期发生。使用 TimerInterval 属性可以以毫秒为单位在窗体的 Timer 事件之间指定一个时间间隔。

7.3.3　消息

1. 消息

消息是系统定义的一个 32 位的值，它唯一的定义了一个事件，向 Windows 发出一个通知，告诉应用程序某个事情发生了。例如，单击鼠标、改变窗口尺寸、按下键盘上的一个键都会使 Windows 发送一个消息给应用程序。消息可以由系统或者应用程序产生。比如应用程序改变系统字体改变窗体大小。应用程序可以产生消息使窗体执行任务，或者与其他应用程序中的窗口通信。

2. 消息映射

消息映射就是把消息跟处理消息的函数一一对应起来，系统内部有一个结构体数组，每个结构体元素都放有消息的类型与对应的处理函数入口地址，这样系统可以根据消息的类型或 ID 找到相应的函数处理程序进行处理。

7.4　宏的运行与调试

7.4.1　运行宏

1. 直接运行

如果希望在宏设计窗口直接运行宏，可以在“导航窗格”中选择要运行的宏，单击鼠标右键，在快捷菜单中选择“运行”。或者以设计视图方式打开要运行的宏，在“创建”选项卡的“宏与代码”组中，单击“宏”按钮，打开宏设计窗口，单击“工具”组中的“运行”按钮，都可直接运行宏。

2. 在子宏中运行

要把宏作为窗体或报表中的事件属性设置，或作为 RunMacro(运行宏)操作中的 Macro Name(宏名)说明，可以用如下格式指定宏：“[子宏名.宏名]”。例如，运行“宏组.学生表”，可在“数据库工具”选项卡下，单击“宏”组中的“运行宏”命令，在打开的“运行宏”对话框的下拉列表中选择“宏组.学生表”。

3. 从控件中运行

如果希望从窗体、报表或控件中运行宏，只需单击设计窗口中的相应控件，在相应的属性框中选择“事件”选项卡的对应事件，然后在下拉列表框中选择当前数据库中的相应宏。这样在事件发生时，就会自动执行所设定的宏。

例如，建立一个宏，执行操作退出，将某一窗体中的命令按钮的单击事件设置为执行这个宏，则当在窗体中单击命令按钮时，将退出 Access。

4. 创建运行宏的命令按钮

可以将所要运行的宏在窗体中创建成命令按钮，从而在该窗体中单击命令按钮运行宏。具体操作步骤如下：

(1) 在设计视图中打开窗体。

(2) 如果工具箱中的“控件向导”按钮为凹陷状态，请单击此按钮将其关闭。

(3) 在工具箱中单击“命令按钮”按钮。

(4) 在窗体中单击要放置命令按钮的位置。

(5) 确保选定了命令按钮，然后在工具栏上单击“属性”按钮来打开它的“命令按钮”属性框。

(6) 在“单击”属性框中，输入单击命令按钮时要执行的宏或事件过程的名称，或单击“生成器”按钮使用宏生成器或代码生成器。

(7) 如果要在命令按钮上显示文字，请在窗体的“标题”属性框中输入相应的文本。如果在窗体的命令按钮上不使用文本，可以用图片代替。

7.4.2 调试宏

1. 宏的调试

宏在设计好之后，可能需要检验所设计的宏是否符合需求，这时可以对宏进行调试。在 Access 2010 中可以采用宏的单步执行，即每次只执行一个操作，以此观察宏的流程和每一步操作的结果。通过这种方法，可以比较容易地分析出错的原因并加以修改，来完成宏的调试。具体操作步骤如下：

(1) 打开要进行调试的宏，进入宏设计窗口。

(2) 在“设计”选项卡的“工具”组中，单击“单步”按钮，使其处于选中状态。

(3) 单击工具栏上的“运行”按钮，系统弹出“单步执行宏”对话框。

(4) 在“单步执行宏”对话框中显示出当前运行的宏的名称和具体的宏操作及其参数等信息，单击“单步执行”按钮，系统会自动执行该步的宏操作。执行完成后，在该对话框中将显示下一个要执行的宏操作。用这种方式，将一次执行一个宏操作，并在执行完成后，暂停并显示当前状态。如果要停止该宏的运行，可以单击“停止所有宏”按钮；如果单击“继续”按钮，将关闭“单步执行宏”对话框，同时一次性执行完所有的操作。

2. 宏与模块之间的转换

如果应用程序需要使用 VBA 模块，则可以将已经存在的宏转换为 VBA 模块的代码。方法有以下两种：

(1) 在设计视图中转换宏。

(2) 在数据库窗口中转换宏。

单元测试7

一、选择题

1. 要限制宏命令的操作范围，可以在创建宏时定义(　　)。

A. 宏操作对象　　B. 宏条件表达式
C. 宏操作目标　　D. 窗体或报表的控件属性

2. OpenForm 基本操作的功能是打开(　　)。

A. 表　　B. 窗体　　C. 报表　　D. 查询

3. 在条件宏设计时，对于连续重复的条件，要替代重复条件式可以使用(　　)符号。

A. …　　B =　　C. ,　　D. ;

4. 在宏的表达式中要引用报表 test 上控件 txtName 的值，可以使用的引用是(　　)。

A. txtName　　B. test!txtName
C. Reports!test!txtName　　D. Report!txtName

5. VBA 的自动运行宏，应当命名为(　　)。

A. AutoExec　　B. AutoExe　　C. AutoKeys　　D. AutoExec.bat

6. 为窗体或报表上的控件设置属性值的宏命令是(　　)。

A. Echo　　B. MsgBox　　C. Beep　　D. SetValue

7. 在有关宏操作的叙述中，错误的是(　　)。

A. 宏的条件表达式中不能引用窗体或报表的控件值
B. 所有宏操作都可以转化为相应的模块代码
C. 使用宏可以启动其他应用程序
D. 可以利用宏组来管理相关的一系列宏

8. 在有关条件宏的叙述中，错误的是(　　)。

A. 条件为真时，执行该行中对应的宏操作
B. 宏在遇到条件内有省略号时，终止操作
C. 如果条件为假，将跳过该行中对应的宏操作
D. 宏的条件内为省略号表示该行的操作条件与其上一行的条件相同

9. 创建宏时至少要定义一个宏操作，并要设置对应的(　　)。

A. 条件　　B. 命令按钮　　C. 宏操作参数　　D. 注释信息

10. 在创建条件宏时，如果要引用窗体上的控件值，正确的表达式引用是(　　)。

A. [窗体名]![控件名]　　B. [窗体名]. [控件名]
C. [Form]![窗体名]![控件名]　　D. [Forms]![窗体名]![控件名]

11. 在宏的设计窗口中，可以隐藏的列是(　　)。

A. 宏名和参数　　B. 条件　　C. 宏名和条件　　D. 注释

12. 在有关宏的叙述中，错误的是(　　)。

A. 宏是一种操作代码的组合
B. 宏具有控制转移功能

C. 建立宏通常需要添加宏操作并设置宏参数

D. 宏操作没有返回值

13. 如果不指定对象，Close 基本操作关闭的是(　　)。

A. 正在使用的表　　B. 当前正在使用的数据库

C. 当前窗体　　D. 当前对象(窗体、查询、宏)

14. 运行宏，不能修改的是(　　)。

A. 窗体　　B. 宏本身　　C. 表　　D. 数据库

15. 发生在控件接收焦点之前的事件是(　　)。

A. Enter　　B. Exit　　C. GotFocus　　D. LostFocus

二、填空题

1. 宏是一个或多个____________的集合。

2. 如果要引用宏组中的宏，采用的语法是____________。

3. 如果要建立一个宏，希望执行该宏后，首先打开一个表，然后打开一个窗体，那么在该宏中应该使用____________和____________两个操作命令。

4. 在宏的表达式中，可能引用到窗体或报表上控件的值。引用窗体控件的值，可以用表达式__________________；引用报表控件的值，可以用表达式__________________。

5. 定义宏组有利于数据库中____________的管理。

6. 在条件宏设计时，对于连续重复的条件，可以用____________符号来代替重复条件式。

三、问答题

1. 宏是什么？如何创建宏？

2. 如果要用功能区上的选项卡按钮执行宏，应该怎么做？

3. 数据宏有什么用途？是怎么触发的？

4. 在 Access 中有哪些方法可以实现自动处理功能？

第 8 章　模块与 VBA 编程基础

在 Access 2010 中，宏与窗体的组合可以完成一定数据管理的常规任务，但是，宏的使用有一定的局限性，例如，一些非常规且较为复杂的自动化任务就无法使用宏来实现，此时就需要使用模块对象来完成这些任务，模块是由 VBA 语言来实现的。用 VBA 语言编写程序，并将这些程序编译成拥有特定功能的“模块”。在 Access 中调用，可以把模块对象理解为是装着 VBA 程序代码的容器。

本章将主要介绍 Access 2010 中模块的概念、VBA 编程基础及流程控制语句、面向对象程序设计的基本概念与操作、VBA 程序错误类型及调试等。

8.1　模块基本概念

在 Access 中，用 VBA 语言编写的语句块由模块对象组织在一起成为一个整体，利用模块可以将各个数据库对象连接起来，构成一个完整的数据库应用系统。

VBA 模块是有 Visual Basic 语言的声明和过程作为一个单元进行存储的集合，它们作为一个整体来使用。模块中的代码以过程的形式加以组织，每一个过程都可以是一个 Sub 过程或 Function 过程。窗体模块及其代码窗口如图 8-1 所示。

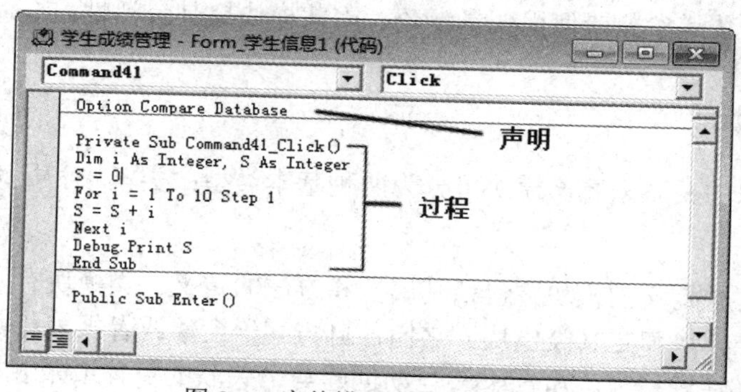

图 8-1　窗体模块及其代码窗口

声明是在 Option 语句模块中用于配置整个编程环境的，包括定义变量、常量、用户自定义类型；过程可以是事件处理过程或者通用过程。用户在模块的开头即“通用”部分声明的变量等是全局的，它们可以被模块中的所有过程使用；而在过程内部声明的变量则是局部的，它们只能在该过程中使用。

一个模块可能包含一个或者多个过程，其中每一个过程都是一个函数过程或者子程序。过程包含 VBA 代码即语句的程序单元，用来完成特定的任务。若它与窗体和控件的某个事件相关联，则称为事件处理过程；如果发生某个事件，便可以自动执行相应的过程来对该事件做出响应。若该过程是独立的通用的代码段，则可被其他过程所调用，称为通用过程。

模块与宏的使用方法基本相同。在 Access 中，宏也可以存储为模块，宏的每一个基本操作在 VBA 中都有相应的等效语句，使用这些语句就可以实现所有单独的宏命令。宏的使用方法简单，不需要编码；而使用模块要求对编程有一定的基本知识，它比宏更复杂，也比宏的运行速度更快。

模块的功能主要有以下几点：

(1) 维护数据库。可将事件过程创建在窗体或报表的定义中，这样更有利于数据库的维护。而宏是独立于窗体和报表的，所以维护起来相对困难。

(2) 创建自定义函数。使用这些自定义的函数就可以进行复杂的计算、执行宏所不能完成的复杂任务。

(3) 执行详细的错误提示。可检测错误并进行显示，这样就可以使用户界面更加友好，对用户的下一步操作更有利。

(4) 执行系统级别的操作。可对系统中的文件进行处理，使用动态数据交换，应用 Windows 系统函数和数据通信。

与宏相比，VBA 模块具有以下几个方面的优势：

(1) 使用模块可以使数据库的维护更为简单。

(2) 用户可以创建自己的过程、函数，用来执行复杂的计算或操作。

(3) 利用模块可以操作数据库中的任何对象，包括数据库本身。

(4) 可进行系统级别的操作。例如，查看操作系统中的文件，与基于 Windows 的应用程序进行通信，调用 Windows 动态链接库中的函数等。

(5) 可动态地使用参数。宏的参数一旦设定，运行时不能更改；而使用模块，在程序运行过程中，可以传递参数或使用变量参数，因此模块更具灵活性。

8.1.1　模块的分类

从与其他对象的关系来看，模块可分为两种基本类型：类模块和标准模块。

1. 类模块

类模块是包含类定义的模块，包括其属性和方法的定义。类模块有 3 种基本形式：窗体类模块、报表类模块和定义类模块。它们各自与某一窗体或者报表相关联。在为窗体或报表创建第一个事件过程时，Access 将自动创建与之关联的窗体或报表模块。

2. 标准模块

标准模块包括在数据库窗口的模块对象列表中，标准模块包括通用过程和常用过程。这些过程不与 Access 数据库文件中的任何对象相关联。也就是说，如果控件没有恰当的前缀，这些过程就没有指向对象或控件名的引用。

类模块和标准模块的区别在于，它们的存储方式不同。标准模块的数据只有一个备份，这就意味着当模块中的公共编号发生变化时，如果在其后的程序中再次读取该变量的值，所得到的将是变量变化后的值。而类模块的数据则是由类实例创建的，它独立于应用程序。

同样，类模块和标准模块的变量的作用域也不同。类模块的变量作用域是类实例对象的存活期，它随着对象的创建而创建，随着对象的消亡而消亡；标准模块的变量作用域是应用程序的存活期，当其变量声明为公有(Public)属性时，其作用于整个应用程序，生命周期是伴随着应用程序的运行而开始、关闭而结束。

8.1.2　VBA 的编程环境

通过 Access 自带的向导工具，能够创建表、窗体、报表和宏等对象，但是由于创建过程完全依赖于 Access 内在的、固有的程序模块，这样虽然方便了用户的使用，但是同时也降低了所建数据库的灵活性，对于数据库中一些复杂问题的处理则难以实现，为了满足用户更为广泛的需求，Access 为用户提供了自带的编程语言 VBA。

VBA 和 Visual Basic 极为相似，同样是使用 Basic 语言作为语法基础的可视化高级语言。它们都使用了对象、属性、方法和事件等概念，只不过中间有些概念所定义的群体内容稍稍有些差别。这是由于 VBA 是应用在 Office 产品内部的编程语言，具有明显的专用性。由于 VBA 也采用 Basic 语言作为语法基础(只是和 Basic 有极小的差异)，所以就使得初学者在编程的过程中感到十分轻松，这也可以说是 VBA 的优点之一。

VBA 采用的是面向对象的编程机制和可视化的编程环境，用 VBA 语言编写的代码将保存在 Access 中的一个模块里，并通过类似于在窗体中激发宏的操作启动这个模块，从而实现相应的功能。

VBA 程序是使用 VB 编辑器(Visual Basic Editor VBE)编写的，单位是子过程和函数过程，它们在 Access 中以模块形式组织和存储。

在 Access 2010 中，进入 VBE 窗口有以下 3 种方式：

(1) 直接进入。在数据库中的“数据库工具”选项卡下，单击“宏”组中的“Visual Basic”选项，如图 8-2 所示。

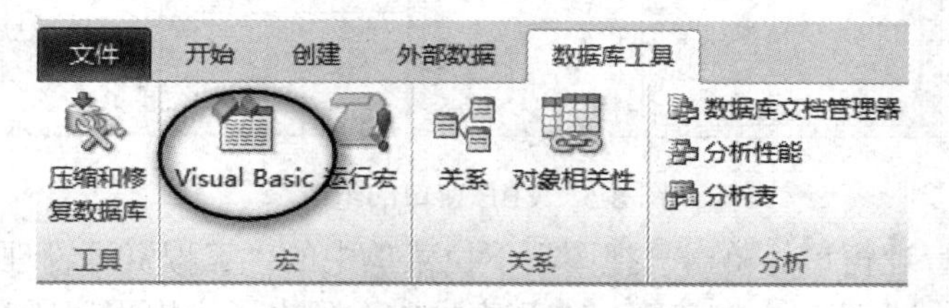

图 8-2　“数据库工具”选项卡

(2) 创建模块进入。在“创建”选项卡下的“宏和代码”组中，单击“Visual Basic”选项，如图 8-3 所示。

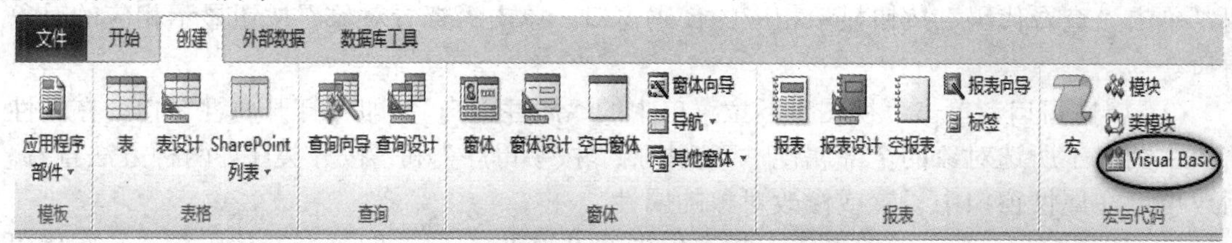

图 8-3　“创建”选项卡

(3) 通过窗体和报表等对象的设计进入。其进入 VBE 窗口的方法是：在窗体设计视图的“窗体设计工具/设计”或者报表设计视图的“报表设计工具/设计”选项卡下，单击“工具”组中的“查看代码”按钮进入，如图 8-4 所示。

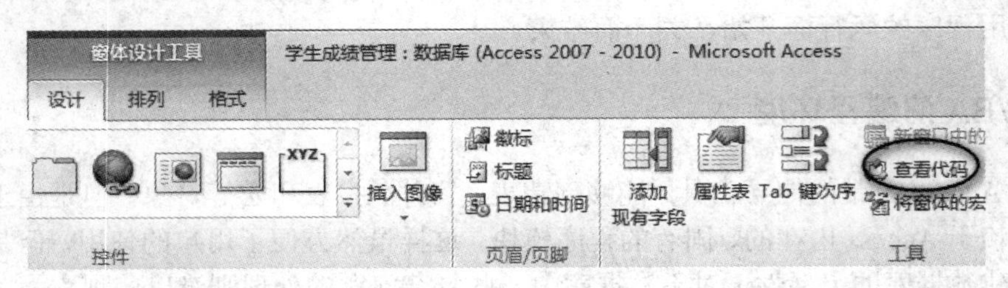

图 8-4　“查看代码”按钮

以上无论哪种方式进入，都可以打开 VBE 窗口。

VBE 窗口主要由菜单栏、工具栏、工程资源管理窗口、代码窗口、属性窗口、立即窗口、本地窗口及监视窗口等部分组成，如图 8-5 所示。

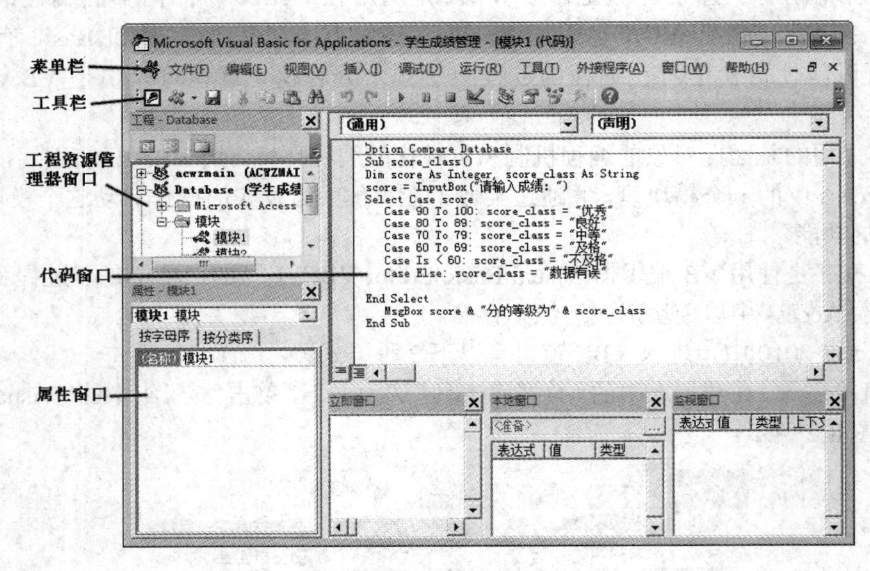

图 8-5　VBE 窗口的组成

(1) 工程资源管理窗口。单击“视图”下拉菜单中的“工程资源管理器”，即可立即打开“工程资源管理器”窗口，在该窗口的列表框中，列出了应用程序所有的模块以及类对象，双击其中的一个模块，与该模块对应的代码窗口就会显示出来。

另外，在该窗口列表框上方有“查看代码”、“查看对象”和“切换文件夹”这 3 个按钮，单击“查看代码”按钮显示相应的代码窗口，单击“查看对象”按钮显示相应的对象窗口。

(2) 属性窗口。单击“视图”下拉菜单中的“属性窗口”，即可打开属性窗口。在属性窗口中列出了所选对象的全部属性，可以按照“按字母序”和“按分类序”两种方法查看。用户可以在属性窗口中设置或修改对象的属性。

(3) 代码窗口。单击“视图”下拉菜单中的“代码窗口”，即可打开代码窗口。在代码窗口中，可以编辑 VBA 程序代码，也可以打开多个代码窗口来查看各个模块的代码，还可以在代码窗口之间进行代码的复制等编辑操作。在代码窗口中，关键字和普通代码分别以不同的颜色显示。

代码窗口包含两个组合框，左边是“对象”组合框，列出了所有可用的对象名称，右边是“过程”组合框，列出了所选择对象的所有事件过程。

(4) 立即窗口。单击“视图”下拉菜单中的“立即窗口”，即可打开立即窗口。立即窗口是用来快速计算表达式的值，完成简单方法的操作和进行程序测试工作的窗口。在立即窗口中，可以使用如下语句显示表达式的值：

① Debug.Print <表达式>

例如，在立即窗口输入“Debug.Print 5+3”并按回车键，显示结果为 8。

② Print <表达式>

例如，在立即窗口输入“Print 7 Mod 2”并按回车键，显示结果为 1。

③ ? <表达式>

例如，在立即窗口输入“? Date( )”并按回车键，显示结果为系统当前日期。

(5) 本地窗口。单击菜单栏中的“视图/本地窗口”，即可打开本地窗口。在本地窗口中，可以自动显示当前过程中的所有变量声明和变量值。

(6) 监视窗口。单击“视图”下拉菜单中的“监视窗口”，即可打开监视窗口。监视窗口用于调试 VBA 过程，通过在监视窗口中添加监视表达式，可以动态地了解此变量或表达式的值的变化情况，判断代码是否正确。

8.2　VBA 编程基础

VBA(Visual Basic for Application)是 Microsoft Office 系列软件中内置的用来开发应用系统的编程语言，它包括各种主要的语法结构、函数和命令等。VBA 的语法规则与 Visual Basic 相似，相互兼容，但是二者又有本质区别。VBA 主要面向 Office 办公软件进行系统开发，以增强 Word、Excel 等软件的自动能力，它提供了许多 VB 中没有的函数和对象，这些函数都是针对 Office 应用的。

使用 VBA 设计应用程序，其主要的处理对象是数据，这些数据可以是来自数据库中的表或查询等对象的数据，也可以是独立于数据库用来进行统计和计算的数据，除此之外，还要进行流程控制。在编写程序之前，应该首先了解和掌握 VBA 的基础知识，包括数据的表示、存储和运算等。

8.2.1　编码规则

1. 标识符的命名规则

标识符用来表示常量、变量、函数、过程、控件、对象等用户命名元素的标识，标识符的命名应该遵循以下规则：

(1) 可以包含字母、数字和下划线符号。

(2) 必须以字母及汉字开头。

(3) 不能包含标点符号或空格。

(4) 标识符不区分大小写。

(5) 不能使用 Visual Basic 关键字。

(6) 长度必须少于 255 个字符。

为了增加程序的可读性，可在名称前面加上一个表示标识符类型的前缀。例如，StrAddress 表示字符串变量、TxtName 表示文本框对象等。

2. 语句的构成

在 VBA 中，语句由保留字和语句体组成，而语句体由命令短语和表达式组成。保留字和命令短语的关键字是系统规定的专用符号，通常由英文单词或其缩写表示，用来告诉计算机“做什么”动作，必须严格按照系统要求来写。语句体中的表达式，可由用户定义，但是要遵循语法规则。

3. 程序书写规则

在 VBA 中，通常每条语句占一行，一行最多允许有 255 个字符；如果一行书写多个语句，语句之间用冒号“:”隔开；如果某个语句在一行内没有写完，可用下划线“_”作为连接符。

4. 注释

注释语句是不执行的，用来提高程序的可读性，不被解释和编译。注释语句显示为绿色。

格式 1：

```
Rem <注释内容>
```

格式 2：

```
'<注释内容>
```

8.2.2 数据类型

VBA 与其他编程语言一样，为数据操作提供了许多数据类型，数据类型可以分为 3 种：标准数据类型、用户自定义数据类型和对象数据类型。

1. 标准数据类型

表 8-1 列出了 VBA 程序中可供使用的标准数据类型以及它们所占用的字节、取值范围等。

表 8-1　VBA 中的标准数据类型

数 据 类 型	类型符	占用字节	取 值 范 围
字节型(Byte)	无	1	0～255
整型(Integer)	%	2	-32 768～32 767
长整型(Long)	&	4	-2 147 483 648～2 147 483 647
单精度型(Single)	!	4	1.401 298E-45～3.040 282 3E38(绝对值)

续表

数 据 类 型	类型符	占用字节	取 值 范 围
双精度型(Double)	#	8	4.940 656 458 412 47E-324～1.797 693 134 862 32E308
货币型(Currency)	@	8	-922 337 203 685 477.5808～922 337 203 685 477.5807
字符型(String)	$	不定	0～65 535 个字符
布尔型(Boolean)	无	2	True 和 False
日期型(Date)	无	8	100 年 1 月 1 日～9999 年 12 月 31 日
变体(Variant)	无	不定	由最终的数据类型来决定

对于不同类型的数据，其书写方法也是不同的。例如，数值型数据(如 Integer、Long、Single 等)直接书写即可。数值型数据都有一个有效的取值范围，程序中的数据如果超过该类型数据所规定的取值上限，则出现“溢出”错误，程序将终止运行；若小于取值下限，系统则按 0 处理。在使用时，需要根据具体情况，选择合适的数据类型。

当表示文本或字符串时，需要将所表示的内容用一对双引号(" ")括起来。布尔型数据可转换为其他类型数据，True 转换为 -1，False 转换为 0；其他类型数据也可转换为布尔型数据，0 转换为 False，非 0 转换为 True。而当表示日期型数据时，则需要将表示日期的数据用一对“#”符号括起来，如 #2003/11/12#。

Variant(变体)数据类型是一种特殊的类型。如果变量没有明确定义为某种类型，那么这个变量就会被 Access 作为 Variant 数据类型。

2. 用户自定义数据类型

Visual Basic 允许用户使用已有的基本数据类型并根据需要自定义复合数据类型。这种数据类型定义后，可以用来声明该类型的数据变量，用以存放表数据记录。

自定义数据类型的语法格式如下：

```
Type 数据类型名
数据元素名[(下标)]   As   类型名
数据元素名[(下标)]   As   类型名
…
End Type
```

例如，在数据库中定义学生基本情况的数据类型如下：

```
Public   Type   学生
学号   As   String   * 12
姓名   As   String   * 8
End Type
```

定义好自定义类型后，就可以声明该类型的变量了，例如：

```
Dim   student   As   学生
```

```
Student.学号 = "201021235123"
Student.姓名 = "李卓明"
```

3. 对象数据类型

Access 中有 17 种对象数据类型，是在程序中操作数据库的方式。操作数据库都是通过操作各种数据库对象的属性和方法来实现的。它们分别是：Database、Workspace、Document、Container、User、Group、Form、Report、Control、TableDef、QueryDef、Recordset、Field、Index、Relation、Parameter、Property。

8.2.3 常量、变量与数组

1. 常量

常量是指在程序中可以直接引用的量，其值在程序运行期间保持不变。常量在声明之后，不能加以更改或者赋予新值。常量可分为文字常量、符号常量和系统常量 3 种形式。

(1) 文字常量。文字常量就是指常量的具体表示形式，即常数。书写时写出数据的全部字符(含界定符)。例如，-98、23.54、1.2E-3 为数值型常量，“赣州”为字符型常量，而 #2018-8-3# 为日期型常量。

(2) 符号常量。符号常量是用标识符来表示常量的名称。例如，用 PI 来表示圆周率的值 3.1415926。符号常量必须使用常量说明语句进行定义，格式如下：

```
Const　常量名　[As　类型名] = 表达式
```

符号常量在使用前必须声明。在书写时，为了与变量区分，一般使用大写字母来表示。例如：

```
Const　PI = 3.1415926
```

(3) 系统常量。系统常量是系统预先定义的常量，用户可以直接引用。例如，vbBlack 是 color 常数，表示黑色。

2. 变量

变量是指在程序运行期间取值可以变化的量。在程序中，每个变量都有一个唯一的名称，用以标识该内存单元的存储位置，用户可以通过变量名访问内存中的数据。

一般来说，在程序中使用变量时需要先声明，声明变量可以起到两个作用：一是指定变量的名称和数据类型；二是指定变量的取值范围。

(1) 变量声明。变量声明语句的语法格式如下：

```
Dim　变量名 [As　类型名 | 类型符] [, 变量名[As　类型名| 类型符]]
```

Dim 为关键字，该语句的功能是定义指定的变量并为其分配内存空间。As 类型名用于指定变量的数据类型。若省略，则默认变量为 Variant 类型，此方法不建议初学者使用。例如：

```
Dim　x                          '隐式声明，x 为 Variant 类型变量
Dim　b　As　Integer             '显式声明，w 为整型变量
Dim　name$, sex$                '声明了两个字符型变量，$为字符型的类型符
```

```
Dim  a  As  Integer, b  As  String    '声明了两个不同类型的变量
```

(2) 强制声明。在默认情况下，VBA 允许在代码中使用未声明的变量。如果不希望在代码中使用未声明的变量，即所有的变量都要先声明再使用，则可以通过 VBA 的系统环境设置来实现，也可以在模块设计窗口的顶部“通用 – 声明”区域中，加入语句：“Option Explicit。”

3. 数组

数组是具有相同数据类型的元素的集合，数组中各元素有先后顺序，它们在内存中按排列顺序连续存储在一起，所有的数组元素是用一个变量名命名的集合体，使用数字时必须对数组先声明再使用。

(1) 静态数组。声明静态数组的格式如下：

```
Dim  数组名(下标范围 1 [, 下标范围 2…] ) [As  类型]
```

其中，下标必须为常数，不可以是变量或表达式；下标的形式：“[下界 To]上界”，下界若无，则默认为 0。例如：

```
Dim  a(10)  As  Integer
Dim  b(1 To 10, 1 To 20)  As  String
```

以上语句声明了两个数组，a 为大小为 11 的整型数组；b 为 10 × 20 的二维字符数组。

(2) 动态数组。动态数组是在声明数组时，未给出数组的大小(括号中的下标值为空)，当要使用它时，随时用 ReDim 语句重新指定大小。例如：

```
Dim  c( )   '定义动态数组 c
┆
ReDim  c(5)    '使用 ReDim 语句指明 c 数组的大小为 6
```

4. 对象变量

Access 建立的数据库对象及其属性，均可被看成 VBA 程序中的变量加以引用。例如，Access 中窗体和报表对象的引用格式为：

```
Forms(或 Reports) ! 窗体(或报表)名称 ！控件名称[. 属性名称]
```

保留字 Forms、Reports 分别表示窗体或报表对象集合。感叹号“!”分隔开对象名称和控件名称，“属性名称”默认为控件基本属性。如果对象名称中含有空格或标点符号，就需要用方括号把名称括起来。

8.2.4　常用标准函数

标准函数是 VBA 为用户提供的标准过程，也称为内部函数。使用标准函数，可以使某些特定的操作更加简便。

根据功能的不同，可以将标准函数分为数学函数、字符函数、转换函数、日期函数、测值函数、颜色函数等。下面仅列举数学函数、字符函数、转换函数、日期函数以及输入/输出函数，其余函数用户可以查看帮助文档。

1. 数学函数

常用的数学函数如表 8-2 所示。

表 8-2　常用的数学函数

函　数	功　能	示　例
Abs(N)	绝对值	Abs(-8.6)=8.6
Int(N)	向下取整	Int(3.5)=3，Int(-3.5)=-4
Fix(N)	取整	Fix(3.5)=3，Fix(-3.5)=-3
Round(N[，m])	四舍五入	Round(3.154, 1)=3.2，Round(3.154, 2)=3.15
Rnd(N)	返回一个 0～1 之间的随机数	
Sqr(N)	平方根	Sqr(2)=1.41421
Sin(N)	正弦	
Cos(N)	余弦	
Tan(N)	正切	

说明：

① 函数中的参数 N 可以是数值型常量、变量、函数和表达式。

② 三角函数中的参数 N 应为弧度值。

2. 字符函数

常用的字符函数如表 8-3 所示。

表 8-3　常用的字符函数

函　数	功　能	示　例
InStr(C1, C2)	在 C1 中查找 C2 最早出现的位置	InStr("98765", "65")=4
Len(C)	返回 C 的字符个数	Len("nam *e")=6
Left(C, n)	取 C 左边 n 个字符	Left("abcdef", 2)= "ab"
Right(C, n)	取 C 右边 n 个字符	Right ("abcdef", 2)= "ef"
Mid(C, m, n)	从 C 左边第 m 个字符开始截取 n 个字符	Mid("abcdefg", 3, 2)= "cd"
Space(N)	产生 N 个空格字符	Space(4)= " "
Ucase(C)	将 C 中的字母转换成大写	Ucase("abCd")= "ABCD"
Lcase(C)	将 C 中的字母转换成小写	Lcase("AbCD")= "abcd"
Trim(C)	删除 C 中首尾两端的空格	Trim("Ab cE")="Ab cE"
Ltrim(C)	删除 C 中左边的空格	Ltrim(" Ab cE ")="Ab cE "
Rtrim(C)	删除 C 中右边的空格	Trim(" Ab cE ")=" Ab cE"

说明：

① 函数中的参数 N 可以是数值型常量、变量、函数和表达式。

② 参数 C 可以是字符型常量、变量、函数和表达式。

3. 转换函数

常用的转换函数如表 8-4 所示。

表 8-4　常用的转换函数

函 数	功 能	示 例
Asc(C)	返回 C 中第一个字符的 ASCII 码值	Asc("Abc") = 65
Chr(N)	返回 ASCII 码值 N 对应的字符	Chr(65) = "A"
Str(N)	将数值 N 转换为字符串	Str(-3.25) = "-3.25"
Val(C)	将数字字符串 C 转换为数值	Val(" 25") = 25，Val("6　3 ") = 63 Val("12cd45 ")=12

4. 日期函数

常用的日期函数如表 8-5 所示。

表 8-5　常用的日期函数

函 数	功 能	示 例
Year(D)	返回日期表达式 D 年份的整数	Year(#2015-8-12#)=2015
Month(D)	返回日期表达式 D 月份的整数	Month(#2015-8-12#)=8
Day(D)	返回日期表达式 D 日期的整数	Day(#2015-8-12#)=12
Date()	返回系统当前日期	
Time()	返回系统当前时间	
Now()	返回系统当前日期和时间	

说明：函数中的参数 D 可以是日期型常量、变量、函数和表达式。

5. 输入/输出函数

(1) 输入函数：

InputBox(<提示信息>[, 对话框标题] [, 默认] [, X 坐标] [, Y 坐标])

函数功能：产生一个对话框并显示提示信息，等待用户输入正文或按下按钮。如果用户单击“OK”按钮或按下“Enter”键，则该函数返回包含文本框中内容的字符串；单击“Cancel”按钮，则此函数返回一个长度为 0 的字符串(“”)。

(2) 输出函数：

MsgBox(<提示信息>[, 按钮形式] [, 对话框标题])

函数功能：产生一个显示消息的对话框，等待用户单击按钮，并返回一个整数告诉用户单击了哪个按钮。

8.2.5　运算符与表达式

运算符是表示数据之间运算方式的符号，一般根据所处理数据类型的不同，可分为算术运算符、关系运算符、逻辑运算符和连接运算符。表达式是由常量、变量、函数、运算符及圆括号组成的算式。表达式中的操作对象必须具有相同的数据类型，如果表达式中有不同类型的操作对象，则必须将它们转换成同一种数据类型。

1. 算术运算符

主要有乘幂(^)、负数(–)、乘法(*)、除法(/)、整数除法(\)、求模(Mod)、加法(+)、减法

(–)等运算符。

其中，整数除法(\)运算符用来对两个数做除法并返回一个整数，如果操作数有小数部分，系统会舍去小数部分后再运算，如果结果中有小数也要舍去。求模(Mod)运算符用来对两个数做除法并返回余数，如果操作数是小数，Access 会四舍五入将其变成整数后再运算。如果被除数为负数，余数也为负数；反之，如果被除数为正数，余数也是正数。例如：

```
10 Mod 2        ' 结果为 0;        10\3        ' 结果为 3
10 Mod 4        ' 结果为 2;        10/4        ' 结果为 2.5
12 Mod -5.1     ' 结果为 2;        10.2\4.9    ' 结果为 2
-12.7 Mod -5    ' 结果为 -3;       (-2)^3      ' 结果为-8
```

2. 关系运算符

关系运算符用于数值、字符和日期型数据的比较运算，运算结果为 True(真)或 False(假)。主要有等于(=)、不等于(<>)、小于(<)、大于(>)、小于等于(<=)、大于等于(>=)等运算符。例如：

```
10 > 3                       ' 结果为 True
"10" > "3"                   ' 结果为 False
True > False                 ' 结果为 True
#2002-2-4# <= #2003-1-12#    ' 结果为 True
```

3. 逻辑运算符

逻辑运算符主要有与(And)、或(Or)、非(Not)等，运算结果仍为逻辑真假值。逻辑运算法则真值表如表 8-6 所示。

表 8-6　逻辑运算法则真值表

A	B	A And B	A Or B	Not A
True	True	True	True	False
True	False	False	True	False
False	True	False	True	True
False	False	False	False	True

4. 连接运算符

连接运算符具有连接字符串的功能，包含(+)和(&)两个运算符。“&”用来强制两个表达式进行字符串连接；“+”是当两个表达式均为字符型数据时，才能将其连接成一个新的字符串。例如：

```
"abc"&"123" = "abc123"
"abc"+"123"= "abc123"
"abc"& 45 = "abc45"
"abc"+ 45                ' 系统提示出错信息“类型不匹配”
```

5. 运算符的优先级

对于包含多种运算符的表达式，在计算时将按预先确定的顺序计算，称为运算符的优先级。各种运算符的优先级顺序为算术运算符、连接运算符、关系运算符、逻辑运算符逐级降低。如果在运算表达式中出现了括号，则先执行括号内的运算，在括号内部仍然按运算符的优先级顺序计算。

VBA 中常用运算符的优先级顺序如表 8-7 所示。

表 8-7　运算符的优先级顺序

运算符类型	运　算　符	优先级
算术运算符	乘幂(^)	高
	负数(–)	↓
	乘法(*)、除法(/)	
	整数除法(\)	
	求模(Mod)	
	加法(+)、减法(–)	
连接运算符	字符串连接(+)、(&)	
关系运算符	等于(=)、不等于(<>)、小于(<)、大于(>)、小于等于(<=)、大于等于(>=)	
逻辑运算符	非(Not)	
	与(And)	
	或(Or)	低

8.3　VBA 流程控制语句

任何一个程序都要按照一定的结构来控制整个程序的流程，常见基本的程序控制结构可分为 3 种，即顺序结构、选择结构(分支结构)和循环结构。

8.3.1　顺序结构

顺序结构是指在程序执行时，根据程序中语句的书写顺序依次执行的语句序列。顺序结构语句的流程图如图 8-6 所示。在顺序结构中，通常使用声明语句、赋值语句、输入语句、输出语句、注释语句和终止语句等。

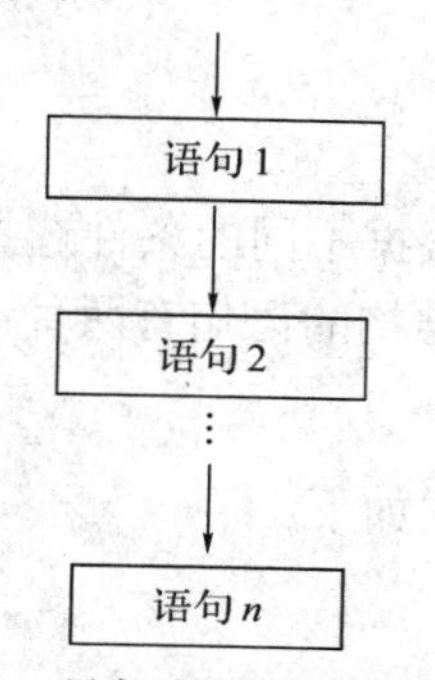

图 8-6　顺序结构语句的流程图

1. 声明语句

声明语句用于命名和定义常量、变量、数组和过程。

2. 赋值语句

赋值语句为变量指定一个值或者表达式。赋值语句的语法格式如下：

```
[Let] 变量名=表达式
```

其中，Let 为可选项，即可以省略。功能是首先计算表达式的值，然后将该值赋给赋值号“=”左边的变量。

在某段代码中，如果声明了变量却没有给变量赋值，VBA 将自动为给变量赋一个默认值，称为变量的初始化。数值型变量初始化为 0，变长字符串初始化为零长度的字符串(" ")，对定长字符串则都填上空值，将 Variant 变量(变体)初始化为 Empty，将每个用户定义的类型变量的元素都当成个别的变量来初始化。

3. 注释语句

注释语句用于对程序或语句的功能给出解释和说明。注释语句为非执行语句，在程序运行时，不产生任何操作。其语法格式有两种：

格式 1：

```
Rem 注释内容
```

格式 2：

```
' 注释内容
```

其中，格式一用于对程序段进行注释，在程序中占一行；格式二用于对语句进行说明，可直接放在语句的后面。例如：

```
Dim Age As Integer          ' 声明了一个整型变量 Age
Dim k = 12                  ' 声明了一个 Variant 类型变量 k，并赋值为 12
Dim a%, sum!, ch$
Rem  声明了一个整型变量 a、一个单精度变量 sum 和一个字符型变量 ch
a = 23                      ' 把数值 23 赋值给变量 a
Age = a
sum = 34.56
ch = "江西赣州"
```

顺序结构的语句还有输出语句(Print)、清除语句(Cls)、终止语句(End)等。

8.3.2 选择结构

选择结构是指在程序执行时，根据不同的条件选择不同的程序语句，用来解决有多种选择、有转移的这一类问题。选择结构的语句有两种：If 语句和 Select Case 语句。

1. If 语句

(1) 单分支 If 语句。其语法格式如下：

```
If  < 条件 > Then
    <语句序列>
```

```
End If
```

或

```
If < 条件 > Then    <语句>
```

功能：先计算条件表达式的值，若为真，则执行 Then 后面的语句序列，否则，直接执行 End If 之后的语句。流程如图 8-7 所示。

(2) 双分支 If 语句。其语法格式如下：

```
If  < 条件 > Then
   <语句序列 1>
Else
   <语句序列 2>
End If
```

或

```
If < 条件 > Then   <语句 1>   Else   <语句 2>
```

功能：先计算条件表达式的值，若为真，则执行 Then 后面的语句序列 1；否则，执行语句序列 2。If 语句的流程图如图 8-7 所示。

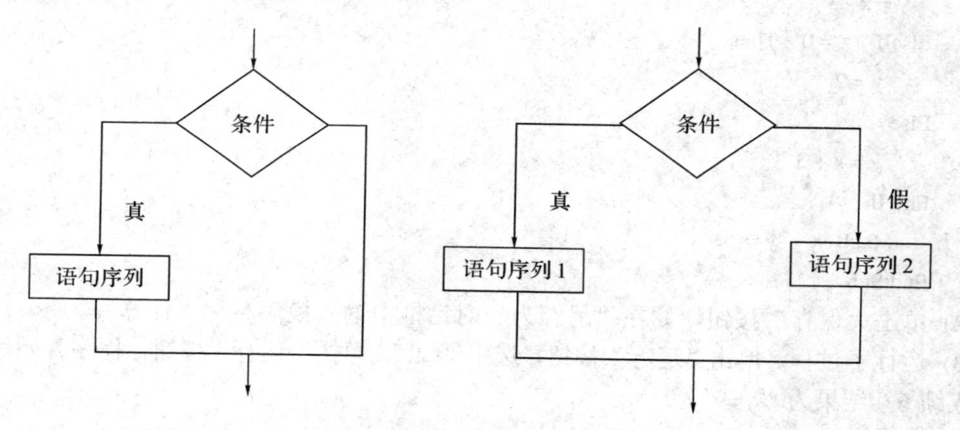

图 8-7　If 语句的流程图

(3) 分支 If 语句的嵌套。

在 If 语句的 Then 分支和 Else 分支中，可以完整地嵌套另外一个内层的 If 语句。其语法格式如下：

```
If < 条件 1 > Then
   If < 条件 2 > Then
   …
   Else
   …
   End If
Else
   If < 条件 3> Then
   …
```

```
    Else
    …
    End If
End If
```

【例 8-1】编程计算：

$$y=\begin{cases}x-3 & (x<0)\\ 2 & (x=0)\\ x+3 & (x>0)\end{cases}$$

操作步骤如下：

(1) 创建一个模块，并在代码窗口中输入以下代码：

```
Sub cal( )
Dim x As Integer, y As Integer
x = InputBox("请输入 x 的值：")
If   x < 0   Then
   y = x - 3
ElseIf   x = 0   Then
    y = 2
Else
    y = x + 3
End If
   MsgBox   "y = " & y
End Sub
```

(2) 单击“保存”按钮，并在“另存为”对话框中输入模块名称“计算”。

(3) 运行子过程。单击“运行”按钮，选中“cal”，单击“运行”按钮，程序开始运行，输入成绩 6，结果为“y=9”。

2. Select Case 语句

Select Case 语句又称为多重分支语句，其语法格式如下：

```
Select Case  < 条件表达式 >
    Case  < 值列表 1>
< 语句序列 1 >
Case  < 值列表 2>
< 语句序列 2>
…
Case  < 值列表 n>
< 语句序列 n>
Case  Else
< 语句序列 n+1>
End Select
```

该语句的功能是：首先计算条件表达式的值，然后判断。如果条件表达式的值与第 i (i = 1，2，…，n)个值列表的值相匹配，则执行语句序列 n 中的语句，如果条件表达式的值与所有值列表中的值都不匹配，则执行语句序列 n+1。

Select Case 语句的流程图如图 8-8 所示。

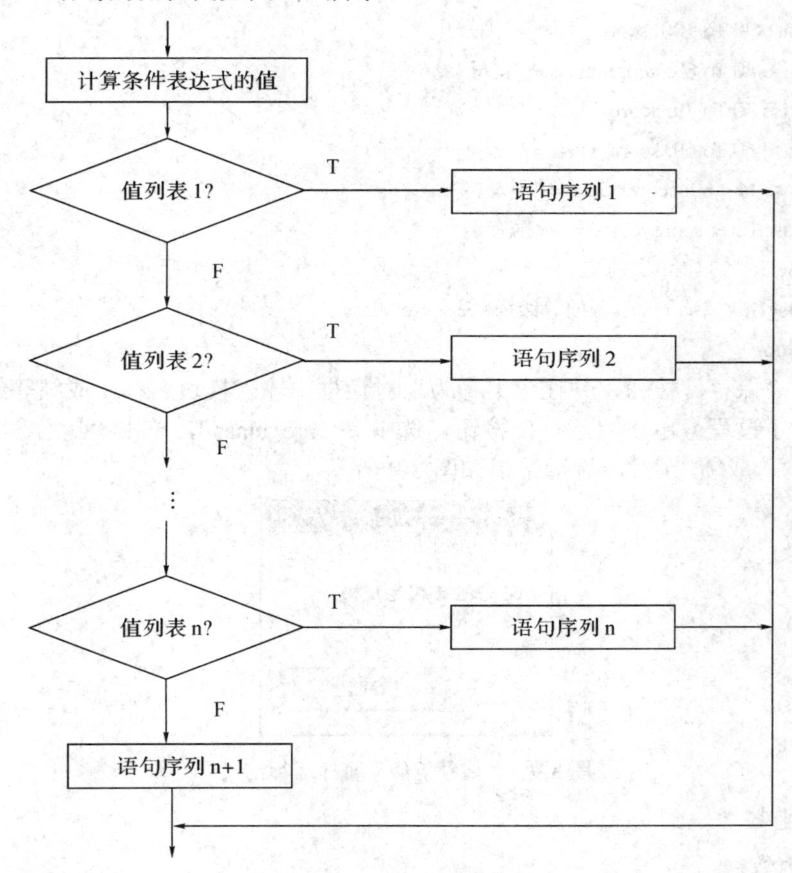

图 8-8　Select Case 语句的流程图

说明：

(1) 条件表达式不一定是关系表达或逻辑表达式，可以是任意类型，但是 Case 子句中的表达式类型必须与之保持一致。

(2) 若 Case 子句中的表达式是一个常量，则直接书写，如“Case 20”。

(3) 若 Case 子句中的表达式是一个范围，可用 To 从小到大指定，如“Case 10 To 19、Case"A"To"Z"”；或使用 Is<关系运算符><表达式>，如“CaseIs >3 And < 9”。

(4) 在 Case 子句中可使用多重表达式，如“Case 5 To 10，20，30”。

【例 8-2】 输入考试成绩，并根据成绩判定等级，成绩划分标准：90～100 为优秀、80～89 为良好、70～79 为中等、60～69 为及格、60 以下为不及格；如果是其他数据，则提示“数据有误”。

具体操作步骤如下：

(1) 创建一个模块，并在代码窗口中输入以下代码：

```
Sub score_class( )
Dim score As Integer, score_class As String
score = InputBox("请输入成绩：")
Select Case score
    Case 90 To 100: score_class = "优秀"
    Case 80 To 89: score_class = "良好"
    Case 70 To 79: score_class = "中等"
    Case 60 To 69: score_class = "及格"
    Case Is < 60: score_class = "不及格"
    Case Else: score_class = "数据有误"
End Select
    MsgBox   score & "分的等级为" & score_class
End Sub
```

(2) 单击“保存”按钮，并在“另存为”对话框中输入模块名称“成绩等级”。

(3) 运行子过程。单击“运行”按钮，选中“score_class”，单击“运行”按钮，程序开始运行，输入成绩“67”，显示结果如图 8-9 所示。

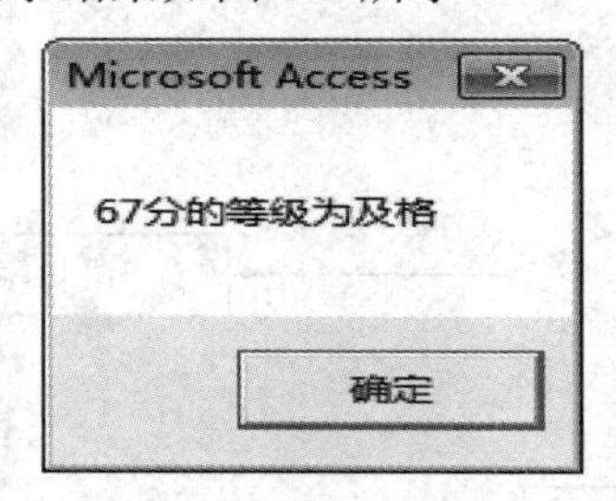

图 8-9　“成绩等级”程序运行结果

3. 条件函数

(1) IIf 函数：

IIf(条件表达式, 表达式 1, 表达式 2)

该函数是根据条件表达式的值来决定函数返回值。条件表达式的值为真，返回表达式 1 的值；否则，返回表达式 2 的值。例如，“Max = IIf(a>b, a, b)”。

(2) Switch 函数：

Switch(条件表达式 1, 值表达式 1[, 条件表达式 2, 值表达式 2] …[, 条件表达式 n, 值表达式 n])

该函数是根据条件表达式 1、条件表达式 2 直至条件表达式 n 的值，来决定函数的返回值。条件表达式是从左到右进行计算判断的，而值表达式则会在第一个相对应条件表达式为真时，作为整个函数的结果返回。例如：

m = Switch(x >0, 1, x= 0, 0, x<0, -1)

如果 x=10，则 y=1。

(3) Choose 函数：

Choose(索引表达式, 选项 1[, 选项 2, …[, 选项 n]])

该函数是根据索引表达式的值来返回选项列表中的某个值。索引表达式的值为 1，则函数返回选项 1 的值，索引表达式的值为 2，则函数返回选项 2 的值；以此类推。例如：

```
y = Choose(x, 5, 7, 9)
```

如果 x = 2，则 y = 7。

8.3.3　循环结构

顺序结构、选择结构在程序执行时，每条语句只能执行一次，循环结构则能够使某些语句或程序段重复执行若干次。每一个循环都由循环的初始状态、循环体、循环计数器和条件表达式这 4 个部分组成。循环结构的语句有 3 种，分别是 For…Next 语句、Do…Loop 语句和 While…Wend 语句。

1. For…Next 语句

如果能够确定循环执行的次数，可以使用 For…Next 语句。For…Next 语句通过循环变量来控制循环的执行次数，每执行一次，循环变量会自动增加(减少)。其语法格式如下：

```
For <循环变量> = <初值> to <终值> [Step<步长>]
    <循环体>
    [Exit For]
Next<循环变量>
```

功能：在执行该语句时，先将初值赋给循环变量，再判断循环变量是否超过终值，若超过则结束循环，执行 Next 后面的语句；否则，执行循环体内的语句，再将循环变量自动增加一个步长的值，然后再重新判断循环变量的值是否超过终值，若结果为真，则结束循环，重复上述过程。For 语句的流程图如图 8-10 所示。

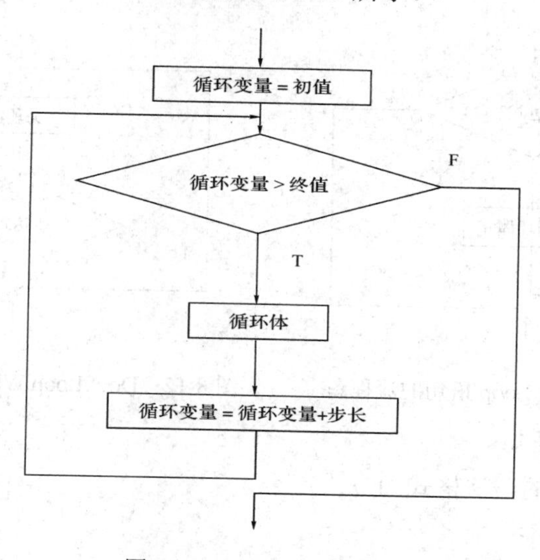

图 8-10　For 语句的流程图

说明：

(1) 循环变量是数值型变量，通常为整型变量；循环体可以是一条或多条语句。

(2) 步长是循环变量的增量，若是正数，则递增，是从小到大的循环顺序；若是负数，则递减，是从大到小的循环顺序。当步长为 1 时，Step 可以省略。

(3) Exit…For 语句是出现在循环体内，用来强制退出循环的语句，通常与条件语句配合使用。

2. Do…Loop 语句

Do…Loop 语句有以下两种形式：

(1) Do While…Loop 语句。其语法格式如下：

```
Do While <条件表达式>
    <循环体>
    [Exit Do]        '用于强制退出循环
Loop
```

功能：先计算条件表达式的值并进行判断，如果为假，则退出循环，执行 Loop 后面的语句；否则，执行循环体语句，然后再判断条件表达式的值，重复上述过程。Do While…Loop 语句的流程图如图 8-11 所示。

(2) Do…Loop While 语句，其语法格式如下：

```
Do
   <循环体>
[Exit Do]        '用于强制退出循环
Loop While <条件表达式>
```

功能：先执行一次循环体语句，再计算条件表达式的值并进行判断，如果为假，则退出循环，执行 Loop 后面的语句；否则，再次执行循环体语句，重复上述过程。Do…Loop While 语句的流程图如图 8-12 所示。

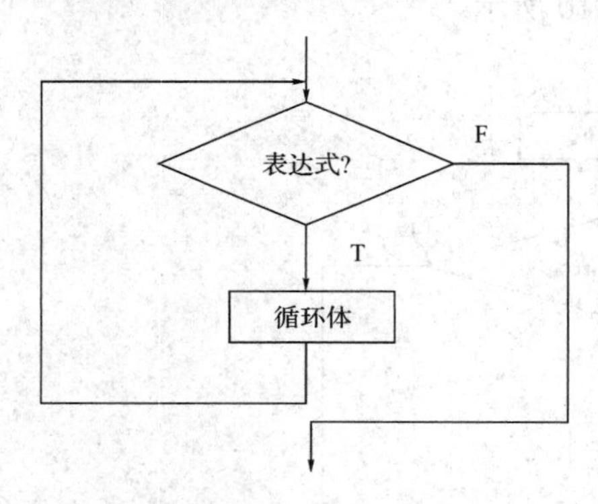

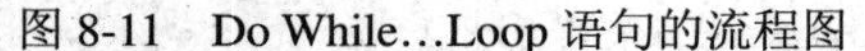

图 8-11　Do While…Loop 语句的流程图

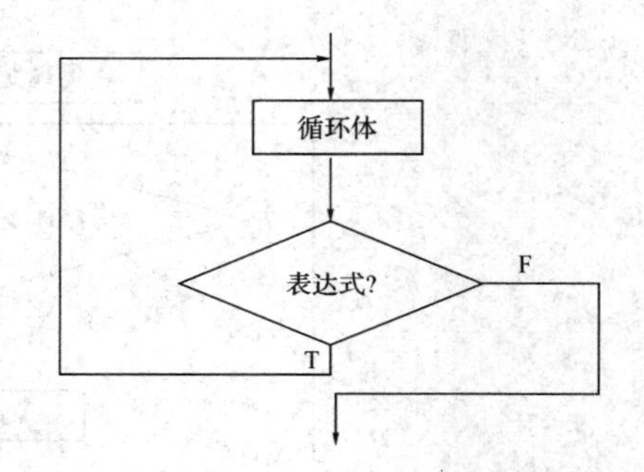

图 8-12　Do…Loop While 语句的流程图

3. While…Wend 语句

While…Wend 语句的语法格式如下：

```
While <条件表达式>
    <循环体>
Wend
```

功能：计算条件表达式的值并进行判断，如果为假，则退出循环，执行 Wend 后面的语句；否则，执行循环体语句，然后再判断条件表达式的值，重复上述过程。

While…Wend 语句和 Do While…Loop 语句的功能基本相同，主要区别在于：在 Do While…Loop 语句中可以使用 Exit Do 语句来退出循环，而 While…Wend 语句不能。

【例 8-3】 输入 10 个学生的成绩，计算学生的平均成绩。

具体操作步骤如下：

(1) 创建一个模块，并在代码窗口中输入以下代码：

```
Public Sub score_avg( )
    Dim score%, i%, total!, aver!
    total = 0
    For I = 1 To 10
        score = InputBox("请输入成绩：")
        total = total + score
    Next
    aver = total / 10
    MsgBox "平均成绩："&aver
End Sub
```

(2) 单击“保存”按钮，并在“另存为”对话框中输入模块名称“平均成绩”。

(3) 运行子过程。单击“运行”按钮，选中“score_avg”，单击“运行”按钮，程序开始运行，输入需要的数据，在相应的对话框中显示平均成绩。

在本程序中，使用了 For…Next 语句，也可以使用 Do While …Loop 或 Do …Loop While 语句实现。

8.4　过程调用和参数传递

8.4.1　过程调用

过程是由 Visual Basic 代码组成的单元，它包含一系列执行操作或计算值的语句和方法。过程分为两种：Sub 过程和 Function 过程。

1. Sub 过程

Sub 过程执行一项操作或者一系列操作，是执行特定功能的语句块。Sub 过程可以被置于标准模块或类模块中。我们可以自行创建 Sub 过程，也可使用 Access 所创建的事件过程模板。

Sub 过程定义的格式如下：

```
[ Public | Private | Static ] Sub  过程名(< 形参列表>)
[  子过程语句  ]
[ Exit Sub ]
[子过程语句]
End Sub
```

Public 和 Private 关键字用于说明过程的访问属性。其中，Public 表示该子过程可以被所有模块中的过程调用；Private 表示该子过程只能被同一模块中的过程调用。Static 表示该子过程为静态子过程。Sub 子过程不需要返回值。

调用子过程的语法格式如下：

```
Call 子过程名(<实参列表>)
```

或

```
子过程名(<实参列表>)
```

2. Function 过程

Function 过程在执行一系列操作后，有一个返回值。其定义的格式如下：

```
[ Public | Private | Static ] Function 函数过程名(< 形参列表>) [ As 数据类型 ]
[ 函数过程语句 ]
[ Exit Function]
[函数过程语句]
函数名 = 表达式
End Function
```

Function 过程不能使用 Call 语句来调用执行，要直接引用函数过程名称，并且在表达式中调用，函数值必须赋给函数过程名，以便返回到主调过程后使用该函数值。

8.4.2 参数传递

1. 参数传递

在过程定义时，可以设置一个或多个形式参数(形参)，多个形参之间用逗号隔开，每个形参定义的格式如下：

```
[ ByVal | ByRef ] [ 形参名称 ] [ ( ) ] [ As 数据类型 ] [ = 默认值 ]
```

其中，ByVal 为按值传递，表示该参数按值传递；ByRef 为按地址传递，表示该参数按地址传递。默认为 ByRef。

在过程被调用之前，系统不会给形参分配内存空间，只是说明形参的类型以及在过程中的作用。

带参数的过程被调用时，主调过程中的调用表达式必须提供相对应的实际参数(实参)。实参可以是常量、变量、表达式。实参的个数、类型、顺序必须与形参相匹配。在过程调用时，通过“形参与实参的对应结合”能够实现数据间的传递；数据传递的方式有两种：按值传递和按地址传递。

(1) 按值传递。在过程定义时，用 ByVal 声明变量则表示是按值传递参数。在调用过程中，系统给形参分配一个临时的内存单元，将实参的值传递给这个临时单元，而被调用过程内部对形参的任何操作引起的形参值的变化，均不会影响到实参的值。

(2) 按地址传递。在过程定义时，如果没有 ByVal 保留字，或者用 ByRef 声明变量，则表示是按地址传递参数。在过程调用时，把实参变量的内存地址传递给被调用过程中的形参，这样实参和形参就具有相同的地址，因此被调用过程内部对形参的操作引起的形参值的变化，都会影响到实参的值。

需要注意的是，实参可以是常量、变量和表达式这 3 种形式之一，只有实参是变量形式时，形参的变化才会影响到实参；如果实参是常量或表达式，那实际传递的也只是常量或表达式的值。

2. 变量的作用域与生存周期

在 VBA 编程中，变量定义的位置和方式不同，变量起作用的范围和存在的时间也不同，这就是变量的作用域和生产周期。VBA 变量的作用域有 3 个层次：局部变量、模块级变量和全局变量。

(1) 局部变量。局部变量只在定义它的过程中才可以使用，也称为过程级变量。用户可以用保留字 Dim 或 Static 来声明这些变量。在一个窗体中，不同过程中定义的局部变量可以同名；在不同过程中定义的同名变量没有任何关系，可看成是两个不同的变量。例如，在一个窗体中有两个命令按钮，两个命令按钮的 Click 事件分别为：

```
Private Sub Command1_Click( )
    Dim id As string
      …
End Sub
Private Sub Command2_Click( )
    Dim id As Double
      …
End Sub
```

在不同过程中定义的这两个同名变量 id 没有任何关系，应该看成是两个不同的变量。

(2) 模块级变量。例如，在窗体模块的“通用”部分，用保留字 Dim、Static、Private 等声明变量，变量的作用域就是本模块范围内，即同一窗体模块的所有过程都可用，对其他窗体模块的代码不可用。如图 8-13 所示。

(3) 全局变量。全局变量是公有模块及变量，用保留字 Public 或 Global 来声明，如图 8-14 所示。我们可以从它声明的位置开始，在应用程序的所有过程和其他模块中引用。

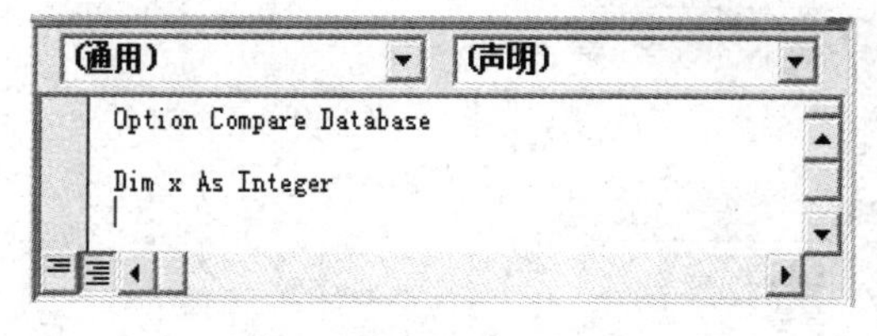

图 8-13　模块级变量的声明

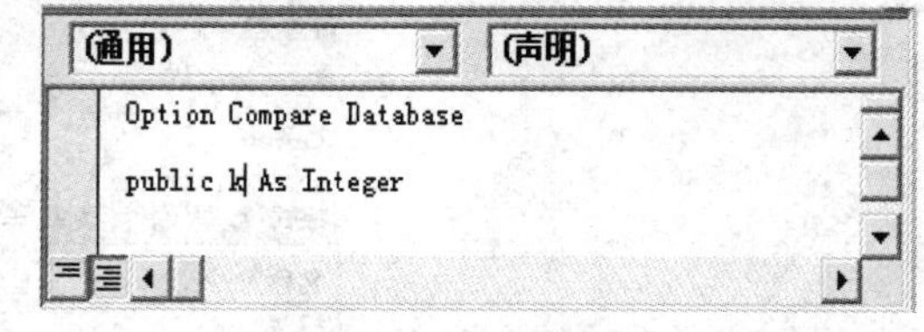

图 8-14　全局变量的声明

(4) 变量的生存周期。在变量声明之后，除了确定了它的作用范围，变量的生存周期(即变量保留数值的时间)也是一个重要的属性，也就是变量从第一次出现(声明时)到最后消失时的持续时间。

Dim 语句声明的过程级别变量将数值保留到该过程退出为止。若该过程中途调用了其他子过程，则子过程运行的期间，该变量的数值依然保留。

用 Static 声明的静态变量，只要程序代码在运行，就一直保留，直到整个程序运行结束，该变量才会消亡；它的生存周期和全局变量是一样的。

8.5　面向对象程序设计基础

在 Access 中设计窗体、报表时，都采用了面向对象程序设计技术，其核心由对象及响应各种事件的代码组成。VBA 是一种面向对象的程序设计语言，因此在进行 VBA 程序开发时，必须理解对象、属性、事件及方法等概念。

8.5.1　对象和属性

对象是指在客观世界中能够独立存在的任何实体。它可以是具体的事物，也可以是抽象的事物。例如，一个人、一幅画、一场比赛都可以作为对象。对象把事物的属性和行为封装在一起，是面向对象程序设计的核心。

属性用于描述对象的物理性质或基本特征，它规定了对象的形状、外观、位置等信息，每一个对象都具有自身的属性。

Access 中的窗体、报表、文本框、命令按钮等都是对象。以窗体为例，它具有窗体标题、大小、窗体前景色、背景色、窗体的位置、窗体的字体等属性。

每一个对象以对象名称来标识，对象名相当于一个变量名。而对象的属性用属性名来表示，属性的值可以通过程序代码或使用属性窗口来设置。在 Access 中，通常使用对象名与属性名相结合的方式来引用。其语法格式如下：

```
对象名.属性名
```

例如，假设命令按钮的名称为 CmdExit，语句如下：

```
CmdExit.Caption = "退出"
```

其功能是将命令按钮的标题属性设置为“退出”。

在 Access 中，在窗体、报表的设计视图中，打开某个对象的“属性”窗口可以查看该对象的属性并进行设置，如图 8-15 所示。

图 8-15　“属性表”窗格

在 VBA 中使用的属性名称是英文的，当用户输入“对象名.”后将显示“属性或方法”列表框，选择需要的选项即可。Access 中常用的对象属性如表 8-8 所示。

表 8-8　Access 中常用的对象属性

对象类型	对象名称	说　明
窗体	AutoCenter	将窗体打开时放置在屏幕中部
	Caption	窗体标题
	CloseButton	是否显示关闭按钮
	MinMaxButtons	是否显示最大化和最小化按钮
	NavigationButtons	是否显示导航按钮
	RecordSelector	是否显示记录选定器
	ScrollBars	是否显示滚动条
文本框	BackColor	背景颜色
	ForeColor	字体颜色
	Locked	是否锁定(是否可编辑)
	Name	名称
	Value	值
	Visible	是否可见
标签	Caption	标签显示的文字
	Name	名称
命令按钮	Caption	按钮上显示的文字
	Default	是否是默认按钮
	Enabled	是否可用
	Picture	按钮上显示的图片

8.5.2　事件和方法

事件是对象可以识别和响应的操作，它是预先定义的特定操作，不同对象能够识别的事件也不同。Access 中的窗体、报表及其包含的控件等对象都具有各自的事件，如单击鼠标、打开报表或窗体等。VBA 中的事件可以由用户激发，也可以由程序或系统激发。

方法是事件发生时对象所执行的操作，方法与对象紧密联系。VBA 中的方法是事件发生时执行的一段内部程序，即事件过程代码。这些代码指定事件发生时对象需要完成的操作。VBA 提供了许多常用的方法，用户可以直接调用这些方法，但是特殊功能的方法通常需要用户自己编写代码来实现。

事件过程和方法的区别在于：事件过程代码可以由用户来编写；而方法是系统事先定义好的代码段，在程序中直接调用。事件过程的语法格式如下：

```
Private Sub 对象名称_事件名称( [ 参数列表 ] )
    <程序代码>
End Sub
```

事件的执行通过施加于对象的外部动作触发，而方法的执行只能通过事件代码调用。

方法的调用格式如下：

对象名.方法名

Access 中常用事件如表 8-9 所示。

表 8-9　Access 中常用的事件

事件类型	事件名称	说　明
鼠标事件	Click	单击鼠标
	DblClick	双击鼠标
	MouseMove	移动鼠标
	MouseDown	按下鼠标
	MouseUp	释放鼠标
键盘事件	KeyDown	键按下
	KeyUp	键释放
	KeyPress	键击打
操作事件	Delete	删除
	BeforeInsert	插入前
	AfterInsert	插入后
窗口事件	Open	打开
	Load	加载
	Resize	调整大小
	Activate	激活
	Current	成为当前事件
	Unload	卸载
	Close	关闭
对象事件	GotFocus	获得焦点
	LostFocus	失去焦点
	BeforeUpdate	更新前
	AfterUpdate	更新后
	Change	更改事件

【例 8-4】 创建一个显示当前日期的窗体，如图 8-16 所示。其中包含一个标签，一个文本框和一个命令按钮。

具体操作步骤如下：

(1) 新建窗体。在“设计视图”中添加一个标签，一个文本框、名称为“Text1”，一个命令按钮、名称为“Command1”，标题属性为“显示”。

(2) 切换到“窗体视图”，当单击命令按钮后，发生了鼠标单击(Click)事件，由于此时没有编写任何事件过程代码，所以单击命令按钮后，文本框中没有显示任何信息。

(3) 回到“设计视图”，选择命令按钮后，单击“设计”选项下“工具”选项组的“查看代码”按钮，在代码窗口中为命令按钮“Command1”对象的“Click”事件过程编写代码：

```
Private Sub Command1_Click( )
    Text1.Value = Date( )
End Sub
```

(4) 关闭代码编辑窗口。并切换到“窗体视图”，当单击命令按钮后，发生了鼠标单击(Click)事件，执行该事件过程代码，然后在文本框中就能显示当前日期，如图 8-16 所示。

(5) 保存窗体，以“显示当前日期”为名保存。

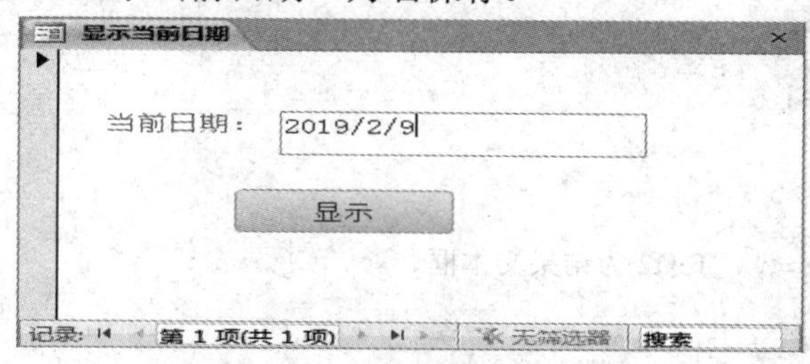

图 8-16　“显示当前日期”窗体

【例 8-5】 创建一个如图 8-17 所示的窗体，要求选择对应选项，点击“计算”按钮，显示相对应的结果。其中包含一个选项组控件，有两个功能选项按钮、两个文本框及其关联的标签，还有一个标题为“计算”的命令按钮。

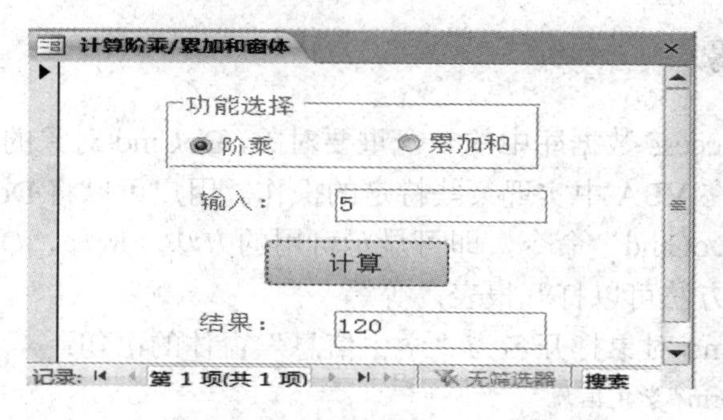

图 8-17　计算阶乘/累加和窗体

具体操作步骤如下：

(1) 创建一个空白窗体，按如图 8-17 所示的要求，添加控件并设置对应的属性，排列对齐相关控件。

(2) 单击“工具”组中的“查看代码”按钮，打开编写代码窗口，选中“计算”命令按钮对象，为其 Click 事件编写代码。其代码如下：

```
Private Sub Command1_Click( )
    Dim x As Integer， i As Integer， y As Single
        '判断文本框中是否输入有效数据
    If IsNull(Text1) Then   'Text1 为输入文本框
        MsgBox "请输入正确数值"，vbInformation，"信息"
```

```
    Else
      x = Text1.Value
      If Frame0.Value = 1 Then   'Frame0 为选项组控件
        y = 1
        For i = 1 To x
          y = y * i
        Next
      Else
        y = 0
        For i = 1 To x
          y = y + i
        Next
      End If
      Text2.Value = y   'Text2 为结果文本框
    End If
  End Sub
```

(3) 关闭代码窗口，返回到窗体界面，以“计算阶乘/累加和窗体”为名保存该窗体。

(4) 切换至窗体视图，即可输入数据进行测试，查看效果。例如，输入“5”，选择阶乘选项，点击“计算”按钮，则显示结果为“120”。

8.5.3 DoCmd 对象

DoCmd 对象是 Access 数据库中的一个重要对象，DoCmd 对象的主要功能是通过调用 Access 内置的方法，在 VBA 中实现某些特定的操作。用户可以将 DoCmd 看成 VBA 提供的一个命令，输入“DoCmd”命令，即可显示可用的方法。例如，OpenForm 方法可以打开窗体；OpenReport 方法可以打开报表，等等。

例如，使用 DoCmd 对象打开名为“学生信息”窗体的语句：

```
DoCmd.OpenForm "学生信息"
```

8.6 VBA 程序调试

在程序运行时，可能出现各种各样的错误，在程序中查找并改正错误的过程称为程序调试。

8.6.1 错误类型

程序中的错误主要有编译错误、运行错误以及程序逻辑错误等几种类型。

1. 编译错误

编译错误是在程序编写过程中出现的，主要是由语句的语法错误引起的，如命令拼写错误、括号不匹配、数据类型不匹配、If 语句中缺少 Else 等。

当编辑程序时输入了错误的语句后，编译器会随时指出。如果输入的语句显示为红色，则表示该语句出现了错误，需要根据 Access 提示及时改正。

2. 运行错误

运行错误是在程序运行过程中发生的错误。例如，出现了除数为 0、调用函数的参数类型不符等情况。Access 将暂停运行并给出错误的提示信息和错误的类型。

3. 程序逻辑错误

程序逻辑错误是程序设计过程中逻辑错误而引起的，是最难查找和处理的错误。如果程序运行后得到的结果与期望的结果不同，则可能是程序中存在逻辑错误。产生程序逻辑错误的原因有很多方面，需要对程序认真地进行分析来找出错误之处，并进行改正。

8.6.2 程序调试

VBA 程序调试包括设置断点、单步跟踪和设置监视窗口等方法。

1. 设置断点

在调试程序时，可以为语句设置断点，当程序执行到设置了断点的语句时，会暂停运行进入中断状态。在选择语句后，为该语句设置或者取消断点的方法有以下几种：

(1) 单击菜单中的“调试 | 切换断点”命令。

(2) 单击该语句左侧的灰色边界条。

(3) 按下“F9”键。

2. 调试工具

调试工具一般是与“断点”配合使用的。设置断点后，当运行窗体时，会暂停在断点位置，这时可以使用调试工具或“调试”菜单中的相应功能来查看程序的执行过程和状态。调试工具栏如图 8-18 所示。

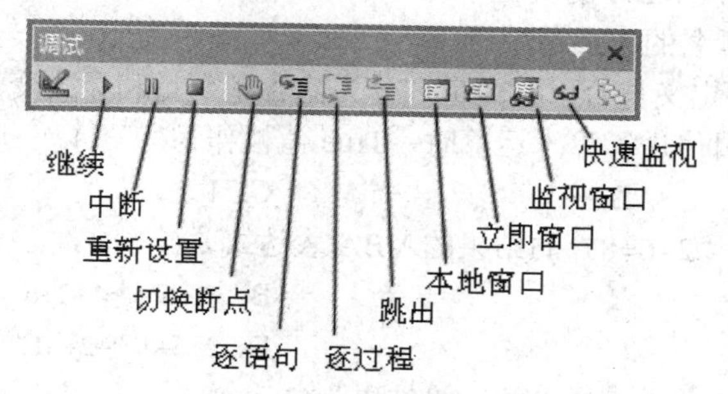

图 8-18　调试工具栏

其中的“监视窗口”可以显示表达式值的变化情况。在监视窗口添加需要监视的表达式的方法是：

在打开的“监视窗口”中单击右键，在弹出的快捷菜单中，选择“添加监视…”命令，则打开“添加监视”对话框，输入需要观察的表达式即可。

单元测试8

一、单选题

1. 以下关于模块的说法，不正确的是(　　)。

A. 窗体模块和报表模块属于类模块，它们从属于各自的窗体或报表

B. 窗体模块和报表模块具有局部特性，其作用范围局限在所属窗体或报表内部

C. 窗体模块和报表模块中的过程可以调用标准模块中已经定义好的过程

D. 窗体模块和报表模块生命周期是伴随着应用程序的打开而开始、关闭而结束

2. 以下关于标准模块的说法，不正确的是(　　)。

A. 标准模块一般用于存放其他 Access 数据对象使用的公共过程

B. Access 系统中可以通过创建新的模块对象而进入其代码设计环境

C. 标准模块所有的变量和函数都具有全局特性，是公共的

D. 标准模块的生命周期是伴随着应用程序的开始而开始、关闭而结束

3. 窗体和报表中的模块都属于(　　)。

A. 标准模块　　B. 类模块　　C. 过程模块　　D. 函数模块

4. 模块是存储代码的容器，其中窗体就是一种(　　)。

A. 类模块　　B. 标准模块　　C. 子过程　　D. 函数过程

5. 在模块中执行宏 macro 的格式为(　　)。

A. Functio.RunMacro　　B. Docmd.RunMacro

C. Sub.RunMacromacro　　D. RunMacromacro

6. 以下关于变量的叙述，错误的是(　　)。

A. 变量名的命名同字段命名一样，但变量命名不能包含有空格或除了下划线符号外的任何其他的标点符号

B. 变量名不能使用 VBA 的关键字

C. VBA 中对变量名的大小写敏感

D. 根据变量直接定义与否，将变量划分为隐含型变量和显式变量

7. 当 VBA 的逻辑值进行算术运算时，True 值被作为(　　)。

A. 0　　B. -1　　C. 1　　D. 任意值

8. 以下可以得到“2+6=8”的结果的 VBA 表达式是(　　)。

A. "2+6"&"="&2+6　　B. "2+6"+"="+2+6

C. 2+6&"="&2+6　　D. 2+6+"="+2+617

9. 表达式"13+4"&"="&(13+4)的运算结果为(　　)。

A. 13+4　　B. &13+4　　C. (13+4)&　　D. 3+4=17

10. VBA 表达式 Chr(Asc(Vcase('abodefg')返回的值是(　　)。

A. A　　B. 97　　C. a　　D. 65

11. 以下有关优先级的比较，正确的是(　　)。

A. 算术运算符>关系运算符>连接运算符

B. 算术运算符>连接运算符>逻辑运算符

C. 连接运算符>算术运算符>关系运算符

D. 逻辑运算符>关系运算符>算术运算符

12. VBA 中定义符号常量可以用关键字(　　)。

A. Const　　B. Dim　　C. Public　　D. Static

13. VBA 中定义局部变量可以用关键字(　　)。

A. Const　　B. Dim　　C. Public　　D. Static

14. 以下内容中不属于 VBA 提供的数据验证函数是(　　)。

A. IsText　　B. IsDate　　C. IsNumeric　　D. IsNull

15. 变量声明语句 Dim a，表示变量 a 是(　　)。

A. 整型　　B. 双精度型　　C. 字符型　　D. 变体型

16. 可以判定某个日期表达式能否转换为日期或时间的函数是(　　)。

A. CDate　　B. IsDate　　C. Date　　D. IsText

17. 定义了 10 个整型数构成的数组的是(　　)。

A. Dim Newarray(10) As Integer　　B. Dim Newarray (1 to 10) As Integer

C. Dim Newarray (10) Integer　　D. Dim Newarray (1 to 10) Integer

18. 下列正确的赋值语句是(　　)。

A. X+Y=60　　B. Y*R=π*R*R　　C. Y=X-30　　D. 3Y=X

19. 表达式“10.2\5”返回的值是(　　)。

A. 0　　B. 1　　C. 2　　D. 2.04

20. VBA 表达式 IIf(0，20，30)的值为(　　)。

A. 20　　B. 30　　C. 25　　D. 10

21. 在下列逻辑表达式中，能正确表示条件“m 和 n 至少有一个为偶数”的是(　　)。

A. m Mod 2=1 Or n Mod 2=1　　B. m Mod 2= And n Mod 2=1

C. m Mod 2=0 Or n Mod 2=0　　D. m Mod 2=0 And n Mod 2=0

22. 在 VBA 程序中，可以实现代码注释功能的是(　　)。

A. 方括号([])　　B. 单撇号(')　　C. 双引号(")　　D. 冒号(：)

23. 表达式"教授"<"助教"返回的值是(　　)。

A. True　　B. False　　C. -1　　D. 0

24. 函数 Len("Access 数据库")的值是(　　)。

A. 9　　B. 12　　C. 15　　D. 18

25. 函数 Right (Left(Mid("Access_Database"，10，3)，2)，1)的值是(　　)。

A. a　　B. B　　C. t　　D. 空格

26. 以下程序段运行后，消息框的输出结果是(　　)。

```
a=sqr(5)
b=sqr(4)
c=a>b
Msgbox c+2
```

A. -1　　B. 1　　C. 2　　D. 出错

27. 在 VBA 定时操作中，需要创建窗体的“计时器间隔”属性值，其计量单位是(　　)。

A. 微秒　　B. 毫秒　　C. 秒　　D. 分钟

28. 在 VBA 中，过程参数的传递方式有传值和(　　)两种。

A. 传语句　　B. 传循环　　C. 传址　　D. 传声明

29. 在定义有参函数时，要想实现某个参数的双向传递，就应当说明该形参为传址调用形式，其设置选项是(　　)。

A. ByVal　　B. ByRef　　C. Optional　　D. ParamArray

30. 以下程序段：

```
D=#2010-8-1#
T=#12：08：20#
M=Month(D)
S=second(T)
```

M 和 S 的返回值分别是(　　)。

A. 2004，12　　B. 8，20　　C. 1，8　　D. 8，8

31. 以下程序段：

```
Str="计算机科学技术"
Str=Mid(str, 5)
```

Str 的返回值是(　　)。

A. 计算机科学　　B. 机科学技术　　C. 计算　　D. 学技术

32. 在 VBE 的立即窗口输入如下命令，输出结果是(　　)。

```
x=4=5
? x
```

A. True　　B. False　　C. 4=5　　D. 语句有错

33. 在语句 Select Case x 中，x 为一整型变量，则在下列 Case 语句中，表达式错误的是(　　)。

A. Case Is>20　　B. Case 1 To 10

C. Case 2，4，6　　D. Case>10

34. 假定有以下循环结构：

```
Do Until 条件
循环体
Loop
```

则正确的叙述是(　　)。

A. 如果条件值为 0，则一次循环体也不执行

B. 如果条件值为 0，则至少执行一次循环体

C. 如果条件值不为 0，则至少执行一次循环体

D. 不论条件是否为 0，至少要执行一次循环体

35. 以下程序段：

```
For s=5 To 10
    S=2*s
```

```
Next s
```

该循环执行的次数为(　　)。

A. 1　　B. 2　　C. 3　　D. 4

36. Sub 过程和 Function 过程最根本的区别是(　　)。

A. Sub 过程的过程名不能返回值，而 Function 过程能通过过程名返回值

B. Sub 过程可以使用 Call 语句或直接使用过程名，而 Function 过程不能

C. 两种过程参数的传递方式不同

D. Function 过程可以有参数，Sub 过程不能有参数

37. VBA 中用实参 x 和 y 调用有参过程 PPSum(a，b)的正确形式是(　　)。

A. PPSum a，b　　B. PPSum x，y

C. Call PPSum(a，b)　　D. Call PPSum x，y

38. 要想在过程 Proc 调用后返回形参 x 和 y 的变化结果，下列定义语句正确的是(　　)。

A. Sub Proc (x As Integer, y As Integer)

B. Sub Proc(Byval x As Integer, y As Integer)

C. Sub Proc(x As Integerr Byval y As Integer)

D. Sub Proc(Byval x As Integer, Byval y As Integer)

39. 在 Access 中，如果变量定义在模块的过程内部，当过程代码执行时才可见，则这种变量的作用域为(　　)。

A. 程序范围　　B. 全局范围　　C. 模块范围　　D. 局部范围

40. 在执行下列 VBA 语句后，变量 a 的值是(　　)。

```
a=1：b=3：c=4*a-b
IF a*2-1<=b Then b=2*b+c
If b-a >c Then
   a=a+1：c=c-1
ELse
   a=a-1
End If
```

A. 0　　B. 1　　C. 2　　D. 3

41. 假定有以下函数过程：

```
Function Fun(s As string) As string
Dim s1 As string
For i=1 To Len(S)
   sl=Ucase(Mid(S，i，1))+s1
Next i
Fun=S1
End Function
```

Fun("abcdefg")的输出结果为(　　)。

A. abcdefg　　B. ABCDEFG　　C. gfedcba　　D. GFEDCBA

42. 执行下列 VBA 语句后，变量 n 的值是(　　)。

```
n=0
For k= 8 To 0 step-3
  n=n+1
Next k
```

A. 1　　B. 2　　C. 3　　D. 8

43. 假定有以下程序段：

```
For i=1 To 3
  n=0
  For j=-4 To-1
    n=n+1
  Next j
Next i
```

运行完毕后，n 的值是(　　)。

A. 0　　B. 3　　C. 4　　D. 12

44. 在窗体上添加一个命令按钮(名为 Command1)，然后编写如下事件过程：

```
Private Sub Command1_click( )
For i=1 To 4
  x=4
  For j=1 To 3
    x=3
    For k=1 To 2
    x=x+6
    Next  k
    Next j
  Next  i
Msgbox x
End Sub
```

打开窗体后，单击命令按钮，消息框的输出结果是(　　)。

A. 7　　B. 15　　C. 157　　D. 538

45. 假定有以下程序段：

```
n=0
For a=1 To 5
  For b=2 To 10 Step 2
    n=n+1
  Next b
Next a
```

运行完毕后，n 的值是(　　)。

A. 0　　B. 1　　C. 10　　D. 25

46. 下面过程运行之后，则变量 J 的值为(　　)。

```
Private Sub Fun( )
    Dim J As Integer
    J=2
    Do
      J=J*3
      Loop While J<15
End Sub
```

A. 2　　B. 6　　C. 15　　D. 18

47. 下面过程运行之后，则变量 J 的值为(　　)。

```
Private Sub Fun( )
  Dim J As Integer
  J=5
  DO
    J=J+2
  Loop While J>10
End Sub
```

A. 5　　B. 7　　C. 9　　D. 11

二、填空题

1. VBA 的全称是________________。

2. 在 VBA 中，要得到[15，75]区间的随机整数，可以用表达式____________来表示。

3. 在VBA中使用的3种选择函数，分别是________、________和________。

4. 在 VBA 中，双精度的类型标识是____________。

5. VBA 的逻辑值在表达式中进行算术运算时，True 值被作为________，False 值被作为________来处理。

6. 模块是由 VBA 声明和_________组成的单元。

7. 定义了数组 A(2 to 5，5)，则该数组的元素个数为________。

8. VBA 提供了多个用于数据验证的函数。其中，IsDate 函数用于____________；_________函数用于判断输入数据是否为数值。

9. VBA 的 3 种流程控制结构是_______、_______和________。

10. VBA 的有参过程定义，形参用______说明，表明该形参为传值调用；形参有那个 ByRef 说明，表明该形参为______。

11. 要在程序或函数的实例间保留局部变更的值，可以用_______关键字代替 Dim。

12. 在 VBA 中，函数 InputBox 的功能是_______；________函数的功能是显示消息信息。

13. VBA 中变量作用域分为 3 个层次，这 3 个层次的变量是_______、_______和_______。

14. 在模块的说明区域中，用__________关键字说明的变量是模块范围的变量；而用__________或者______________键字说明的变量是属于全局范围的变量。

三、问答题

1. 什么是类模块和标准模块？它们的特征是什么？
2. 什么是事件过程？它有什么特点？
3. 什么是函数过程？什么是子过程？
4. 什么是变量的作用域和生存期？它们是如何分类的？
5. 什么是形参和实参？过程中参数的传递有哪几种？它们之间有什么不同之处？

第9章　实验指导

数据库应用系统是在数据库管理系统(DBMS)的支持下建立的以数据库为基础和核心的软件系统。开发数据库应用系统是一个相对比较复杂的过程，从分析用户需求开始到投入运行使用，需要经过需求分析、系统设计、系统实现、系统测试与维护等几个阶段。

为了更好地学习和掌握 Access 数据库 6 种对象功能及使用方法，本章将以一个简单的“图书借阅管理”系统为案例，对 Access 数据库应用技术方面的相关知识进行上机实践操作。

实验 1　“图书借阅管理”系统的分析与设计

一、实验目的

(1) 了解数据库应用系统的开发过程与步骤。

(2) 熟悉需求分析的作用及内容。

(3) 熟悉数据库应用系统的功能设计，重点是功能模块划分。

(4) 熟悉数据库结构设计的过程与方法，主要包括概念结构设计以及逻辑结构设计。

二、实验内容

1. 需求分析

需求分析面向用户具体的应用需求，是数据库应用系统开发的第一阶段，也是建立数据库最基本、最重要的步骤。在这一阶段，数据库设计人员要和数据库的最终用户进行充分的交流，明确用户的各项需求和完成任务所依据的数据及其联系，确定系统目标和软件开发的总体构思。总体来说，需求分析就是从用户的需求出发，从中提取出软件系统的功能，明确系统要“做什么”，帮助用户解决实际业务问题。

“图书借阅管理”系统的主要任务包括建立详细的图书分类、图书、读者和图书借阅等基础数据，能进行借书和还书登记等操作，并可以查询图书信息、读者信息以及借阅情况等。下面以图书为例说明如何进行分析。

在图书馆中，图书是最基本的操作对象。图书作为一个实体，应该包括图书名称、作者、出版社和单价等基本属性；为便于管理，还应该包含图书编号、分类号、入库时间和是否出借等辅助属性。这些信息首先要存储到数据库中。作为一个实用系统，应当具有图书数据输入、修改与删除功能，并能根据不同属性进行图书信息查询，根据不同管理要求进行报表输出。在图书借阅过程中，需要有借书记录和还书记录，而这就需要有读者，读者又是一个实体，所以读者与图书应该建立一种关系。通过这样分析，就能明确图书实体要存储哪些数据；要完成什么样的功能；与其他实体建立怎样的关系。

2. 系统功能设计

在了解了用户的应用需求之后，接下来就要考虑“怎样做”的问题，即如何实现应用系统软件的开发目标。这个阶段的任务是设计系统的模块层次结构，设计数据库的结构以及设计模块的控制流程。在规划和设计时，主要是考虑以下几个问题：

(1) 设计工具和系统支撑环境的选择，如数据库和开发工具的选择、支撑目标系统运行的软硬件环境等。

(2) 怎样组织数据，也就是数据库的设计，即设计表的结构、表间约束关系等。

(3) 系统界面的设计，如窗体、控件和报表等。

(4) 系统功能模块的设计，也就是确定系统需要哪些功能模块并进行组织，以实现系统数据的处理工作。对于一些较为复杂的功能，还应利用程序设计流程图进行算法设计。

通过对图书馆业务问题的分析，可以确定“图书借阅管理”系统主要由资料管理、借阅管理和信息查询 3 个功能模块组成。其功能模块图如图 9-1 所示。

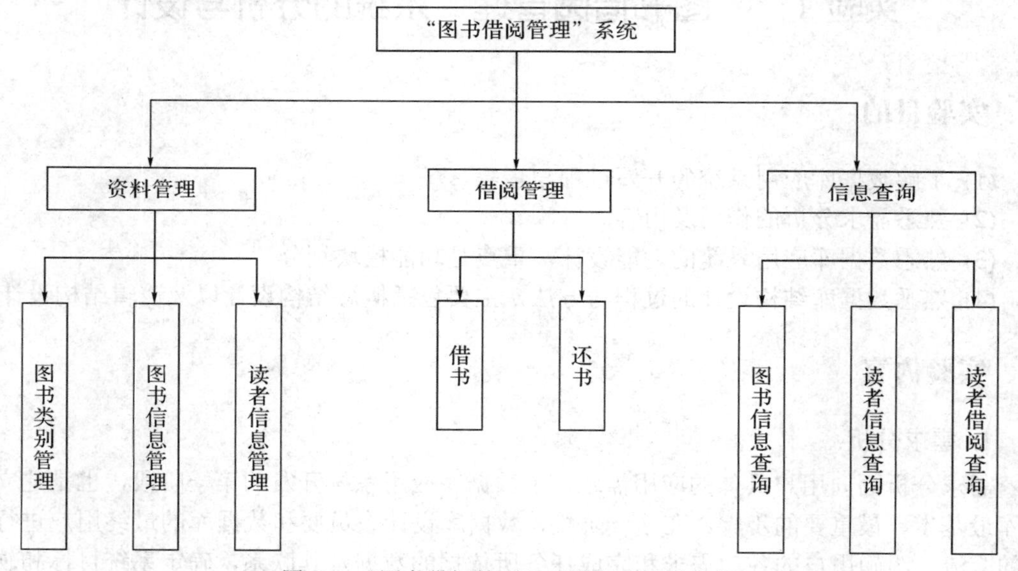

图 9-1 “图书借阅管理”系统的功能模块图

需要说明的是，以上各功能模块的设计与组织仅适用于教学，并不能完全体现图书借阅管理中的实际应用需求，目的仅在于以一个简单明了的案例让读者了解数据库应用系统的设计过程，并对本书的知识学习进行实践练习，提高实践操作和应用能力。

3. 数据库设计

数据库应用系统软件的功能模块划分环节完成之后，就需要进行数据库设计，主要是数据库概念结构设计和数据库逻辑结构设计两个方面。

(1) 数据库概念结构设计。在概念设计阶段，通常采用 E-R 图来表达系统中的数据及其联系。图书借阅管理所涉及的数据有图书信息、图书分类信息和读者信息等实体。完整的“图书借阅管理”系统的 E-R 图如图 9-2 所示。

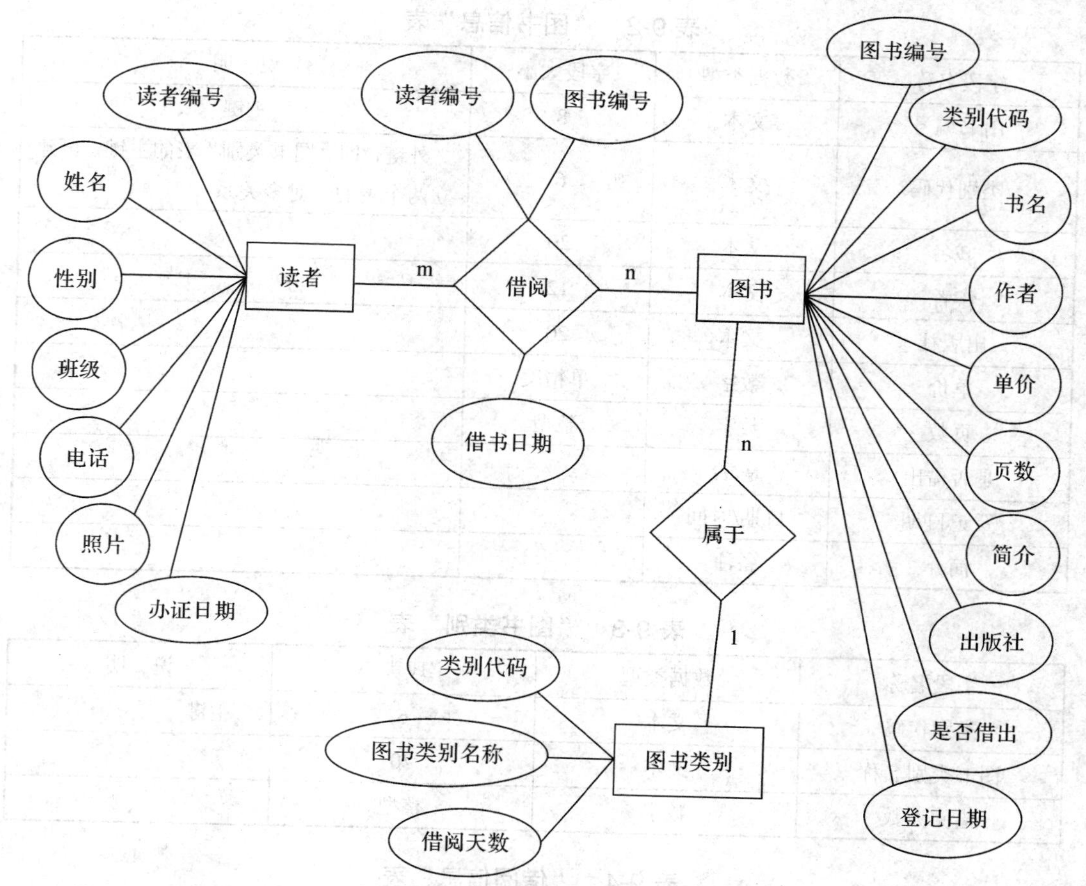

图 9-2 “图书借阅管理”系统的 E-R 图

(2) 数据库逻辑结构设计。数据库的逻辑结构设计就是把概念结构设计阶段设计好的 E-R 图转换为 Access 2010 数据库所支持的实际数据模型，也就是数据库的逻辑结构。根据如图 9-2 所示的 E-R 图，可以明确该“图书借阅管理”系统的表结构，分别包含 4 个表：“读者信息”表、“图书信息”表、“图书类别”表和“借阅信息”表，其分别如表 9-1～表 9-4 所示。

表 9-1 “读者信息”表

字段名称	数据类型	字段大小	说 明
读者编号	文本	6	唯一，主键
姓名	文本	10	
性别	文本	1	查阅向导：男/女
班级	文本	12	
办证日期	日期/时间		
电话	文本	10	
照片	OLE 对象		

表 9-2　“图书信息”表

字段名称	数据类型	字段大小	说　明
图书编号	文本	8	主键
类别代码	文本	6	外键，即“图书类别”表的主键，可建立两个表的一对多关系
书名	文本	20	
作者	文本	12	
出版社	文本	20	
单价	数字	单精度	
页数	数字	整型	
是否借出	是/否		
登记日期	日期/时间		
简介	备注		

表 9-3　“图书类别”表

字段名称	数据类型	字段大小	说　明
类别代码	文本	6	主键
图书类别名称	文本	20	
借阅天数	数字	整型	

表 9-4　“借阅信息”表

字段名称	数据类型	字段大小	说　明
读者编号	文本	6	主键：读者编号+图书编号
图书编号	文本	8	
借书日期	日期/时间		

实验 2　创建 Access 数据库和数据表

一、实验目的

(1) 熟悉 Access 2010 的操作环境和常用操作方法。
(2) 掌握创建和打开数据库的方法。
(3) 掌握使用“表设计器”的方法来创建数据表，并学会设计与修改表结构。
(4) 掌握表记录的输入与编辑方法。
(5) 掌握字段属性的设置方法。

二、实验内容

在实验1的基础上，熟悉了“图书借阅管理”系统的功能模块以及数据库表结构之后，就可以在Access 2010的环境下，创建相对应的数据库和数据表。

1. 启动Access 2010

使用“开始”菜单启动Access 2010，操作步骤如下：

① 在任务栏上单击“开始”菜单，选择“所有程序”。

② 在“所有程序”菜单中选择“Microsoft Office”。

③ 选择“Microsoft Office Access 2010”，启动Access 2010，从而打开Access 2010窗口。

2. 创建空白数据库

打开Access 2010窗口，选择“文件”选项卡，单击“新建”命令，打开“新建”窗格，在可用模板下方选择“空数据库”。

在右边的窗格中设置存放该数据库的路径，例如，选择“e：\Access实验”文件夹，在“文件名”文本框中输入“图书借阅管理.accdb”；最后单击“创建”按钮即可。

3. 创建表

打开“图书借阅管理”数据库，单击“创建”选项卡“表格”组中的“表”图标，创建一个名为“表1”的新表，单击“保存”按钮，在“另存为”对话框的“表名称”文本框中输入“读者信息”，单击“确定”按钮即可。

4. 使用“表设计器”设计“读者信息”表结构

切换至表的设计视图，打开“表设计器”界面，按照表9-1的信息内容创建表结构。

5. 字段属性的设置

按照表9-1的信息内容设置相关字段的属性。另外，也可以设置字段的默认值、有效性规则、格式及输入掩码等属性。按类似的方法，创建设计“图书信息”、“图书类别”、“借阅信息”表的表结构以及设置相关字段属性。

6. 输入与编辑表记录

为了更好地完成后续章节的实验任务，需要输入相对完整一致的有效数据，分别如表9-5～表9-8所示。

表9-5 读者信息

读者编号	姓名	性别	班级	办证日期	电话	照片
100005	陆紫珊	女	管理162	2016/9/1	8312002	
200002	贺美好	女	会计163	2016/9/1	8312065	
200004	刘冬子	男	会计171	2017/9/1	8312055	
200005	张志	男	会计171	2017/9/1	8312055	
200008	刘玲	女	会计171	2017/9/1	8312002	
300002	潘捷富	男	计算机172	2017/9/1	8312057	
400003	张浩美	女	网络181	2018/9/1	8312059	

表 9-6　图书信息

图书编号	类别代码	书名	作者	出版社	单价	页数	是否借出	登记日期	简介
N1001	L001	C++ 程序设计教程	朱旭	清华大学出版社	39.8	400	否	2015/7/1	
N1003	L001	计算机系统结构	李文斌	清华大学出版社	45.9	450	否	2016/4/5	
D1012	L002	组织行为管理	熊勇清	湖南人民出版社	32.8	326	是	2017/6/3	
N1006	L001	计算机网络	沈敏	人民邮电出版社	39.6	360	是	2014/5/1	
D1006	L002	会计基础	张明亮	高等教育出版社	36.8	286	否	2017/5/1	
D1002	L002	会计管理学	吴传生	高等教育出版社	49.8	380	是	2016/9/1	
N2003	L001	Python 程序设计	李明宏	机械工业出版社	39.8	360	是	2017/3/6	
M1006	L003	大学英语	王慧娟	高等教育出版社	45.8	410	否	2016/5/1	
M2003	L003	商务英语	李振辉	人民邮电出版社	39.6	382	是	2018/3/6	

表 9-7　图书类别

类别代码	图书类别名称	借阅天数
L001	信息学科	30
L002	经济学科	45
L003	外语学科	60

表 9-8　借阅信息

读者编号	图书编号	借书日期
100005	M2003	2018/5/9
100005	D1012	2018/11/6
300002	N2003	2018/12/3
300002	M1006	2018/12/3
200008	D1006	2018/3/16
200008	M1006	2018/6/15
400003	N1001	2018/12/3

7. 创建表间关系并设置完整性约束

创建表间关系，并设置相关约束条件，如图 9-3 所示。这里所有的表间关系均设置为满足“实施参照完整性”、“级联更新相关字段”及“级联删除相关记录”等约束条件。

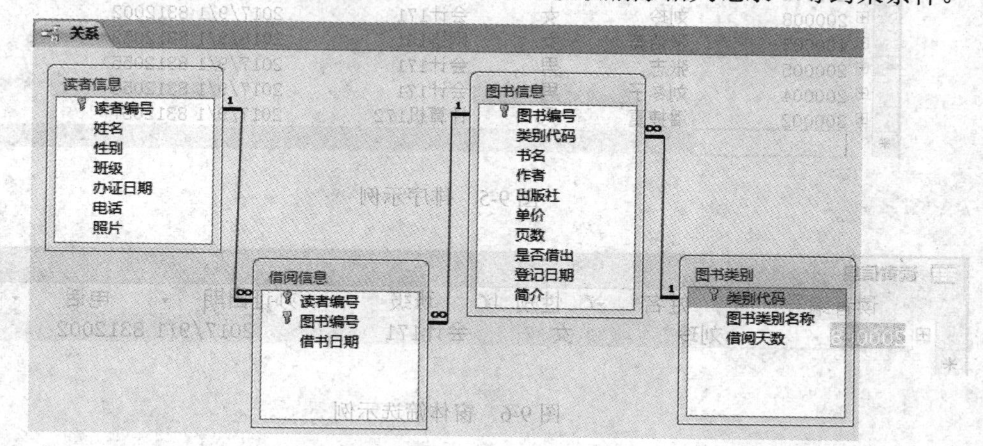

图 9-3 “图书借阅管理”系统的表间关系图

8. 表的外观设置

打开某一数据表(如读者信息表)，可以对字体颜色、字体大小、网格线、背景色、主题等参数进行设置。图 9-4 所示就是一个案例。

读者信息

读者编号	姓名	性别	班级	办证日期	电话	照片	单击
100005	陆紫珊	女	管理162	2016/9/1	8312002		
200002	贺美好	女	会计163	2016/9/1	8312065		
200004	刘冬子	男	会计171	2017/9/1	8312055		
200005	张志	男	会计171	2017/9/1	8312055		
200008	刘玲	女	会计171	2017/9/1	8312002		
300002	潘捷富	男	计算机17	2017/9/1	8312057		
400003	张浩美	女	网络181	2018/9/1	8312059		
*							

图 9-4 “读者信息”表的外观设置

9. 表的复制、删除与重命名

选中某一数据表(如“读者信息”表)，可以对其进行数据表的复制、删除与重命名等操作。

10. 表的导入与导出操作

以上述创建的 4 个数据表为数据源，做数据导出实践操作。另外，在表数据输入的过程中，也可以先在 Excel 表格中把数据准备好，然后利用数据导入的功能实现表数据的输入。

11. 记录的定位、排序与筛选

例如，在“读者信息”表中查找所有张姓的记录；先按性别降序，再按班级升序排列，如图 9-5 所示。利用窗体筛选，查看所有刘姓的女生记录，如图 9-6 所示。

读者信息 | 读者信息筛选1

读者编号	姓名	性别	班级	办证日期	电话	照片
100005	陆紫珊	女	管理162	2016/9/1	8312002	
200002	贺美好	女	会计163	2016/9/1	8312065	
200008	刘玲	女	会计171	2017/9/1	8312002	
400003	张浩美	女	网络181	2018/9/1	8312059	
200005	张志	男	会计171	2017/9/1	8312055	
200004	刘冬子	男	会计171	2017/9/1	8312055	
300002	潘捷富	男	计算机172	2017/9/1	8312057	

图 9-5　排序示例

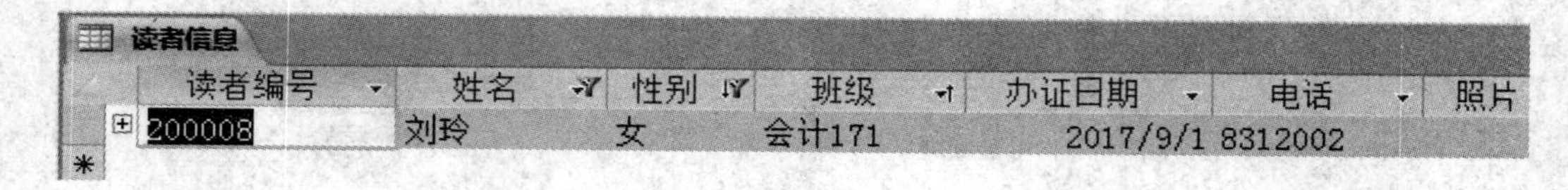
读者信息

读者编号	姓名	性别	班级	办证日期	电话	照片
200008	刘玲	女	会计171	2017/9/1	8312002	

图 9-6　窗体筛选示例

实验 3　查　　询

一、实验目的

(1) 熟悉 Access 的操作环境。
(2) 了解查询的基本概念和种类。
(3) 理解查询条件的含义和组成，掌握正确设计查询条件的方法。
(4) 熟悉查询设计视图的使用方法。
(5) 掌握各种查询的创建和设计方法。
(6) 掌握使用查询实现计算的方法。

二、实验内容

以实验 2 中创建的数据库基本表为数据源，按要求完成以下任务：

(1) 利用查询向导，查询所有的读者信息记录。查询结果如图 9-7 所示。

读者信息查询

读者编号	姓名	性别	班级	办证日期	电话	照片
100005	陆紫珊	女	管理162	2016/9/1	8312002	
200002	贺美好	女	会计163	2016/9/1	8312065	
200004	刘冬子	男	会计171	2017/9/1	8312055	
200005	张志	男	会计171	2017/9/1	8312055	
200008	刘玲	女	会计171	2017/9/1	8312002	
300002	潘捷富	男	计算机172	2017/9/1	8312057	
400003	张浩美	女	网络181	2018/9/1	8312059	

图 9-7　读者信息查询

(2) 利用查询向导，查询所有的读者借阅图书的信息。查询结果如图9-8所示。

读者借书信息查询

读者编号	姓名	书名	借书日期	借阅天数
100005	陆紫珊	商务英语	2018/5/9	60
100005	陆紫珊	组织行为管理	2018/11/6	45
300002	潘捷富	Python程序设计	2018/12/3	30
300002	潘捷富	大学英语	2018/12/3	60
200008	刘玲	会计基础	2018/3/16	45
200008	刘玲	大学英语	2018/6/15	60
400003	张浩美	C++程序设计教程	2018/12/3	30
*				

图9-8 读者借书信息查询

(3) 利用查询设计视图，在“图书信息”表中统计每个出版社的平均单价。查询结果如图9-9所示。

出版社平均单价查询

出版社	单价之平均值
高等教育出版社	44.1333325703939
湖南人民出版社	32.7999992370605
机械工业出版社	39.7999992370605
清华大学出版社	42.8500003814697
人民邮电出版社	39.5999984741211

图9-9 出版社平均单价查询

(4) 利用查询向导，创建统计各班级男女生人数的交叉表查询。查询结果如图9-10所示。

读者信息交叉表查询

班级	总计 读者编号	男	女
管理162	1		1
会计163	1		1
会计171	3	2	1
计算机172	1	1	
网络181	1		1

图9-10 读者信息交叉表查询

(5) 创建一个查询，生成一个“信息学科图书信息”表，如图9-11所示。

信息学科图书信息

图书编号	类别代码	书名	作者	出版社
N1001	L001	C++程序设计教程	朱旭	清华大学出版社
N1003	L001	计算机系统结构	李文斌	清华大学出版社
N1006	L001	计算机网络	沈敏	人民邮电出版社
N2003	L001	Python程序设计	李明宏	机械工业出版社
*				

图9-11 “信息学科图书信息”表

(6) 创建一个查询，把“图书信息”表中页数大于400的记录，其单价上涨5元。更新查询结果如图9-12所示。

图书编号	类别代码	书名	作者	出版社	单价	页数
N1003	L001	计算机系统结构	李文斌	清华大学出版	50.9	450
M1006	L003	大学英语	王慧娟	高等教育出版	50.8	410

图9-12 更新查询示例

(7) 查询所有未借书的读者信息。查询结果如图 9-13 所示。

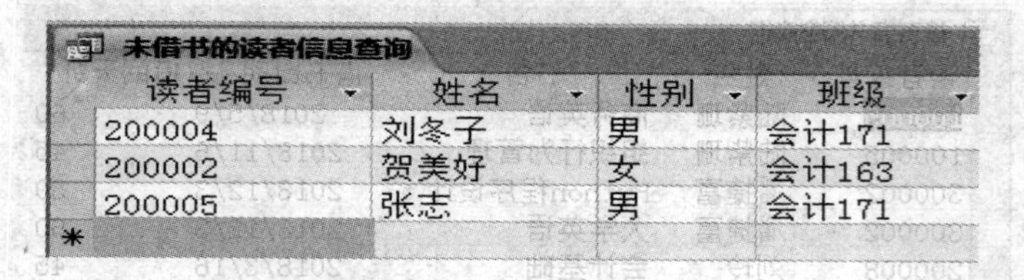

未借书的读者信息查询

读者编号	姓名	性别	班级
200004	刘冬子	男	会计171
200002	贺美好	女	会计163
200005	张志	男	会计171
*			

图 9-13　未借书的读者信息查询

(8) 创建参数查询，输入读者姓名，查询该读者的借书记录。查询结果分别如图 9-14 和图 9-15 所示。

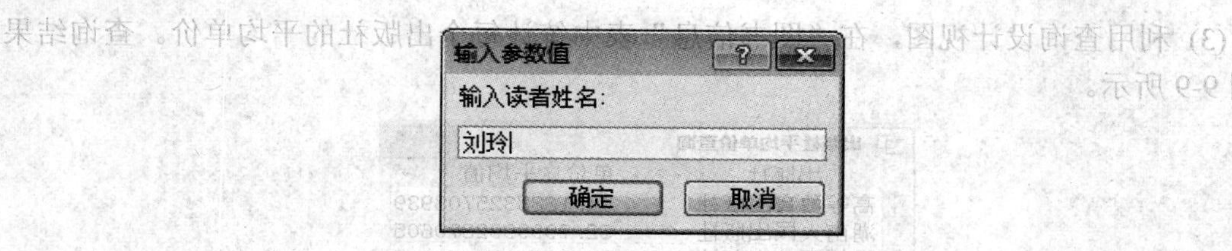

图 9-14　输入读者姓名

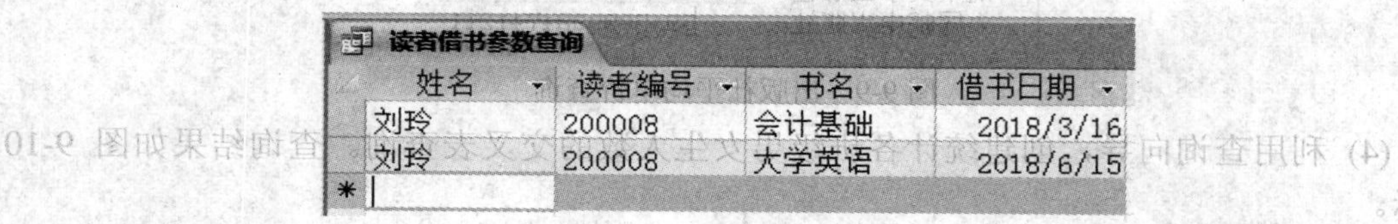

读者借书参数查询

姓名	读者编号	书名	借书日期
刘玲	200008	会计基础	2018/3/16
刘玲	200008	大学英语	2018/6/15
*			

图 9-15　读者借书参数查询

实验 4　SQL 查 询

一、实验目的

(1) 理解 SQL 的概念、分类与作用。

(2) 掌握使用 SQL 语句进行数据定义和数据操作的方法。

(3) 掌握应用 SELECT 语句进行数据查询的方法及各种子句的用法。

二、实验内容

(1) 使用 SQL 语句创建 reader 表，表结构与“读者信息”表类似。打开“图书借阅管理”数据库，单击“创建”选项卡，单击“查询”组中的“查询设计”按钮，把“显示表”对话框关闭，切换至“SQL 视图”，在窗口中输入如下定义语句：

```
CREATE TABLE   reader
(读者编号  char(6) primary key，
    姓名  char(10)，
    性别  char(1)，
```

```
班级 char(12),
办证日期 datetime,
电话 char(10)
);
```

将创建的数据定义查询保存，并运行该查询，就可在数据库中查看 reader 表了，如图 9-16 所示。

图 9-16　创建 reader 表

(2) 修改 reader 表结构。增加“简介”字段，备注型。在 SQL 视图中输入并运行以下语句：

```
ALTER TABLE reader ADD column 简介 memo ;
```

(3) 创建索引。为姓名字段创建唯一索引。在 SQL 视图中输入并运行以下语句：

```
CREATE UNIQUE INDEX name ON reader(姓名);
```

运行结果如图 9-17 所示。

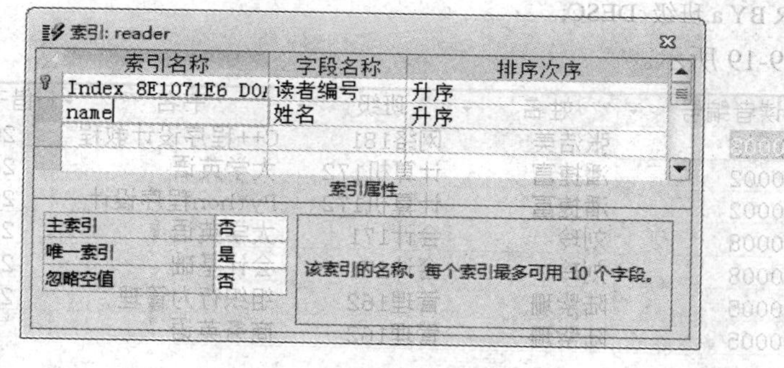

图 9-17　创建“姓名”索引

(4) 在 reader 表中插入记录。在 SQL 视图中输入并运行以下语句：

① INSERT INTO reader (读者编号, 姓名, 性别, 班级)
VALUES ('500001', '万佳通', '男', '通信 181');

② INSERT INTO reader
SELECT 读者编号, 姓名, 性别, 班级 FROM 读者信息 WHERE 姓名='刘玲';

③ INSERT INTO reader
SELECT 读者编号, 姓名, 性别, 班级 FROM 读者信息 WHERE 性别='男';

运行结果如图 9-18 所示。

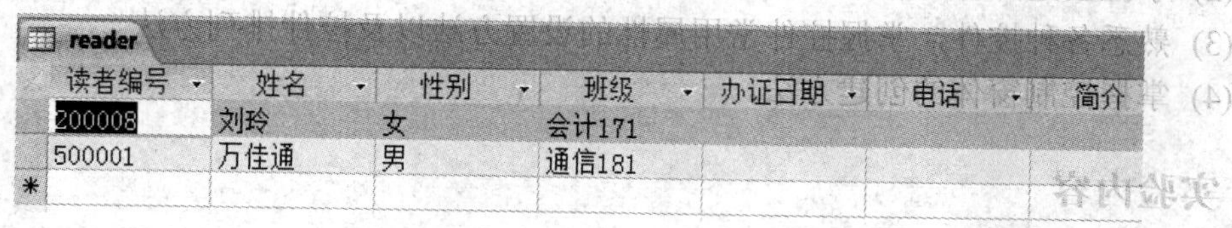

读者编号	姓名	性别	班级	办证日期	电话	简介
200008	刘玲	女	会计171			
500001	万佳通	男	通信181			

图 9-18　插入记录

(5) 使用 UPDATE 语句修改记录，在 SQL 视图中输入并运行以下语句：

```
UPDATE reader SET 简介 = 'this is girl'  WHERE 性别 = '女';
```

(6) 使用 SELECT 语句，查询 reader 表的所有男生信息，在 SQL 视图中输入并运行以下语句：

```
SELECT * FROM reader WHERE 性别 = '男';
```

(7) 使用 SELECT 语句，查询“图书信息”表中单价大于 40 元的高等教育出版社的图书信息；在 SQL 视图中输入并运行以下语句：

```
SELECT * FROM 图书信息 WHERE 单价>40 AND 出版社='高等教育出版社';
```

(8) 使用 SELECT 语句，统计“读者信息”表中的女生人数；在 SQL 视图中输入并运行以下语句：

```
SELECT Count(*) AS 女生人数 FROM 读者信息;
```

(9) 使用 SELECT 语句，查询所有的借书信息，并按班级降序排列。在 SQL 视图中输入并运行以下语句：

```
SELECT a.读者编号, 姓名, 班级, 书名, 借书日期
FROM 读者信息 a, 图书信息 b, 借阅信息 c
WHERE a.读者编号 = c.读者编号 AND b.图书编号 = c.图书编号
ORDER BY a.班级 DESC;
```

运行结果如图 9-19 所示。

读者编号	姓名	班级	书名	借书日期
400003	张浩美	网络181	C++程序设计教程	2018/12/3
300002	潘捷富	计算机172	大学英语	2018/12/3
300002	潘捷富	计算机172	Python程序设计	2018/12/3
200008	刘玲	会计171	大学英语	2018/6/15
200008	刘玲	会计171	会计基础	2018/3/16
100005	陆紫珊	管理162	组织行为管理	2018/11/6
100005	陆紫珊	管理162	商务英语	2018/5/9

图 9-19　SELECT 语句示例

实验 5　窗　　体

一、实验目的

(1) 理解窗体的概念、类型、组成与作用。

(2) 掌握创建并设计各类窗体的方法，主要是窗体向导及设计视图。

(3) 熟悉各种控件，掌握控件常用属性的设置方法以及控件排列方法。

(4) 掌握控制窗体的创建方法。

二、实验内容

以实验 2 中创建的数据库基本表为数据源，按要求完成以下任务：

(1) 利用窗体向导，创建一个“读者信息”窗体，如图 9-20 所示。

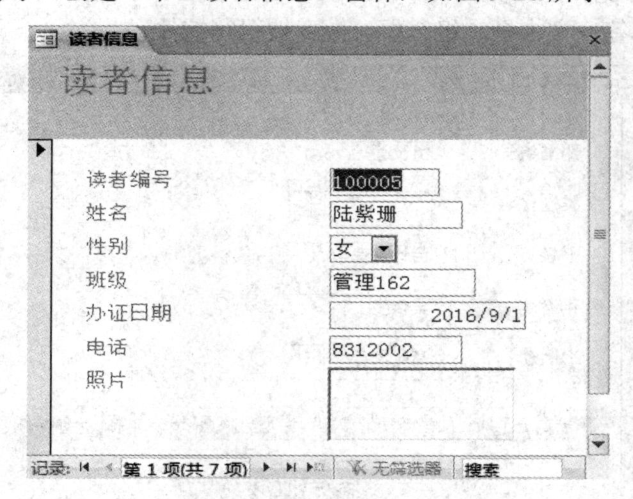

图 9-20　“读者信息”窗体

(2) 以“读者信息”表为数据源，创建一个“统计男女读者信息窗体”，即数据透视表窗体，如图 9-21 所示。

统计男女读者信息窗体

将筛选字段拖至此处

	性别		
	男	女	总计
班级	读者编号 的计数	读者编号 的计数	读者编号 的计数
管理162		1	1
会计163		1	1
会计171	2	1	3
计算机172	1		1
网络181		1	1

图 9-21　数据透视表窗体

(3) 以“读者信息”、“图书信息”、“借阅信息”表为数据源，创建一个“读者信息(主—子)”窗体，如图 9-22 所示。

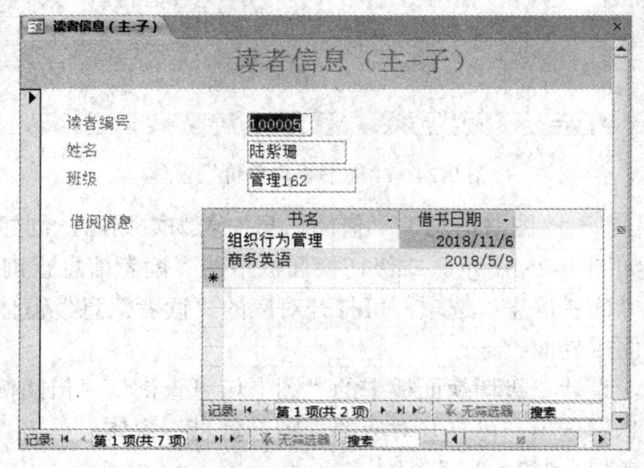

图 9-22　“读者信息(主—子)”窗体

(4) 以“图书信息”表为数据源，使用设计视图创建一个如图 9-23 所示的“图书信息”窗体，其中包括标签、文本框、组合框、命令按钮等控件。

图书信息
图书编号
D1002
类别代码
书名
会计管理学
作者
吴传生
出版社
高等教育出版社
第一项记录
前一项记录
下一项记录
最后一项记录
关闭窗体
记录: 第 1 项(共 9 项)
无筛选器
搜索

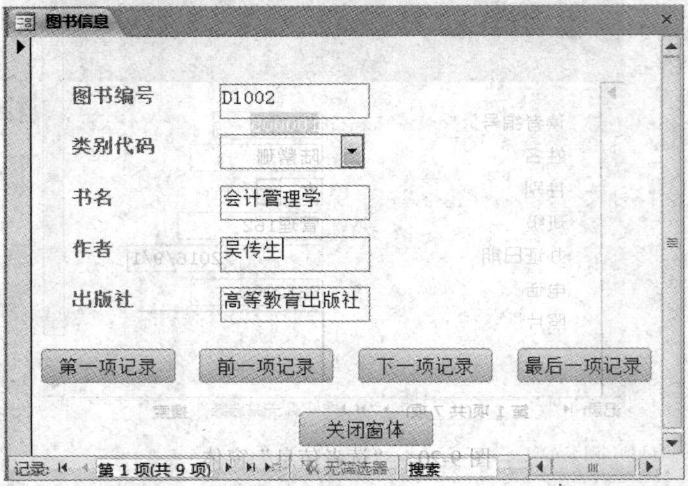

图 9-23　“图书信息”窗体

(5) 以“图书信息”表为数据源，使用设计视图创建一个“图书平均单价”窗体，如图 9-24 所示。

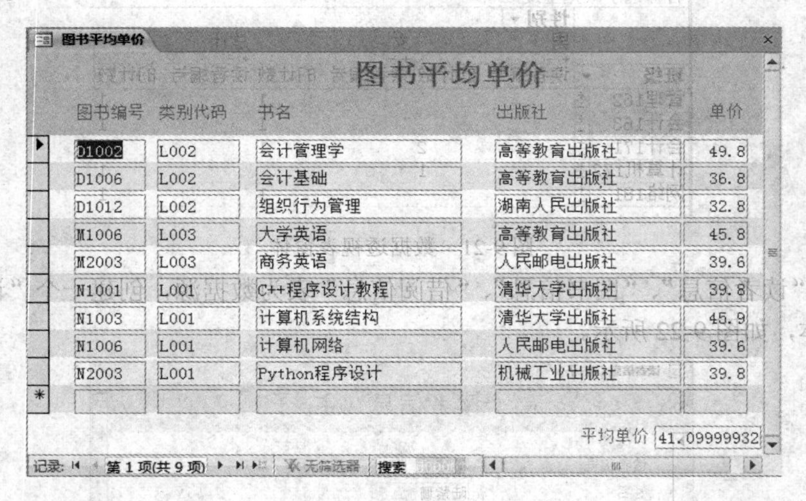

图书平均单价
图书平均单价
图书编号 类别代码 书名 出版社 单价
D1002 L002 会计管理学 高等教育出版社 49.8
D1006 L002 会计基础 高等教育出版社 36.8
D1012 L002 组织行为管理 湖南人民出版社 32.8
M1006 L003 大学英语 高等教育出版社 45.8
M2003 L003 商务英语 人民邮电出版社 39.6
N1001 L001 C++程序设计教程 清华大学出版社 39.8
N1003 L001 计算机系统结构 清华大学出版社 45.9
N1006 L001 计算机网络 人民邮电出版社 39.6
N2003 L001 Python程序设计 机械工业出版社 39.8
平均单价 41.09999932
记录: 第 1 项(共 9 项)
无筛选器
搜索

图 9-24　“图书平均单价”窗体

(6) 以“读者信息”、“图书信息”、“借阅信息”表为数据源，创建一个“图书借阅信息”的切换窗体，如图 9-25 所示。二级切换面板中的“读者信息查询”的界面如图 9-26 所示。其中，单击“读者信息”选项，可打开对应的“读者信息”窗体，单击“返回”选项，可回到主切换面板界面。

按类似的方法，设计二级切换面板中的“图书信息查询”、“借阅信息查询”的界面，其中单击“图书信息”选项，可打开对应的“图书信息”窗体，单击“借阅信息”选项，可打开对应的“读者信息(主—子)”窗体。

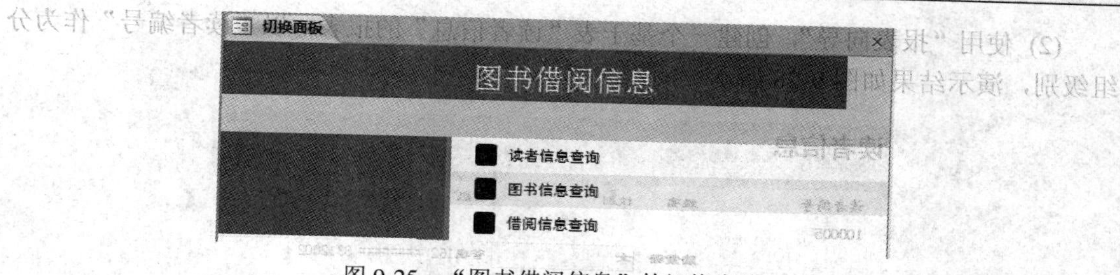

图 9-25 “图书借阅信息”的切换窗体

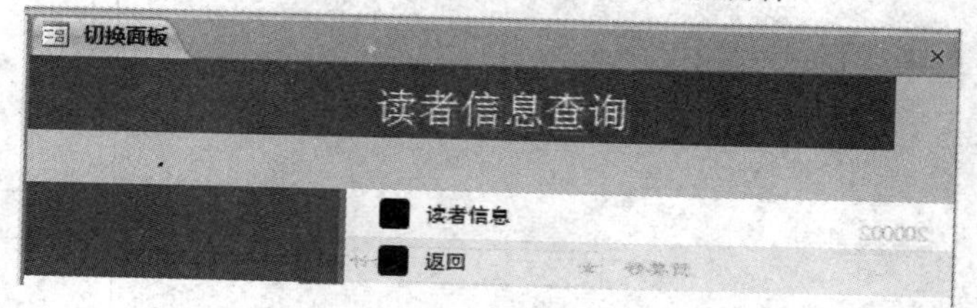

图 9-26 “读者信息查询”的界面

实验 6 报　表

一、实验目的

(1) 熟练掌握报表页眉、页脚、主体等部分的功能及其设置。
(2) 掌握在报表中自定义数据的分组及排序的方法。
(3) 能够熟练使用向导创建报表，使用设计视图设计报表。
(4) 了解计算控件的使用。

二、实验内容

(1) 使用“报表”工具，自动创建一个基于“图书信息”表的报表，并对报表的外观进行调整。演示结果如图 9-27 所示。

图书信息　　2019年3月1日 星期五　15:06:45

图书编号	类别代码	书名	作者	出版社	单价	页数	是否借出	登记日期	简介
N1001	L001	C++程序设计教程	朱旭	清华大学出版社	39.8	400	☐	##########	
N1003	L001	计算机系统结构	李文斌	清华大学出版社	45.9	450	☐	##########	
D1012	L002	组织行为管理	熊勇清	湖南人民出版社	32.8	326	☐	##########	
N1006	L001	计算机网络	沈敏	人民邮电出版社	39.6	360	☐	##########	
D1006	L002	会计基础	张明亮	高等教育出版社	36.8	286	☐	##########	
D1002	L002	会计管理学	吴传生	高等教育出版社	49.8	380	☐	##########	
N2003	L001	Python程序设计	李明宏	机械工业出版社	39.8	360	☐	##########	
M1006	L003	大学英语	王慧娟	高等教育出版社	45.8	410	☐	##########	
M2003	L003	商务英语	李振耀	人民邮电出版社	39.6	382	☐	##########	

图 9-27 基于“图书信息”表的报表

(2) 使用“报表向导”，创建一个基于表“读者信息”的报表，以“读者编号”作为分组级别，演示结果如图 9-28 所示。

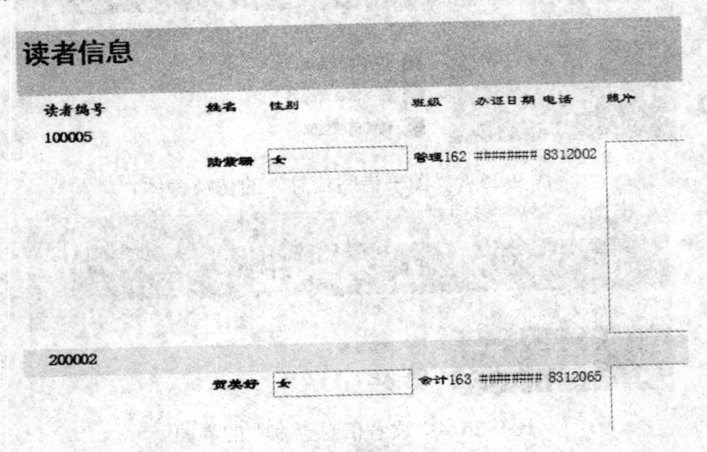

图 9-28　基于“读者信息”表的报表

(3) 基于“读者信息”表，使用“标签”工具创建一个标签报表，需要对字段进行合理的布局。演示结果如图 9-29 所示。

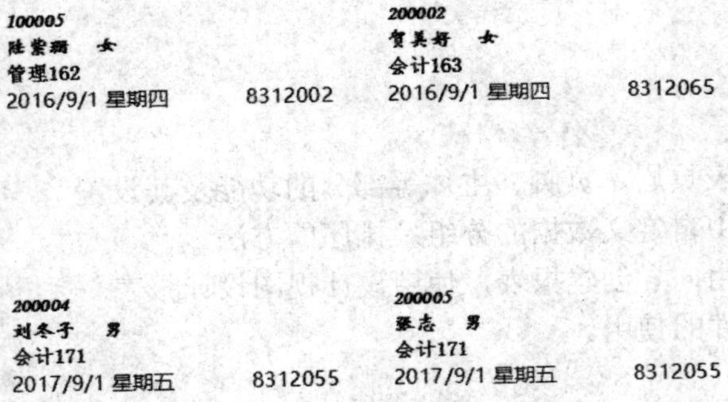

100005
陆紫珊　女
管理162
2016/9/1 星期四　　8312002

200002
贺美妤　女
会计163
2016/9/1 星期四　　8312065

200004
刘冬子　男
会计171
2017/9/1 星期五　　8312055

200005
张志　男
会计171
2017/9/1 星期五　　8312055

图 9-29　基于“读者信息”表的标签报表

(4) 使用“报表设计”工具，创建一个基于“图书信息”表的报表，对字段进行合理的布局。演示结果如图 9-30 所示。

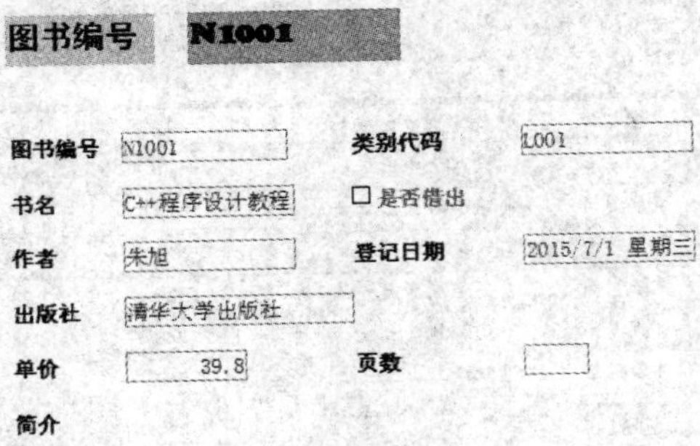

图书编号　N1001

图书编号　N1001　　类别代码　L001
书名　C++程序设计教程　　☐ 是否借出
作者　朱旭　　登记日期　2015/7/1 星期三
出版社　清华大学出版社
单价　39.8　　页数
简介

图 9-30　使用“报表设计”工具制作报表

(5) 使用“空报表”工具，创建一个报表，基于“借阅信息”表，对报表界面进行合理的布局。演示结果如图9-31所示。

图书借阅信息

读者编号	图书编号	借书日期
100005	M2003	2018/5/9 星期三
100005	D1012	2018/11/6 星期二
300002	N2003	2018/12/3 星期一
300002	M1006	2018/12/3 星期一
200008	D1006	2018/3/16 星期五
200008	M1006	2018/6/15 星期五
400003	N1001	2018/12/3 星期一

图9-31　使用“空报表”工具制作报表

实验7　宏

一、实验目的

(1) 了解宏的基本概念。
(2) 掌握几种宏的创建方法。
(3) 了解利用宏建立菜单。
(4) 掌握宏组的创建方法。

二、实验内容

(1) 利用宏编辑器创建一个宏 macro，其作用是打开数据库中的“读者信息”表。演示结果如图9-32所示。

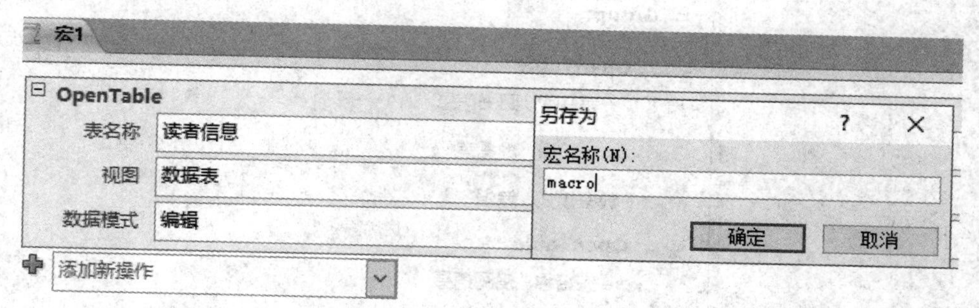

图9-32　宏示例

(2) 在数据库中创建一个宏组“marco group”，打开多个表，宏组由“macro1”和“macro2”两个宏组成，其中，macro1功能是打开“图书信息”表。macro2功能是关闭“图书信息”表和打开“借阅信息”表。演示结果如图9-33所示。

借阅信息
marco group
Group: marco group
OpenTable
表名称 图书信息
视图 数据表
数据模式 编辑
CloseWindow
对象类型 表
对象名称 图书信息
保存 提示
OpenTable
表名称 借阅信息
视图 数据表
数据模式 编辑
End Group

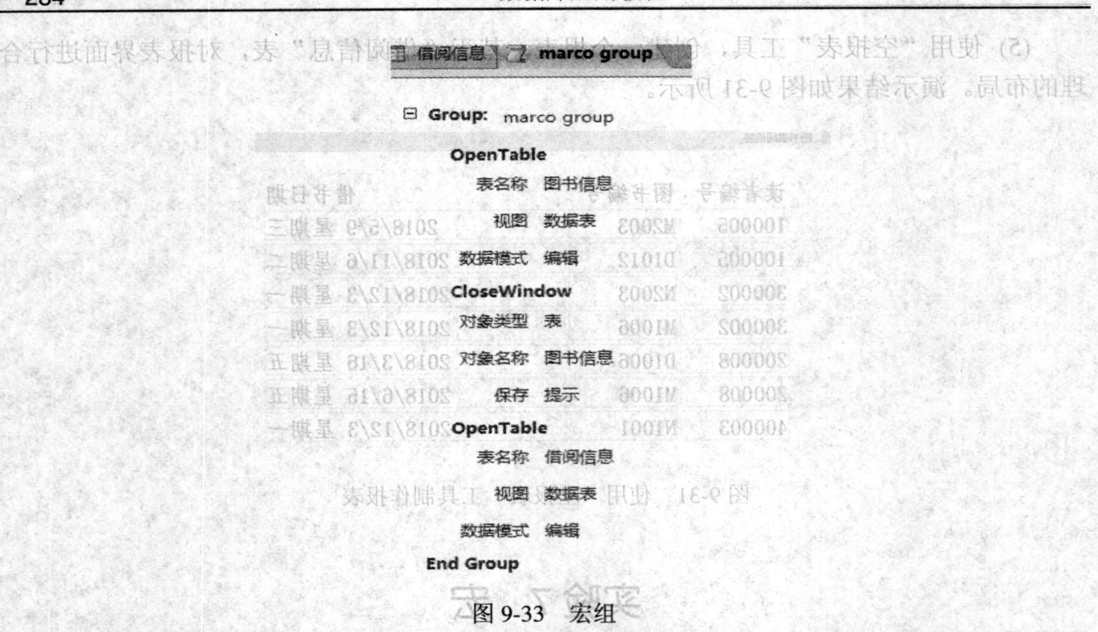

图 9-33　宏组

(3) 在数据库中创建一个“打开表”窗体，其中包含命令按钮，通过命令按钮控件运行宏组打开“图书信息”表和“借阅信息”表。先建立窗口，并添加按钮，如图 9-34 所示。在按钮的双击事件中，调用打开表的宏组，添加宏组命令，如图 9-35 所示。

打开表
用宏组打开表
打开表
用宏组打
事件生成器(E)...
剪切(T)
复制(C)

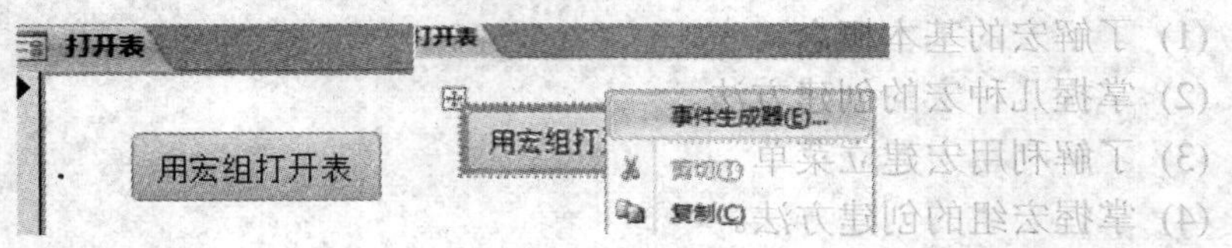

图 9-34　建立窗口与添加按钮

打开表
打开表 : Command0 : 单击
Group:
OpenTable
表名称 图书信息
视图 数据表
数据模式 编辑
OpenTable
表名称 借阅信息
视图 数据表
数据模式 编辑
End Group

图 9-35　添加宏组命令

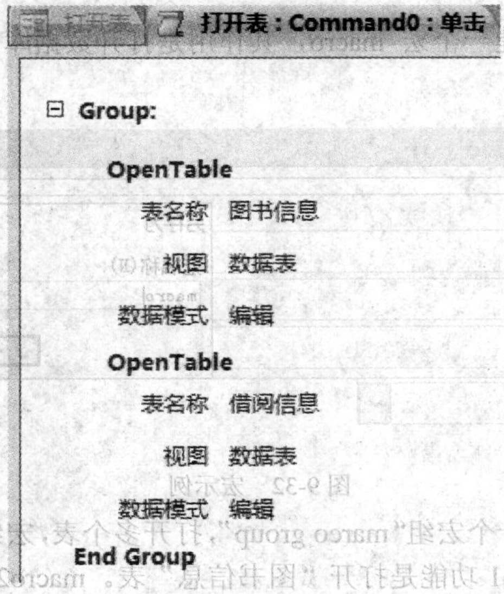

实验8 模块与VBA编程基础

一、实验目的

(1) 熟悉VBE编辑器的使用。

(2) 掌握VBA的基本语法规则、各种运算符的表示及使用方法。

(3) 掌握VBA程序的3种流程控制结构。

(4) 熟悉过程和模块的概念及其创建和使用方法。

(5) 熟悉为窗体、报表及控件编写VBA事件过程代码的方法。

二、实验内容

(1) 在“图书借阅管理”数据库中，创建一个统计图书平均单价的标准模块“图书平均单价”。

① 打开“图书借阅管理”数据库，单击“创建”选项卡中“宏与代码”命令组中的“模块”按钮，并在代码窗口中输入以下代码：

```
Public Sub price_avg( )
  Dim price%, i%, n%, total!, aver!
  total = 0
  n = InputBox("请输入图书本数：")
  For I = 1 To n
    price = InputBox("请输入图书单价：")
    total = total + price
  Next
  aver = total / n
  MsgBox "图书平均单价："&aver
End Sub
```

② 单击“保存”按钮，并在“另存为”对话框中输入模块名称“图书平均单价”。

③ 运行子过程。单击“运行”按钮，选中“price_avg”，单击“运行”按钮，程序开始运行，输入需要的数据后，在对话框中显示图书平均单价。

(2) 创建一个可以选择多种字体颜色的窗体，如图9-36所示。其中包含一个标签，标题属性为“江西理工大学”，名称为“Label_江理”，一个选项组控件，包含4个不同颜色的选项按钮。要求选中不同选项按钮，标签文本显示相对应的颜色。

① 创建一个空白窗体，按如图9-36所示的要求，添加控件并设置对应的属性，排列对齐相关控件。

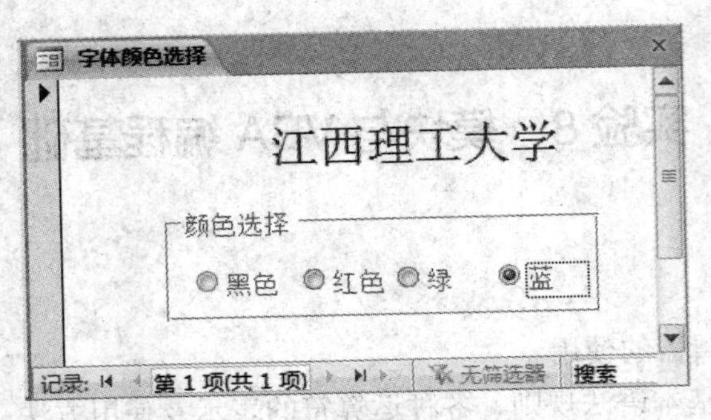

图 9-36　“字体颜色选择”窗体

② 单击“工具”组中的“查看代码”按钮，打开编写代码窗口，选中选项按钮对象，为其 GotFocus 事件编写代码。其代码如下：

```
Private Sub Option3_GotFocus( )
    Label_江理.ForeColor = vbBlack
End Sub
Private Sub Option5_GotFocus( )
    Label_江理.ForeColor = vbRed
End Sub
Private Sub Option7_GotFocus( )
    Label_江理.ForeColor = vbGreen
End Sub
Private Sub Option9_GotFocus( )
    Label_江理.ForeColor = vbBlue
End Sub
```

③ 关闭代码窗口，返回到窗体界面，保存该窗体。

④ 切换至窗体视图，单击某一选项按钮，即可查看运行效果。

(3) 创建一个“计算矩形面积和周长”窗体，如图 9-37 所示。其中包含 4 个文本框及其关联的标签，还有一个命令按钮，标题为“计算”。要求在前两个文本框中输入矩形的长和宽数值，点击“计算”按钮，后两个文本框显示对应的周长和面积。

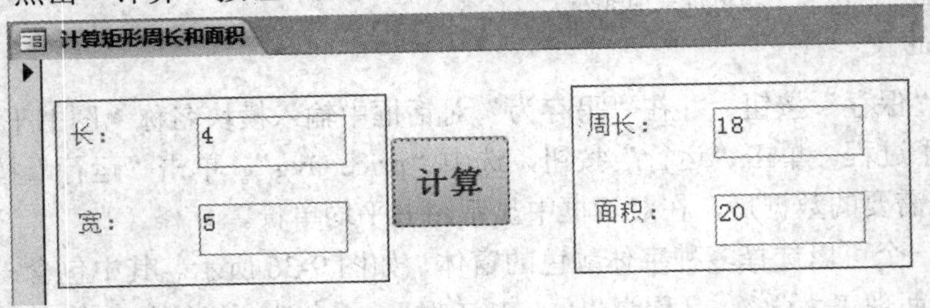

图 9-37　“计算矩形周长和面积”窗体

① 创建一个空白窗体，按图 9-37 所示的要求，添加控件并设置对应的属性，排列对齐相关控件。

② 单击“工具”组中的“查看代码”按钮，打开编写代码窗口，选中“计算”命令

按钮对象，为其 Click 事件编写代码。其代码如下：

```
Private Sub Command_计算_Click( )
Dim chang As Single, kuan As Single, zhou As Single, mian As Single
' 判断文本框中是否输入有效数据
    If Not (IsNull(Text_长) Or IsNull(Text_宽)) Then
     chang = Text_长.Value
     kuan = Text_宽.Value
     zhou = 2 * (chang + kuan)
     mian = chang * kuan
     Text_周长.Value = zhou
     Text_面积  = mian
   Else
     MsgBox "请输入正确数值", vbInformation, "信息"
   End If
End Sub
```

③ 关闭代码窗口，返回到窗体界面，保存该窗体。

④ 切换至窗体视图，即可输入数据进行测试，查看效果。例如，输入 4 和 5 分别作为矩形长和宽的值，则显示周长为 18，面积为 20。

参 考 文 献

[1] 陈薇薇，冯莹莹，等. Access 2010 数据库基础与应用教程. 2 版. 北京：人民邮电出版社，2017.
[2] 苏林萍，谢萍，等. Access 2010 数据库教程(微课版). 北京：人民邮电出版社，2018.
[3] 程晓锦，徐秀花，等. Access 2010 数据库应用实训教程. 北京：清华大学出版社，2013.
[4] 沈楠，孔令志，等. Access 2010 数据库应用程序设计. 北京：机械工业出版社，2017.
[5] 熊建强，吴保珍，等. Access 2010 数据库程序设计教程. 北京：机械工业出版社，2015.
[6] 罗朝晖，等. Access 数据库应用技术. 2 版. 北京：高等教育出版社，2017.
[7] 张保威，等. SQL Server 从入门到精通. 北京：北京希望电子出版社，2018.
[8] 刘卫国. Access 2010 数据库应用技术实验指导与习题选解. 北京：人民邮电出版社，2013.